准噶尔盆地油气勘探开发系列丛书

巨厚特低渗透砾岩油藏精细开发——以克拉玛依八区下乌尔禾组油藏为例

刘顺生　覃建华　罗明高　等著

石 油 工 业 出 版 社

内 容 提 要

本书系统总结了典型巨厚特低渗透砾岩油藏——克拉玛依八区下乌尔禾组油藏的地层、构造、沉积相、储层等地质研究成果，阐述了油藏的开发试验、基础井网开发、一次加密开发、二次加密开发、三次加密开发、四次加密开发过程及五次开发可行性研究等内容，试图通过典型解剖，探索巨厚特低渗砾岩油藏的精细开发规律，为类似油藏的开发提供一个参考样板。

本书适合从事石油地质和勘探开发的科研人员及高等院校相关专业师生参考阅读。

图书在版编目（CIP）数据

巨厚特低渗透砾岩油藏精细开发：以克拉玛依八区下乌尔禾组油藏为例 / 刘顺生等著. —北京：石油工业出版社，2020.3

（准噶尔盆地油气勘探开发系列丛书）

ISBN 978-7-5183-3865-8

Ⅰ. ①巨… Ⅱ. ①刘… Ⅲ. ①砾岩－岩性油气藏－油田开发－克拉玛依 Ⅳ. ①TE34

中国版本图书馆 CIP 数据核字（2020）第 035307 号

出版发行：石油工业出版社

（北京安定门外安华里 2 区 1 号　100011）

网　址：www. petropub. com

编辑部：（010）64523543　图书营销中心：（010）64523633

经　销：全国新华书店

印　刷：北京中石油彩色印刷有限责任公司

2020 年 3 月第 1 版　2020 年 3 月第 1 次印刷

787×1092 毫米　开本：1/16　印张：20.75

字数：480 千字

定价：170.00 元

《巨厚特低渗透砾岩油藏精细开发——以克拉玛依八区下乌尔禾组油藏为例》

编写人员

刘顺生　覃建华　罗明高　屈怀林

池建萍　姚振华　丁　艺　赵逸清

郑　胜　谢　丹

序

准噶尔盆地位于中国西部，行政区划属新疆维吾尔自治区。盆地西北为准噶尔界山，东北为阿尔泰山，南部为北天山，是一个略呈三角形的封闭式内陆盆地，东西长 700 千米，南北宽 370 千米，面积 13 万平方千米。盆地腹部为古尔班通古特沙漠，面积占盆地总面积的 36.9%。

1955 年 10 月 29 日，克拉玛依黑油山 1 号井喷出高产油气流，宣告了克拉玛依油田的诞生，从此揭开了新疆石油工业发展的序幕。1958 年 7 月 25 日，世界上唯一一座以石油命名的城市——克拉玛依市诞生。1960 年，克拉玛依油田原油产量达到 166 万吨，占当年全国原油产量的 40%，成为新中国成立后发现的第一个大油田。2002 年原油年产量突破 1000 万吨，成为中国西部第一个千万吨级大油田。

准噶尔盆地蕴藏着丰富的油气资源。油气总资源量 107 亿吨，是我国陆上油气资源当量超过 100 亿吨的四大含油气盆地之一。虽然经过半个多世纪的勘探开发，但截至 2012 年底石油探明程度仅为 26.26%，天然气探明程度仅为 8.51%，均处于含油气盆地油气勘探阶段的早中期，预示着巨大的油气资源和勘探开发潜力。

准噶尔盆地是一个具有复合叠加特征的大型含油气盆地。盆地自晚古生代至第四纪经历了海西、印支、燕山、喜马拉雅等构造运动。其中，晚海西期是盆地坳隆构造格局形成、演化的时期，印支—燕山运动进一步叠加和改造，喜马拉雅运动重点作用于盆地南缘。多旋回的构造发展在盆地中造成多期活动、类型多样的构造组合。

准噶尔盆地沉积总厚度可达 15000 米。石炭系—二叠系被认为是由海相到陆相的过渡地层，中、新生界则属于纯陆相沉积。盆地发育了石炭系、二叠系、三叠系、侏罗系、白垩系、古近系六套烃源岩，分布于盆地不同的凹陷，它们为准噶尔盆地奠定了丰富的油气源物质基础。

纵观准噶尔盆地整个勘探历程，储量增长的高峰大致可分为西北缘深化勘探阶段（20 世纪 70—80 年代）、准东快速发现阶段（20 世纪 80—90 年代）、腹部高效勘探阶段（20 世纪 90 年代—21 世纪初期）、西北缘滚动勘探阶段（21 世纪初期至今）。不难看出，勘探方向和目标的转移反映了地质认识的不断深化和勘探技术的日臻成熟。

正是由于几代石油地质工作者的不懈努力和执著追求，使准噶尔盆地在经历了半个多世纪的勘探开发后，仍显示出勃勃生机，油气储量和产量连续 29 年稳中有升，为我国石油工业发展做出了积极贡献。

在充分肯定和乐观评价准噶尔盆地油气资源和勘探开发前景的同时，必须清醒地看到，由于准噶尔盆地石油地质条件的复杂性和特殊性，随着勘探程度的不断提高，勘探目标多呈“低、深、隐、难”特点，勘探难度不断加大，勘探效益逐年下降。巨大的剩余油气资源分布和赋存于何处，是目前盆地油气勘探研究的热点和焦点。

由新疆油田公司组织编写的《准噶尔盆地油气勘探开发系列丛书》在历经近两年时间的努力，今天终于面世了。这是第一部由油田自己的科技人员编写出版的专著丛书，这充分表明我们不仅在半个多世纪的勘探开发实践中取得了一系列重大的成果、积累了丰富的经验，而且在准噶尔盆地油气勘探开发理论和技术总结方面有了长足的进步，理论和实践的结合必将更好地推动准噶尔盆地勘探开发事业的进步。

系列专著的出版汇集了几代石油勘探开发科技工作者的成果和智慧，也彰显了当代年轻地质工作者的厚积薄发和聪明才智。希望今后能有更多高水平的、反映准噶尔盆地特色地质理论的专著出版。

“路漫漫其修远兮，吾将上下而求索”。希望从事准噶尔盆地油气勘探开发的科技工作者勤于耕耘，勇于创新，精于钻研，甘于奉献，为“十二五”新疆油田的加快发展和“新疆大庆”的战略实施做出新的更大的贡献。

新疆油田公司总经理

2012.11.8

前 言

据不完全统计，我国已经发现的1068个油藏中，砾岩油藏有51个，占4.78%；油藏地质储量173.97×10^8t，砾岩油藏为5.33×10^8t，占3.06%。准噶尔盆地西北缘的克拉玛依油田，是我国主要的砾岩油藏产区，其主要产层为二叠系下乌尔禾组、三叠系克拉玛依组和侏罗系八道湾组。新疆油田早期发现的101个油藏中，砾岩油藏46个，占总数的45.6%；地质储量共计11.73×10^8t，其中砾岩油藏5.00×10^8t，占总数的42.7%。

我国其他油田也发现了大量砾岩油藏，如华北油田公司也有相当数量的砾岩油藏，其中廊固坳陷采育地区沙三段属于水下扇砾岩油藏；位于阿尔善地区的二连盆地马尼特坳陷蒙古林砾岩油藏属低饱和块状底水油藏；二连盆地阿南凹陷下白垩统阿尔善组第三段，是一次大的事件性沉积和近物源、粗碎屑、低成分成熟度和低结构成熟度的多源复成分砾岩油藏。云南滇西陇川盆地东南缘发育了一套新近纪早期冲积扇砾岩，该砾岩以中粗砾为主。辽河油田辽河凹陷西斜坡冷东—雷家地区沙河街组发育一套以厚层、巨厚砾为主的扇三角洲沉积体系。

国外也发现了大量砾岩油藏，如阿根廷库约盆地门多萨开发区的砾岩油气藏、纽昆盆地（Neuquen Basin）恩特雷洛马斯区（Entre Lomas Block）的托迪略（Tordillo）组砂砾岩油藏，再如美国阿拉斯加州CookInlet的McArthurRiver油田Hemlock油藏、普鲁德霍湾前三叠系Ivishak组砂砾岩油藏、巴西坎波斯盆地（Campos Basin）坎姆泡利斯油田（Carmopolis Field）、加拿大阿尔伯塔中西部深盆区砂砾岩气藏等。

克拉玛依油田八区下乌尔禾组油藏从发现开始，就给我国石油的开发带来了新的课题，为砾岩油藏开发提供了良好的实验场地和研究区域。

乌尔禾组油藏于1965年5月因JY-1井出油而发现，1978年12月编制开发试验方案，经历开发试验、规模开发动用，后期又经过了四次加密调整，截至2017年底，完钻井近1400余口、累计采油近2400×10^4t以上、累计注水$8000\times10^4m^3$以上、综合含水68.5%，属中低含水，采出程度仅为24.5%，仍然有巨大的开发潜力。

油藏发现初期申报储量约6000×10^4t，属砾岩油藏的大油藏，由于油藏厚度巨大、埋藏较深、开发难度大，一开始就受到广大油藏开发工作者的极大关注和重视，初期就进行了开发试验、注水试验，随后进行过多次加密试验。

大量研究工作围绕油藏的地层、构造、沉积、储层、孔隙结构、结构模态等开发地质课题展开的同时，也围绕特低渗透油藏的渗流机理、油层物性、注水效果、加密试验等油藏工程课题进行。

据不完全统计，自 1980 年任明达在《新疆石油地质》发表《克拉玛依油田五区上乌尔禾组上乌三段岩相研究》到 2017 年史乐在《中国石油和化工标准与质量》发表《油田"配产影响因素及方法研究：以克拉玛依油田八区下乌尔禾组油藏为例》为止，共发表论文 115 篇。

对该类油藏进行系统的归纳、总结，不仅对该油藏的进一步开发有重要的意义，而且对同类油藏的有效经济开发，也有重要的开发理论意义和现实意义。

CONTENTS 目录

第一章 地层划分

准噶尔盆地西北缘油气区位于中国新疆维吾尔自治区，作为新中国第一个发现的大油田，克拉玛依油田依据地质与地理特征共分成九个区。八区构造位置位于克百断裂带南白碱滩断裂下盘，北以南白碱滩断裂为界与七区相邻，西至202古隆起剥蚀或尖灭，东北以129井和179井连线为界与九区相邻，东南向盆地腹部伸展（图1–1）。地理上，八区二叠系下乌尔禾组油藏位于克拉玛依市白碱滩地区，在克拉玛依市区东南约35km处。全区地形平坦，地表多为戈壁滩，平均地面海拔267m左右，地面相对高差小于10m。

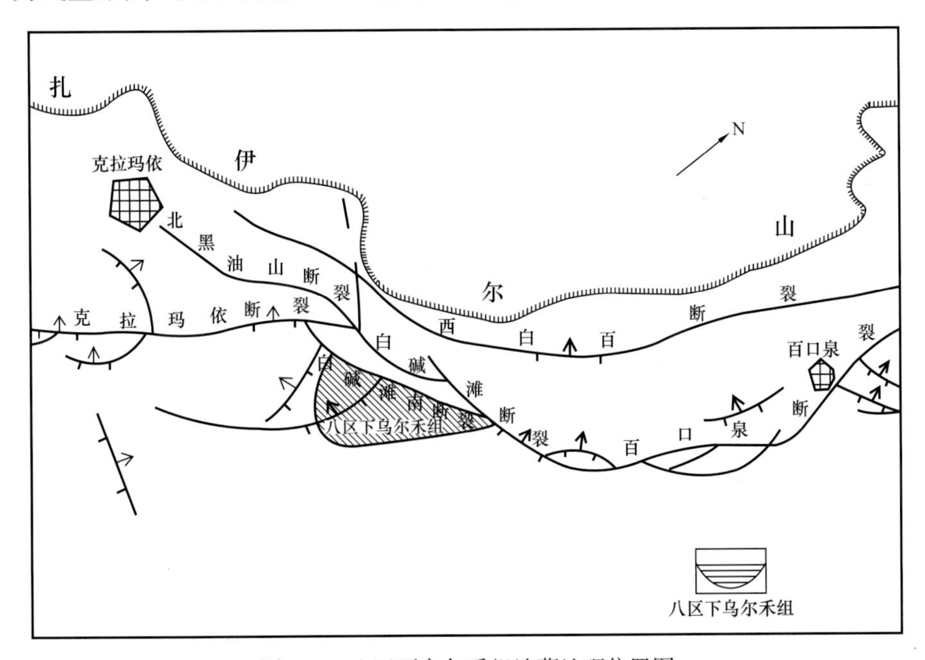

图1–1 八区下乌尔禾组油藏地理位置图

第一节 界面识别

一、不整合面识别

下乌尔禾组顶底为区域性角度不整合界面，是二级层序界面。地层内部还有一个局部不整合界面，是三级层序界面。

1. 下乌尔禾组顶界

下乌尔禾组为中三叠统克下组所覆盖，两者之间为角度不整合接触。由于长期风化剥蚀，下乌尔禾组顶部形成风化壳，上覆克下组界面测井响应特征非常突出。

（1）AC 曲线：自下而上 AC 值明显增大，进入克下组后急剧降低，曲线形态由齿状变为指状（图 1–2）。

（2）R_{2m}（或 R_t）曲线：顶部风化壳上，R_{2m}（或 R_t）值最低，进入克上组，R_{2m}（或 R_t）值明显升高（图 1–2）。

（3）GR 曲线：下乌尔禾组顶部 GR 曲线呈低值齿状，向上进入克下组后变为高值指状。但对下乌尔禾组顶界的确定，不如 AC 及 R_{2m}（或 R_t）准确（图 1–2）。

（4）SP 曲线：SP 曲线呈平直的高值，进入克下组后明显降低（图 1–2）。

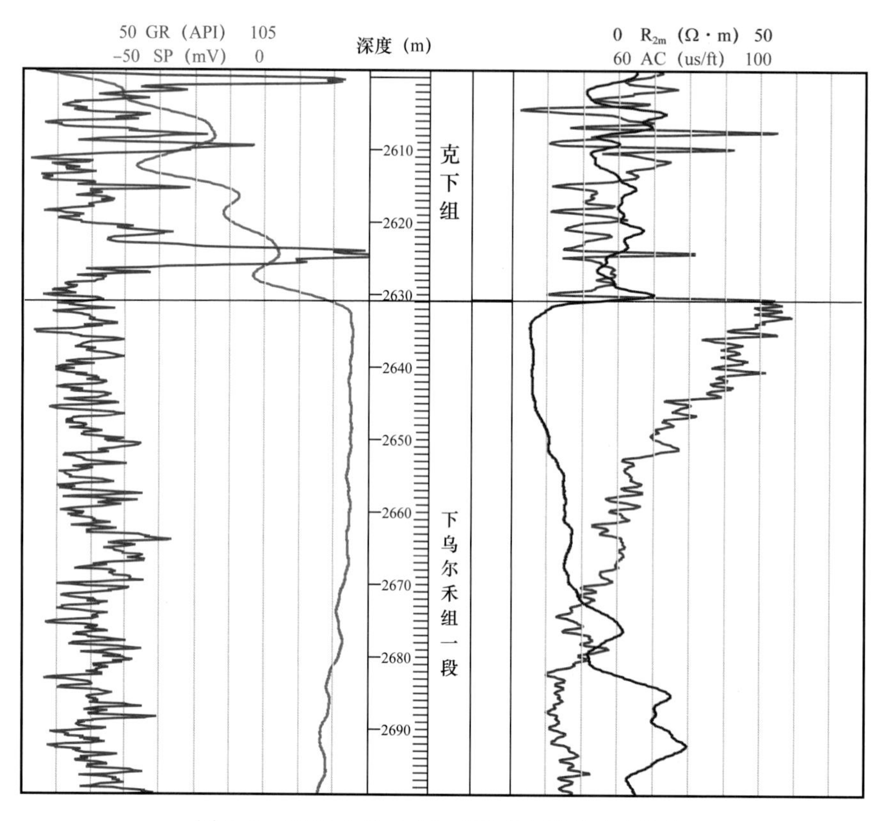

图 1–2 T85680 井下乌尔禾组顶界测井响应特征

综上所述，下乌尔禾组顶界特征突出，易于识别，尤以 AC、R_{2m}（R_t）曲线明显。在实际对比时，以 AC 和 R_{2m}（或 R_t）曲线为主，参考 GR、SP 曲线划界。

2. 下乌尔禾组底界

下乌尔禾组与下伏佳木河组之间也呈角度不整合。佳木河组顶部的酸性火山岩抗风化能力强，使得风化壳薄，一般为 2～5m。该界面的测井响应特征：自上而下穿过此界面 GR 值突然升高，SP 值明显降低，AC 值也明显降低，R_{2m}（或 R_t）曲线是过界面 2～5m 后突然增高（图 1–3）。

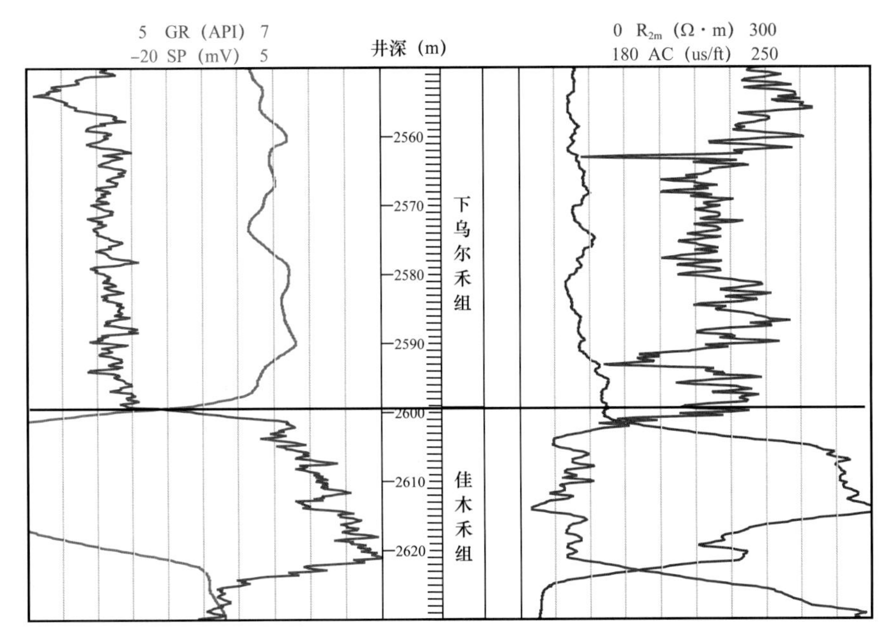

图 1-3 82057 井下乌尔禾组底界的测井响应特征

3. P_2w_2 与 P_2w_3 间的不整合

油藏西南部下乌尔禾组中发育一套基性火山岩，最厚达到 28m。

从成像测井上识别出该套火山岩为玄武岩。同时，该套火山岩存在明显风化导致蚀变的痕迹，主要反映在火山熔岩顶部电阻率降低、泥质含量升高（中子孔隙度异常升高）。以上证据说明该套火山岩代表了沉积间断以及剥蚀作用，是一个局部的不整合面（图 1-4）。

尽管火山岩向东北方向逐渐消失，但在测井曲线上，上下仍然存在差别，尤其表现在自然伽马曲线上。

三个不整合面在地震上反映为三条强反射轴，分布稳定，具有区域性特征。

二、砂体内部等时面识别

岩心描述及成像测井显示，下乌尔禾组是以砾岩为主的沉积，砂岩、泥岩成薄条带状分布，单层厚度不超过 30cm，正是这些细粒岩性条带使地层显示出成层性，但在常规测井曲线上多不能反映。该区的常规测井曲线中，电阻率系列、孔隙度系列形态平直，起伏较小，给地层对比带来了困难。通过仔细观察对比，发现自然伽马曲线呈现上部低（40～60API），中下部高（70～100API），向底部又变低（60～80API）的趋势，在 530 井区及八区有一定普遍性，但这种变化是否具有明确的地质意义？是否指示了沉积序列？这一系列问题在进一步研究后得到肯定。

2005 年，前人在研究八区下乌尔禾组的沉积特征时，曾以自然伽马曲线为小分层的主要标准，并用其作泥质含量的指标区分不同沉积体系（图 1-5）。

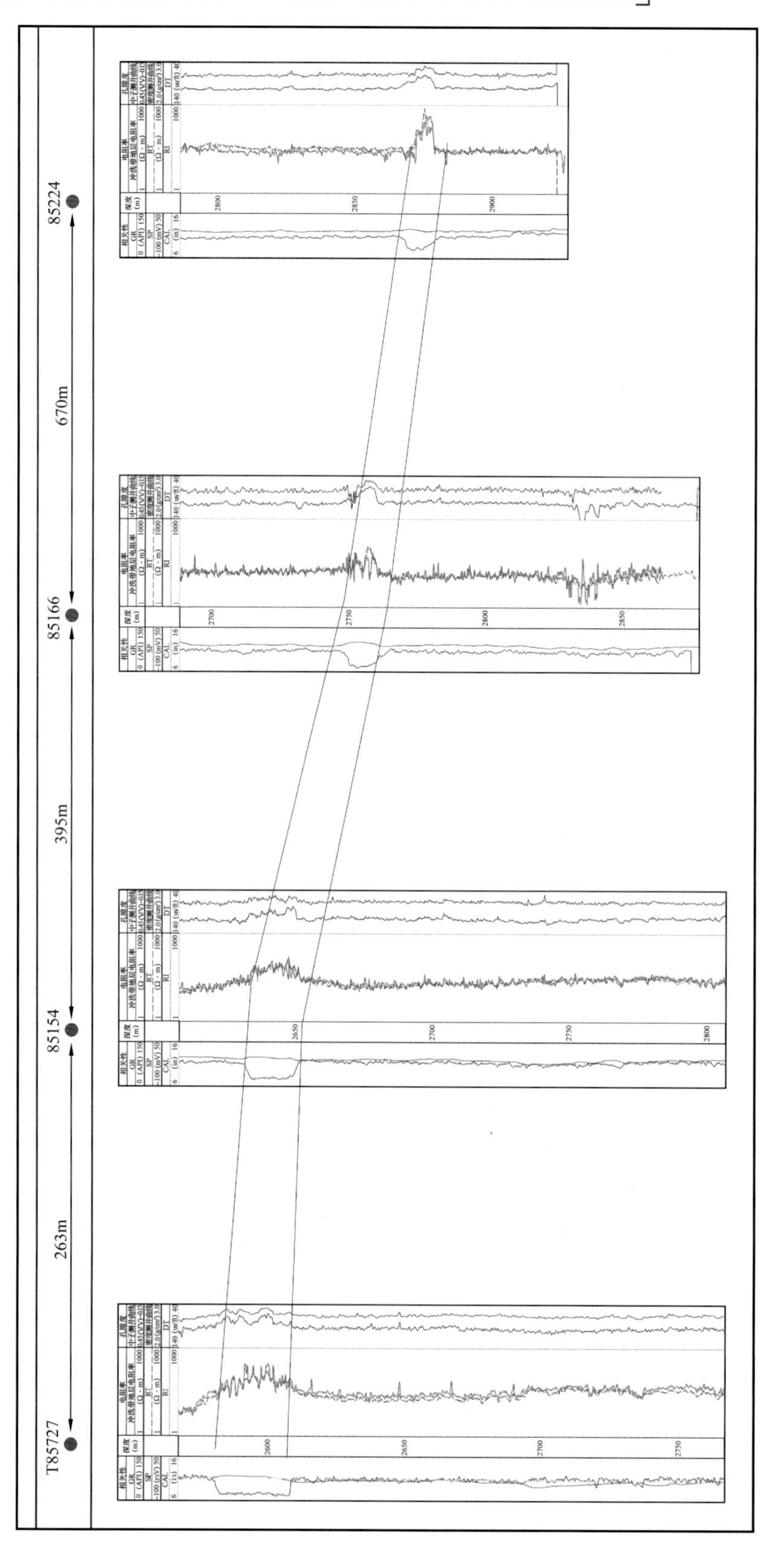

图1-4　蚀变玄武岩剖面特征

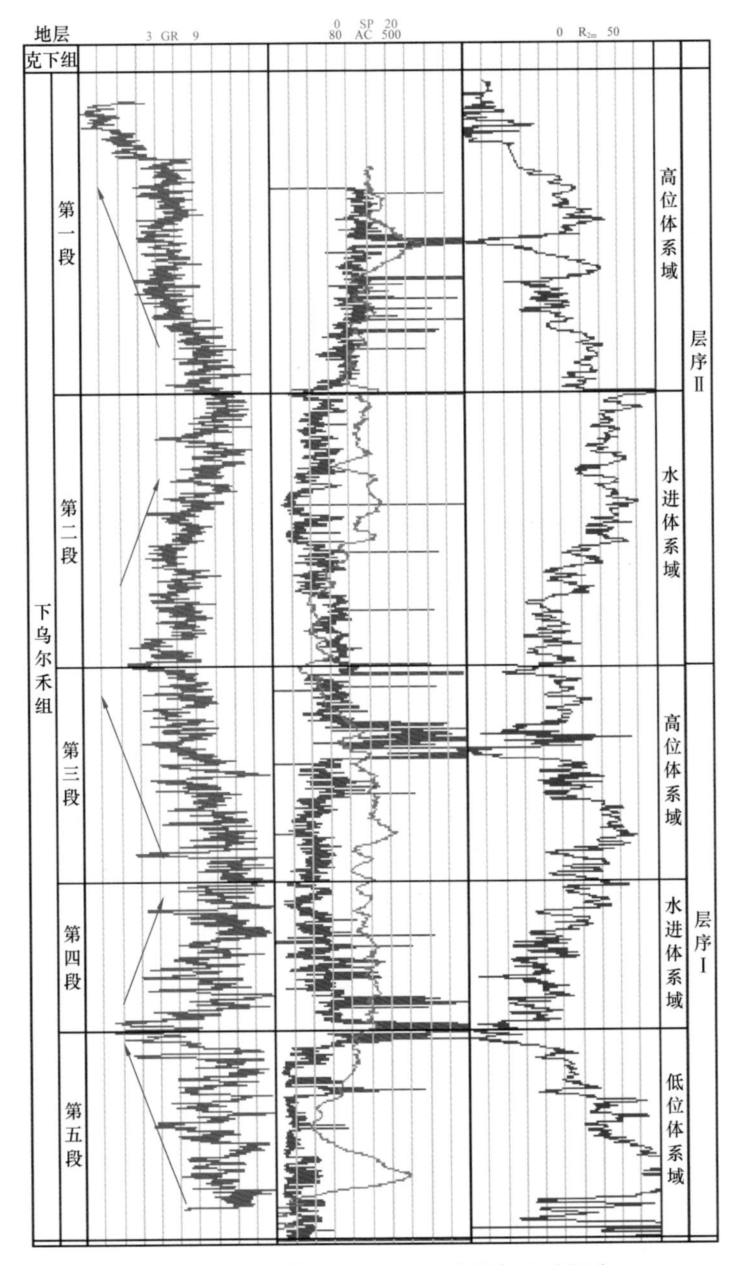

图 1–5　JY22 井下乌尔禾组层序及体系域划分

通过对薄片资料统计发现：下乌尔禾组泥质含量极低，平均值为 2.5%，而且泥质含量高低与自然伽马曲线没有明确的相关性（图 1–6）。以自然伽马作为泥质含量高低的标志评价湖平面的升降，并作为层序划分的依据不能成立。

进一步的研究发现，由于缺乏泥质，本区的自然伽马测井主要受到地层中砾石、砂粒母岩岩性（岩石颗粒母岩成分多为火山熔岩及火山凝灰岩类）的影响。中下部地层由于母岩更多的是偏酸性火山岩（花岗岩、流纹岩），因富钾而呈高自然伽马，上部地层母岩更多是中基性火山岩（安山岩、玄武岩等），呈低自然伽马（图 1–7）。

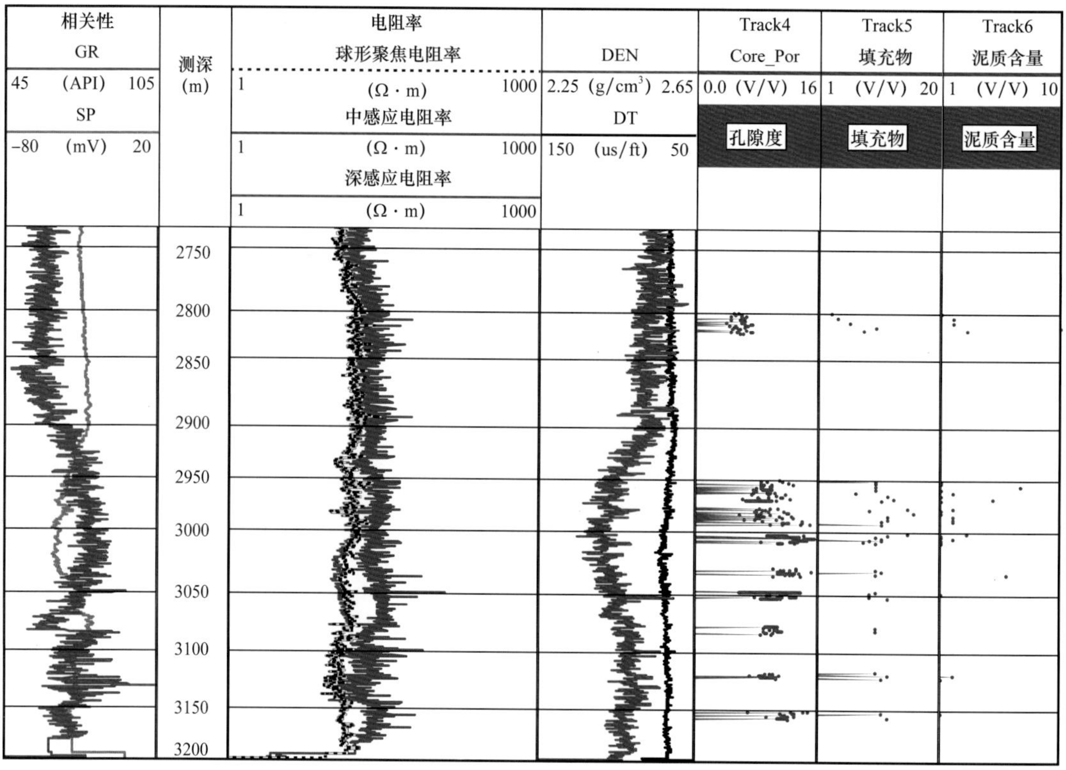

相关性
GR
45 (API) 105
SP
-80 (mV) 20
测深
(m)
电阻率
球形聚焦电阻率
1 (Ω · m) 1000
中感应电阻率
1 (Ω · m) 1000
深感应电阻率
1 (Ω · m) 1000
DEN
2.25 (g/cm³) 2.65
DT
150 (us/ft) 50
Track4
Core_Por
0.0 (V/V) 16
孔隙度
Track5
填充物
1 (V/V) 20
填充物
Track6
泥质含量
1 (V/V) 10
泥质含量
2750
2800
2850
2900
2950
3000
3050
3100
3150
3200

图 1-6　检乌 32 井泥质含量纵向分布

相关性
GR
45 (API) 105
SP
-80 (mV) 20
测深
(m)
电阻率
球形聚焦电阻率
1 (Ω · m) 1000
中感应电阻率
1 (Ω · m) 1000
深感应电阻率
1 (Ω · m) 1000
DEN
2.25 (g/cm³) 2.65
DT
150 (us/ft) 50
Track4
Core_Por
0.0 (V/V) 16
孔隙度
Track5
安山岩
1 (V/V) 30
安山岩含量
Track6
花岗岩
1 (V/V) 30
花岗岩含量
备注
2800
3000
3200
低伽马对应安山岩含量高、花岗岩含量低
高伽马对应安山岩含量低、花岗岩含量高

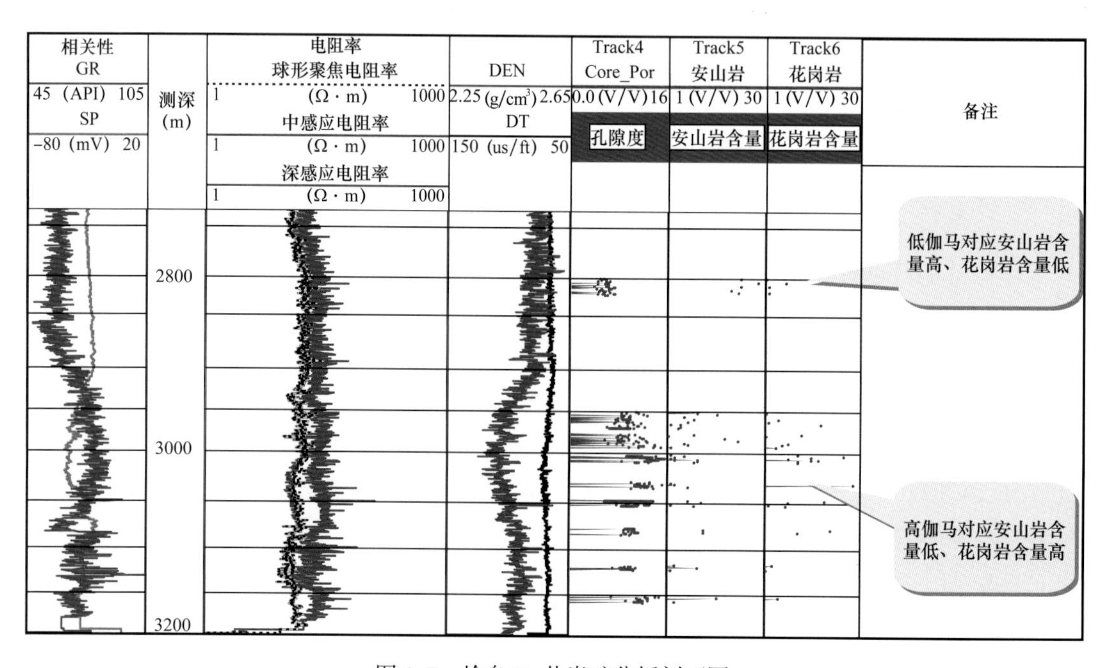

图 1-7　检乌 32 井岩矿分析剖面图

同一地质时期沉积物岩性与剥蚀区岩性相同或相近，因此成分相近的母岩也就具有了等时意义，可以作为层位划分的标志，不同的是，沉积物的岩性序列与剥蚀区岩性序列正好相反。

在利用自然伽马曲线进行地层对比的基础上，结合电阻率曲线及密度、中子、声波时差曲线可进一步提高地层对比的精度。

以自然伽马为基础的小层对比与传统小层对比间存在差别，目前的分层地层倾角更大。与传统分层方案对比，目前分层更好地解释了油水的分布。如图 1–8 所示，在八区与 530 井区间为地层水区，传统分层难以解释这种现象，采用本次分层可以看出，两个层系有各自独立的油水界面。

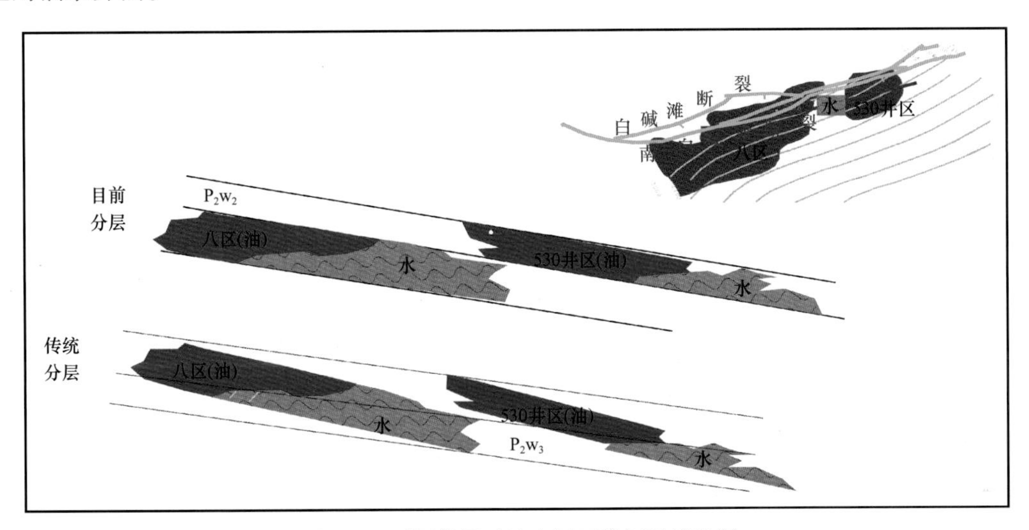

图 1–8 不同分层对油水界面的解释示意图

第二节 层序地层单元划分对比

一、层序界面划分

根据自然伽马测井等时概念，结合地震和测井曲线的各级界面特征，将研究区的层序划分为 1 个二级层序，2 个三级层序，5 个体系域、22 个准层序（表 1–1）。

八区下乌尔禾组的顶底均为大范围的区域性不整合所限定，为一个二级层序。而以其内部的局部不整合及相应的整合面为界，又可划分为两个三级层序，即层序Ⅰ（下部的层序）和层序Ⅱ（上部的层序）。

下乌尔禾组由于岩性纵向分异不明显，而横向岩性变化又较大，给地层对比造成较大困难。通过对各种测井响应特征的深入分析，认真选取对比标志层，合理部署骨架对比剖面，并充分利用井距小、井密度大的有利条件，最终得出了比较可靠的对比结果。

以不同层序单元的界面特征为依据，根据建立的层序地层划分方案，选择工区内 15 口关键井，通过岩心、测井曲线的特征分析并结合地震约束，进行了单井层序单元细分。

表 1-1 八区下乌尔禾组及层序划分方案

<table>
<tr><th>系</th><th>统</th><th>组</th><th>段</th><th>小层</th><th>准层序</th><th>层序</th></tr>
<tr><td>三叠系</td><td>中统</td><td>克下组</td><td></td><td></td><td></td><td></td></tr>
<tr><td rowspan="23">二叠系</td><td rowspan="22">中统</td><td rowspan="22">下乌尔禾组（P_2w）</td><td rowspan="6">第一段（P_2w_1）</td><td>1-1</td><td>6</td><td rowspan="11">层序Ⅱ</td></tr>
<tr><td>1-2</td><td>5</td></tr>
<tr><td>1-3</td><td>4</td></tr>
<tr><td>1-4</td><td>3</td></tr>
<tr><td>1-5</td><td>2</td></tr>
<tr><td>1-6</td><td>1</td></tr>
<tr><td rowspan="5">第二段（P_2w_2）</td><td>2-1</td><td>5</td></tr>
<tr><td>2-2</td><td>4</td></tr>
<tr><td>2-3</td><td>3</td></tr>
<tr><td>2-4</td><td>2</td></tr>
<tr><td>2-5</td><td>1</td></tr>
<tr><td rowspan="4">第三段（P_2w_3）</td><td>3-1</td><td>4</td><td rowspan="11">层序Ⅰ</td></tr>
<tr><td>3-2</td><td>3</td></tr>
<tr><td>3-3</td><td>2</td></tr>
<tr><td>3-4</td><td>1</td></tr>
<tr><td rowspan="2">第四段（P_2w_4）</td><td>4-1</td><td>2</td></tr>
<tr><td>4-2</td><td>1</td></tr>
<tr><td rowspan="5">第五段（P_2w_5）</td><td>5-1</td><td>5</td></tr>
<tr><td>5-2</td><td>4</td></tr>
<tr><td>5-3</td><td>3</td></tr>
<tr><td>5-4</td><td>2</td></tr>
<tr><td>5-5</td><td>1</td></tr>
<tr><td>下统</td><td>佳木河组</td><td></td><td></td><td></td><td></td></tr>
</table>

图1-9是85011井的小层划分情况。85011井2～5段各小层齐全，而第一段小层不完整。

二、层序地层单元对比

1. 体系域单元特征及其划分对比

层序Ⅰ由5个准层序构成的加积—进积准层序组构成，它的分布受地区性限制，为一向西南方向减薄并渐趋尖灭的楔形。层序Ⅱ 6个准层序都有保存的地区的面积不大，大多上部缺失1～2个准层序，甚至缺失更多(图1-10)。

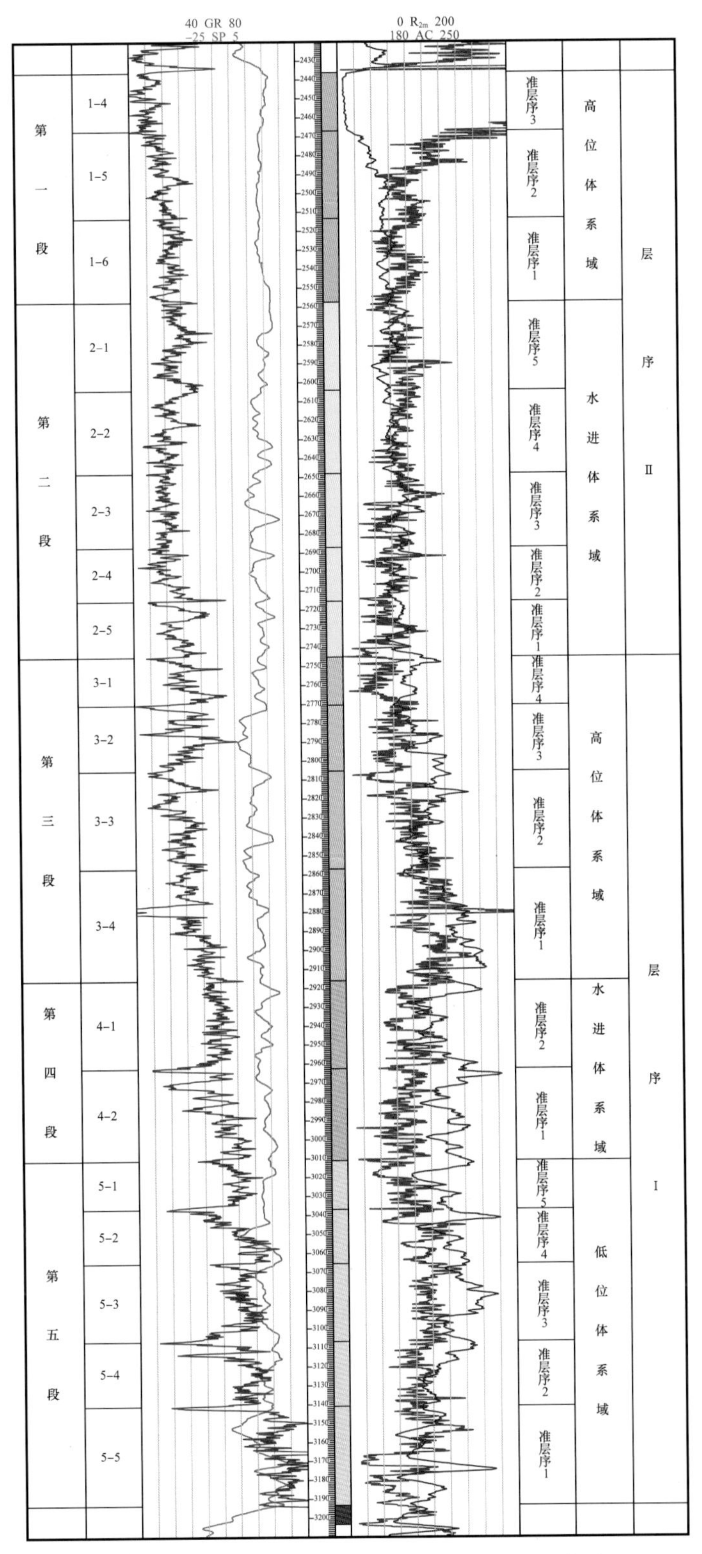

图 1−9　85011 井下乌尔禾组小层划分图

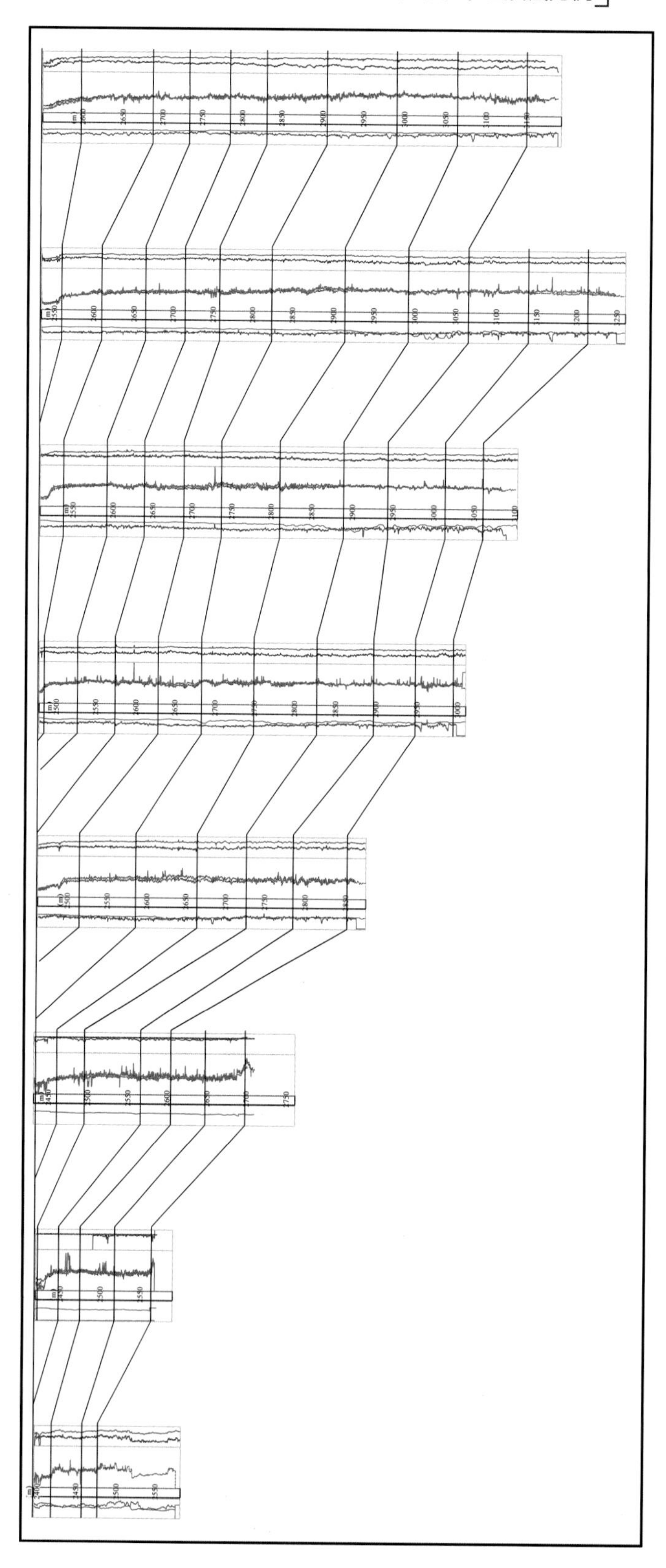

图1-10 8730—85082井层序单元划分对比图

2. 准层序组单元特征及其划分对比

下乌尔禾组旋回下部以砾岩为主，泥岩夹层较少，在电性上多为高阻，自然电位曲线偏转幅度明显；地层厚度大，向上厚度变小，夹层增多，电性以中低阻为主，自然电位偏转幅度偏小。所以，下乌尔禾组从岩性和电性特征看，可以细分成两个层序，在每个层序内还可细分成若干个旋回层。

3. 准层序单元特征及其划分对比

准层序是在准层序组划分基础上，进一步细分的地层单元，其划分应保持岩层的完整性，且有利于横向上的追踪对比。

自下而上，本区准层序单元特征如下。

（1）层序Ⅰ。分为三个准层序组。W5 共划分 5 个准层序，自下而上命名为 W_5^5、W_5^4、W_5^3、W_5^2、W_5^1。5 个准层序为一套进积—加积的砂砾岩沉积体，向上单层砂砾岩含量逐渐减少，砾岩厚度和砾地比值减小，测井曲线整体向上为一个齿化的反韵律沉积。W4 共划分 2 个准层序，自下而上命名为 W_4^2、W_4^1，2 个准层序为退积—加积的砂砾岩沉积体，测井曲线整体表现为向上变化的正韵律沉积。W3 分为 4 个准层序，自下而上命名为 W_3^4、W_3^3、W_3^2、W_3^1，测井曲线整体表现为反韵律沉积。

W_5^5—W_5^3 以不等粒砾岩为主，夹有含砾砂岩，砾地比在 90% 以上，电性曲线下部具有明显锯齿状反旋回特点。W_5^2—W_5^1 含不等粒砾岩及细砾岩，两者含量各占 50%，部分井见火山岩，砾地比在 90% 以上，电性曲线具有平直的特点。

W_4^2 以不等粒砾岩与细砾岩互层为主，夹有薄层砂砾岩，电阻率曲线低幅，自然电位幅度差大。W_4^1 以细砾岩为主，夹薄层含砾砂岩，自然电位平直，幅差小。

W_3^4—W_3^3 以砂砾岩为主，夹薄层含砾砂岩，自然电位平直，幅差小。W_3^2—W_3^1 以不等粒砾岩为主，夹薄层含砾砂岩，较该体系域下部含砾砂岩厚度变大，自然电位较平直，见齿化，幅差小。

（2）层序Ⅱ。分为两个准层序组。W2 共划分 5 个准层序，自下而上命名为 W_2^5、W_2^4、W_2^3、W_2^2、W_2^1。5 个准层序为一套退积—加积的砂砾岩沉积体，砾岩厚度和砾地比值减小，测井曲线整体向上为一个正韵律沉积。W1 共划分 6 个准层序，自下而上命名为 W_1^6、W_1^5、W_1^4、W_1^3、W_1^2、W_1^1，为进积砂砾岩沉积体。

W_2^5—W_2^3 以不等粒砾岩为主，夹少量含砾砂岩，砾地比在 85% 以上，电性曲线下部具有明显锯齿状正旋回特点。W_2^2—W_2^1 以含细砾岩为主，薄层砂岩增多，电性曲线具有平直的特点。

W_1^6—W_1^4 以厚层细砾岩为主，含有薄层的含砾砂岩，测井曲线呈钟形。

W_1^3—W_1^1 为厚层细砾岩，夹中砾岩，测井曲线平直。

在单井层序划分的基础上，首先选取了 8 条基干剖面，过井 134 口。具体对比中，采取由大到小逐级控制，结合三维地震、生产动态和监测资料，以层序边界和最大湖泛面为标志层界面，考虑垂向上准层序堆砌方式，从准层序组依次对比至准层序。图 1-11 是井震层序单元划分对比结果。

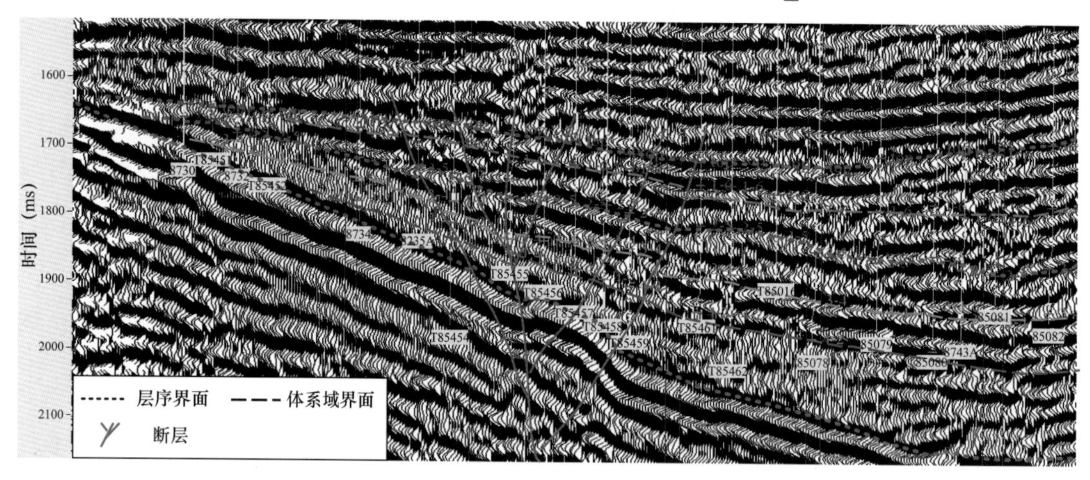

图 1-11　8730—85082 井层序单元划分对比井震图

借助三维地震资料，通过分析不同层序单元的地层接触关系及其在地震上的响应，重新建立地层对比模式，尤其是在工区西侧的超覆带，在地震层序的指导下，重新划分了多井的对比关系，真正实现了等时地层对比，修正了过去地层对比过程中穿时的错误，为下一步研究储层、低级次构造、注采对应程度分析、地质模型的建立打下了坚实的基础。

本章小结

本章依据目的层顶底均为不整合界面的特点，首先识别顶底的不整合特征，再识别内部不整合特征，通过测井曲线特征可以非常清楚地识别这些界面。

本章的突出成果为：（1）主要利用声波时差（AC）和电阻率（RT）曲线，参考 GR 和 SP 曲线，识别顶底界；（2）借助三维地震资料，通过分析不同层序单元的地层接触关系及其在地震上的响应，重新建立地层对比模式，在地震层序的指导下，重新划分了多井的对比关系，真正实现了等时地层对比，修正了过去地层对比过程中穿时的错误。

第二章 构造特征

第一节 应力场分析

二叠纪以来，准噶尔地块处于近南北向挤压之下，但受局部因素的影响（如边界方向、基底性质等），不同构造部位表现出不同的应力场性质。准噶尔盆地西北缘地区，应力状态总体表现为南北挤压的同时，又受达尔布特断裂活动的影响，叠加了扭动构造应力场。同时，由于不同时期应力场不同，挤压、冲断方向发生变化，使得不同区带及时期的构造应力场差别较大。

一、区域应力场

1. 石炭纪应力场特征

早石炭世末，准噶尔地块与哈萨克斯坦地块之间的裂陷槽开始闭合，地层受到北西—南东向挤压，在逆冲推覆构造带尚未形成之前，出现了与北东向挤压应力作用面走向平行的挤压破裂带和与挤压应力作用面走向直交的北西向张性断裂带。在晚石炭世末期，受东西向挤压应力的控制，准噶尔盆地西北缘前陆冲断带最先形成车排子断隆，红车断裂即是该时期前陆冲断带的前锋断裂。

2. 二叠纪应力场特征

早—中二叠世构造应力场状况稍有不同，表现为后期主压应力方向向东偏转。二叠纪早期，主应力沿北西—南东向挤压，与之近垂直的克百断裂带发生大规模冲断推覆，呈北东—南西向延伸，发育断层数量多、密度大。

二叠纪晚期，除了北西—南东向压力继续起作用外，南北向压力也产生影响，其总压应力方向表现为北北西—南南东（图 2-1、图 2-2）。另外，受早期北东向挤压破碎带逐渐发展起来的、规模巨大的北东向逆断层控制（如达尔布特断裂），叠加了左旋扭动应力场，这两种作用相互叠加和影响，形成了二叠纪复杂的构造应力场，从而也形成了多方向的断裂相互交织的现象。在克百断裂带表现为压扭性质，水平断距与垂直断距相差不大，其旁侧断裂呈雁列式展布。

3. 三叠纪应力场特征

三叠纪时期，准噶尔地块受南北向挤压，在克百地区表现为扭压性质。克百地区断层活动具有后退式叠瓦状特点。除先期形成的主逆冲断裂继承性活动外，主断裂上盘靠近主断裂的地方开始发生断裂活动。早期表现为一条断层的克百断裂逐渐分化成几段，如克拉玛依段、南白碱滩段和百口泉段等。该时期主要活动断层分布在北东、北西两个方位，反映了近南北向的挤压应力状态（图 2-3）。

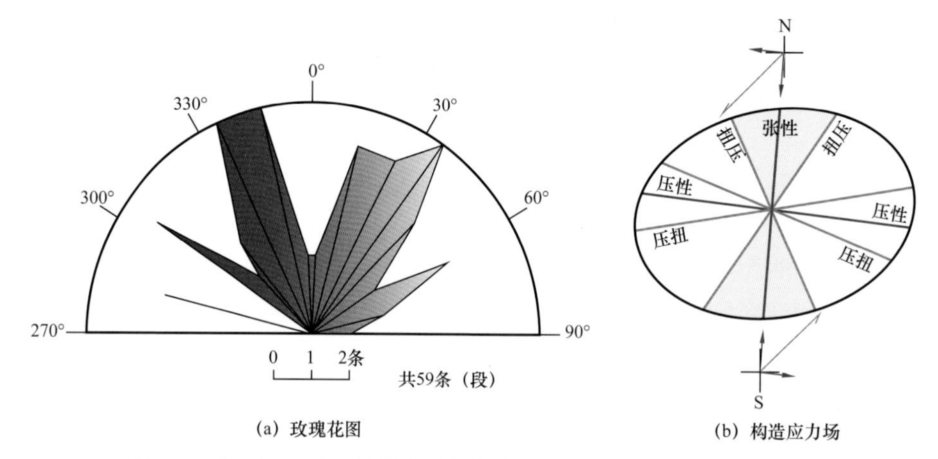

图 2-1　克百地区早二叠世断裂走向玫瑰花图及所反映的构造应力场

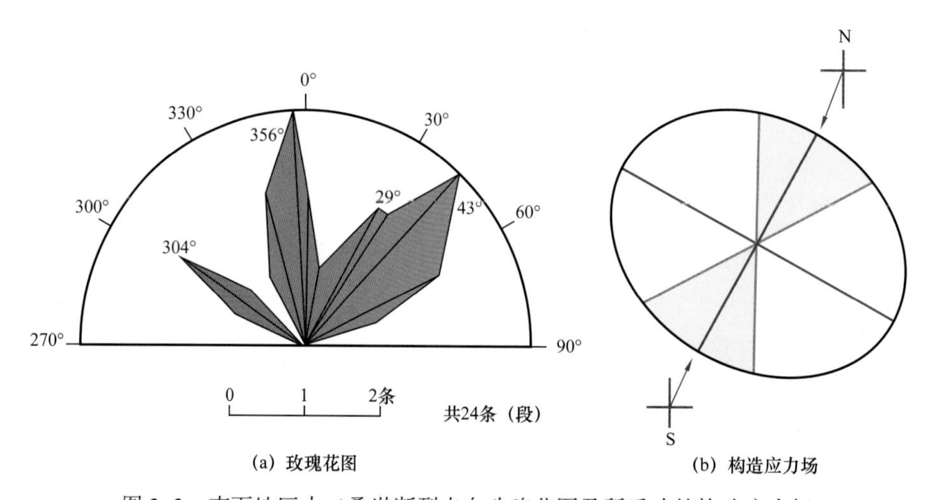

图 2-2　克百地区中二叠世断裂走向玫瑰花图及所反映的构造应力场

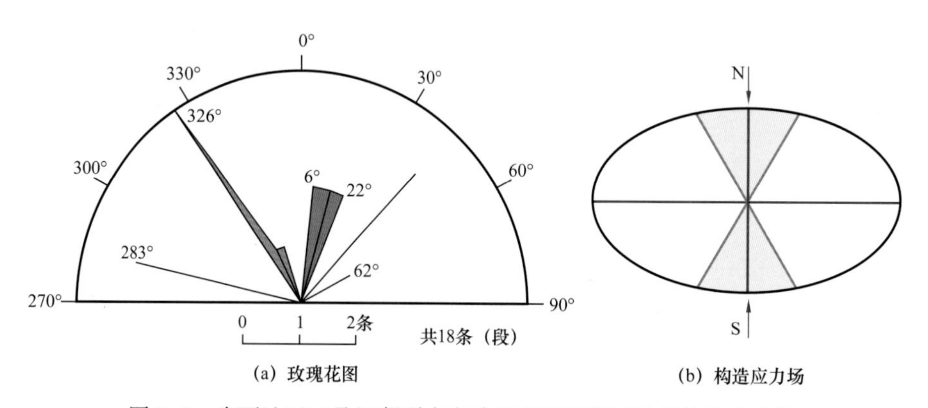

图 2-3　克百地区三叠纪断裂走向玫瑰花图及所反映的构造应力场

4. 侏罗纪—白垩纪应力场特征

燕山构造旋回的早、中期，准噶尔盆地西北缘地区构造活动强度较石炭—二叠纪大幅减弱，为陆内坳陷的填充消亡期。该时期西北缘处在右旋应力场作用之下，主压应力方向为北西—南东向。克百地区表现为挤压作用，形变最强烈。

侏罗纪，克百地区除主断裂继续活动外，在主断裂上盘还发育了多条断裂。新形成的断裂以及早期已经存在继承性活动的断裂展布在多个方位上，反映了近东西向的右旋扭动应力场(图 2-4)，主压应力方向为北西—南东向。

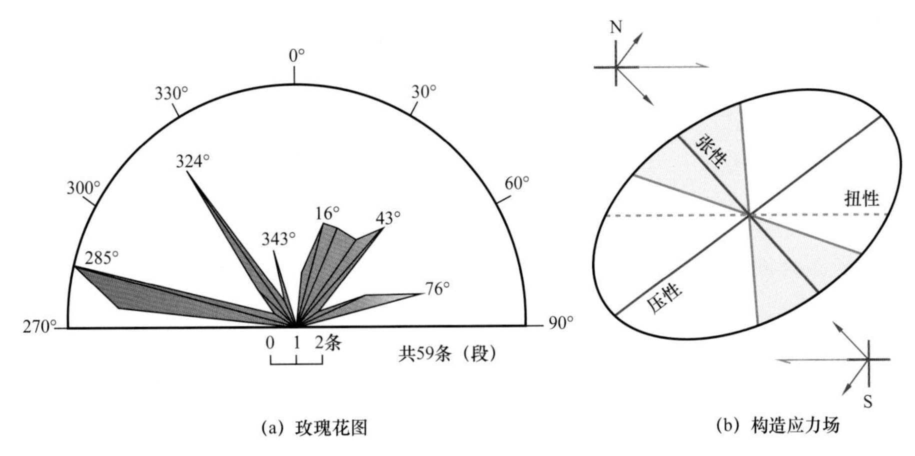

图 2-4 克百地区侏罗纪断裂走向玫瑰花图及所反映的构造应力场

白垩纪，克百地区仅接受了下白垩统沉积，断裂活动表现较弱。现今切过白垩系的断层主要是白垩纪晚期形成的，方位包括北北东向和北北西向，其中北北西向断层多为横向断层，北北东向断层为压性断层，反映北西—南东向挤压应力场(图 2-5)。

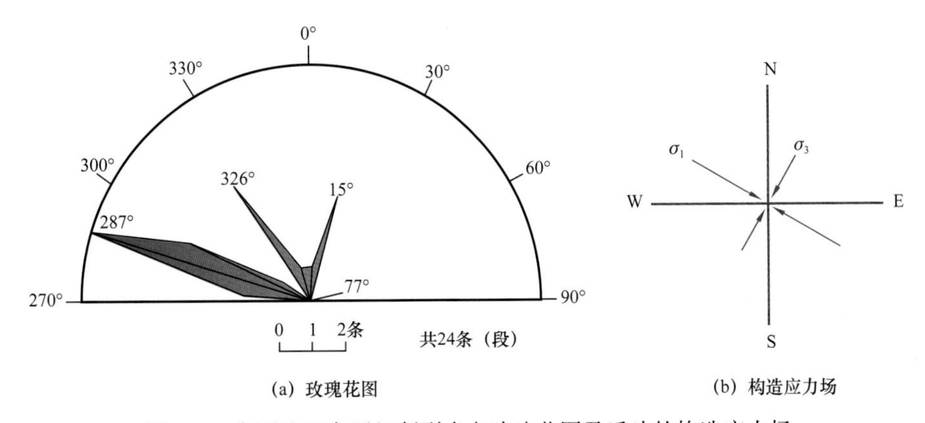

图 2-5 克百地区白垩纪断裂走向玫瑰花图及反映的构造应力场

从主压应力方向来看，准噶尔盆地西北缘二叠纪以来构造应力状态具有从北北东方向向北西方向迁移变化的趋势(图 2-6)。分析认为，其中的两次应力场变化对该区的裂缝形成产生重要影响：一次是二叠纪晚期—三叠纪强烈的左旋压扭性应力场，在克百断裂带形成

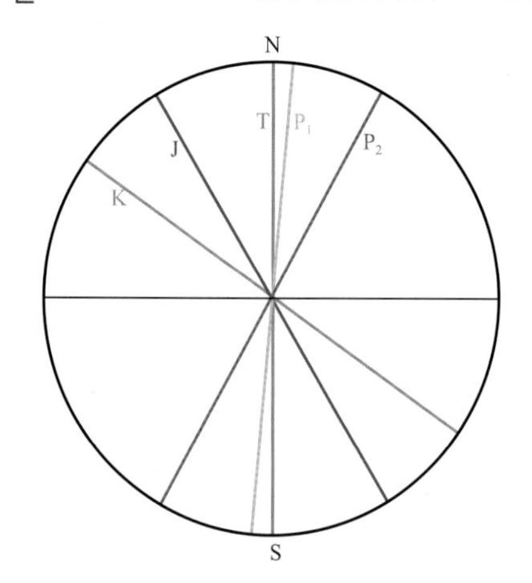

图 2-6 克百地区二叠纪以来最大主压应力轴方位变化图

多方向的断裂相互交织的现象，是下乌尔禾组裂缝的初次形成期；另一次是侏罗纪时期，克百地区主压应力方向为北西—南东向，同时叠加了右旋应力场作用，形变最强烈，主断裂上盘发育了多条断裂，是下乌尔禾组裂缝的又一形成期。

二、现今地应力方向

根据近几十年来实测与理论分析证明，原岩应力场大多是三向不等压的、空间的非稳定应力场。三个主应力的大小、方向随时间和空间变化而变化。现今地应力主要由岩体的自重和地质构造作用引起，它与岩体的特性、裂缝的方向和分布密度、岩体的流变性以及断层、褶皱等构造形迹有关。此外，影响现今地应力状态的因素还有地形、水压力、温度变化等，但这些因素所产生的应力大多是次要的。对油田开发而言，主要考虑构造应力和重力应力的影响，因此，现今地应力可以认为是构造应力和重力应力叠加而成的。

重钻井液压裂缝与地应力分布密切相关。从岩石力学的基本理论出发可知，重钻井液压裂缝通常与原最大水平主应力方向平行。因此，利用成像测井图鉴别出天然裂缝和重钻井液压裂缝后，可以判别原地最大、最小水平主应力的方向，为进一步深入研究裂缝分布规律奠定基础。除重钻井液压裂缝与地应力分布密切相关外，钻井过程中的井壁应力垮塌也直接反映了原地最小水平主应力的方向。充分利用研究区双井径测井曲线、成像测井图所展示的井眼形状及井壁特征，可以较准确地确定现今地应力方向，进而确定地层裂缝空间展布的主方向，为注采井网的分布提供地质力学依据。

1. 利用钻井诱导裂缝确定现今地应力方向

常见的钻井诱导裂缝主要有三种。一种是钻井过程中由于钻具震动形成的裂缝，其宽度十分微小，且径向延伸很短；这类裂缝在 FMI 图像上有高电导异常，但在方位电阻率成像（ARI）图上却没有异常。第二种是重钻井液与水平地应力较大的不平衡性造成的裂缝；这类裂缝一般以高角度张性缝为主，且张开度和延伸都可能很大。第三种为应力释放缝，在现今地应力相对集中的致密岩层段，当钻穿层段后，随着应力释放会产生一组应力释放缝，其特征表现为接近平行的高角度裂缝。

图 2-7 为利用钻井诱导缝确定的八区下乌尔禾组最大水平主应力方向图。在 EMI 图像上出现两道相差 180° 的钻井诱导裂缝，这就是最大水平主应力方向，模糊图像显示走向为北东东向，相应的现今最大水平应力方向为北东东—南西西向。裂缝倾向与倾角测试结果显示，倾向为 160°～170°，倾角为 80°～90°，也说明裂缝走向为北东东—南西西向。因此，现今最大水平主应力方向为北东东—南西西向。

2. 利用井眼应力垮塌确定现今地应力方向

钻井过程中引起的井眼应力垮塌是确定现今地应力方向的又一重要手段。井眼垮塌引起井眼变形通常以图 2-8 所示的四种典型方式表现出来。

不同变形井眼的成因不同，双井径曲线和成像测井图结合，可以直观、准确地鉴别各种成因的椭圆形井眼，进而估计现今地应力的方向。在各种不同成因的变形井眼中，由于水平主应力的不平衡造成的、井壁在最小主应力方向上的剪切掉块或井壁崩落，将形成对称的椭圆井眼。与钻井诱发裂缝指示原地最大水平主应力方向不同，椭圆井眼长轴方向指示原地最小水平主应力方向。井眼应力垮塌的结果，将使双井径曲线一条大于钻头直径，一条近似等于钻头直径，在成像测井图上，则表现为垮塌对称分布在井眼两侧。

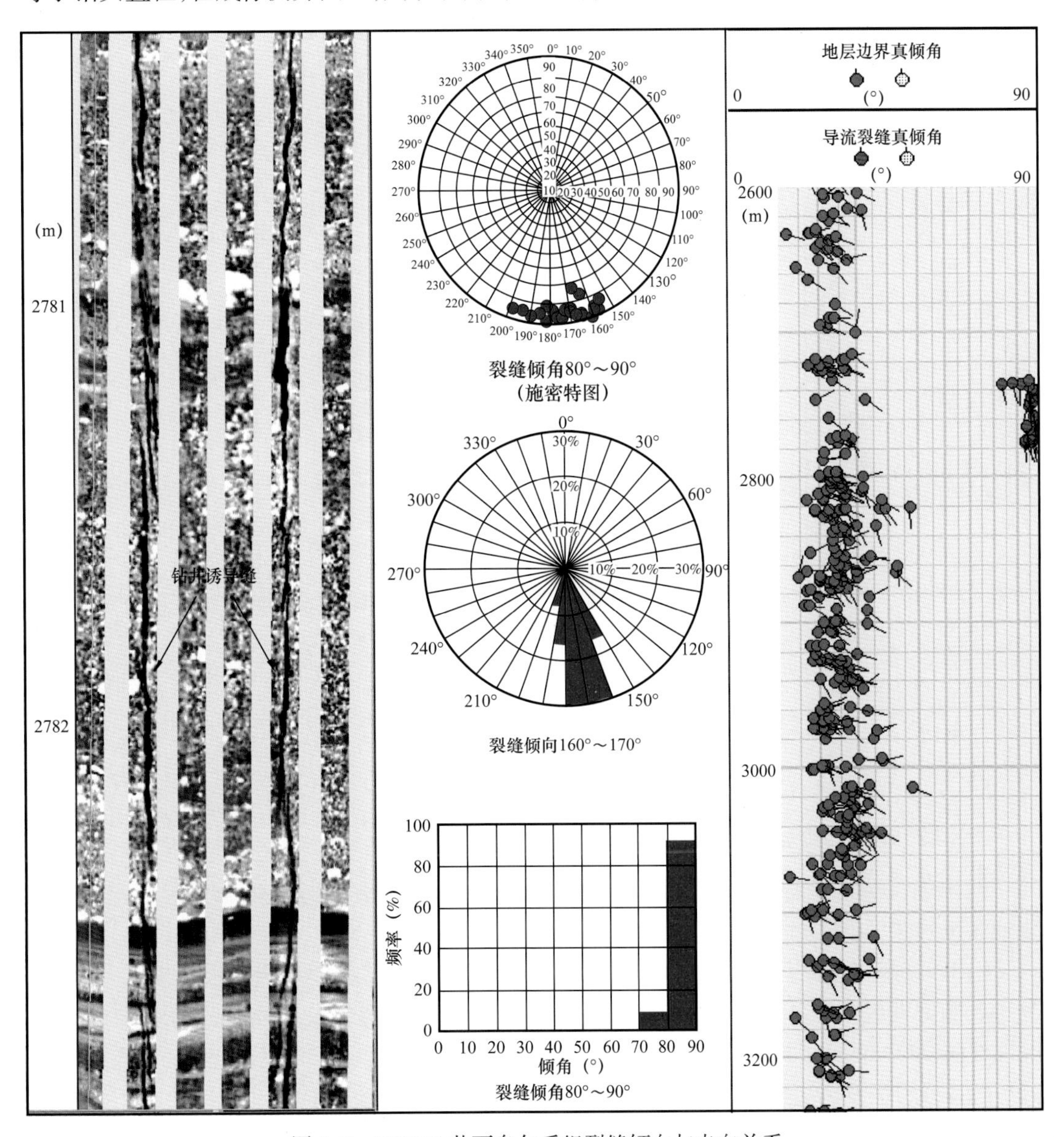

图 2-7　T85462 井下乌尔禾组裂缝倾向与走向关系

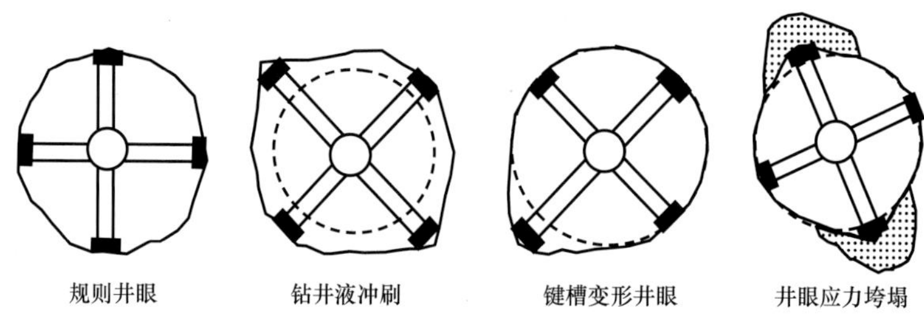

图 2–8　四种典型的井眼形状

根据井眼垮塌原理,椭圆井眼的短轴方向即代表最大主应力方向。从某些致密砂砾岩层段中,可以见到沿井眼近东西方位上产生垂直裂缝,表明现今最大水平地应力的方向是北东东—南西西向(图 2–9)。

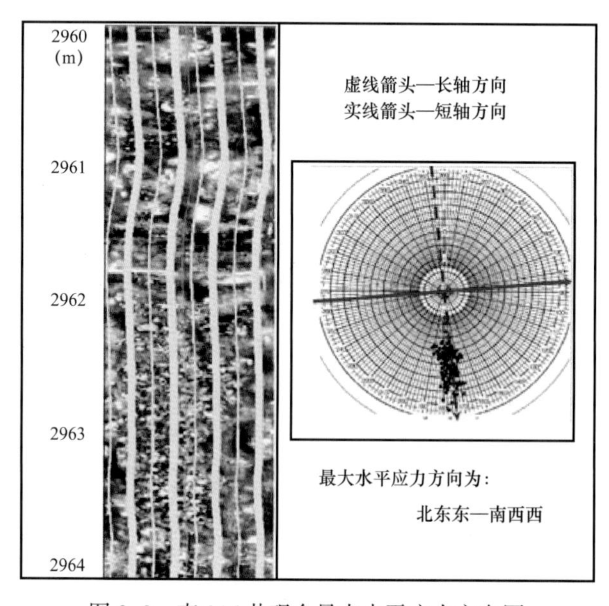

图 2–9　克 016 井现今最大水平应力方向图

第二节　层位标定

一、层位标定方法

利用地震资料进行构造研究,首先要对地震地质层位进行标定。本书层位标定采用合成地震记录法,制作合成地震记录的步骤如下。

(1)测井资料的预处理。测井资料的预处理包括对声波时差和密度曲线的校正及滤波处理。测井曲线的校正又分为环境校正和油气校正两种。通过校正,消除井眼和油气对测井曲线的影响,使得测井曲线只反映地层岩性的变化。

(2)应用声波、密度曲线求出反射系数序列。

(3)应用人机联作系统从地震剖面的井旁道直接提取子波,或者选用频率与剖面相适应的理论 Ricker 子波。

（4）反射系数与地震子波进行褶积得到合成地震记录。

（5）将合成地震记录上下移动，与井旁道进行对比，最终使人工合成记录与井旁地震道相关性最好。最后在合成记录上根据目的层地质分层深度相对应的时间，标在时间剖面上，从而实现井点处的层位标定。

二、层位标定结果

在工区内均匀选择 150 口井，制作了合成地震记录，通过对井旁地震道的标定，建立钻井地质分层与地震反射层之间的对应关系，标定出下乌尔禾组顶（以下简称乌 1 顶）、乌 2 顶、乌 3 顶、乌 4 顶、乌 5 顶和下乌尔禾组底等共 6 个地震反射层位（图 2-10、图 2-11）。

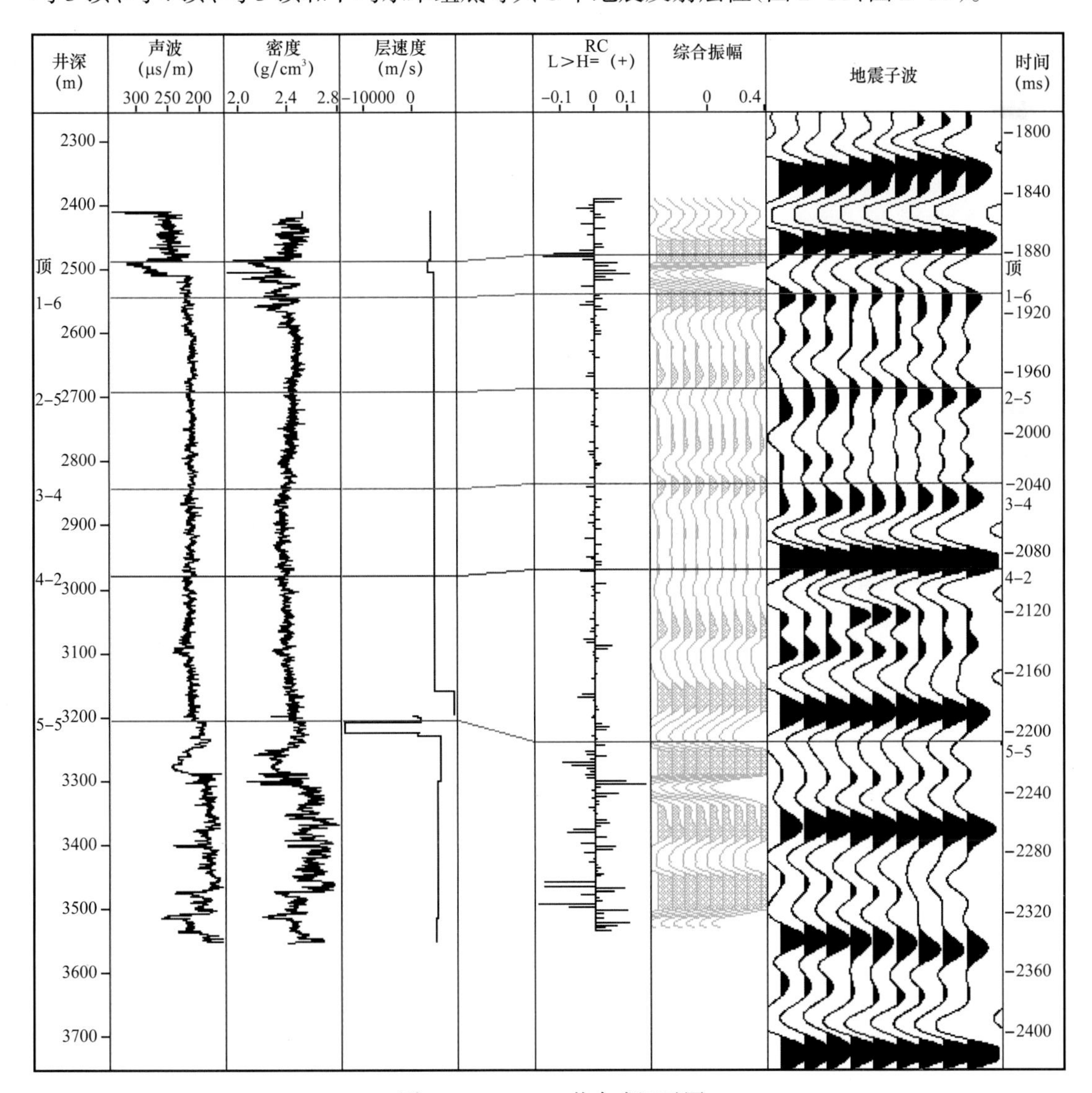

图 2-10　T85006 井合成记录图

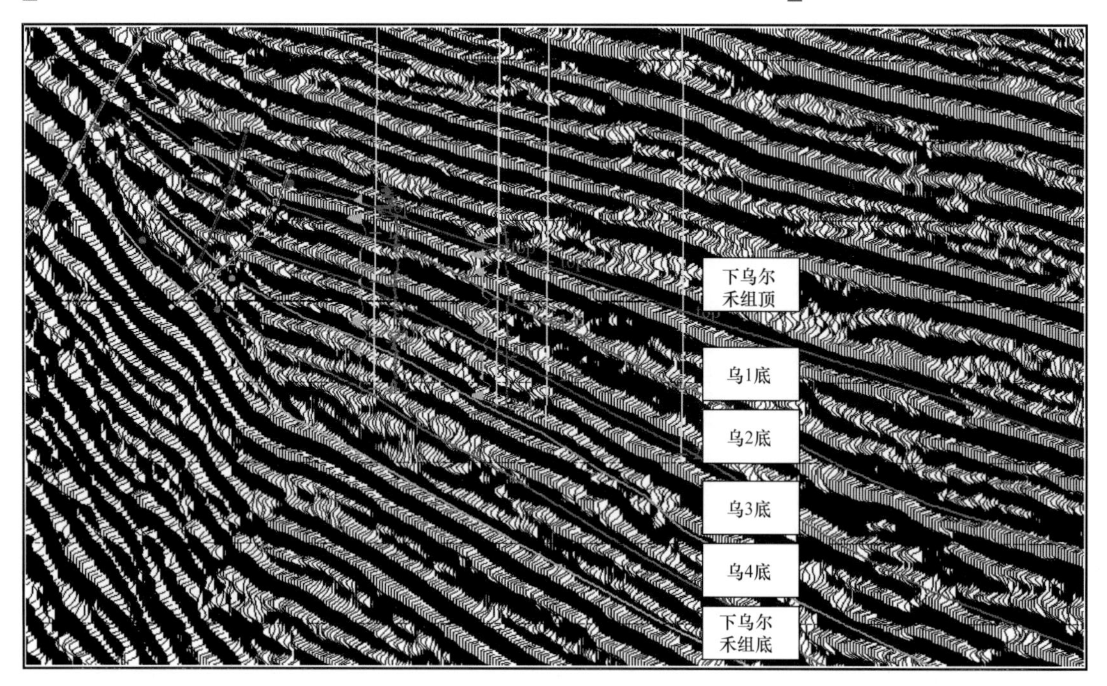

图 2-11 T85011 井层位标定剖面图

从图中可以看出,合成地震记录与井旁道相似性好,且不同地层界面地震反射特征清楚。从地震标定精度检验看(表 2-1),下乌尔禾组油藏各段标志层地震转换深度与钻井深度最大误差为 15.34m,最小只有 3.42m,平均误差 8.5m,说明层位标定结果是可靠的。

表 2-1 层位标定精度表

井	项目	下乌尔禾组顶	乌 1 底	乌 2 底	乌 3 底	乌 4 底	下乌尔禾组底
T85006	地震时间(ms)	1694	1728	1784	1849	1915	2000
	转换深度(m)	2231	2290	2431	2580	2720	2950
	钻井深度(m)	2219.1	2274.7	2424.8	2575.6	2711.90	2937.4
	绝对误差(m)	11.87	15.34	6.19	4.42	8.1	12.61
8502	地震时间(ms)	1797	1846	1924	1994	2056	
	转换深度(m)	2410	2501	2680	2845	2972	
	钻井深度(m)	2394.4	2493.2	2667.9	2835.4	2962.6	
	绝对误差(m)	5.6	8.51	12.04	9.59	9.43	
T85011	地震时间(ms)	1705	1738	1799	1867	1935	
	转换深度(m)	2237	2309	2441	2605	2760	
	钻井深度(m)	2241.93	2312.42	2455.05	2615.81	2769.15	
	绝对误差(m)	4.93	3.42	14.05	10.81	9.15	

三、界面波组特征

1. 下乌尔禾组顶

该界面为一区域不整合面，与三叠系呈角度不整合接触，地震反射表现为较好连续、中振幅的波峰反射，在研究工区范围内可连续追踪（图 2–12）。

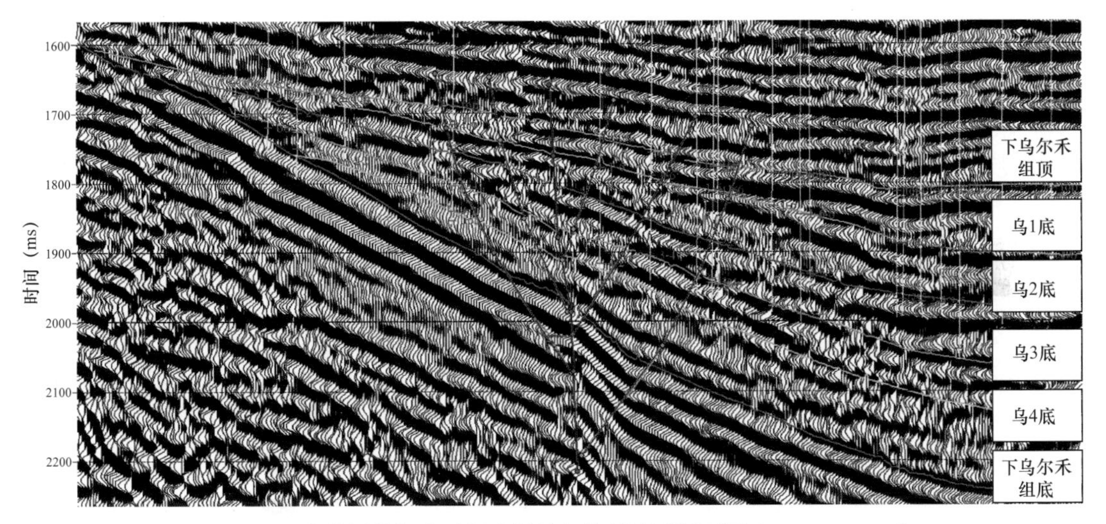

图 2–12 多井层位标定及标志层波组特征地震剖面图（CrossLine160）

2. 乌 1 底

乌 2 段的顶界为一较强的波峰反射，连续性较好，在工区范围内与下乌尔禾组顶向西北方向削蚀接触，分布范围集中在工区的东南部，在多井层位控制下可连续追踪（图 2–12）。

3. 乌 2 底

本界面是下乌尔禾组内部的一个层序界面，在西部斜坡上为一不整合面，向东逐步变为整合面，地震波反射上表现为振幅较强的波峰反射，连续性较好，工区范围内可连续追踪（图 2–12）。

4. 乌 3 底

依据多井标定结果，本界面总体上为一地震反射能量较弱、连续性较差、振幅较弱的波峰反射，在西部的斜坡带上同相轴不明显，在东部区域连续性变好（图 2–12）。

5. 乌 4 底

本界面的地震波组特征与乌 4 顶相似，全区范围内表现为一较弱的振幅反射，依据多井标定结果可以全区追踪（图 2–12）。

6. 下乌尔禾组底

钻达本界面的井不多，由于反射特征明显易于识别，表现为 3 个强的波峰反射，地层界面对应于该强反射波组的第一个强反射界面，在局部地区变为较强、不连续反射，界面上地层超覆现象明显（图 2-12）。

第三节　断裂体系

一、区域断裂特征

准噶尔盆地西北缘前陆冲断带在漫长的地质时期中，经历了多期复杂的构造运动，受不同时期、不同区带多变的应力场控制，各期形成的断裂体系相互交织、相互控制和影响。二叠纪构造变形主要发生在二叠纪早期和二叠纪末期两个构造幕，造成二叠系佳木河组、风城组、夏子街组和下乌尔禾组之间的断裂体系分布存在较大差异。

二叠纪中期，构造运动进入间歇期，强度变弱。到二叠纪末期，构造活动再次增强，使西北缘地层局部隆起遭受剥蚀，形成了二叠系与三叠系之间的角度不整合。从现今断裂分布来看，克百地区数量明显减少，乌夏地区为断裂主要发育区，并具有由西向东逐渐增强的特点。垂向上，乌夏地区下乌尔禾组由下往上断层数量逐渐增多，这一特征与区域构造运动不断增强相一致。

二叠纪中晚期是乌夏和克百地区构造活动最强时期，形成的较大规模构造在下乌尔禾组大致呈北西向延伸。从现今断裂体系展布来看，共发育走滑断裂带 5 条、横向断层 22 条、撕裂断层 15 条（图 2-13）。

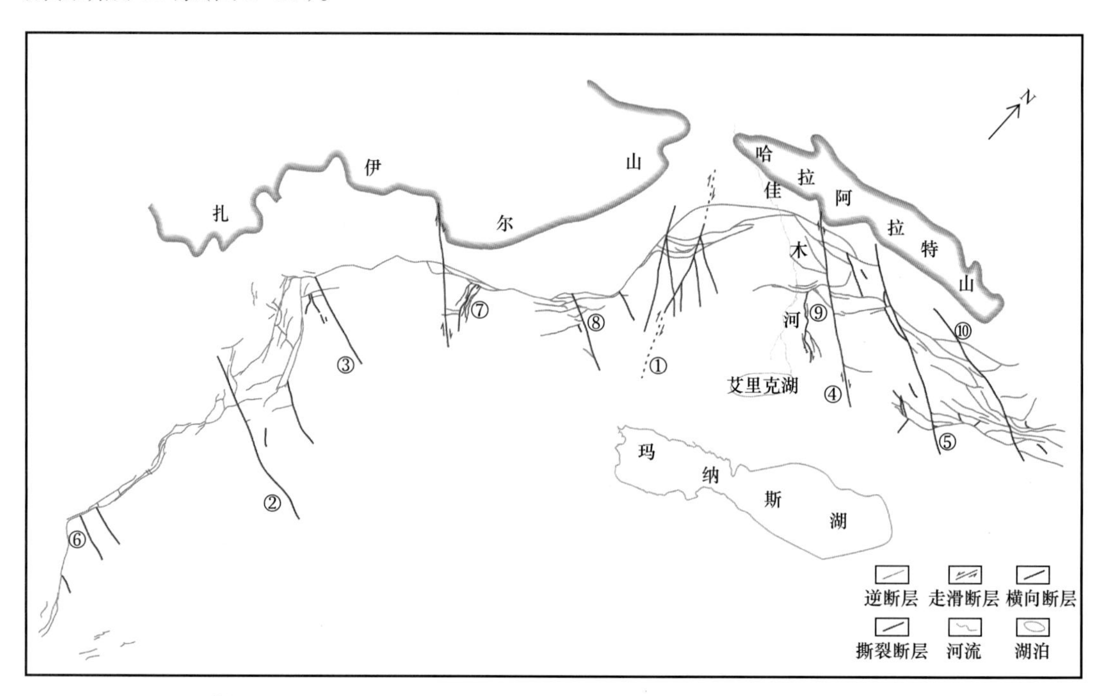

图 2-13　准噶尔盆地西北缘二叠系下乌尔禾组五段顶界面断裂体系分布图（据徐朝晖，2008）
①白口泉走滑断裂带；②拐 13 井北横向断层；③五区南横向断层；④风南 1 井走滑断层；⑤夏 201 井横向断层；⑥车 45 井北横向断层；⑦ 256 井走滑断裂带；⑧ 408 井横向断层；⑨乌 24 井走滑断裂带；⑩夏 59 井横向断层

从整个二叠系断层走向上看，断裂分布各地区有所差异，百口泉地区以发育平行式断层为主，五八区（含中拐凸起东翼）断裂系统比较复杂，多个方向的断裂相互交错切割和限制。其中的256井走滑断裂带位于八区下乌尔禾组油藏内部，对储层物性、裂缝发育程度及开发特征具有重要的控制作用。

本书以层位标定为基础，通过三维地震资料对256井断层带进行了系统研究，提出了256井断层并非早期认识的单一弯曲的逆断层和简单的直线分布走滑断层，而是具有走滑性质的大型调整构造，越过白碱滩断裂与大侏罗沟断裂相接。

二、走滑调整断层

走滑断层是指断层面近于直立，断层一侧相对另一侧岩块做水平运动，其总滑移距是在断层走向的方向上。与通常的正、逆断层不同，走滑断层表现出断层线曲折、断层面陡且具有丝带分布特点，表现在地震剖面上，断层时正时逆或地层无上下错断，解释难度很大。

根据前人研究总结，走滑断层具有以下特征。

（1）走滑断层的倾角大，断面近于直立。

（2）断层两侧地层发生错断。

（3）断裂带内破碎夹块，地震反射杂乱。

（4）花状构造：走滑断层系中的特征性构造之一，剖面上走滑断层自下而上成花状撒开，故称为花状构造，包括正花状和负花状构造。

正花状构造：挤压性走滑断层派生的在压扭性应力状态中形成的构造。一条陡立走滑断层向上分叉撒开，以逆断层组成的背冲构造。断层下陡上缓凸面向上，被切断的地层多成背形，正花状构造就像一个细管的倒立锥体(图2-14a)。

负花状构造：拉张性走滑断层派生的在张扭性应力场中形成的构造。一套凹面向上的正断层构成了类似地堑式的构造，堑内地层平缓，浅部形成被正断层破坏的向斜(图2-14b)。

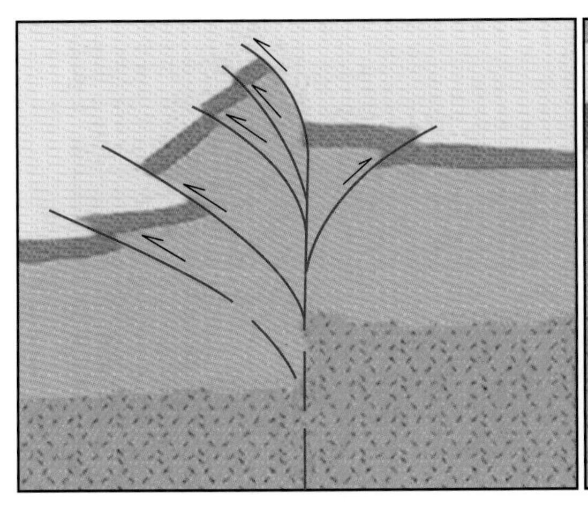

(a) 正花状构造图

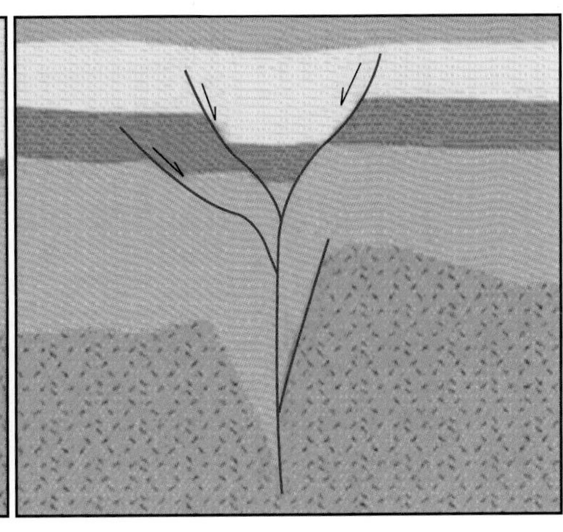

(b) 负花状构造图

图2-14 花状构造图

（5）海豚效应：走滑断层系中一种重要的特征性构造，由于走滑断层时正时逆甚至地层无上下错断，看起来就像一条嬉戏的海豚一样，上下翻腾，称为海豚效应，如图 2-15 所示。

（6）丝带效应：由于剪切应力场的作用，走滑断层表现出断层线曲折、断层面陡且具有丝带分布的特点，如图 2-15 所示。

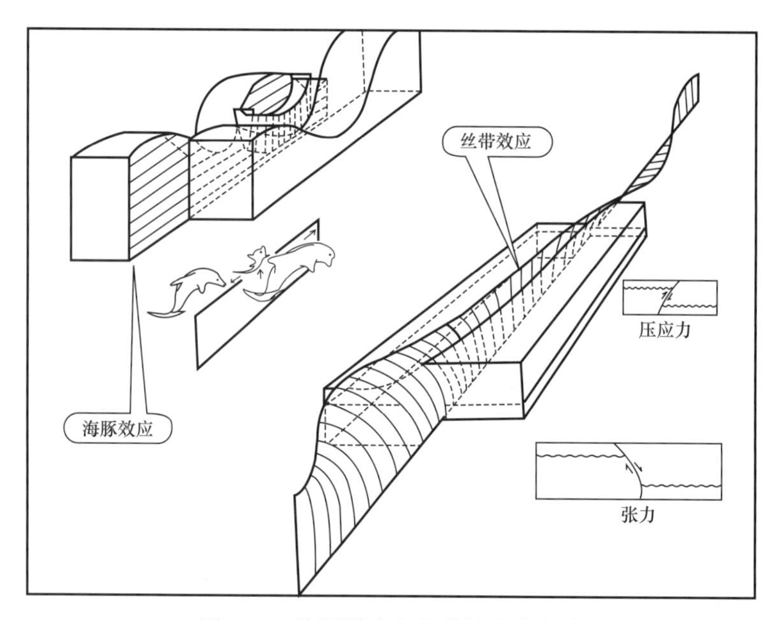

图 2-15　海豚效应与丝带效应示意图

（7）剖面上地层不连续。

（8）走滑带两侧地质界线水平错开。

区内走滑断层的识别标志：

（1）256 井主断层的断面很陡，大部分为高角度，有些甚至近于直立，如图 2-16 所示。

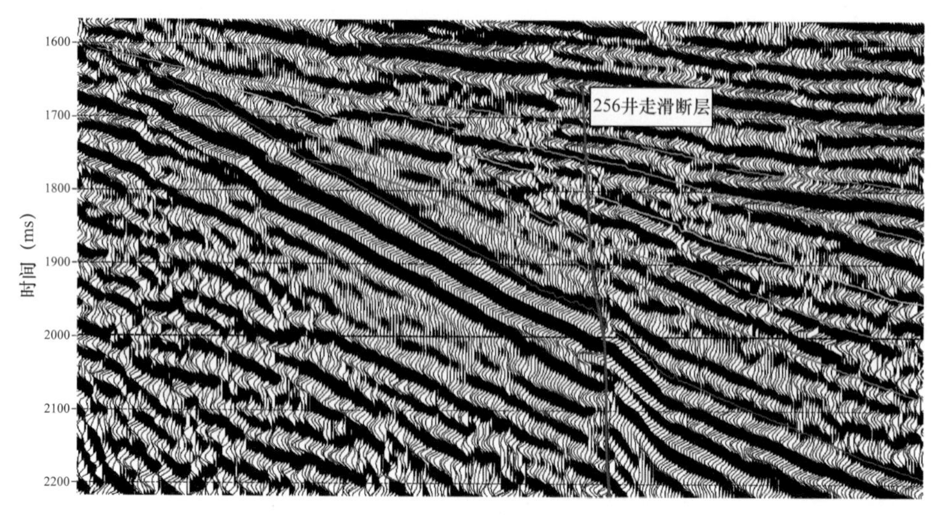

图 2-16　CrossLine 160 测线地震剖面

（2）地震剖面上，256 井断层与其两侧的伴生断层具有明显的“花状”特点，如图 2–17 所示。

（3）在剪切应力场的作用下，256 井断层的两盘左右错动，断面中间产生一个断裂破碎带。反映在地震剖面上，反射同相轴呈杂乱分布，如图 2–17 所示。

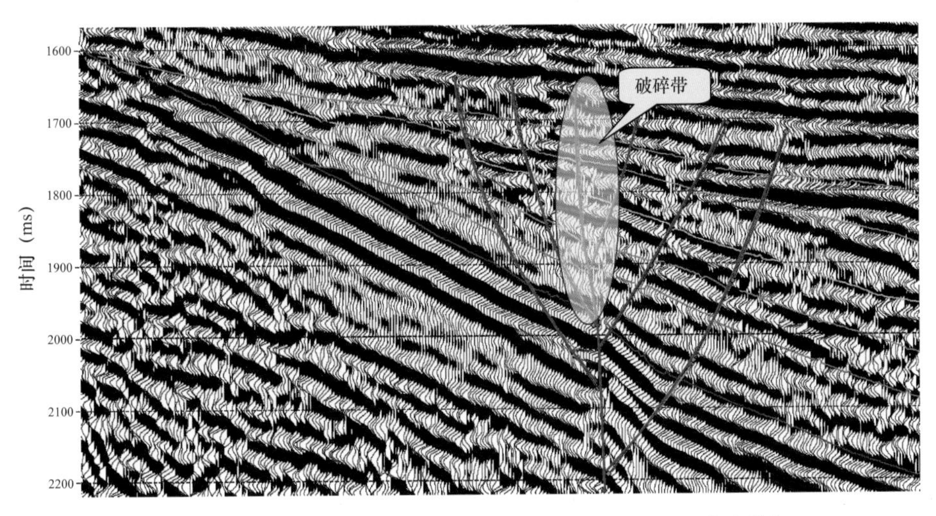

图 2–17 CrossLine 242 测线地震剖面图（花状构造和破碎带）

（4）从建立的三维构造模型可以看出，256 井断层的断面呈现明显的丝带展布的丝带效应特点，如图 2–18 所示。

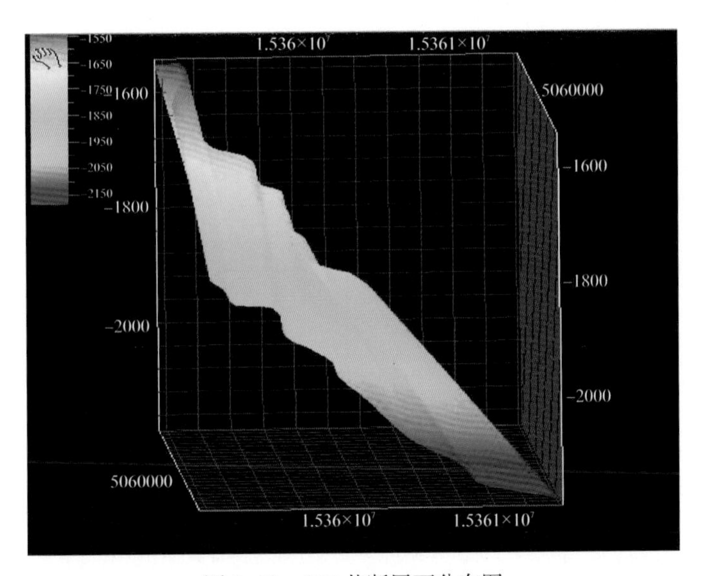

图 2–18 256 井断层面分布图

（5）由于剪切应力场的作用，256 井断层两盘左右错动，造成断层两侧火山岩的分布呈明显的错断，如图 2–19 所示。

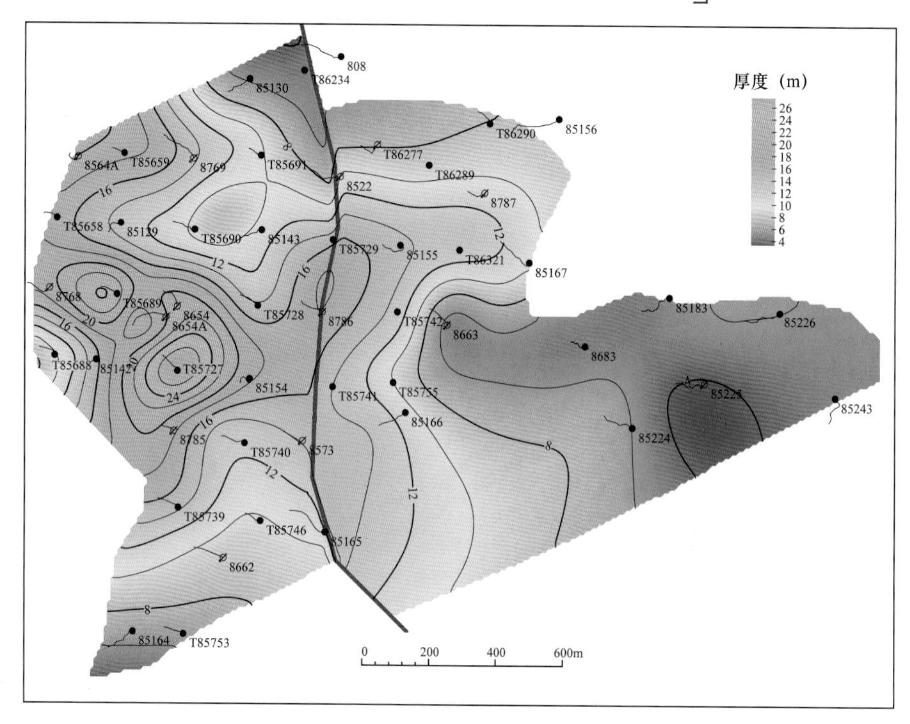

图 2-19 火山岩厚度平面分布预测图

（6）256 井断层在走滑过程中，与两侧的伴生断层形成多种走滑构造组合，如图 2-20 所示。

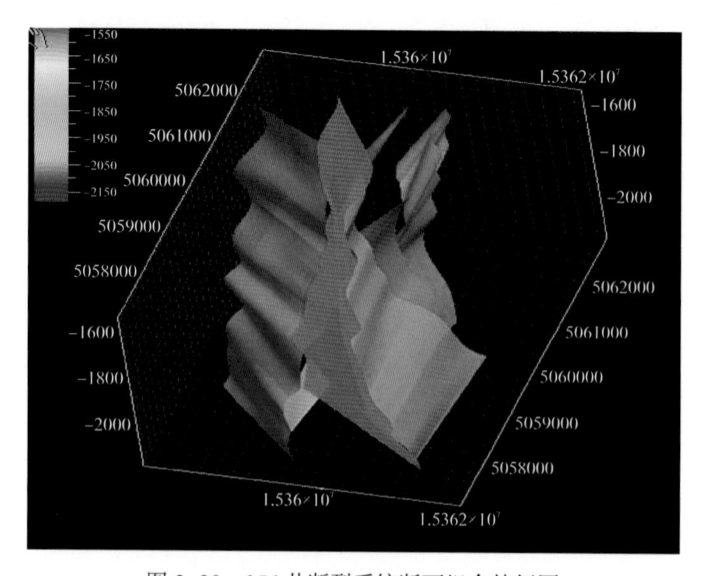

图 2-20 256 井断裂系统断面组合特征图

在工区内共解释断层 10 条（表 2-2、图 2-21），除了复查 3 条边界断层：白碱滩南、白碱滩南 1 和白碱滩南 2 断层外，重点对 256 井走滑断层带进行了研究，包括 256 井主断层及其两侧的 6 条伴生断层。

表 2–2 下乌尔禾组断层要素表

编号	断层名称	断层性质	垂直断距（m）	断层产状				可靠程度
				走向	倾向	倾角（°）	延伸长度（km）	
1	白碱滩南断层	逆	30～60	EW	N	55	6.14	可靠
2	白碱滩南 1 断层	逆	30～60	EW	N	20～65	6.11	可靠
3	白碱滩南 2 断层	逆	40～100	EW	N	20～60	6.5	可靠
4	256 井断层	走滑	30～70	NS	W	30～80	4.5	可靠
5	W1 断层	正	30～60	NS	W	25～80	4.6	可靠
6	W2 断层	正	25～50	NS	W	20～80	1.6	可靠
7	E1 断层	逆	30～65	NS	E	10～60	2.9	可靠
8	E2 断层	逆	30～50	NS	E	10～65	2.85	可靠
9	E3 断层	逆	20～50	NS	E	10～60	4.8	可靠
10	E4 断层	逆	20～40	NS	E	10～70	0.5	较可靠

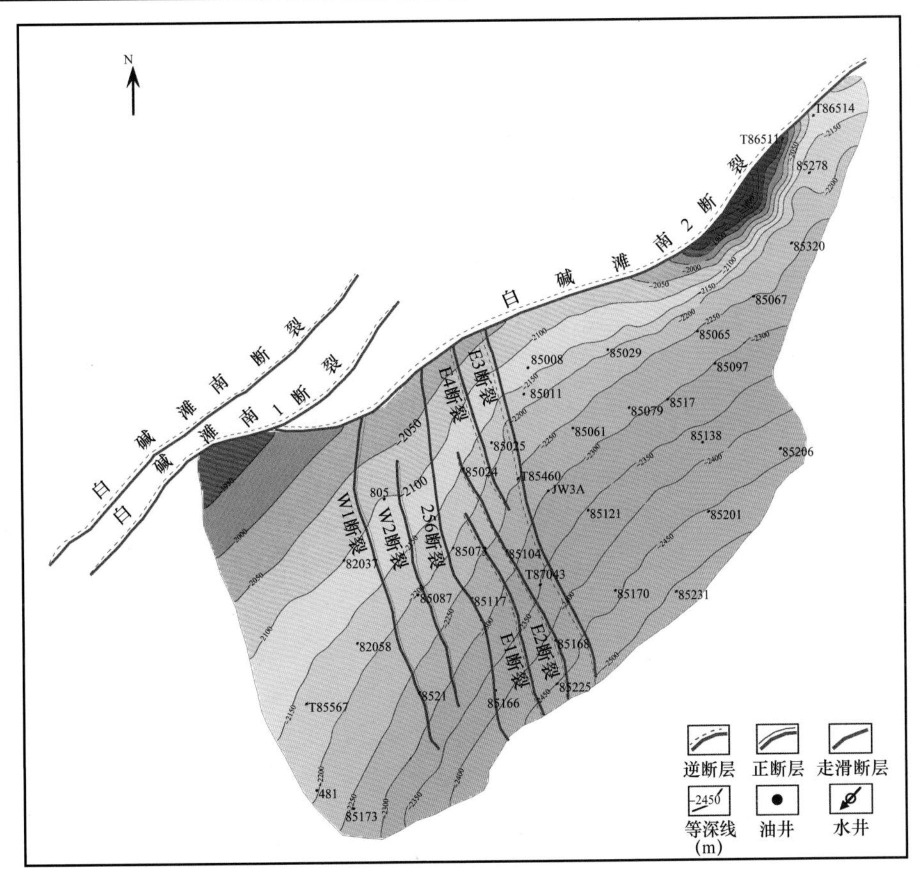

图 2–21 八区下乌尔禾组断裂体系分布图

1. 油藏边界断层

1）白碱滩南断层

白碱滩南断层位于工区的西北，北倾逆掩断层，断面上陡下缓，延伸方向近东西向，利用新的克百连片地震数据体，解决了原来由于地震资料所限，工区延伸长度不清的问题。在地震资料上有较清楚的反映，断开的主要层位是二叠系、三叠系及侏罗系。

2）白碱滩南 1 断层

白碱滩南 1 断层位于工区的西北，北倾逆掩断层，断面上陡下缓。延伸方向近东西向。由于地震资料所限，工区延伸长度不清，在地震资料上有较清楚的反映，断开的主要层位是二叠系、三叠系及侏罗系。

3）白碱滩南 2 断层

白碱滩南 2 断层位于白碱滩南 1 号断裂的东南方向，北倾逆断裂，断面上陡下缓，延伸方向近东西向，借助钻井断点组合，断层延伸长度 6.5km。断开的主要层位是二叠系，断距 40～100m。

2. 256 井走滑断裂构造带

该断裂带由 256 井主断层和一系列伴生断层组成，断裂带呈南北向延伸。其中 256 井主断层以西主要发育两条断层，即 W1 断层和 W2 断层，它们与 256 井主断层在下乌尔禾组之下地层相交，形成伴生的负花状走滑正断层。256 井主断层以东发育 3 条伴生断层，即 E1 断层、E2 断层和 E3 断层，它们都在下乌尔禾组内部与 256 井主断层相交，形成正花状走滑逆断层（图 2-22、图 2-23、表 2-2）。256 井主断层与其东侧和西侧的伴生正断层和伴生逆断层在剖面上形成上大下小的花状构造。

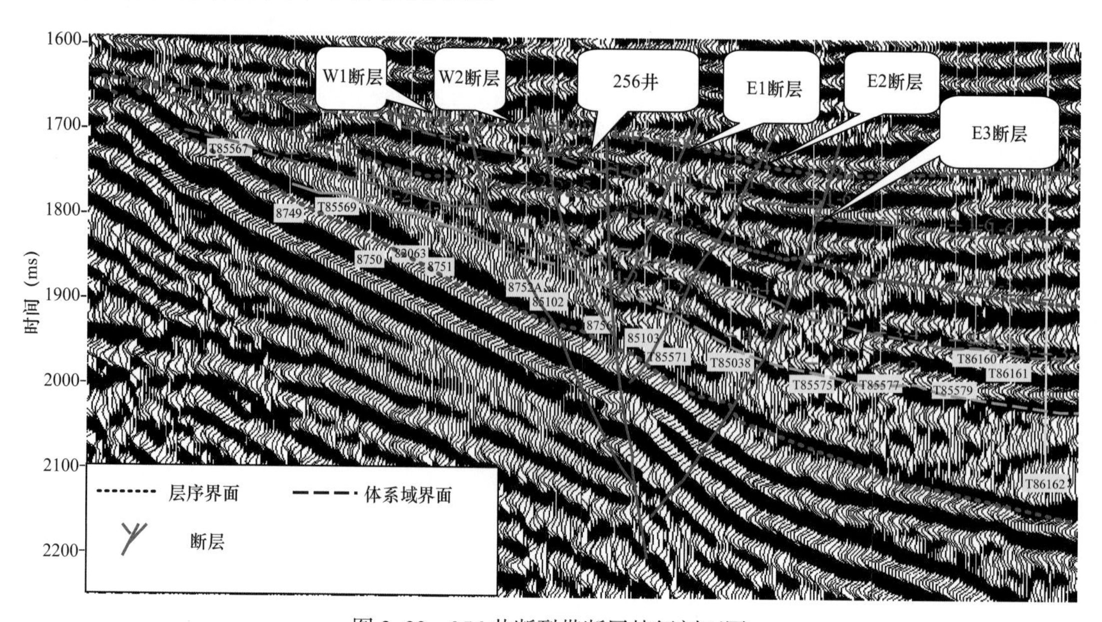

图 2-22　256 井断裂带断层特征剖面图

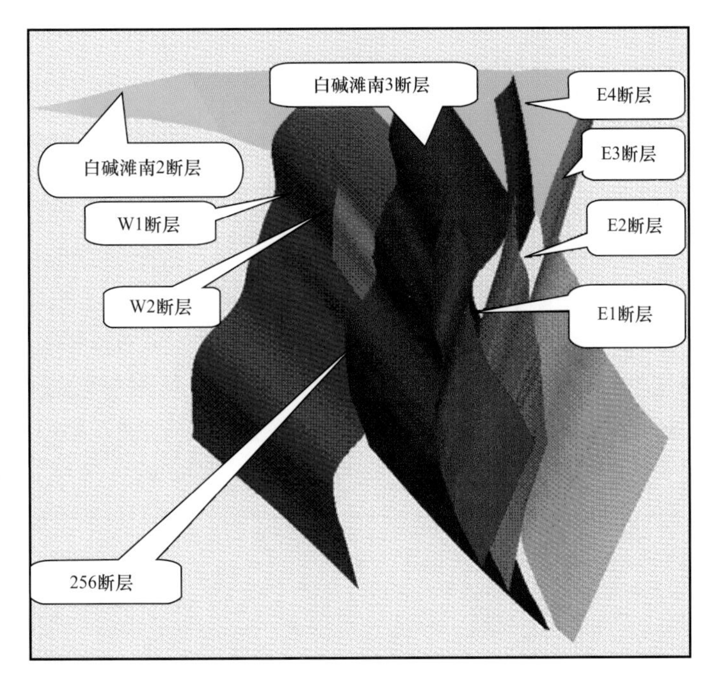

图 2-23 下乌尔禾组断层面组合特征图

1）256 井主断层

该走滑断裂带的主断层，走向近南北，断面东倾，倾角较陡，有时近于直立，断开二叠系下乌尔禾组全部地层，延伸长度 4.5km，断距 40～75m，对研究区的油气藏起重要的控制作用。

2）W1 断层

W1 断层位于工区的西面，延伸方向近南北向，东倾正断层，断面上陡下缓，断开二叠系下乌尔禾组全部地层，延伸长度 4.6km，目的层断距约 35～60m。

3）W2 断层

W2 断层位于 W1 断层和 256 井断层之间，东倾正断层，与 W1 断层近于平行，断层基本特征与 W1 断层相似，延伸长度 1.6km，目的层断距约 30～60m。

4）E1 断层

E1 断层位于 256 井断层的东侧，西倾逆断层，延伸方向近南北向，断面上陡下缓，断开乌 3 段部分地层以及乌 2 段、乌 1 段，延伸长度 2.90km，目的层断距约 30～50m。

5）E2 断层

E2 断层位于 E1 断层的东侧，西倾逆断层，与 E1 断层近于平行，断层基本特征与 E1 断层相似，断开乌 4 段部分地层以及乌 3 段、乌 2 段、乌 1 段，延伸长度 2.85km，目的层断距约 30～50m。

6）E3 断层

E3 断层位于研究区的东部边界，东倾逆断层，近南北向延伸，断面较陡，断开二叠系下乌尔禾组全部地层，延伸长度 4.8km，垂直断距约 20～50m。

7）E4 断层

E4 断层位于 256 井断层的东侧，西倾逆断层，近南北向延伸，延伸较短，断开乌 4 段部分地层以及乌 3 段、乌 2 段、乌 1 段，延伸长度 0.5km，目的层断距约 30～50m。

三、断裂与油气的关系

八区下乌尔禾组油藏有断裂 9 条，其中北部边界受克—乌大逆掩断裂带上较大的南白碱滩断裂所控制，以白碱滩南断裂为界与七区相邻，该断裂对下乌尔禾组油藏起到明显的遮挡作用，使下乌尔禾组储层成为有利的油气聚集场所。油藏西部为各层的超覆边界。

走滑断裂带断层规模一般不大，且垂向上断距较小，但对油藏却起到了分带作用。生产特征表明，区域上断层控制的不同断块间开发效果差别比较大（图 2-24）。总体上看，断块区域累计产油情况要优于地层油藏，由此可见，走滑断层对油藏的分带有重要的影响。

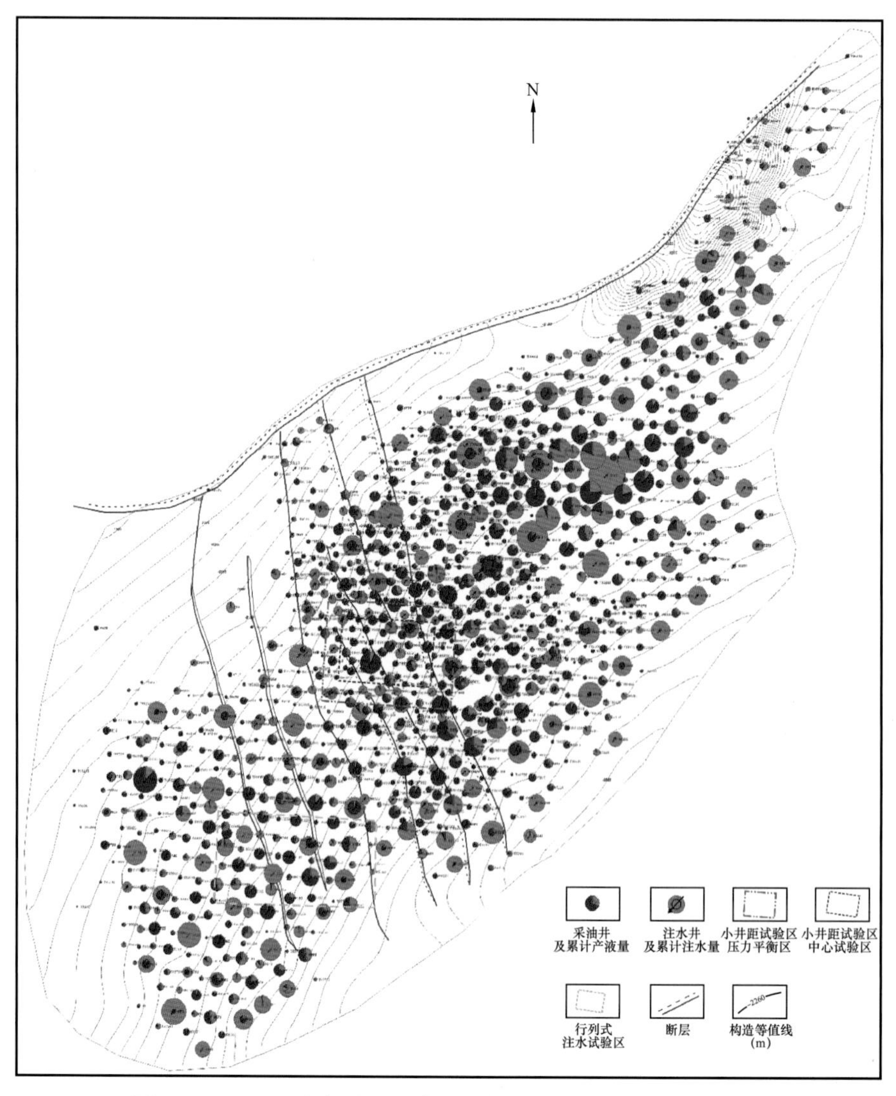

图 2-24　八区下乌尔禾组油藏顶面构造及累计生产状况叠合图

从不同区块生产特征统计情况上来看(图 2–25、图 2–26),不同区块生产状况差别较大。

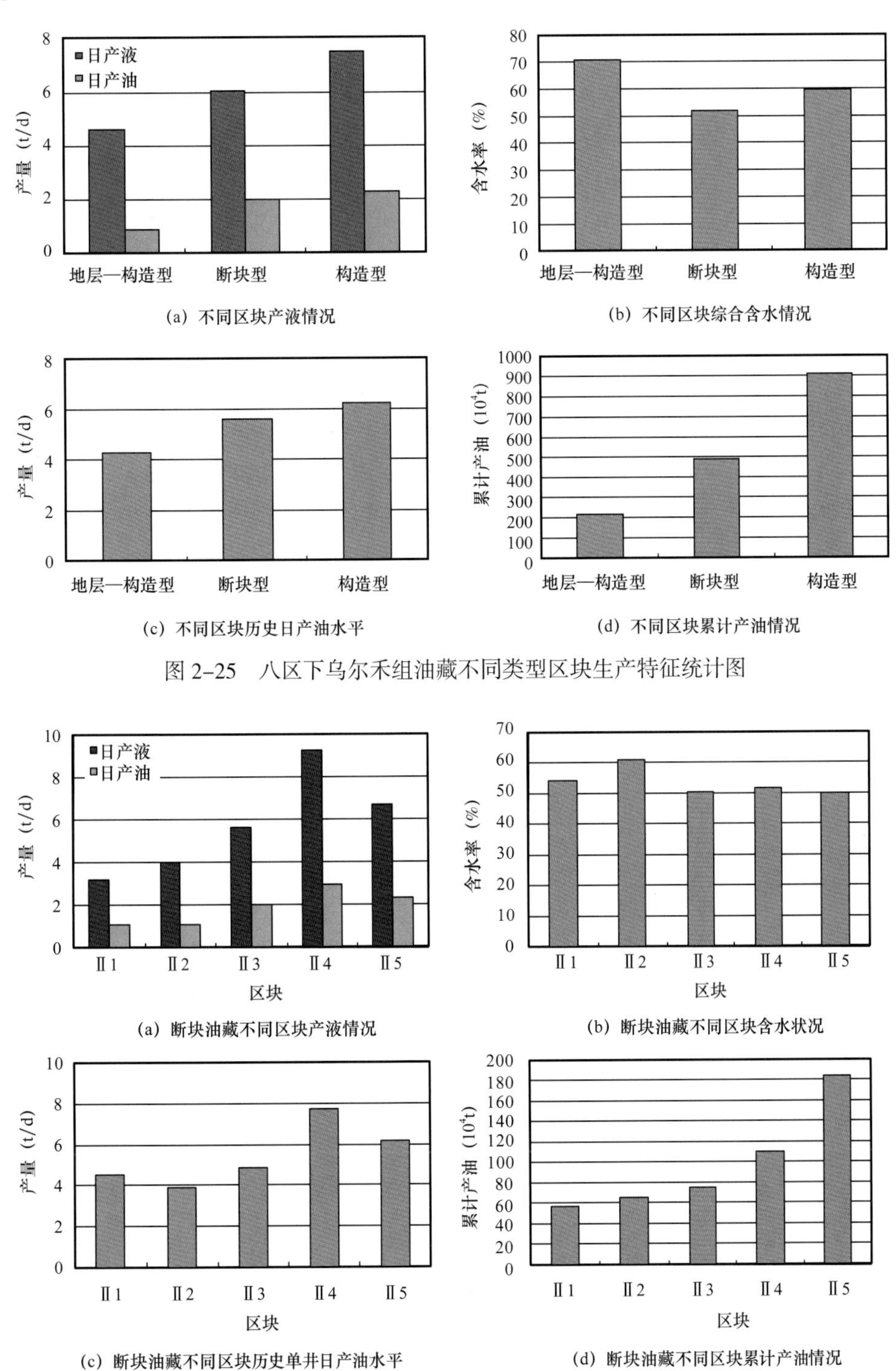

(a) 不同区块产液情况

(b) 不同区块综合含水情况

(c) 不同区块历史日产油水平

(d) 不同区块累计产油情况

图 2–25 八区下乌尔禾组油藏不同类型区块生产特征统计图

(a) 断块油藏不同区块产液情况

(b) 断块油藏不同区块含水状况

(c) 断块油藏不同区块历史单井日产油水平

(d) 断块油藏不同区块累计产油情况

图 2–26 八区下乌尔禾组油藏断块型油藏不同区块生产特征统计图

Ⅰ区生产状况较差，产油水平较低且含水高（70.8%），该区地层发育薄且储层物性差，水淹严重；Ⅱ1区和Ⅱ2区生产状况也相对较差，且见地层水的井较多，说明断裂的发育导致地层水沿断裂及伴生裂缝垂向侵入，致使油井地层水淹严重；Ⅱ3区、Ⅱ4区和Ⅱ5区生产状况较好，尤以Ⅱ4区最好，这三个区块油井产量高且综合含水低，小井距试验区就主要位于这一区域；Ⅲ区是八区下乌尔禾组油藏的主要生产区块，该区块北部受南白碱滩断裂遮挡，西部受E1断层分割，地层厚、储层较好，且开发历史长，该区综合含水为59.42%，南部地层水及老注水井对油藏具有重要影响。

第四节　构造精细解释

一、低级次构造类型及地质特征

低级次构造实质上是指在区域构造背景基础上小层沉积砂体的外部几何形态，其成因主要与断层的上下盘错动、沉积条件以及差异压实作用有关。同微构造类似，低级次构造组合模式是预测剩余油潜力区的一个重要因素。依据小层砂体顶面或底面低级次构造形态，分析它与剩余油分布及油井生产的关系。

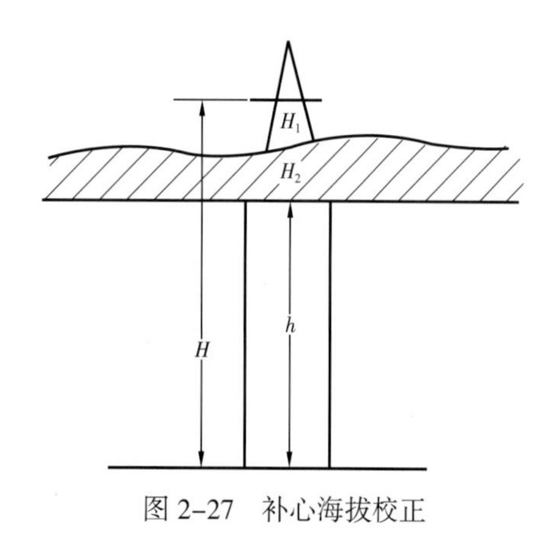

图2-27　补心海拔校正

低级次构造研究方法是在储层砂层组多层次逐级细分对比基础上，逐口井进行了海拔高度和补心高度以及井斜的校正（图2-27），海拔高度和补心高度的校正是将测井深度（H）减去补心距（H_1）和地面海拔高度（H_2）之后得到海平面至目的层界面（顶或底）高度（h），$h=H-H_1-H_2$，然后以各井点h值绘制等值线图。在密井网条件下，以10m等深线精细地刻画出小层沉积砂体顶底的形态。

对本区下乌尔禾组划分出的22个小层分别做出了顶面低级次构造图，为揭示低级次构造现象，低级次构造图的等高线间距为10m。

本区在靠近断层部位发育有高点、断鼻、鼻状，还有沟槽等低级次构造类型，在远离断层区域多发育斜面低级次构造。

（1）正向地形：指储层顶底起伏形态与周围地形相比相对较高的地区，根据其形态不同又可分为高点、鼻状或断鼻构造（图2-28）。高点指地形高于周围而又闭合的微地貌单元，幅度差一般为20～35m，闭合面积一般为0.1～0.2km^2。鼻状构造指地形上相对高于周围，但不闭合的微地貌单元，一般与沟槽微地貌单元相伴生。断鼻构造是指由断层和鼻状构造共同组合而成的微地貌单元，有一定的闭合高度。正向地形占本区整个低级次构造类型总数的60%（图2-29）。

（2）负向地形：指储层顶底相对较低的区域（图2-30），该区主要表现为沟槽。沟槽为对应于鼻状构造的微地貌单元，其形态与鼻状相对应，只是方向相反，是不闭合的低洼处。负向地形占整个低级次构造类型总数的40%（图2-29）。

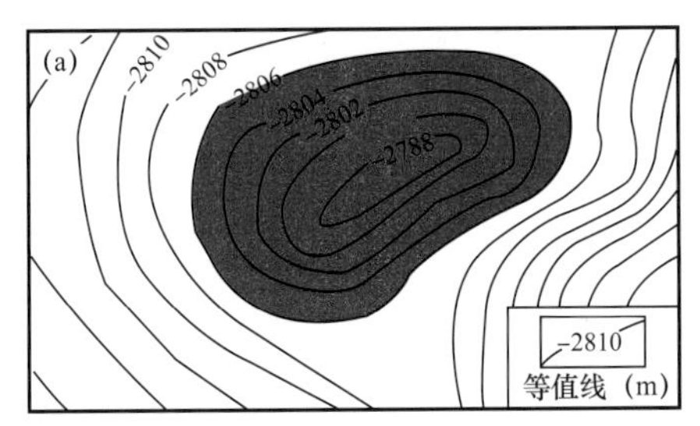

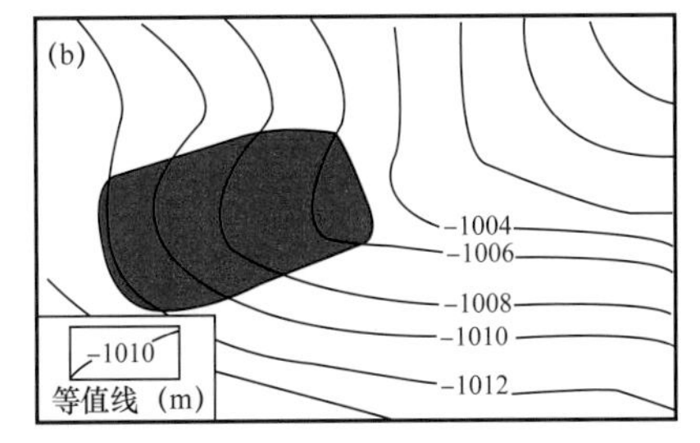

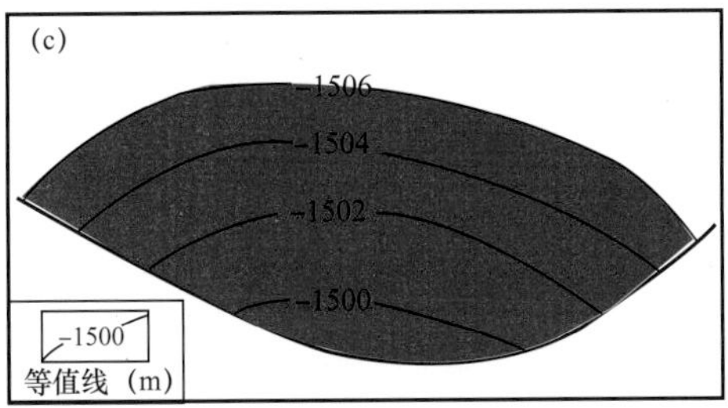

图 2-28　正向低级次

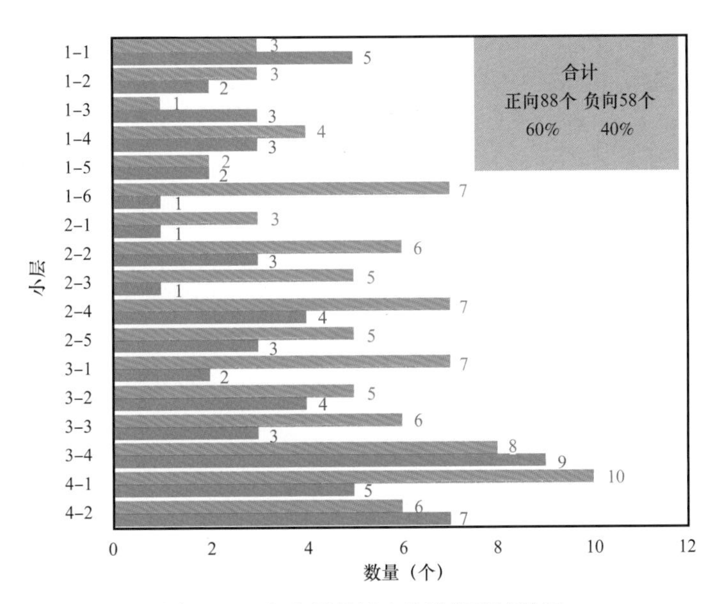

图 2-29　各小层低级次构造类型统计图

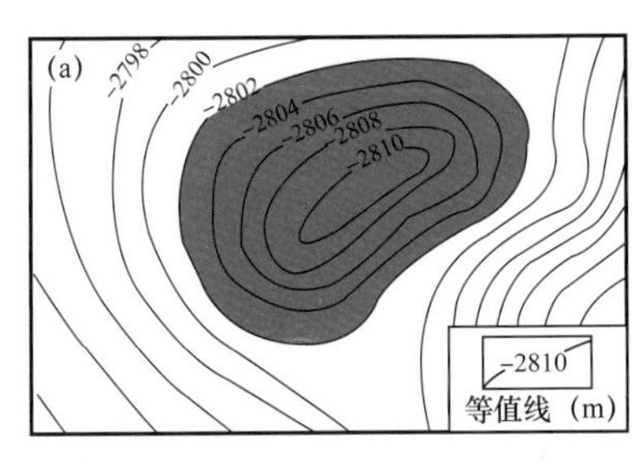

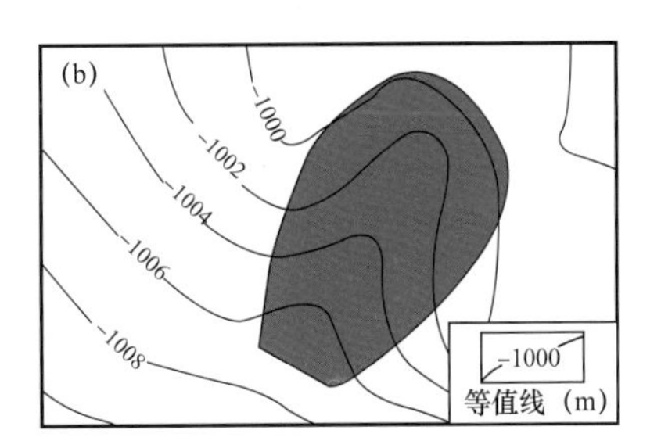

图 2-30　负向低级次构造

在地震构造及断裂系统解释格架基础上，制作了工区22个小层低级次构造图，并进行了低级次构造圈闭评价，共识别出低级次构造146个，包括小断鼻、小鼻状、小高点、小槽和小断槽。

1. 乌5—乌3段低级次构造特征

依据新的层组划分对比结果，乌5—乌3段属于下乌尔禾组下部的3级层序，是一套以砾岩为主的粗碎屑沉积，厚度约300～400m。

乌5段分布较为有限，地层向西南方向超覆在下乌尔禾组底界不整合面上。目前钻达的井较少，总体上具有北陡南缓的趋势。

乌4段继续向西南斜坡方向超覆，分布面积进一步扩大。内部4–1和4–2小层构造具有继承性，与乌5段一样，总体上是一向东南方向倾斜的单斜构造，局部出现鼻状构造。256井断层以东构造较乌5段有所变缓。从4–2小层低级次构造图上可以识别出13个小构造，4–1小层15个小构造。

乌3段在全区分布也很广泛，从4个小层的低级次构造图上可以看出，自下而上，构造形态基本一致。其中，3–4、3–3、3–2和3–1小层分别识别出17个、9个、9个和9个小构造。

2. 乌2—乌1段低级次构造特征

乌2—乌1段属于下乌尔禾组上部的三级层序，由一套粗碎屑岩组成。分布范围比层序Ⅰ略小。层序最大厚度约412m，一般厚度变化在200～400m。

乌2段西南部底部缺失部分地层，可以分为5个小层，从各小层构造图上可以看出，各小层构造特征基本一致，总体上表现为向东南方向倾斜的单斜构造，自下而上，构造幅度也是逐渐降低，构造等值线变稀，反映地层变缓。总体上看，乌2段各小层小构造比较发育，在5个小层上共识别出小构造38个，自下而上每个小层的小构造数量分别是8个、11个、6个、9个和4个，主要为较宽缓的鼻状和槽状构造（图2–29）。

乌1段可以分为6个小层。地层分布范围有限，与下乌尔禾组顶界呈削蚀接触，自下而上，地层向东南方向退缩，但基本构造特征还是具有继承性，为一向东南方向倾斜的单斜构造。

上述低级次构造是剩余油分布的关键部位，在后期调整挖潜时具有重要地质意义。

二、低级次构造开发特征

不同的低级次构造，其开发特征也不相同，正向低级次构造有利于聚集油气，因此其生产状况往往较好，而负向低级次构造则相反。

为研究不同类型低级次构造的生产特点，对各段低级次构造的生产数据进行了统计分析（表2–3），主要通过油井初期产能和平均单井日产油水平对其生产特征进行衡量。乌3段与乌4段统计的低级次构造数目较多，生产井数多，较具代表性。

从主要生产层段乌3段和乌4段的生产数据来看，正向低级次构造和负向低级次构造生产特征有着明显的区别，表现在正向低级次构造油井初期产量高，见水晚，综合含水上升慢，生产稳定，生产情况好，单井日产油6.8t。而处于负向低级次构造部位的油井初期产量低，见水早，综合含水高，生产情况差，单井日产油4.8t，明显低于正向低级次构造的油井。

表 2-3 不同低级次构造生产特征统计表

段	低级次构造类型	初期平均单井日产油量（t）	累计产液量（t）	累计生产天数（d）	平均单井日产油量（t）
第一段	负向	20.5	0.9	1252.3	7.17
第二段	负向	25.7	1.3	758.5	1.83
	正向	12.7	1.3	1195.1	2.29
第三段	负向	17.7	15.6	12304.0	5.49
	正向	28.2	18.6	16635.1	6.61
第四段	负向	9.8	11.9	8792.1	4.74
	正向	18.5	9.5	8537.6	7.54

本章小结

本章从应力研究入手，分析区域应力分布、发展特征，为构造作用的产生提供有力的理论依据，然后依据地层划分成果，通过层位标定，追踪各个层序的剖面和平面特征，识别断层发育和分布，精细研究低级次构造类型及特征，还结合油井生产特征，研究不同的低级次构造的开发特征，获得“正向低级次构造有利于聚集油气，生产状况往往较好，而负向低级次构造则相反”的结论。

第三章 沉 积 相

在详细观察、描述20多口井、1000多米岩心,综合分析800多口井的录井、测井、地震资料和分析化验资料,特别是深入研究15口井的EMI成像测井资料,并在充分消化前人在本区研究成果的基础上,本书在沉积相方面做了大量工作,在运用经典沉积学理论的同时,充分运用现代测试和分析手段,对下乌尔禾组的沉积相特征有了较为清楚的认识。

克拉玛依油田下二叠统下乌尔禾组为河控型扇三角洲沉积,以扇三角洲平原和扇三角洲前缘沉积为主,前扇三角洲不发育。这类三角洲最明显的特征是沉积过程受河流作用的控制,反映出以河流沉积为主的沉积特征。在常年有流水的潮湿地区,扇三角洲平原多为砾石质辫状河组成辫状平原,地形较平缓,河道多、切割浅,且迁移快,不固定;砾石坝中发育弥散的平行层理,而河道内的砾石和砂则发育各种交错层理。沉积体向盆地平原延伸较远,并一直延伸到水下。由于常年性地表径流较发育,导致泥石流沉积不甚发育。因为泥石流主要发育在干旱少雨的地区,风化产物堆积形成大量坡积层,在夏季暴雨到来时,沉积物与水混合形成高相对密度、高黏度的块体流。而本区由于常年性地表径流存在,不易形成泥石流,而河道沉积、筛滤沉积、片流沉积等低黏度流形成的沉积广布。由砾岩—砂岩—泥岩组成由下向上由粗变细的沉积序列为最常见的纵向组合形式,并可见高流态的沉积构造,如逆行砂波交错层等。辫状河道向水下延伸,形成前缘亚相中占绝对优势的水下分流河道沉积。在水下分流河道中也同样发育各种牵引流沉积构造。

研究表明,构造条件及汇水盆地的大小对地表径流的分布有强烈影响,而流域面积的大小与扇三角洲的分布范围成正比。下乌尔禾组沉积时,在研究区40km^{2}的范围内,未见到前三角洲沉积,而前缘沉积中,河口沙坝、远沙坝等前缘远端沉积也极少见,说明基本上全为前缘的内侧沉积,而前缘外侧沉积仍在研究区之外。由此可见其沉积范围之大,这也说明本区沉积时水系分布广泛,地形坡度不是很大。在这样一种背景下,即使在降水量并不很大的地区,也可以发育河控型扇三角洲。

此处所说的河控型扇三角洲,又称湿地型扇三角洲,它与旱地扇或扇三角洲的最大区别,从沉积类型来讲,前者以牵引流沉积占绝对优势,而后者重力流沉积相当发育。在干旱型扇三角洲的平原沉积中,泥石流可以占很大比例,单层厚度也很可观;在三角洲前缘沉积中,以碎屑流为主的重力流沉积也相当重要。而在河控型扇三角洲沉积中,平原亚相的泥石流和前缘亚相的碎屑流沉积规模都不大,单层厚度小,所占比例也很小,而是以辫状河道沉积或水下分流河道沉积占绝对优势。从沉积规模讲,河控型扇三角洲沉积的分布面积可以比干旱型扇三角洲大得多,厚度也相当可观。

第一节　沉积微相特征

通过对岩心的详细观察描述，对成像测井资料的深入研究，结合岩石薄片、光面和其他资料，在下乌尔禾组扇三角洲沉积中识别出了 2 种亚相、9 种微相，见表 3-1。

表 3-1　下乌尔禾组沉积类型划分

<table>
<tr><th>沉积相</th><th>亚相</th><th>微相</th></tr>
<tr><td rowspan="2">扇三角洲</td><td>扇三角洲平原</td><td>辫状河道
漫流沉积
泥石流沉积
筛滤沉积</td></tr>
<tr><td>扇三角洲前缘</td><td>水下分流河道
水下天然堤
水下分流河道间
碎屑流沉积
颗粒流沉积</td></tr>
</table>

在本区 800 多口井中，选择了 20 口关键井进行沉积微相的重点研究。这些井都是岩心资料最为丰富或具有全井 EMI 成像测井资料的。通过对这些资料的深入剖析，编绘了 20 幅沉积相分析柱状剖面图。通过对各井研究总结得出的各微相特征如下。

一、辫状河道

辫状河道微相是扇三角洲平原亚相中最重要的微相类型，其沉积厚度占平原亚相总厚度的 80% 以上。这是因为该扇三角洲属于河控性质，泥石流沉积等不甚发育。辫状河道沉积多由各种粒级的砾岩组成（图版Ⅰ-1、2），少数为含砾砂岩。通常发育平行层理及大型交错层理，并发育逆行砂波交错层理，一般显示清晰的向上变细层序，底多具冲刷面。自然电位曲线齿化箱形或钟形，幅度大；电阻率曲线表现为带齿的钟形或箱形，在成像测井图上可见到清晰的层理及粒度向上变细特征。其沉积特征及沉积层序如图版Ⅲ所示。

二、漫流沉积

漫流沉积指由扇面河道末端或两侧漫出的片状水流形成的较细粒沉积。其岩性为带有红色色调的泥质砂岩、砂质泥岩，均可含砾石（图版Ⅰ-5、图版Ⅳ）。通常层理不发育，也可具交错层理。这种沉积特征表现在测井曲线上，自然电位曲线往往呈参差不齐的齿化形态，齿峰多而幅度小，且幅度值有向上减小的趋势；在成像测井图上，呈明暗相间的条带（图版Ⅸ）。

三、泥石流沉积

泥石流沉积是由黏土、砂、砾石混合物构成的块状沉积，其特点是颗粒大小混杂，毫无分选，巨大的砾石可"漂浮"于细小颗粒和基质中，粒间充填物富含泥质，无层理，也无其他沉积构造（图版Ⅴ）。区内泥石流沉积不十分发育，一般单层厚度不大。电阻率曲线为参差不齐的锯齿状，通常峰值很高，顶、底多为渐变型，自然电位曲线则呈中幅锯齿状，顶、底界面变为渐变型。成像测井图上显示为白色的高阻砾石在褐色中等电阻基质中杂乱分布，大小混杂，无定向排列(图版Ⅸ)。

四、筛滤沉积

当物源区供给的扇体主要为粗大砾石而极少有细粒物质时，扇表面为粗大砾石层所占据。其后水流流经该砾石层时，就渗到扇体中去而不能形成表流。水流携带的砂级物质也会下渗，充填大孔隙。因此筛滤沉积粒间孔隙发育，多含中砾或粗粒的砾石(图版Ⅴ)。电阻率曲线为峰值很高的锯齿形，自然电位曲线则呈高幅度值。此类沉积仅偶尔可见。

五、水下分流河道

水下分流河道是扇面河道在水下的延伸，其沉积特征与扇面河道类似。不同之处，一是颜色通常为灰色而不是红色色调，二是粒度稍细，三是层理和交错层更发育。水下分流河道沉积在该扇三角洲前缘亚相中占绝对优势。岩性主要由灰绿色不等粒小砾岩或粗粒小砾岩、细粒小砾岩及砂砾岩等组成正韵律沉积(图版Ⅵ)，旋回底部可见粗大砾石，顶部可出现含砾粗砂岩等；有时具冲刷面。测井曲线上，电阻率曲线为微齿、中等幅度，自然电位曲线呈微齿、幅度值高的箱形和钟形；成像测井图上其沉积特征及沉积层序如图版Ⅸ和图版Ⅹ所示，显示为颗粒较均匀分布的下粗上细结构，粗颗粒为亮色，细颗粒为暗色，层理明显。

六、水下天然堤

水下天然堤沉积以砂泥岩薄互层为特征，通常厚度不大，分布范围有限(图版Ⅶ)。自然电位呈齿化或低幅平直状。成像测井图显示为暗色条带。

七、水下分流河道间

指与水下分流河道砾岩或砂砾岩呈互层的细粒沉积，岩性为砂质泥岩或砂岩，可具水平层理、平行层理，偶见交错层。多为灰色或深灰色，自然电位曲线平直，在成像测井图上呈明暗相间的条带(图版Ⅸ和图版Ⅹ)，但暗色部分远远多于亮色部分，局部区域亮色部分较多。

八、碎屑流沉积

陆上的泥石流进入水下，在湖底流动即为碎屑流。碎屑流也可在水下形成。碎屑流的沉积物粒度、结构、成分与泥石流类似，但颜色为暗色而不带红色色调(图版Ⅷ)。

九、颗粒流沉积

颗粒流是由颗粒相互碰撞产生的分散压力所支撑的一种重力流，它一般发生在坡度较陡的斜坡上，故不太常见。颗粒流沉积最显著的特征是显示向上变粗的逆粒序，由下向上由含砾粗砂岩、细粒小砾岩、不等粒小砾岩等岩石组成，层内无层理和其他沉积构造。颗粒流沉积的单层厚度不大，砂级颗粒流沉积的单层厚度仅数厘米，砾石级碎屑组成的颗粒流沉积的单层厚度可达数十厘米至1m。在自然电位曲线上呈齿化漏斗形。

第二节 成像测井在沉积相研究中的应用

成像测井技术是20世纪90年代初逐渐发展起来的测井技术。成像测井是以图像方式直观显示井壁或井周地层某种物理参数的变化规律，从而显示地层非均质性、沉积韵律以及物性变化等特征。

成像测井图像具有连续性的特征，可以直接反映出岩性、沉积构造等地质信息，对沉积相、油气储层的研究很有意义。

成像测井地质解释是通过岩心资料将岩性信息标定到成像测井图上，进行常规测井、多种成像测井图像的交互解释，确立地球物理参数图像的地质意义，进行地质现象的成像测井匹配，建立岩性和构造等地质现象的成像测井响应关系，为成像测井地质解释提供直观、有效的指导性模型。

本书共分析了15口成像测井资料，先以有取心资料的T85722井为基础对岩心进行成像测井图像归位，总结出各种岩性的成像测井响应特征，进而对其余15口井进行岩性解释，总结出各岩性的各类测井响应特征，最终进行了沉积相的研究。

成像测井在沉积相的研究中主要应用于岩性和沉积构造的识别，进而进行沉积微相的识别、沉积演化以及古流向和物源方向等研究。

一、岩性和沉积构造解释

1. 岩性图像特征解释模式

岩性分类的标准参见表3-2。

表3-2 岩性分类标准

<table>
<tr><td colspan="3">岩性类型</td><td>粒径（mm）</td></tr>
<tr><td rowspan="6">砾岩</td><td colspan="2">巨砾岩</td><td>＞100</td></tr>
<tr><td rowspan="3">大砾岩</td><td>粗砾岩</td><td>50～100</td></tr>
<tr><td>中砾岩</td><td>25～50</td></tr>
<tr><td>细砾岩</td><td>10～25</td></tr>
<tr><td rowspan="2">小砾岩</td><td>粗粒小砾岩</td><td>5～10</td></tr>
<tr><td>细粒小砾岩</td><td>2～5</td></tr>
<tr><td rowspan="5">砂岩</td><td colspan="2">极粗砂岩</td><td>1～2</td></tr>
<tr><td colspan="2">粗砂岩</td><td>0.5～1</td></tr>
<tr><td colspan="2">中砂岩</td><td>0.25～0.5</td></tr>
<tr><td colspan="2">细砂岩</td><td>0.1～0.25</td></tr>
<tr><td colspan="2">粉砂岩</td><td>0.01～0.1</td></tr>
<tr><td colspan="3">泥岩</td><td>＜0.01</td></tr>
</table>

1）泥岩

泥岩主要由黏土矿物组成，其粒度组分大都很细小，黏土矿物的粒径一般都在 0.005mm 或 0.0039mm 以下，甚至在 0.001mm 以下（冯增昭，1993）。区内泥岩中常见水平层理。泥岩的电阻率很低，

泥岩在成像测井上显示为暗色特征，泥岩一般颜色较均一，有时与粉细砂岩组成亮暗相间的薄互层（图 3-1 至图 3-3）。测井曲线上泥岩具有高放射性，自然伽马值很高，自然电位幅度很小。

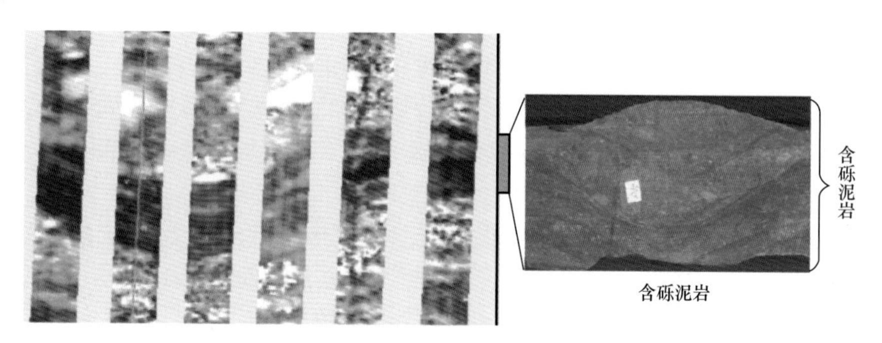

图 3-1　含砾泥岩成像测井与岩心扫描图像对比
（T85722 井，2627.8～2628.6m）

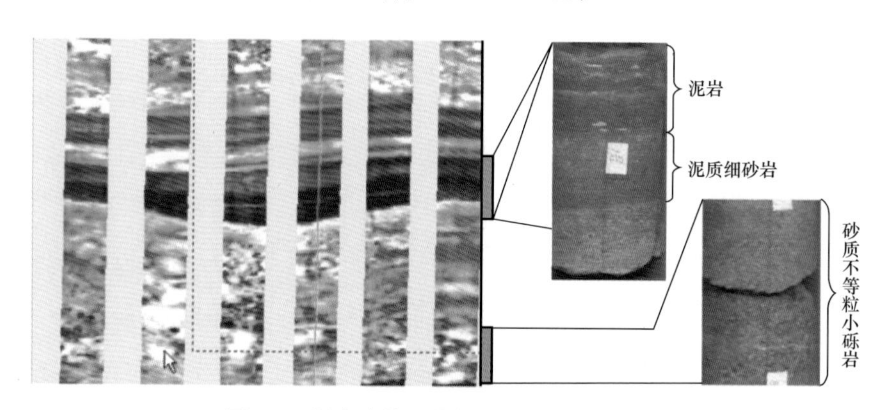

图 3-2　泥岩成像测井与岩心扫描图像对比
（T85722 井，2564.4～2565.6m）

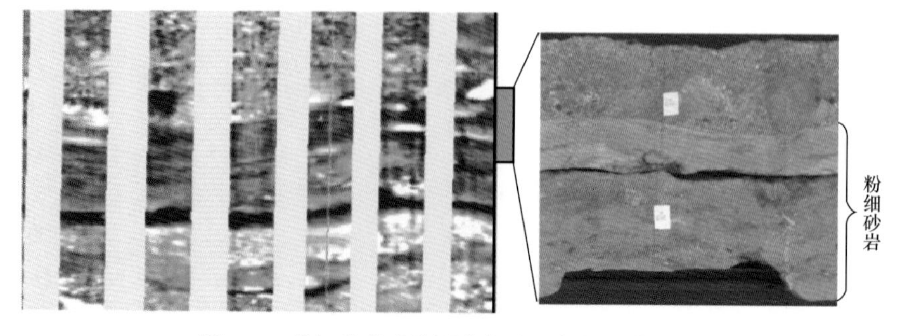

图 3-3　粉细砂岩成像测井与岩心扫描图像对比
（T85722 井，2563.6～2564.4m）

2）*砂岩*

在下乌尔禾组中，粉细砂岩、中砂岩和粗砂岩均有见及，砂岩中发育平行层理和水平层理。

砂岩在成像测井上显示为浅色或略比泥岩浅的颜色，也可显示为白色微小的点状特征；常见黑白相间的平行层理，且纹层薄（图 3–4 至图 3–6）。在常规测井曲线上自然电位幅度较大，自然伽马、电阻率、声波时差较低。

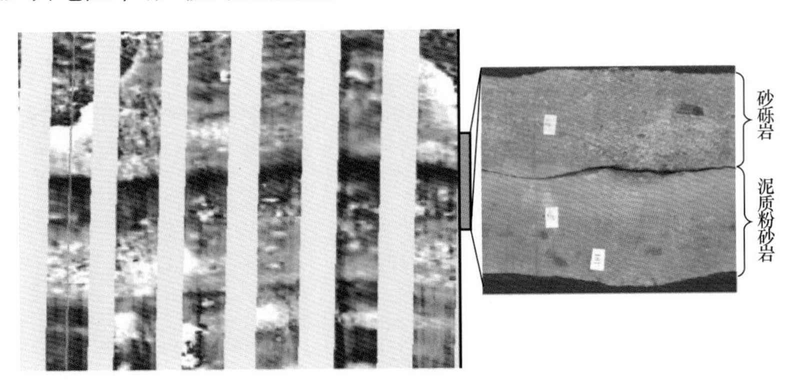

图 3–4 泥质粉砂岩和砂砾岩成像测井与岩心扫描图像对比
（T85722 井，2579.2～2590.8m）

图 3–5 中砂岩和粗砂岩成像测井与岩心扫描图像对比
（T85722 井，2601.0～2602.0m）

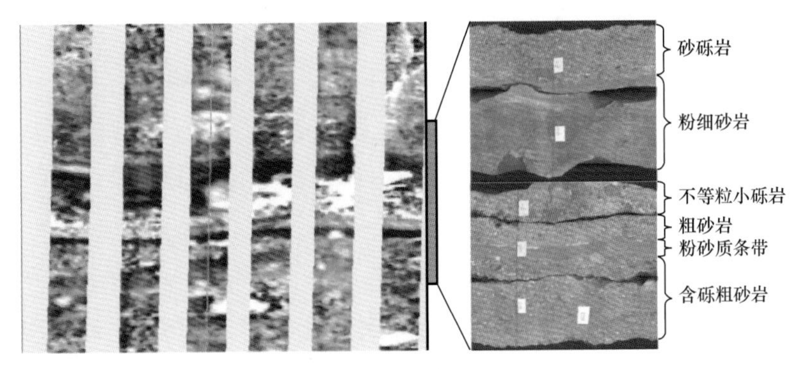

图 3–6 粗砂岩、粉细砂岩和砾岩成像测井和岩心扫描图像对比
（T85722 井，2574.8～2575.0m）

3）砾岩

由于砾岩中，砾石高阻，而充填物、胶结物是低阻，所以在成像测井图上砾岩显示为不规则的高阻白色特征与不规则的低阻暗色特征相混合。根据白色斑点垂向的大小及分布情况，在研究区可识别出细粒小砾岩、粗粒小砾岩、不等粒小砾岩、细砾岩、中砾岩和不等粒砾岩等岩性（图 3-7 至图 3-10）。在测井曲线上，砾岩一般电阻率较高，声波时差较小，自然电位较低，其中细砾岩、中砾岩和不等粒砾岩一般显示为高电阻率的特征。

图 3-7 泥质粉砂岩岩心扫描图像特征
（T85722 井，2577.0～2578.0m）

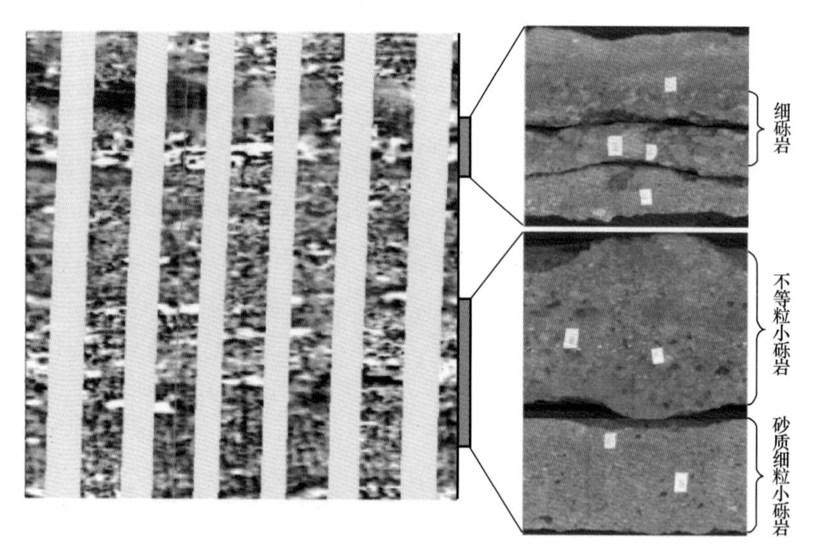

图 3-8 细砾岩、砂质细粒小砾岩和不等粒小砾岩成像测井与岩心扫描图像对比
（T85722 井，2578.8～2580.4m）

2. 沉积构造图像特征解释模式

1）冲刷面

冲刷面一般为一凹凸不平的界面，其上的岩性要比冲刷面以下的岩性的粒度明显粗，区内冲刷面以下的岩性一般为细粒小砾岩粒级以下的岩性，冲刷面以上的岩性一般为细粒小砾岩粒级以上的岩性。

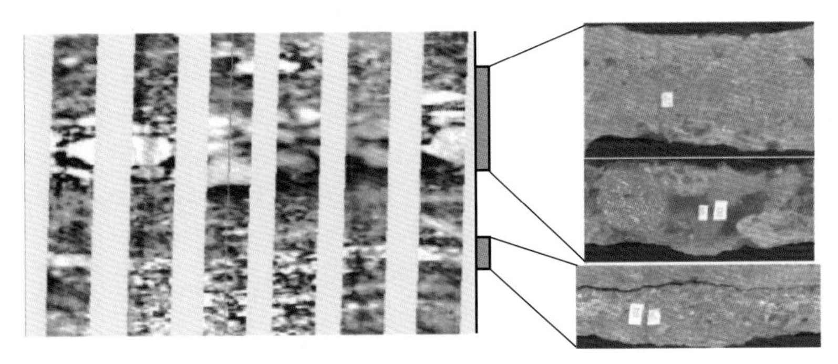

图 3-9　中粗砂岩成像测井与岩心扫描图像对比
（T85722 井，2574.8～2575.8m）

成像测井上冲刷面可显示为较平直的界面（图 3-11）、凹凸不平起伏的界面（图 3-12）、为“V”（图 3-13）或倒“V”字形界面，也可以显示为正弦曲线形状。冲刷面之上一般为亮色高阻背景，其下一般为暗色低阻岩性。

图 3-10　砂质不等粒小砾岩成像测井特征
（T85722 井，2578.8～2580.4m）

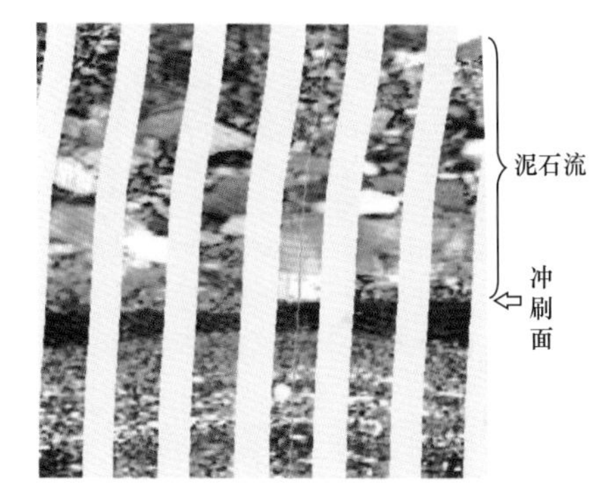

图 3-11　平直冲刷面特征
（85090A 井，2682.0～2683.0m）

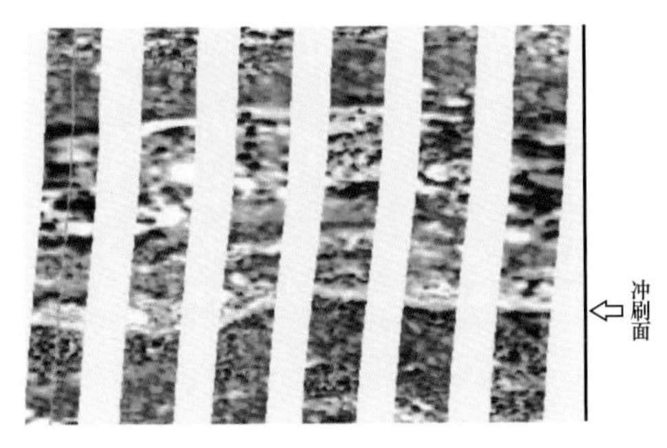

图 3-12　凹凸不平冲刷面特征
（85090A 井，2901.5～2902.4m）

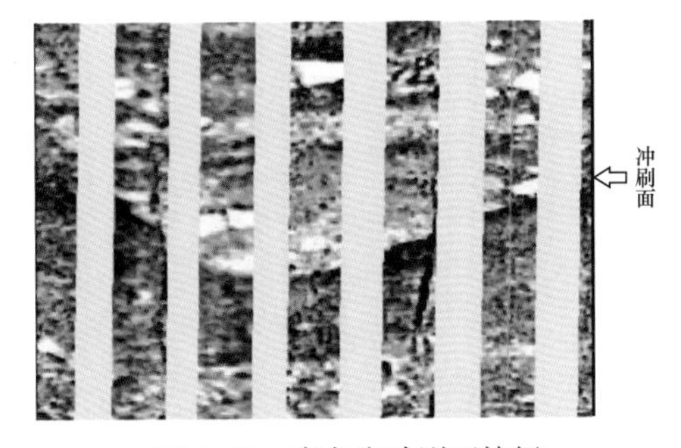

图 3-13　高角度冲刷面特征
（T85462 井，2691.6～2692.5m）

2）*层理*

层理在成像测井图像上表现为：在电阻率大致相同的一层内，通过颜色的变化显示出来的与层面平面平行或相交的特征，通过拾取纹层界面，根据纹层面的产状将纹层划分为纹层组。根据纹层和纹层组的特征来确定层理类型。

区内下乌尔禾组可以识别出水平层理、平行层理、交错层理和递变层理等层理。

（1）水平层理和平行层理。

水平层理和平行层理的纹层呈直线状相互平行，并且平行于层面。水平层理和平行层理在成像测井图像上表现为纹层面平坦，倾向和倾角一致，且与顶底层面平行，因而它在井壁上的迹线表现为正弦曲线特征。

水平层理为低能环境的产物，纹层薄，且岩性主要为泥岩和粉砂岩，成像测井上表现为深色的泥岩与颜色略浅一点的粉砂岩薄互层（图 3–14、图 3–15）；平行层理在高能环境下形成的，常见于细砂岩粒级以上的岩性中，成像测井上表现为浅色的平行条纹（图 3–16、图 3–17），纹层厚度要比水平层理的纹层厚度大。

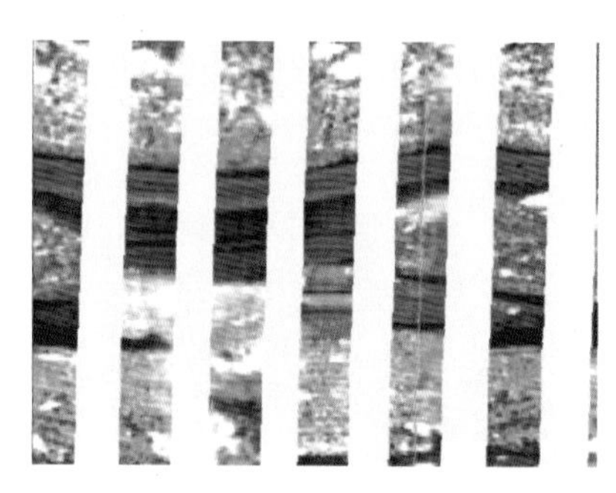

图 3–14　水平层理特征
（T85006 井，2675.4～2676.1m）

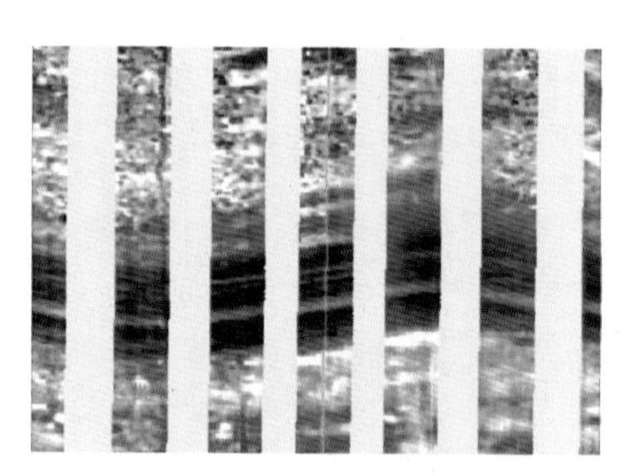

图 3–15　水平层理特征
（T85027 井，2806.48～2807.28m）

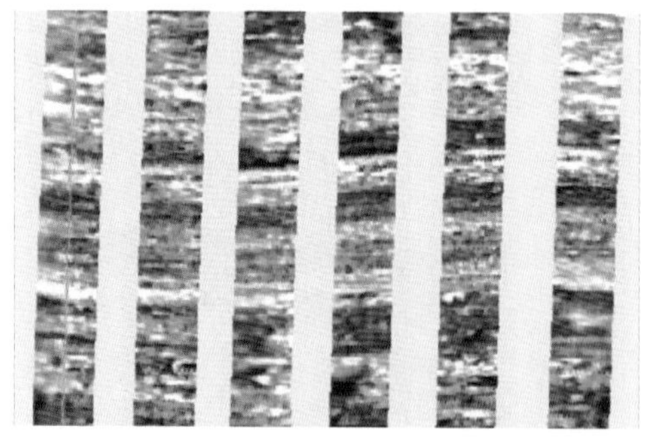

图 3–16　平行层理特征
（T85015 井，2571.0～2571.8m）

图 3–17　平行层理特征
（T85027 井，2747.5～2748.5m）

（2）交错层理。

交错层理是由一系列斜交于层系界面的纹层组成，斜层理可以以彼此重叠、交错、切割的方式组合。

在成像测井图上，交错层理表现为纹层面的产状与层面斜交，纹层面在极板图像上连续分布，或仅见于部分极板图像上（图 3–18、图 3–19）。交错层层系的底面切割下伏层，而其层系之上则被正常沉积层切削，也可为上覆另一个交错层系切削。

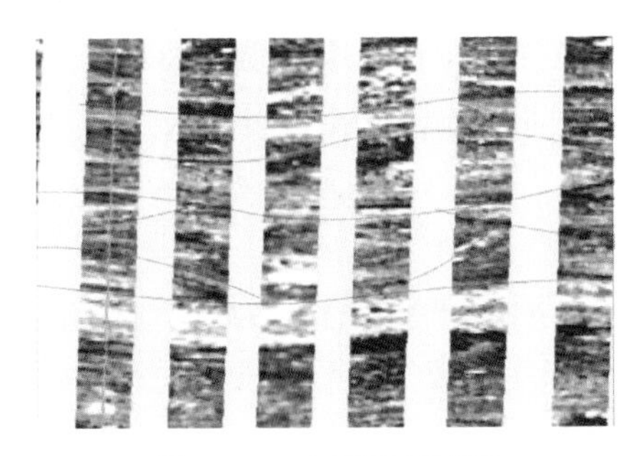

图 3-18　交错层理特征
（T85015 井，2611.1～2612.0m）

图 3-19　交错层理特征
（T85024 井，2681.0～2682.0m）

（3）递变层理。

递变层理是具有粒度递变的一种特殊的层理，又称为粒序层理。这种层理的特点是由底向上至顶部颗粒逐渐由粗变细（正递变），偶见中部颗粒粗、上下颗粒细的双向递变和下细上粗的反向递变；除粒度变化外，没有任何内部纹层。

区内下乌尔禾组可见及由底向上至顶部颗粒逐渐由粗变细的正递变层理和下细上粗的反向递变层理。

在成像测井图上，递变层理内粗粒岩性表现为亮色，细粒岩性表现为暗色，总体上，由下向上呈现由亮色逐渐过渡到暗色的颜色递变，中部无颜色突变（图 3-20）；反向递变层理则表现为由下向上由暗色逐渐过渡到亮色的颜色递变，中部无颜色突变（图 3-21）。

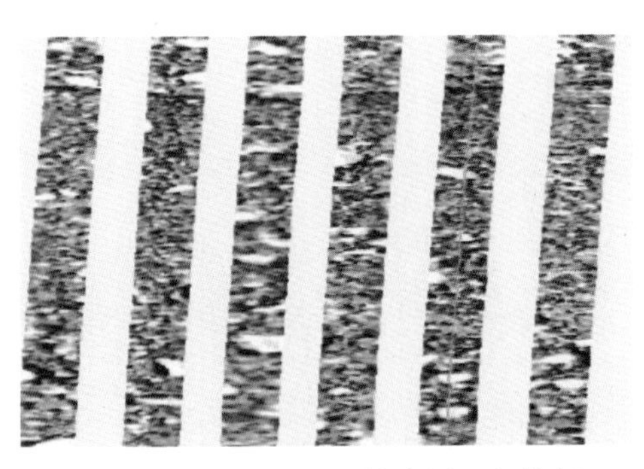

图 3-20　递变层理（粒序层理）特征
（T85006 井，2823.0～2824.6m）

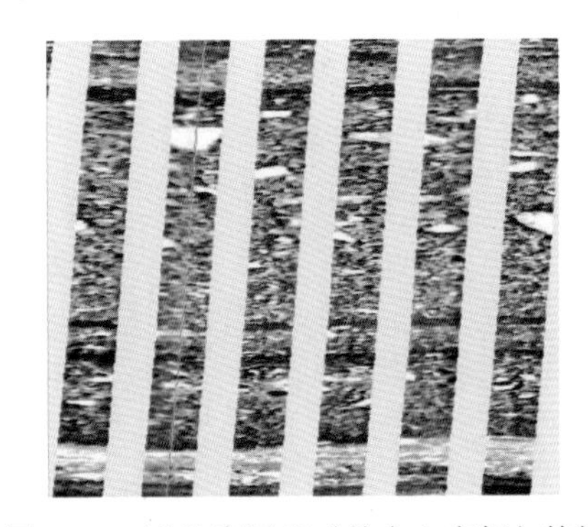

图 3-21　逆粒序层理（粒向上变粗）特征
（T86166 井，2699.78～2701.60m）

二、沉积微相的成像测井识别

区内下乌尔禾组主要发育河控型扇三角洲相的扇三角洲平原（微相包括辫状河道沉积、漫流沉积、泥石流沉积、筛滤沉积）和扇三角洲前缘亚相（微相包括水下分流河道、水下天然堤、水下分流河道间、碎屑流沉积、颗粒流沉积）。

除颗粒流沉积可以直接识别出来以外，其余微相的定性则需要借助其他地质信息（如颜色等）。仅对成像测井图像而言，可以识别出河道沉积（辫状河道沉积和水下分流河道）、河道间沉积（漫流和水下分流河道间）、碎屑流和泥石流沉积，以及天然堤沉积（主要为水下天然堤）等大类的沉积。

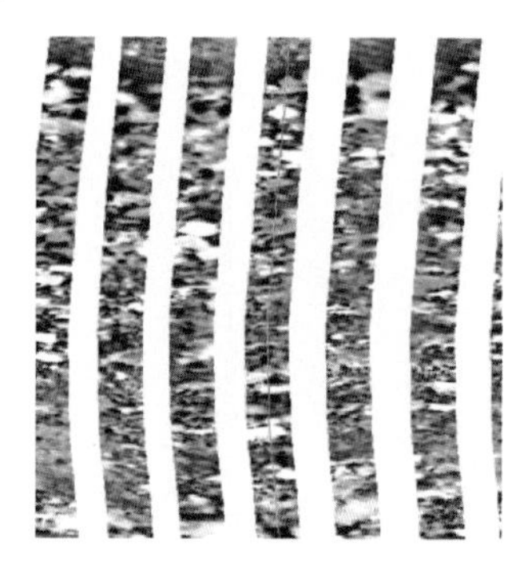

图 3-22　颗粒流沉积特征
（85090A 井，3007.3～3009.0m）

1. 颗粒流沉积在成像测井图像上的识别

成像测井可以直接识别出颗粒流沉积，因为颗粒流沉积有着特征极为明显的层序，即显示为由下至上粒度逐渐由细变粗的逆递变。

颗粒流沉积在成像测井上表现为由下向上由暗色到亮色的颜色递变，或者亮点由小逐渐变大；除粒度变化外，没有任何内部纹层（图 3-22）。

2. 河道沉积在成像测井图像上的识别

这里所提到的河道沉积包括辫状河道和水下分流河道沉积。区内河道沉积主要特征为发育交错层理、平行层理和递变层理（由下至上粒度由粗变细），并且上部经常与河道间的细粒物质接触，构成“二元结构”，底部具冲刷面。

河道沉积在成像测井上除表现交错层理（图 3-23）、平行层理的特征外，总体表现为由下至上图像颜色由浅到深或亮点由大到小的特点（图 3-24）。

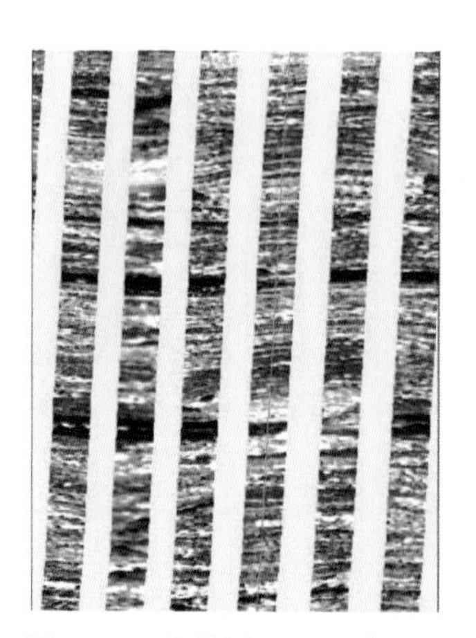

图 3-23　交错层理，河道沉积
（T85024 井，2682.8～2684.9m）

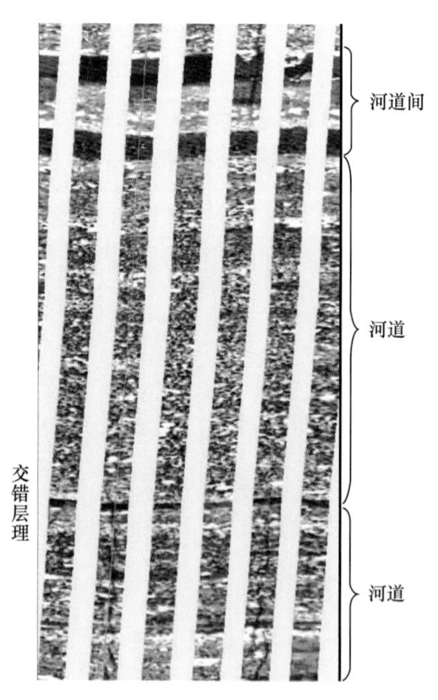

图 3-24　河道沉积，展示向上变细特征
（T85024 井，2853.73～2857.20m）

3. 河道间沉积在成像测井图像上的识别

这里所指的河道间包括漫流和水下分流河道间沉积。河道间沉积在区内的主要特征为岩性粒度一般为泥岩和砂岩，厚度一般在 1m 以下，发育水平层理，也可见平行层理。

河道间在成像测井图像上为颜色较深的部分，具水平层理或平行层理的成像测井响应特征（图 3-25、图 3-26）。

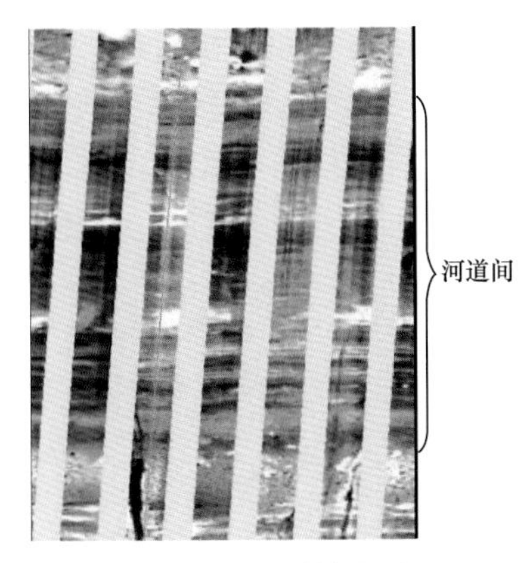

图 3-25　河道间沉积
（T85462 井，3050.10～3052.15m）

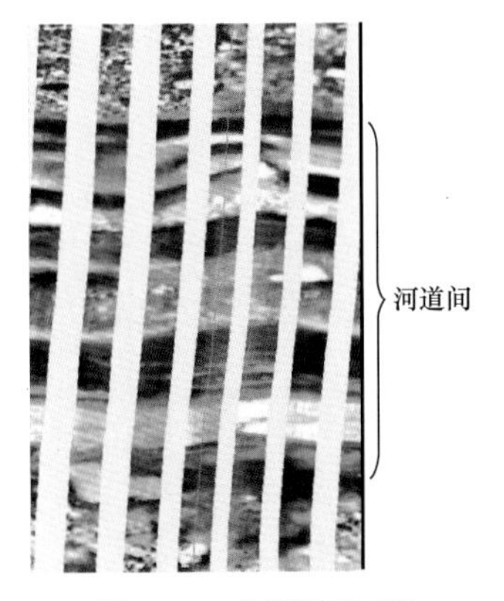

图 3-26　河道间沉积
（T86277 井，2641.9～2644.0m）

4. 天然堤在成像测井图像上的识别

主要指水下天然堤。天然堤岩性由细砂岩、粉砂岩和泥岩组成，表现为砂、泥岩薄互层。

天然堤在成像测井上表现为深色的泥岩与颜色略浅一点的粉砂岩薄互层（图 3-27），明暗相间，一般成层规则。本区所见天然堤的厚度很小，一般在 20cm 以下。

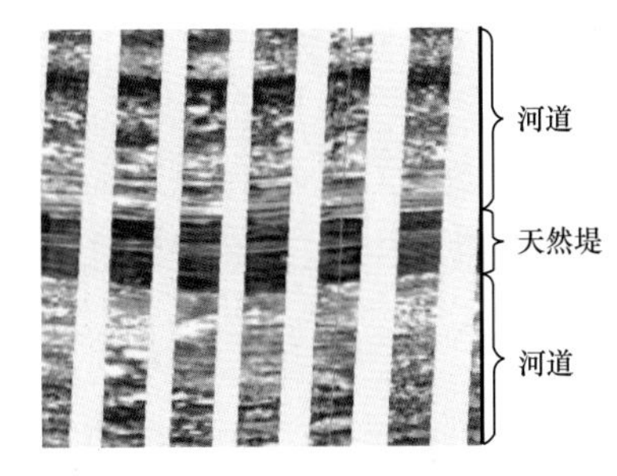

图 3-27　天然堤沉积
（T86120 井，2773.51～2774.94m）

5. 泥石流及碎屑流沉积在成像测井图像上的识别

碎屑流和泥石流沉积是由黏土、砂、砾石混合物构成的块体流沉积，其特点是颗粒大小混杂，毫无分选，巨大的砾石可“漂浮”于细小颗粒和基质中，粒间充填物富含泥质，无层理，也无其他沉积构造。

碎屑流和泥石流沉积在成像测井上一般表现为不等粒砾岩的特征，即不规则的高阻白色特征与不规则的低阻暗色特征相混合，且高阻白色一般呈斑块状“漂浮”在低阻较暗色中，且砾石的粒度一般较粗，砾石的高阻白色呈杂乱分布（图 3-28、图 3-29）。

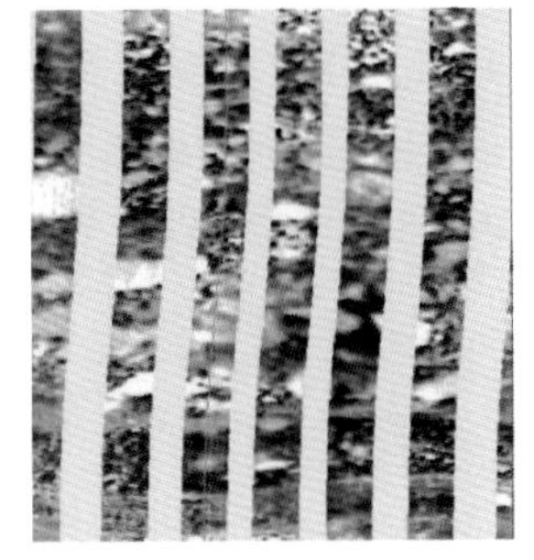

图 3-28　重力流沉积
（T85689 井，2657.02～2658.60m）

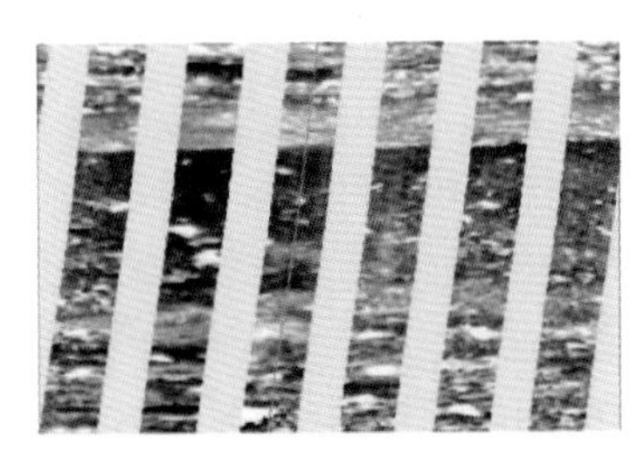

图 3-29　重力流沉积
（T86166 井，2801.50～2802.62m）

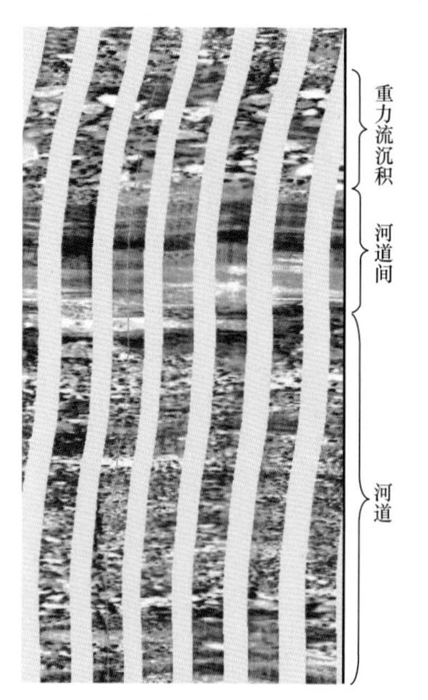

图 3-30　河道、河道间和重力流沉积组合
（T86245 井，2936.29～2939.81m）

成像测井在反映各种沉积微相大体类型的同时，也反映了沉积微相的垂向组合形式（图 3-30）。

在成像测井识别大的沉积类型下，借助其他地质信息确定是水上沉积还是水下沉积即可以定出微相的具体名称。

三、成像测井在沉积演化和古流向及物源方向中的应用

1. 成像测井在沉积演化研究方面的应用

成像测井为沉积演化方面研究提供了很好的地质信息，首先由于成像测井的连续性和直观性，可以反映出垂向上沉积微相的分布特征，并且成像测井在垂向上也反映了岩性粒度和岩层厚度的连续变化特征，这就有利于研究单井沉积相的垂向沉积演化特征，从而指导全区沉积演化的研究。

2. 成像测井在古流向及物源方向研究方面的应用

1）岩性的标定提供了全区各段粒度展布特征

通过对 15 口成像测井的岩性标定，为物源方向的研究提供了一个全区下乌尔禾组各段粒度平面展布特征的信息，可以为物源方向的研究提供依据。

2）利用交错层理对古流向进行研究

由于成像测井的图像具有方向性，因此，成像测井图上可以计算出地层的倾向、倾角，以及交错层理的倾向和倾角。

四、成像测井图像研究的注意事项

成像测井图像信息为沉积相研究提供了大量的有用信息，但是在进行成像测井图像沉积相研究中需要注意以下几点。

（1）成像测井的颜色与岩石的实际颜色不相干，它的变化只是反映地层电阻率的变化。

（2）进行多井对比时，一口井与另一口井的同一颜色可能对应不同的电阻率值，代表不同地层的岩性和物性，这是因为地层的微电阻率值变化范围是由于井与井之间的差异而造成的。

（3）由于成像测井图像的分辨率有限，它不能反映所有级别的地质特征。例如成像测井图上可以较清楚地识别交错层及其层系界面及细层倾斜方向，但要辨别是板状还是槽状交错层是困难的。因为一个平面（如板状交错层细层）在成像测井图上的轨迹为一正弦曲线，而稍有弯曲的面（如槽状交错层细层）的轨迹也基本上表现为一正弦曲线。二者的微小差别在成像测井图上是难以区分的。

（4）成像测井是电成像测井，在测量时受井眼、钻井液及各种工程因素的影响与干扰，

所以图像上有许多假象，在应用时要非常小心。为了使成像测井图像的解释更加准确有效，在解释中要结合岩心和常规测井资料进行对比研究，使地层描述更为详尽和精确。

第三节 物源方向

一、古流向分析

古流向是指示物源方向的良好的直观信息，其中交错层倾向是古水流方向的可靠数据。然而通常在地下的含油层系中，难以获得有关交错层的信息。所幸的是，在八区新近的钻井中，有15口井进行了成像测井。本书充分利用这些宝贵资料进行沉积相研究，并从中识别出大量交错层、逆行砂波交错层等各种层理构造。在15口井中对443个交错层层系进行了倾向倾角测量，同时测量了相应的地层倾向倾角。经过吴氏网校正即恢复到地层水平状态下交错层的倾向倾角。这种交错层的原始倾向即代表古流向。当然，对于逆行沙波交错层来讲，其倾向的反方向（相差180°）则代表古流向。

对所得数据进行整理，编制出了下乌尔禾组交错层倾向玫瑰图和分段的交错层主倾向平面展布图，这从一个侧面提供了关于物源方向的重要信息。

从下乌尔禾组交错层倾向玫瑰图（图3-31）来看，某些井表现出交错层主要向一个方向倾斜，如T86120井、T85024井（向南西）、T85015井（向南）、T85722井（向南东），这显然说明这些地方下乌尔禾组沉积期的古流向是以一个方向为主。而还有不少井的玫瑰图表现出具有双众数特征，如T85006井、T85027井、T85713井、T85607井等都有两个较集中的倾向，其中一个指向北东方向，另一个指向南或南东方向。这说明这些地方下乌尔禾组沉积期至少有两个方向的主要流向存在，通常是不同时期、不同沉积阶段分别具有不同的流向。

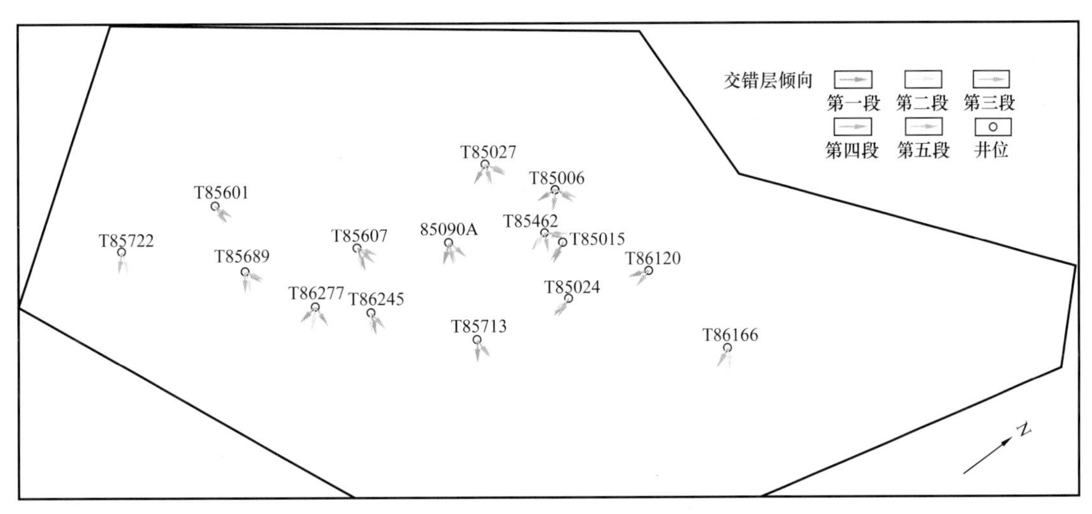

图3-31 八区下乌尔禾组第五至第一段交错层理倾向展布图

为叙述方便，以下称下乌尔禾组第五段沉积时期为下乌尔禾期五亚期，第四段沉积时期为四亚期，以此类推。

1. 下乌尔禾期五亚期

在 15 口有成像测井的井中，钻达第五段的井较少，且有的虽钻达少量第五段，但未获得交错层资料，故仅有 5 口井获得了交错层数据。

由图 3-31 可见，除 T85713 井交错层平均倾向为近于向东方外，其余 4 口井交错层平均倾向均为北东。这说明五亚期古流向以北东向为主，来自南西方向的物源为主要物源方向。这一特征与五亚期的古地理格局是一致的，因五亚期西南高、东北低的地势特征非常明显。

2. 四亚期

第四段在 9 口井中测得了交错层产状数据，除了 T85601 井及 T86277 井两口井平均方向为近于正东方向外，其余各井交错层的平均倾向均为北东方向（图 3-32）。这表明四亚期继承了五亚期的古地理格局，地势的基本特点仍为西南高、东北低，物源仍以来自西南方为主。

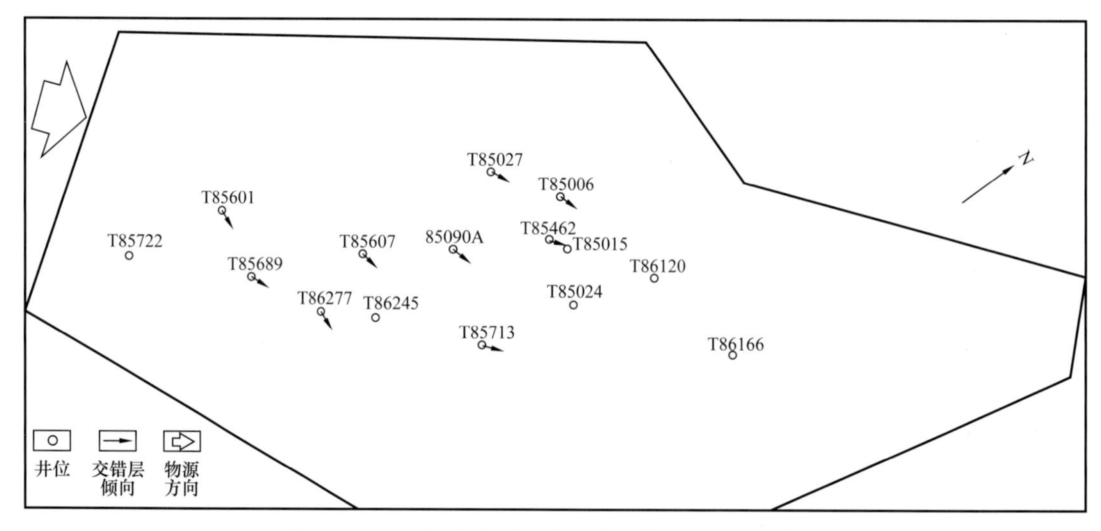

图 3-32　八区下乌尔禾组第四段交错层理倾向展布图

3. 三亚期

在 15 口成像测井的第三段中全都取得了交错层资料，且测得的交错层层系数也较多（96 个，表 3-3）。

由图 3-31 可见第三段交错倾向和第四段相比有较大变化，由多数井交错层倾向以北东向为主变为以南东向为主，仅少量仍为北东向。这表明物源方向五亚期和四亚期的以来自西南方为主，逐步向来自西北方为主转化。

4. 二亚期

在第二段测得的交错层资料最为丰富，不但 15 口井全有数据，而且测量的交错层层系数量也最多（158 个，表 3-3）。

表 3-3 交错层平均倾向分段统计表

	一段		二段		三段		四段		五段	
井号	平均倾向方位角（°）	交错层个数	平均倾向方位角（°）	交错层个数	平均倾向方位角（°）	交错层个数	平均倾向方位角（°）	交错层个数	平均倾向方位角（°）	交错层个数
T85722			108.0	3	135.3	6				
T85601			100.3	3	68.0	5	91.8	4		
T85689			111.0	3	126.5	9	66.2	5	56.2	2
T86277	171.2	3	137.5	10	92.4	8	91.3	3		
T85607	106.5	4	115.2	10	113.3	6	78.9	8		
T86245	114.3	7	126.3	8	82.0	9				
T85090A	140.8	2	107.6	13	90.2	7	75.5	2		
T85713	125.6	20	92.8	13	86.5	11	48.6	5	102.5	3
T85027	157.7	3	117.4	10	108.4	7	65.5	2	56.5	2
T85006	184.7	3	139.9	16	134.6	5	71.8	5	56.8	6
T85462	164.3	21	163.8	20	116.1	8	51.0	8	36.2	3
T85015	150.9	7	165.2	6	162.0	1				
T85024	167.7	25	176.2	11	160.0	4				
T86120	200.1	18	172.7	15	169.4	7				
T86166	155.7	18	123.4	17	159.3	3				
合计	153.3	131	130.5	158	120.3	96	71.2	42	61.6	16

5. 一亚期

由于研究区西南端没有保留第一段沉积，共有 12 口井取得了交错层资料。各井交错层平均倾向的格局与第二段相仿，其不同为平均倾向方位角有增大趋势，出现少量向南西西方向倾者。这也表明下乌尔禾期古流向的变化趋势具有继承性。这说明此时西南方的物源已不重要，物源基本上来自西北方向及北方。

综上所述，一亚期的物源方向应以北西方及北方为主，也不排除部分来自东北方向。

需说明的是，区内东北端尚无井进行过成像测井，故以上对于古流向及物源方向的讨论，尚未涉及东北端。东北端的物源方向需结合沉积物粒度、成分等变化特征进行研究。

二、粒度变化趋势

总体来说，区内下乌尔禾组是以砾质岩为主的粗碎屑岩组合，以细粒小砾岩为主，也发育中砾岩、细粒岩、粗粒小砾岩、不等粒砾岩、砂砾岩等岩石类型，含砾不等粒砂岩、粗砂岩、中砂岩、细砂岩及泥岩少量。粒度变化不明显，全区以由各种类型的砾岩和砂岩组成的扇三角洲平原辫状河道沉积和扇三角洲前缘水下分流河道沉积占绝对优势。而从 15 口井的成像测井剖面及 20 口井的单井相分析来看，仍然可看到粒度的微弱变化趋势。

从成像测井指示的岩性看，总体上，西南部的 T85601 井岩石粒度最粗，T85722 井、T85689 井、T86277 井岩石粒度较粗，从南西、西方向往北东、东向直到 85090A 井都是较粗粒的以不等粒小砾岩为主的岩石组合，而中部的井到东部的井总体粒度较细，且砂和粉砂岩等细粒物质的单层厚度增大。这表明岩石粒度大致是沿南西、西向北东、东向减小的。由南西向北东，一是地层中粗粒组分所占比例逐渐减少，二是同一层中，砾岩最大砾径向下游方向有规律地减小。而从前面地层对比可知，区内西南部的 T85722、T85601、T85689 等井，仅保存有四亚期、三亚期和二亚期早期及五亚期晚期的少量沉积，因此这一粒度减小的方向说明这几个时期主要存在西南向及西部（包括西北部）的物源。

从成像测井图及岩心观察看，在西南部和西北部仅有少量井存在五亚期沉积，西南部岩石粒度粗，以粗粒小砾岩及不等粒砾岩为主，如 8645 井、T85689 井等。而 T85027 井、T85006 井等，粒度相对较细，多为细粒小砾岩；检乌 3 井虽然总体粒度较粗，但在此时期以细粒小砾岩为主。这说明第五段粒度的变化方向为自西南向东北粒度变细。这反映的物源方向与古流向是一致的。

第四亚期的沉积，总的来说也是由南西向北东由粗变细，由 T85722 井、T85601 井、8645 井等的以不等粒砾岩、不等粒小砾岩及粗粒小砾岩为主到 T86277 井变为以不等粒小砾岩为主，T86245 井岩性主要是细粒小砾岩，北部岩性以砂质不等粒砾岩为主（如 8545 井），表现为粒度粗且分选较差，但向南很快粒度变细。此时除西南部存在一主要物源外，北部可能存在一次要物源。

第三亚期，全区大部分地区都是较粗粒的沉积，只有东、东南部少量井粒度变细，如 T86245 井、T86166 井等，同第五亚期和第四亚期不同的是，原来粒度较粗的西南部及西（西北）部，粒度由粗变细，如西南部的 T85722 井，由以不等粒小砾岩为主，变为以细粒小砾岩为主。另一方面此期东北部沉积的粒度较粗，如检乌 5 井、T85290 井等。以上粒度分布指示物源方向已由西南向西北及北方迁移。这与古流向分析是一致的。

第二亚期基本维持第三亚期的粒度变化趋势，此时西南边的物源已不重要，西南部粒度进一步变细，以细粒小砾岩、砂质细粒小砾岩为主，并有部分含砾砂岩（8645 井）。西部粒度也略有变细，但分布在西北部、北部的井粒度较粗，如 8545 井、8508 井、检乌 5 井、85290 井等，以不等粒砾岩、砂质不等粒小砾岩为主，特别是 T86120 井，粒度自下而上由细变粗，表明北部物源已有所增强。

第一亚期除了西北部及北部粒度较粗外，其余部分基本上都是以细粒小砾岩为主的沉积，此时西北部及北部物源已占绝对优势。

三、岩石成分特征

本区下乌尔禾组岩石形成于造山活动带前缘，受大地构造背景和离物源区距离的影响，主要岩性为由火山喷发物组成的碎屑岩组合，如流纹岩、凝灰岩等岩屑组成的砾岩、砂岩、粉砂岩、泥岩及其过渡类型。填隙物中，胶结物绝大多数为方解石、方沸石，杂基则为火山灰（火山玻璃），而对于那些突发性、快速堆积的砾岩或砂砾岩，则往往大的砾石之间为砂级、粉砂级和/或泥级的沉积物所充填。这种岩石特征表明母岩区为由大量的火山熔岩、火山碎屑和含凝灰质及晶屑的火山碎屑岩组成的一套岩石组合。这套以砾质岩为主的粗碎屑岩组合，成分成熟度是很低的，因为岩石组分90%以上为岩屑，几乎不含石英等稳定组分。同时，各种粒级的岩屑或矿物分选和磨圆也不太好，结构成熟度较低，反映出近物源的特点。

对下乌尔禾组部分取心井的岩石薄片观察发现，8645井、805井、8545井、检乌3井、8650井及检乌5井等岩石成分最为复杂，不但含各种粒级的喷出岩岩屑，如酸性熔岩岩屑、流纹岩岩屑、凝灰岩岩屑及安山岩岩屑等，而且粒间孔隙中被大量火山灰或火山玻璃充填，颗粒大小混杂，棱角分明，镜下显得很脏乱。这些井在该段沉积时所在区域应是离物源区较近的，它们位于西部、西北和北部，这从另一个侧面说明了物源的方向。

四、物源方向

上述从古流向、粒度变化趋势及岩石成分的讨论，不难得出以下认识：物源方向是随着沉积古地理的演化而逐渐变化的。在下乌尔禾组沉积早期（第五、第四亚期），地势西南高东北低，物源来自西南方向；中期（第三亚期）物源逐渐向西部及西北部迁移；到下乌尔禾组沉积晚期（第一和第二亚期），物源已完全转到西北及北部。

综上所述，西南方向为本区的一个物源区，而长达10km的西北边缘之外，都是本区的物源区。但是，不同区段物源的方向是有区别的，在不同时期的作用也是有差异的。因此，本区物源可归纳为4个主要来源：西南方的物源；805井之北以及其两侧来自西北方的物源；8545井之北主要来自北方的物源；JY5井之北来自西北方的物源（图3-33）。这4个主要物源在不同沉积时的作用是不同的。

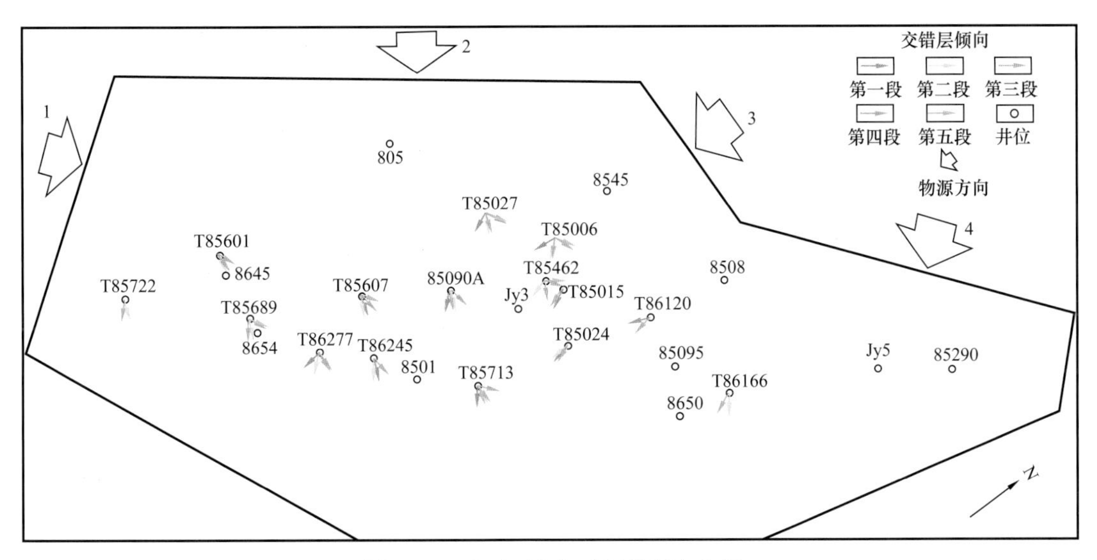

图3-33 八区下乌尔禾组物源方向图

（1）西南方物源是本区下乌尔禾早期（五亚期、四亚期）的主要物源，古流向分析及粒度变化趋势都充分反映出这一点。而至中期（三亚期），该方向物源的重要性已大大降低，至下乌尔禾晚期（二亚期及一亚期），其作用已微乎其微。

（2）805井之北及其两侧来自西北方的物源，在下乌尔禾组沉积早期已经存在。但种种迹象表明，虽然这时806井一带地势较高，但它所提供的沉积物数量是有限的。此物源方向对本区沉积的贡献，是从三亚期开始的。至下乌尔禾组沉积晚期，此物源仍然是非常重要的。

（3）8545井之北的来自北方的物源主要自下乌尔禾组沉积中期开始为本区提供大量沉积物。物源主要来自北方而不是西北方，是因为这里的古流向是向南为主，兼有西南向及南东向者，而不像805井之南井区古流向主要为南东。该物源方向以晚期最为明显。

（4）关于JY5井之北物源，因该区井均仅钻达部分三段或更新地层，故对于早期该物源是否有贡献不得而知。此外，由于此区缺少古流向资料，只能对粒度变化趋势进行分析。从现有资料看，该区在下乌尔禾组沉积中晚期应存在来自西北方的物源。

第四节　沉积相展布与演化

在本节中将论述晚二叠世下乌尔禾组各个亚期沉积相的展布情况及其演化特征。在详细论述之前，首先对下乌尔禾期的沉积演化做一概略介绍，有助于对演化全过程的理解。

一、沉积演化概况

研究区下乌尔禾组的沉积经历了两个大的旋回。在总体下降接受沉积的过程中，还同时存在掀斜运动，研究区西南部相对上升。在第五段至第三段沉积后，西南部抬升遭受剥蚀，形成了局部沉积间断。二亚期西南部重新接受沉积，而在一亚期沉积后遭受了相当长时间的剥蚀后才接受三叠系沉积（图3-34）。

晚二叠世下乌尔禾组沉积期之初，研究区古地貌为一个向北东倾的斜坡。在下乌尔禾组沉积期的五亚期，仅在地形的低部位接受了沉积（图3-34a）。一般沉积厚度为数十米至100m，而在像8502井这样的低洼地带沉积厚度超过200m。

在下乌尔禾组沉积期四亚期，整个Ⅰ区全部接受沉积（图3-34b），形成了一个退积序列，构成了层序Ⅰ。

三亚期，沉积速度略大于沉降速度，即沉积物供给速率大于可容纳空间的增加速率，沉积物向湖进积（图3-34c）。

由于掀斜运动，西南部相对上升。至三亚期晚期，西南端开始遭受剥蚀。其剥蚀范围逐渐扩大，至三亚期末期剥蚀范围向东北推进至T85518井一带。

二亚期初湖面又复上升，湖侵范围逐渐扩大至研究区西南缘附近（图3-34d）。

一亚期，随着物源区抬升速度加快，大量粗碎屑沉积物源源供给，又形成了一个进积序列（图3-34e）。

下乌尔禾组第一段沉积之后，整体抬升，开始经历了一个漫长的风化剥蚀过程。中、东部因剥蚀使第一段厚度大为减小，而越向西第一段的残留厚度越小，至T85518井以西第一段剥蚀殆尽,第二段也所剩不多。且西南端的第二段完全被剥蚀光,并殃及第三段,甚至少量第四段。至中三叠世克下组沉积时,下乌尔禾组顶部普遍形成风化壳(图 3-34f)。

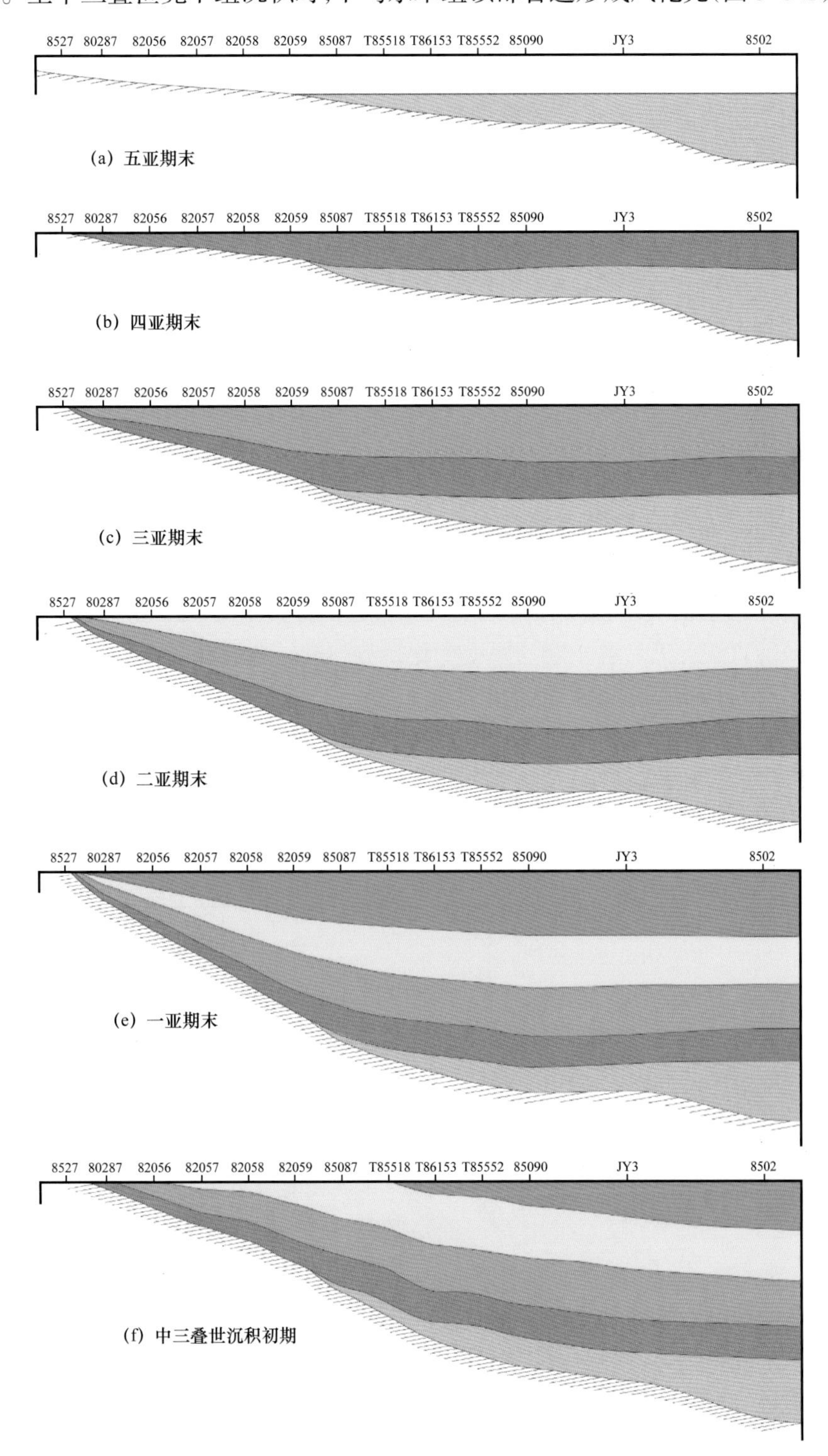

图 3-34 晚三叠世下乌尔禾组沉积期沉积演化示意图

二、沉积相剖面展布

控制全区的15条沉积相连井剖面图清楚地展现了沉积相的纵横向分布情况及变化特征。12条北西—南东向剖面显示的总体趋势是：在西北部扇三角洲平原亚相比较发育，向东南方向平原亚相逐渐减少，大部分为扇三角洲前缘亚相所代替。在南西—北东方向上，显示西南部下乌尔禾组下部的扇三角洲平原亚相相对发育一些，向东北平原亚相有所减少，扇三角洲前缘亚相略为增多。从纵向上来看，下乌尔禾组下部以扇三角洲前缘亚相为主，向上平原亚相增多。

从微相分布来讲，扇三角洲平原亚相以辫状河道微相占绝对优势，单层厚度也较大；而漫流沉积及泥石流沉积微相单层厚度都很小，多为1m左右，累计厚度也很有限。扇三角洲前缘亚相中，也是以水下分流河道微相占绝对优势，水下分流河道及碎屑流沉积微相的单层厚度都很薄，总量也有限。至于颗粒流沉积微相，仅个别井见及（如85090A井），厚度不足1m。

三、五亚期沉积演化

下乌尔禾组第五段主要分布于中部及东北部，西南端缺失。而东北部很少有井钻揭第五段，故已知第五段分布情况的范围有限。第五段各小层的分布范围，以第5小层范围最小，第4小层至第1小层依次向西南方向扩大。第五段的厚度为0～205m，总的趋势为自东北向西南厚度减薄直至尖灭。各小层的厚度变化趋势与这一总趋势一致。

第五段各小层的沉积微相平面展布特征如图3-35至图3-39所示。由图可见，第五段的第5小层至第1小层沉积依次向西南方向超覆。各小层均由三角洲平原和前缘两种亚相构成，其微相类型比较单调。扇三角洲平原亚相主要由辫状河道微相构成，含少量泥石流沉积微相；扇前缘亚相中以水下分流河道微相为主，含少量分流河道间微相及碎屑流沉积微相。

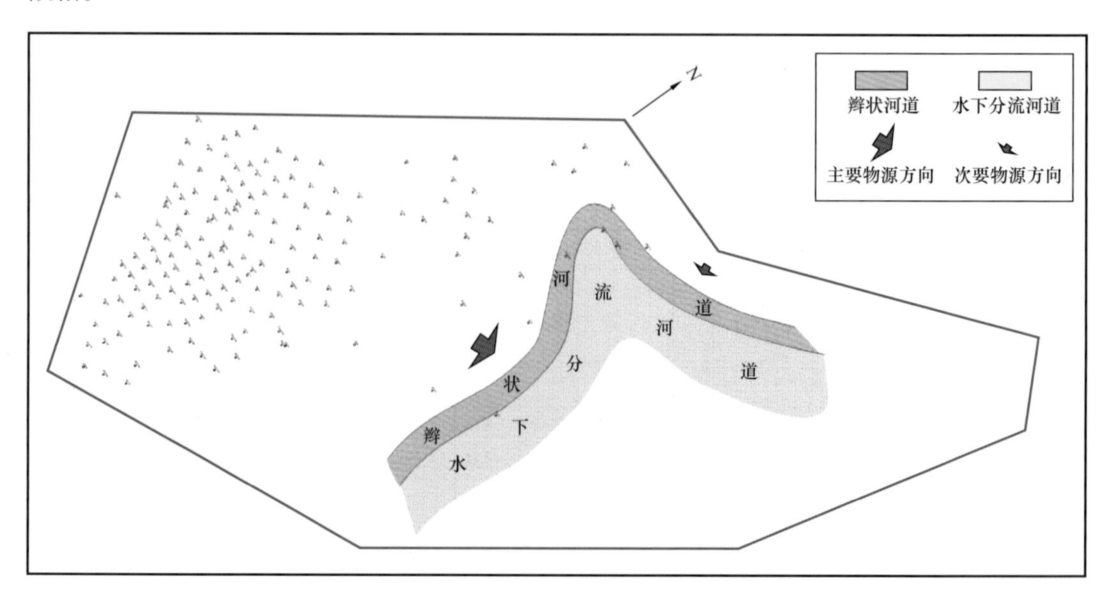

图3-35 八区下乌尔禾组第五段第5小层沉积微相平面图

沉积相的展布，5 个小层均为西部边缘为扇三角洲平原亚相，其东均为扇三角洲前缘亚相。五亚期的物源以来自西南方为主，来自西北方的物源也有少量贡献（图 3–35～图 3–39）。这与前节物源方向的分析是一致的。

第五段分布于古地形的低部位，向斜坡上方不断超覆，构成一个低位楔（图 3–34a），并具下切谷充填沉积特征（图 3–35）。

四、四亚期沉积演化

第四段分布最广，遍布全区，尤以第 1 小层最广，除最西北缘的 8607 井外，区内无一井缺失第四段第 1 小层。第四段的厚度分布为西南端最薄，向东北方向逐渐加厚，由 23m（80287 井）逐步增至 146m（8714 井）。

四亚期早期（第 2 小层沉积期）沉积范围迅速扩大至西南端，仅有小片地区仍为剥蚀区；晚期（第 1 小层沉积期）西南端全部为沉积物覆盖（图 3–36）。

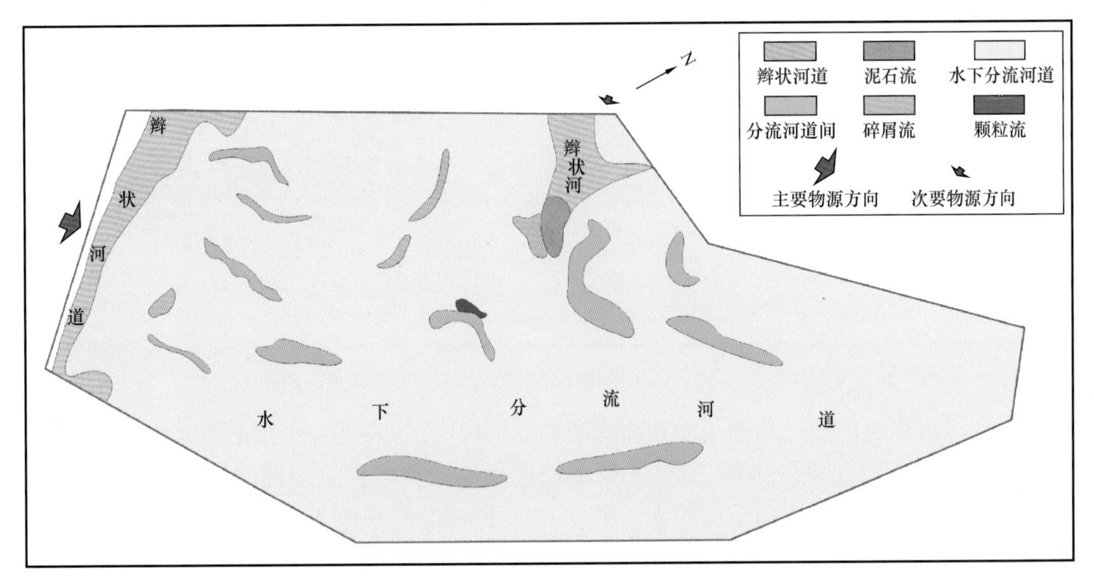

图 3–36　八区下乌尔禾组第四段第 1 小层沉积微相平面图

第四段沉积以扇三角洲前缘亚相为主，次为扇三角洲平原亚相。第 2 小层的扇三角洲平原亚相分布于西南端及西北端，呈条带状。西南端条带宽 1.5km 左右，西北缘条带宽度小于 1km。第 1 小层的前缘亚相沉积占绝对优势，平原亚相仅有两小片：一为最西南端 80287 井及 481 井，另一为西北缘的 8504—T85006 井区。第四段沉积的微相类型比较丰富。平原亚相中除辫状河道微相为主外，还可见漫流沉积及泥石流沉积。前缘亚相中以水下分流河道微相为主，而水下分流河道间微相也相当普遍，并可见水下重力流沉积。重力流沉积中以碎屑流沉积微相较常见，偶见颗粒流沉积。

第四亚期的物源仍为以来自西南方为主，西北方为次。

四亚期沉积范围迅速扩大，且以水下沉积占绝对优势。沉积物为向上变细变薄的退积型组合，沉积过程可容纳空间不断增加。

五、三亚期沉积演化

第三段的厚度分布与第四段类似，也是西南薄向东北加厚，由0m（80587井）增至206m（85060井）。

三亚期初期沉积范围最大，与水进体系域的第四段相仿。而随时间推移，研究区西南部逐步抬升，沉积范围逐渐缩小，且原有沉积也遭到一定程度的剥蚀。故由第4小层至第1小层的西部边界依次向东迁移(图3–37)。

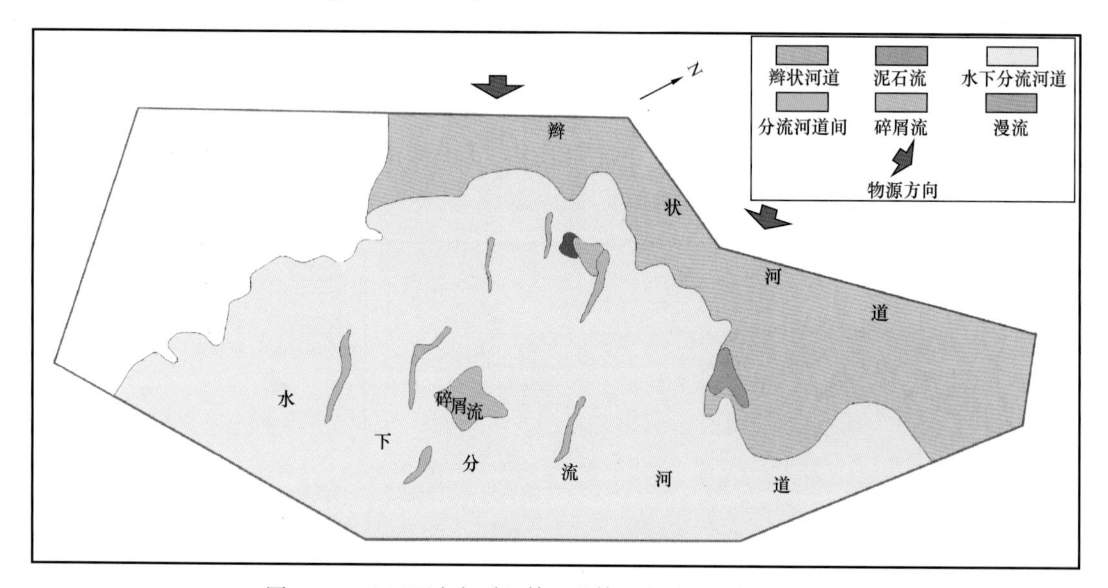

图3–37　八区下乌尔禾组第三段第1小层沉积微相平面图

第三段沉积也由扇三角洲平原和前缘两种亚相构成。其中第4小层平原亚相范围最小，限于最西南端及西北缘的南段；第3小层的泛滥平原亚相已扩大至西北缘北段；而第2及第1小层则由西北缘依次向东南扩大。另一方面，西南端的平原亚相，由第4小层至第3小层相带宽度有所加大，而至第2小层则减少，至第1小层则完全缺失平原亚相。这是因为第三段沉积后遭受剥蚀之故。

第三段沉积的微相类型也较齐全。泛滥平原亚相主要由辫状河道微相构成，少量泥石流沉积。前缘亚相以水下分流河道微相为主，分流河道间微相及碎屑流沉积微相在各小层中均有分布，第1小层中还出现一处颗粒流沉积。

第三亚期的物源方向发生了变化，早期虽仍为南西、北西两个方向，但来自西北方向的物源已不是次要的而变为主要物源之一。中期至后期则变为物源主要来自西北方向(图3–37)。

六、二亚期沉积演化

第三段沉积之后本区有所隆升，西南部还遭受一定程度的剥蚀，在二亚期又重新接受沉积，而东北部则保持连续沉积。第二亚期初期开始，沉积范围迅速扩大，不断向西南方向超覆。大部分Ⅰ区下乌尔禾组第二段都有分布，仅在西南端有所缺失。第二段地层厚度由西南往东北增大，东北端最厚达250m以上，全区大部分地区厚度在150m以上，仅西南部少部分地区厚度小于 100m。早期(第 5 层至第 3 层沉积时期),随着水体由北东向南西进侵,沉积范围不断向南西扩大,到第 3 层沉积时期达到最大,沉积厚度的 0 线接近 T85720—T85684—T8715 井连线一带,沉降中心位于东北端。晚期(第 2 层至第 1 层沉积时期)沉积中心向南转移,此时地层厚度在东南缘北部最厚,第 2 层和第 1 层的最大厚度都为 60m 左右。沉积范围逐渐减小,第 2 小层的沉积范围与第二段刚接受沉积时一致,0 线大约在 T85722—T85687—8548 井连线附近,到第 1 小层沉积时,0 线已移到 T85869—T85427—8006 井连线一带。需说明的是,第二段第 2 小层至第 1 小层沉积厚度的 0 线的变化,在相当程度上是后期剥蚀所致。

沉积相的展布情况也基本如此,下乌尔禾组第二段沉积时期的沉积微相平面展布特征如图 3-38 所示。由图可见,本区沉积相由河控型扇三角洲平原和前缘两种亚相组成,其中扇三角洲平原亚相主要由辫状河道沉积微相构成,在沉积的晚期有局部的泥石流沉积发育;扇三角洲前缘亚相中以水下分流河道微相占绝对优势。由于主要物源方向主要为西北方向,早期辫状河道沉积由南西—西—北西—北东呈半包围之势,占据了几乎一半的区域。随着水体的进侵,平原沉积减少,前缘沉积增大,到本亚期第 2 小层沉积时,达到最大湖泛期,除北部和东北部发育平原沉积外,大部分地区都为前缘沉积所覆盖。随后,随着北面物源供应的增加,湖平面也趋于下降,平原沉积在东北和北面占了相当的范围,且由北向南凸出伸展。

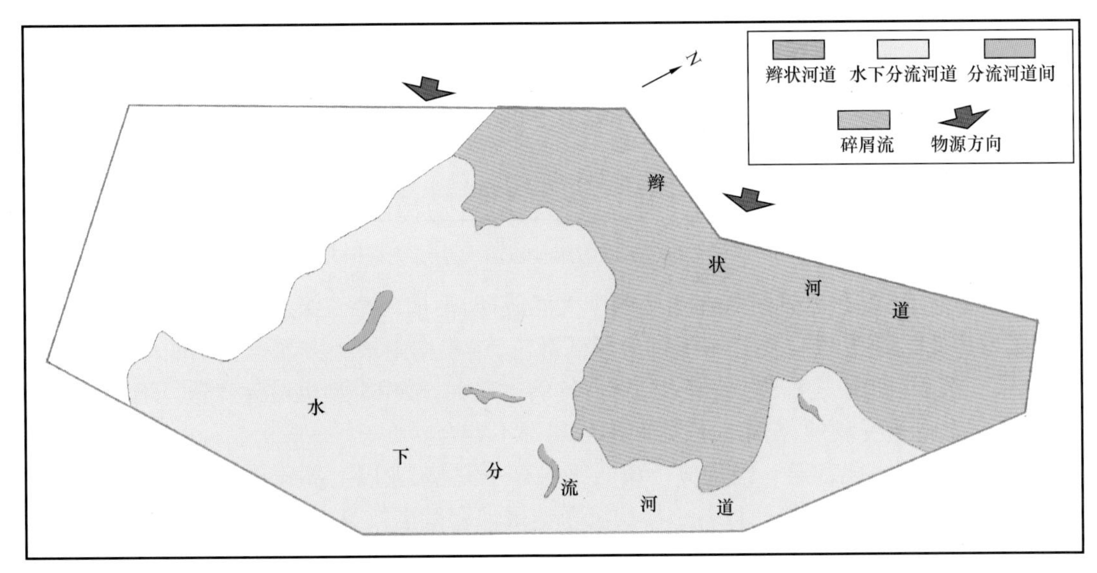

图 3-38 八区下乌尔禾组第二段第 1 小层沉积微相平面图

七、一亚期沉积演化

由于下乌尔禾组沉积之后经历了长期风化剥蚀之后才接受三叠系沉积,下乌尔禾组上部的保存远不及下部。因此,第二段从第 6 小层到第 1 小层有沉积记录的地层范围越来越小,如第 6 小层沉积时,0 厚度线还在 T85728—T85691—T85019 井一带,而到第 2 小层和第 1 小层沉积时,仅在东部残存少量地层。总的说来,这一期沉积最大厚度 293.6m,位于东部的 85024 井区,一般为 100~250m 不等。地层厚度由东向西减薄,西南部有大片剥蚀区或无沉积记录区。同第二亚期相比，沉积分布范围有一定程度的减小，沉降中心由北东向东部转移。

从沉积相的展布来看，亚相及微相的主要类型与前期是类似的，所不同的是分布范围及位置有所变化（图 3-39）。下乌尔禾组第一亚期沉积相的演变为：第一亚期刚开始沉积时，处于层序Ⅱ高位体系域的早期，湖平面虽有降低的趋势，但不明显，沉积面貌与第二亚期第 1 小层沉积时类似。第一亚期第 5 小层至第 1 小层的沉积显示：沉积范围减小，即平原沉积逐渐减小，前缘沉积也减小；平原沉积减小主要是由于地层抬升剥蚀所至，而前缘面积减少，是由于湖平面下降所至，事实上，到第一亚期第 1 小层沉积时，前缘沉积已基本退出研究区范围，只剩下少量的辫状河道沉积。至此，也结束了下乌尔禾组的沉积。

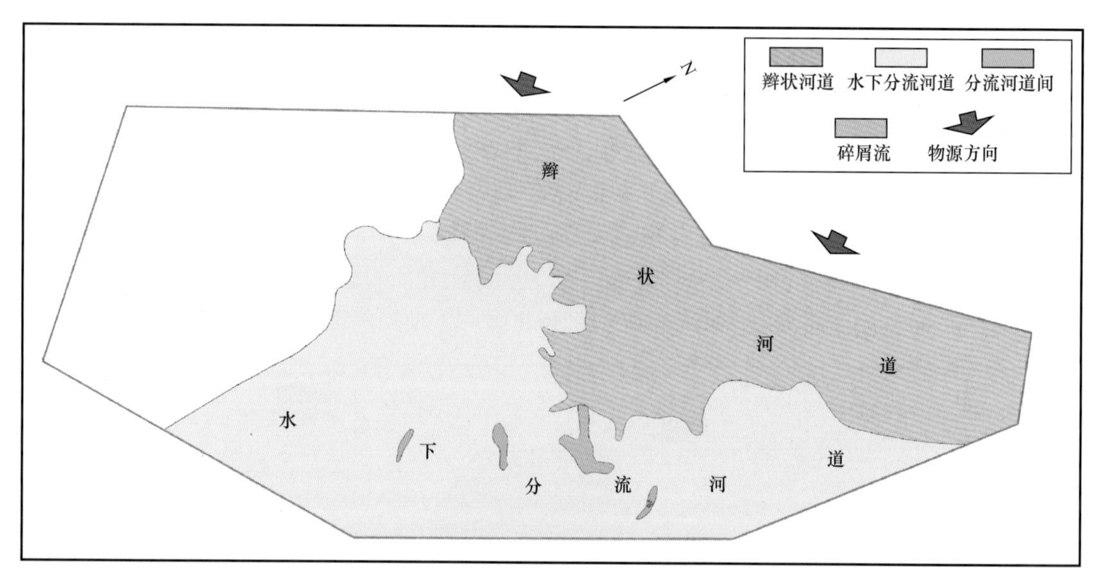

图 3-39　八区下乌尔禾组第一段第 6 小层沉积微相平面

综上所述，下乌尔禾期沉积经历了两个大的旋回，形成两个三级层序。第五段至第三段构成了层序Ⅰ。第五段主要分布于古地形低部位，逐步向斜坡上方超覆。第四段分布面积最广，水下沉积（即扇三角洲前缘亚相）所占比例也最大，微相类型也最为齐全。第三段沉积后，西南部上升遭受剥蚀，与第二段之间形成局部不整合。

层序Ⅱ由第二段和第一段构成。该层序保存不完整，尤以上部残缺最多。沉积之初迅速向西南方向超覆，使得第二段各小层的沉积记录保存范围较第三段第 1 小层要大，其中以第 4 及第 3 小层范围最广。

本章小结

在充分利用 20 多口井 1000m 以上岩心资料的基础上，划分目的层的沉积相系统，然后充分利用成像测井获得的连续直观信息，识别储层岩性和沉积构造；直接识别沉积微相；成像测井在沉积演化和古流向及物源方向中也得到很好的应用。

利用 15 口井的成像测井资料，识别出大量交错层、逆行交错层等各种层理构造。在 15 口井中对 443 个交错层层系进行了倾向倾角测量，同时测量了相应的地层倾向倾角。经过吴氏网校正，即恢复到地层水平状态下交错层的倾向倾角，从而获得了古水流方向。

本区下乌尔禾组沉积期沉积经历了两个大的旋回，形成两个三级层序。第五段至第三段构成了层序Ⅰ，第五段主要分布于古地形低部位，逐步向斜坡上方超覆。第四段分布面积最广，水下沉积（即扇三角洲前缘亚相）所占比例也最大，微相类型也最为齐全。第三段沉积后，研究区西南部上升遭受剥蚀，与第二段之间形成局部不整合。

层序Ⅱ由第二段和第一段构成。该层序保存不完整，尤以上部残缺最多。沉积之初迅速向西南方向超覆，使得第二段各小层的沉积记录保存范围较第三段第1小层要大，其中以第4及第3小层范围最广。

第四章 储层特征

第一节 岩性特征

本区岩性主要以细小砾岩、不等粒小砾岩及粗粒小砾岩为主，储层砾岩成分具有明显的冲积扇沉积物成分成熟度低的特点。下面从碎屑成分和填隙物成分两个方面对研究区岩石成分特征做分析，并详解砾岩油藏储层岩石成分成熟度低、结构成熟度低的特点。

一、岩石成分特征

1. 碎屑颗粒

1）*石英*

石英抗风化能力很强，即耐磨又难分解，因此石英是碎屑岩中分布最广的一种碎屑矿物。

对区内 136 个样品砾岩成分中石英含量分析可知，样品中石英含量较低，大部分样品的石英含量主要分布在 0～5% 范围内，其平均值为 1.96%。

石英含量最集中分布的区间在 0～5%，此范围内包含的样品个数有 111 个，占全部样品数的 94.8%；其次为 10%～15% 区间，此范围内包含的样品个数有 5 个，约占全部样品数的 3.67%；石英含量大于 15% 的样品，仅有 1 个。

2）*长石*

长石主要来源于花岗岩和花岗片麻岩，其形成环境具备的特点主要包括：地壳比较剧烈的运动，地形高差大，气候干燥，物理风化作用为主，搬运距离近以及迅速的堆积等。从化学性质来看，长石很容易水解；从物理性质上看，它的解理和双晶都很发育，易于破碎，因此在风化和搬运的过程中，长石逐渐被淘汰。

一般认为，在碎屑岩中钾长石多于斜长石，在钾长石中正长石会稍微多于微斜长石，在斜长石中钠长石会远远超过钙长石。造成长石这种相对丰度差别的原因，一方面是与母岩成分有很大关系，地表普遍存在的酸性岩浆岩为钾长石、钠长石的大量出现创造了先决的条件；另外一方面又与不同长石在地表环境的相对稳定度有关。各种长石的稳定度顺序是：钾长石最为稳定，钠长石较不稳定，钙长石最不稳定。

砾岩成分中长石含量主要分布在 0～15% 区间内，含量平均值为 2.32%。长石含量最集中的区间在 0～5%，此范围内包含的样品个数为 122 个，约占全部样品数的 89.7%；其次为

5%～10% 区间，此范围内包含的样品个数为 5 个，约占全部样品数的 3%。长石含量介于 15%～20% 范围内的样品个数为 3 个，占全部 136 个样品的 2%。而在大于 20% 范围内，样品个数仅为 2 个。

3）岩屑

岩屑是来自母岩岩石的碎块，是保持着母岩性质和结构的集合体。因此，岩屑是提供沉积物来源区的岩石类型的直接标志。但是由于各类岩石的成分、结构、风化、稳定度等存在显著差异，所以在风化搬运过程中，各类岩屑含量变化比较大。

岩石中岩屑成分特征如图 4-1 所示，岩屑成分类型多样，主要是凝灰岩、安山岩和霏细岩，其中凝灰岩占比最高，为 65%。可见岩屑成分中最主要的成分是岩浆岩，占总量的 90% 以上；其次为沉积岩，包括粉砂质泥岩、泥岩；变质岩含量最少。

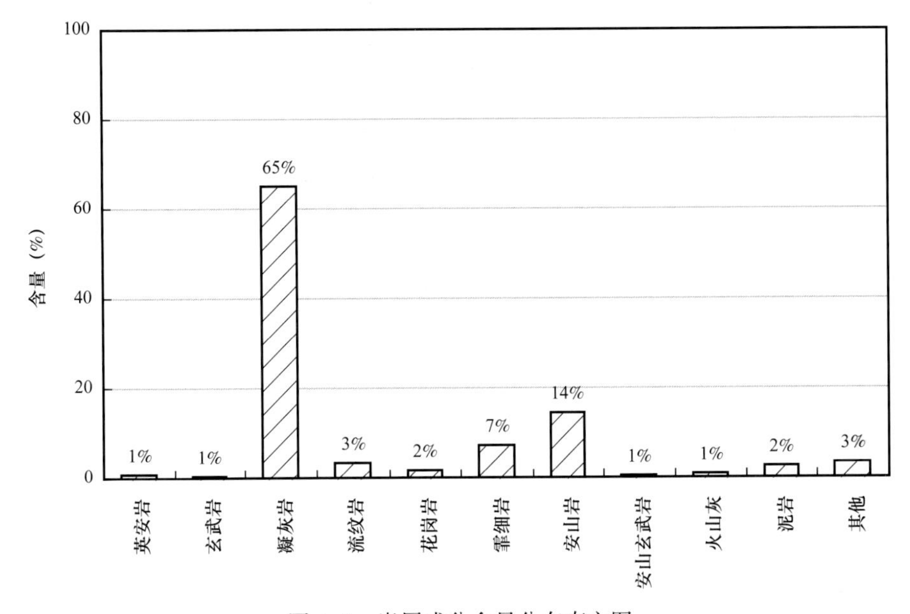

图 4-1 岩屑成分含量分布直方图

岩石成分中岩屑含量在 70% 以上，其中绝大多数样品岩屑含量在 95%～100% 范围内。岩屑含量的平均值高达 95.91%。由此可知，碎屑岩中岩屑含量普遍较高（图 4-2）。

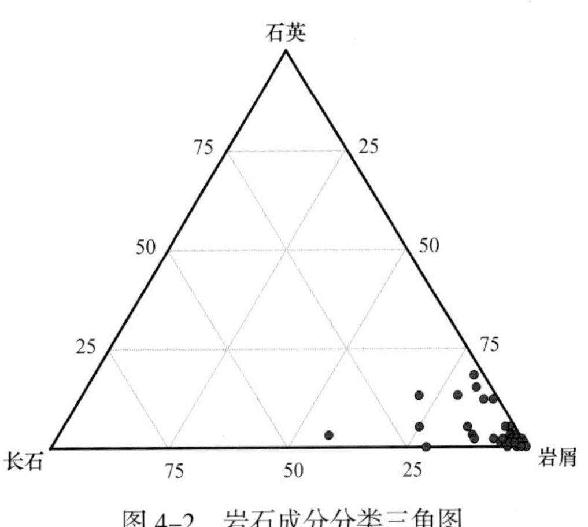

图 4-2 岩石成分分类三角图

4）重矿物

在碎屑岩中把相对密度大于 2.86g/cm^3 的矿物称为重矿物，它们在碎屑岩中的含量一般较少，通常不超过 1%。研究区储层中重矿物类型主要有尖晶石、石榴石、绿帘石、锆石和重晶石。其含量大都在 0.01%～0.1% 之间。

2. 填隙物

充填在碎屑颗粒间的填隙物按照成因的不同，可以分为两种类型——杂基和胶结物。它们的成因、性质以及对岩石所起的作用都不相同。

1）杂基

杂基是碎屑岩中与粗碎屑一起以机械方式沉积下来的、起填隙作用的细粒组分，粒度一般小于0.03mm。对于更粗的碎屑岩，杂基也相对变粗。通过对八区下乌尔禾组岩石杂基成分的统计看出，泥质成分占绝大多数，高岭石、绿泥石化泥质、水云母化泥质、水云母各占杂基成分很小的一部分。再对杂基含量分布进行统计（图4-3），发现杂基含量较低，小于1%的样品数占了整体的61%。本地区杂基含量比较小，表明沉积环境中沉积物经过再改造的作用比较强。

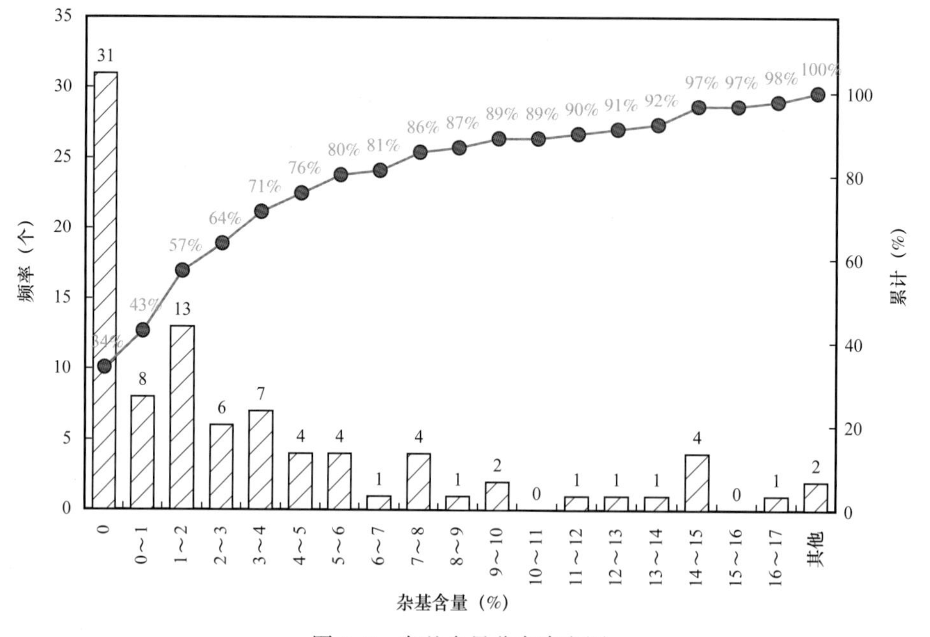

图4-3　杂基含量分布直方图

2）胶结物

胶结物是在成岩过程中，孔隙水携带的溶解物质在过饱和或者其他化学作用下，在粒间孔隙或次生粒间孔隙中沉淀所形成的物质，对碎屑起胶结凝固的作用。常见到的胶结物成分有方解石、菱铁矿、白云石、黏土矿物（绿泥石、伊利石、高岭石、蒙皂石、混层黏土矿物）、氧化硅矿物、赤铁矿和黄铁矿等。

胶结物类型如图4-4所示，胶结物成分比较单一，方解石与方沸石为主要胶结物。从胶结物含量分布来看（图4-5），本区的胶结物最高含量为9%，含量很少，主要分布在0～5%的区间内，胶结物平均含量为3%。

二、岩石结构特征

碎屑岩结构是指构成碎屑岩的矿物及岩石碎屑的大小、形状以及空间组合方式。在碎屑岩储层中,碎屑颗粒的大小、磨圆、分选等结构特征是直接影响储层性质的因素。下面主要从碎屑颗粒的结构特征出发研究岩石结构特征。

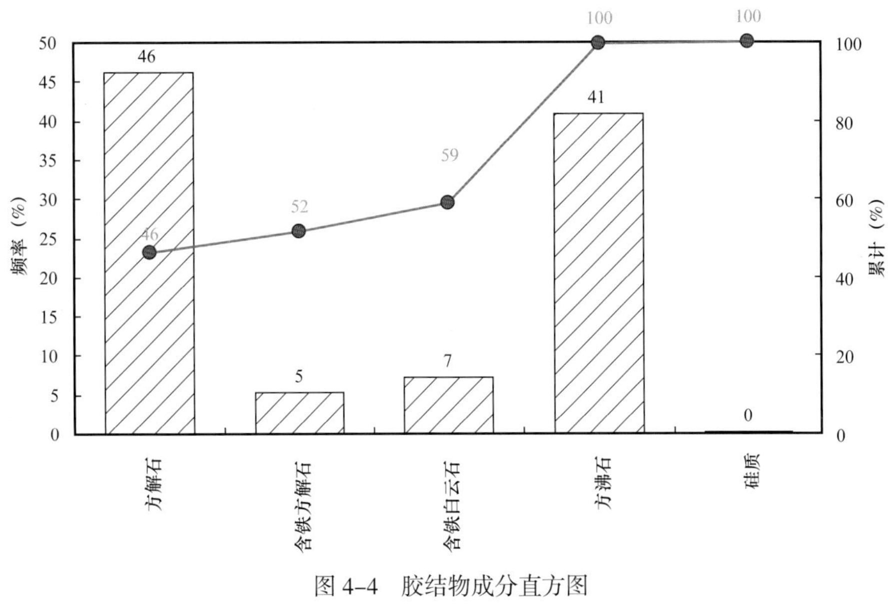

图 4-4 胶结物成分直方图

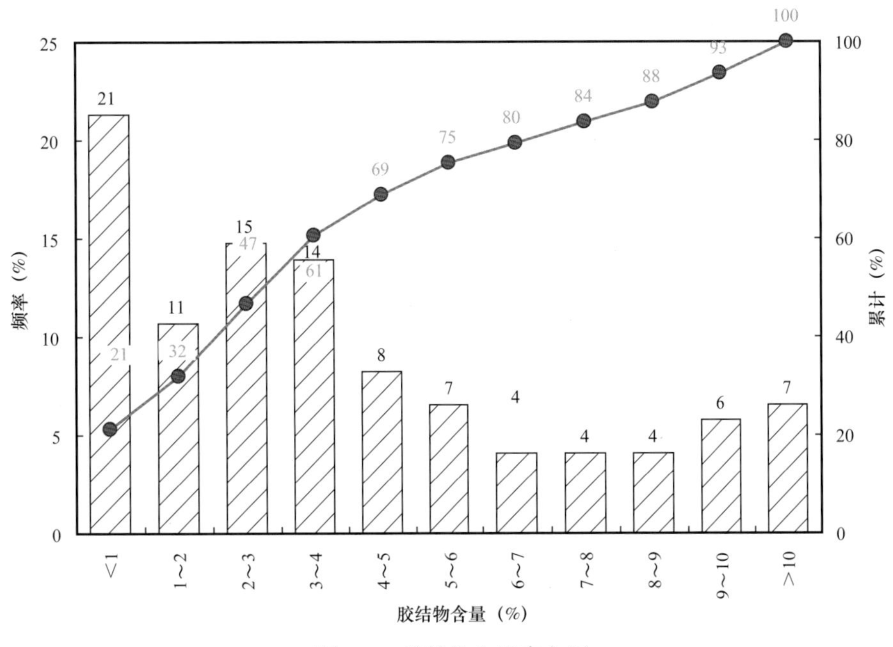

图 4-5 胶结物含量直方图

1. 粒度

通过对本区的岩石粒度的统计(表 4-1),可以看出粒度从中砾到细砂岩均有分布,但主要是中砾和细砾。其中细砾占比最多,在 148 个样品中粒级为细砾的样品数量为 104 个,占全部样品数量的 70%；其次是中砾，占全部样品数量的 19.6%，而粒级为粗砂岩与中砂岩的样品比较少，样品个数分别为 5 个和 7 个。

表 4-1　岩石粒度统计表

颗粒直径（mm）	粒级划分	样品个数（个）	占总体数量比例（%）
10～100	中砾	29	19.6
2～10	细砾	104	70.3
0.5～1	粗砂岩	5	3.4
0.25～0.5	中砂岩	7	4.7
0.1～0.25	细砂岩	3	2.0

2. 分选

分选性是指碎屑颗粒粗细均匀程度。大小均匀，则分选性好；大小混杂，则说明分选性差。在对本区 92 个薄片粒度样品的分选性统计后发现，大部分样品分选性较差，这类样品数约占总样品数量的 97% 以上，其他的分选类型只占总样品的数量的 3%。

3. 磨圆

对研究区的样品进行统计发现（图 4-6），磨圆为次圆状的样品数量最多，占到总样品数的一半，次棱角—次圆状的样品数量次之，占 36%，次棱角状样品数占 11%。由此可知，本区岩石样品中碎屑颗粒的磨圆程度比较高，这与碎屑颗粒粒径的大小有直接关系，前面研究表明本区岩石中碎屑颗粒粒径偏粗态，则搬运过程中，以滚动方式搬运为主，受机械磨蚀强度大。

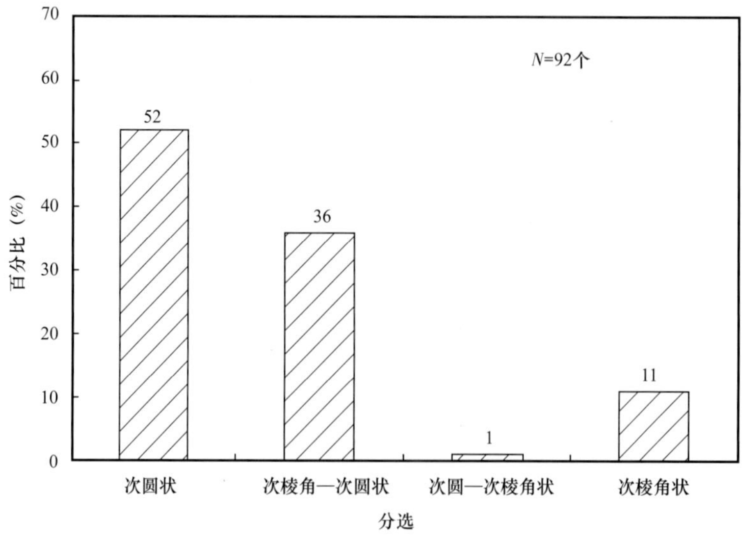

图 4-6　磨圆度特征分布图

第二节 成岩作用

广义的碎屑岩成岩作用是指碎屑沉积物沉积后转变为沉积岩直至变质作用以前，或因构造运动重新抬升到地表遭受风化以前，所发生的一切作用。碎屑沉积物的成岩作用极大地影响岩石的孔隙度和渗透率，与碎屑岩油气藏的形成和开发有密切的关系，对其研究具有重要的实际意义。

一、成岩作用类型及评价

碎屑岩成岩作用类型多样，常见的有压实和压溶作用、胶结作用、交代作用、重结晶作用、溶解作用、矿物多形转变作用等。根据岩矿薄片、铸体薄片、扫描电镜观察和 X 衍射分析，该区目的层在漫长的地质历史过程中，经历了复杂的地质作用过程，其主要的成岩作用包括压实作用、压溶作用、胶结作用、交代作用、重结晶作用、溶蚀作用。

1. 压实和压溶作用

作为一套以砾石为主的粗碎屑沉积，沉积以后，经历了明显的压实作用，依据 5 口井 148 个样品的观察（图 4-7），岩石均属于颗粒支撑，颗粒的接触类型主要为线接触，占观察样品的 44%，其次为线—点接触和点—线接触，点接触和凹凸接触很少，分别占 6% 和 2%。

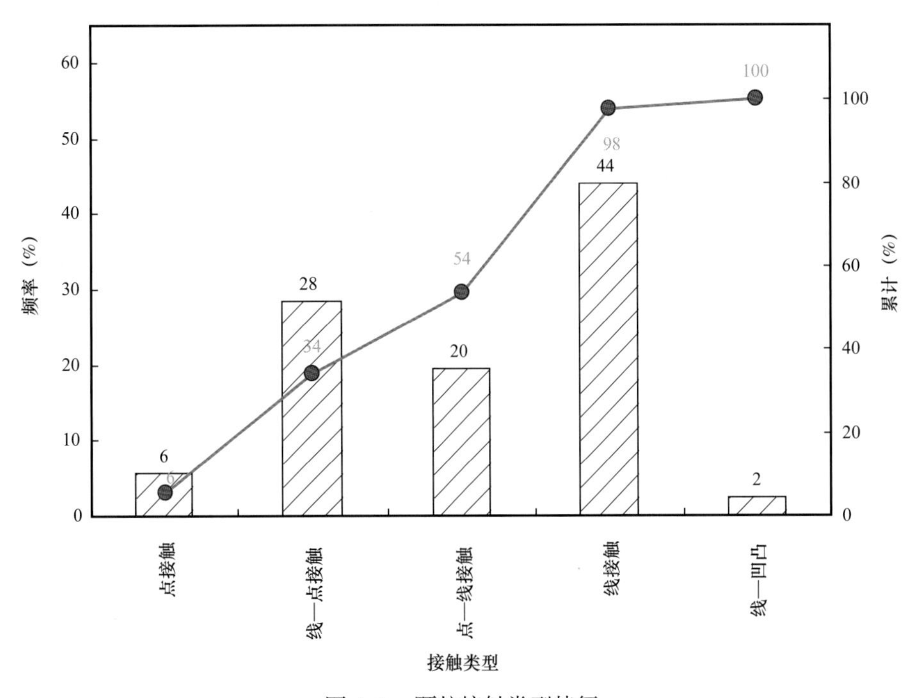

图 4-7 颗粒接触类型特征

这表明该区目的层岩石的压实作用较强烈，属于中等压实，线—凹凸接触仅占 2%，表明压溶作用不明显，仅在极少数样品中偶见。

2. 胶结作用

根据岩矿薄片特征观察和对 5 口井 148 个样品的统计，目的层岩石的胶结类型以压嵌式胶结为主（39%），其次为压嵌—孔隙型胶结（占 21%），再者为孔隙—压嵌型胶结（19%），三者之和约为 80%，其他类型比例较少（图 4–8）。

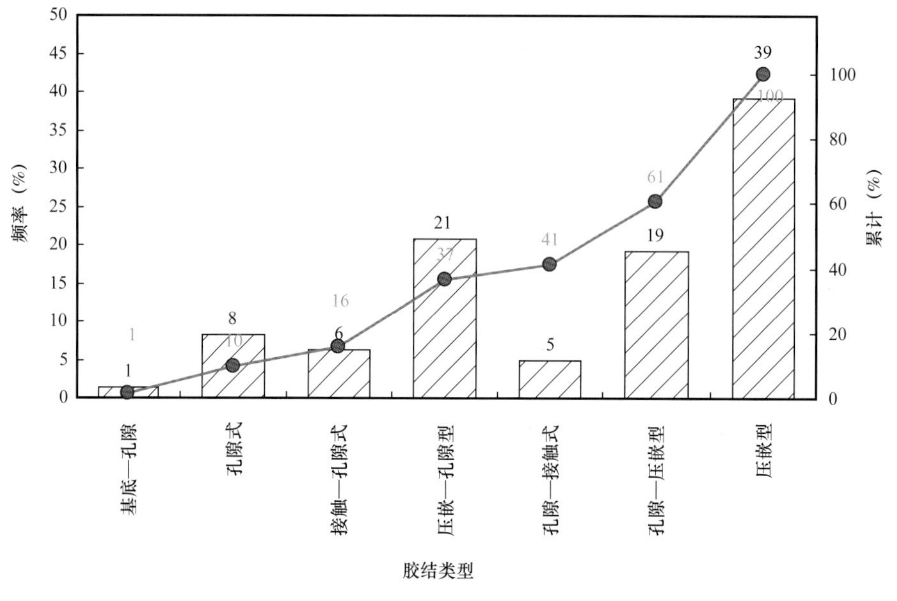

图 4–8　胶结类型特征

这种压嵌式胶结的大量出现是颗粒线接触和点—线接触的典型特征，属于分选差的砾石混杂堆积以后，颗粒和基质抗压能力差的总体特征。

从胶结程度统计特征看，95% 的样品为致密胶结，中等胶结仅占 4%。

从胶结物成分特征看，主要为方解石胶结物，占 46%，其次为方沸石胶结物，占 41%，硅质胶结物为微量，铁方解石和铁白云石占 12%。

从胶结物含量统计看，含量变化区间为 1%～20%，平均为 4.5%，主要分布在小于 6% 的范围内。

总体来看，该区目的层岩石的胶结特征为以致密胶结为主，方解石和方沸石为主要胶结物，胶结含量约为 5%。

3. 交代作用和重结晶作用

从填隙物中发现大量方沸石和极少量钠长石的特征看，本区岩石可能发生钠长石交代方沸石的作用，从扫描电镜中还观察到长石向伊利石的转化特征（图 4–9）。

重结晶作用主要发生在不稳定的火山颗粒上，形成较好形状的晶体，其成分常与粒间自生矿物成分相同。

4. 溶蚀作用

溶蚀作用在本区目的层广泛存在，依据 3 口井 125 个样品铸体薄片资料统计看，主要为剩余粒间孔、粒内孔、粒间溶孔、粒模孔、晶模孔、方沸石晶间孔、方沸石晶内溶孔等类型，其中，主要类型为剩余粒间孔，占 32%，其次为方沸石晶内溶孔，占 25%，其他类型孔隙比例均小于 10%（图 4-10）。从成因特征上看，次生溶蚀孔隙占总孔隙的 59%，因此，该储层的溶蚀孔隙是主要的储集空间。

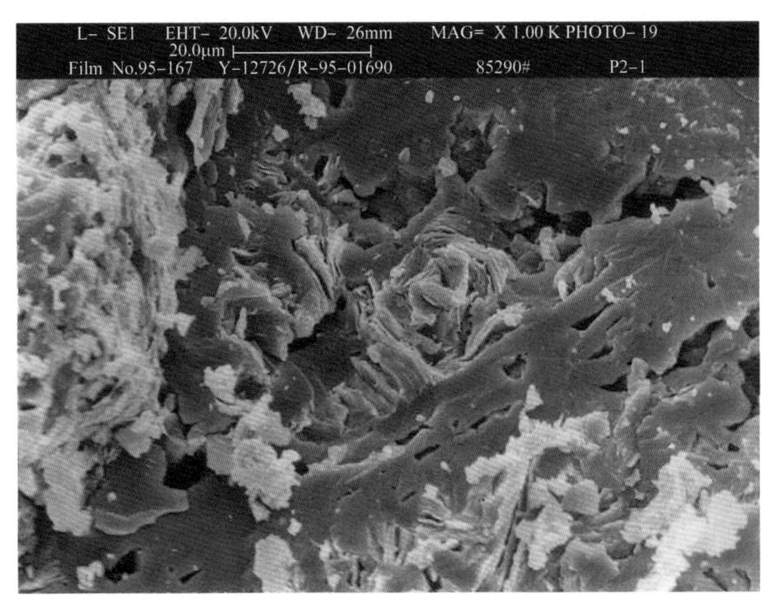

图 4-9 长石向伊利石的转化

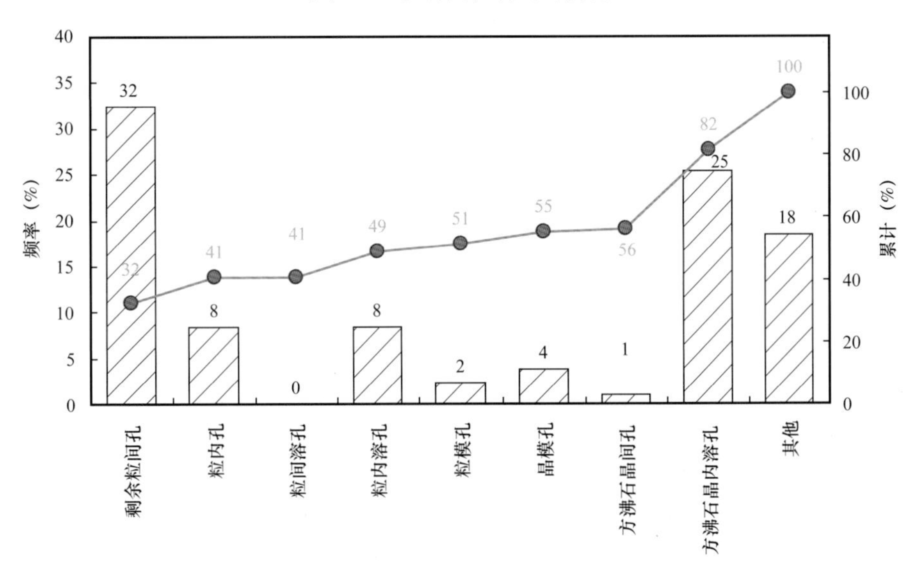

图 4-10 储层孔隙类型特征

从溶蚀作用发育的产状特征看，主要有以下几种类型。

（1）颗粒溶蚀。这种溶蚀特征为支撑颗粒溶蚀，可形成粒模孔。该类溶蚀作用通常发育在分选差的储层中，一般形成粒模孔的颗粒较小（图 4-11）。

图 4-11　粒模孔
（Z2003-06314　X40）

（2）粒内溶蚀。该类溶蚀特征为颗粒内部产生溶蚀作用，溶蚀孔隙不规则或不彻底，这种作用一般发育在火山岩岩屑颗粒上（图 4-12）。

图 4-12　粒内溶孔
（Z2003-06496　X40）

（3）基质溶蚀。此类溶蚀特征为颗粒间的基质部分溶蚀，形成不同规模的溶蚀孔隙。这种溶蚀作用一般发生在成分不稳定的火山岩岩屑为基质的岩石中，溶蚀形成基质溶孔的同时，也常伴有粒内溶孔（图 4-13）。

（4）沸石溶蚀。方沸石的溶蚀作用主要有两种不同的方式，一种是颗粒间形成的大量方沸石晶间或晶内溶蚀形成孔隙，另一种是颗粒上重结晶的方沸石溶蚀，前者为主要类型，也是本区储层孔隙空间的主要类型（图 4-14）。

图 4-13　基质溶孔
（Z2003-06551　X40）

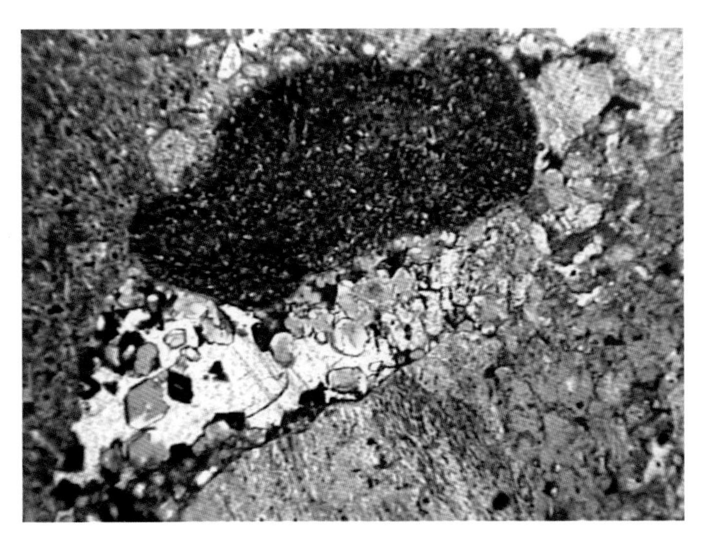

图 4-14　沸石溶蚀
（Z2003-06524　X40）

依据扫描电镜分析，溶蚀作用的成分主要为方沸石晶体、片沸石晶体、长石碎屑等类型。

5. 成岩作用定量评价

在成岩作用过程中，压实作用、压溶作用和胶结作用都有降低储层孔隙度的作用，但不同的作用其储层地质意义不同，通常认为压实作用和压溶作用是不可逆的减少孔隙度的过程，而胶结作用则是可逆的过程，因此评价这两种不同作用过程对于减少孔隙度的相对重要性以及评价储层是十分重要的。

通过对本区对应样品的分析，确定每个样品的剩余粒间孔（看作颗粒支撑的原生孔隙），

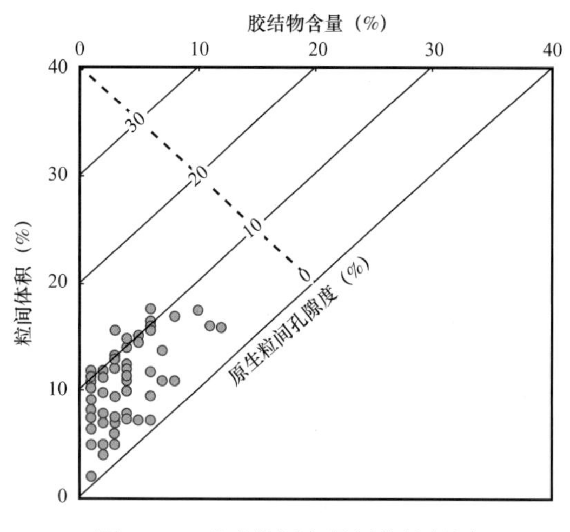

图 4-15　成岩作用定量评价特征图

再确定每个样品的胶结物，根据不同样品的特征，在对应模式图（图 4-15）上表明，压实作用使目的层原生孔隙度降低 20% 以下，胶结作用减少孔隙度是次要的（一般为 5%，最大不超过 15%），压溶作用仅在极少数样品上有表现，估计一般不超过 5%。

综上所述，本区目的层的主要成岩作用包括压实作用、压溶作用、胶结作用、交代作用、重结晶作用和溶蚀作用，其中，压实作用是减少原生孔隙的主要作用，其次为胶结作用，而大量的溶蚀作用是增加储层孔隙空间的主要作用，溶蚀作用形成的孔隙占总孔隙的 60%。

二、成岩作用阶段划分

1. 划分依据

成岩过程可划分为若干阶段，主要的划分依据包括自生矿物特征、特征矿物溶蚀以及有机质成熟度等。

1）自生矿物特征

正如前述，本区目的层胶结物成分主要为方解石、方沸石、含铁方解石、铁白云石等。

亮晶方解石的存在，表明该地层经历的古地温为 65～80℃，而含铁方解石、铁白云石的存在则表明该地层经历的温度更高，一般 85～175℃。

方沸石的存在表明该地层经历的古地温为 65～175℃。片状绿泥石的存在，代表经历了 140～175℃的地质环境。

2）特征矿物溶蚀

本区地层的溶蚀作用中，见到大量沸石类不同规模、不同产状、不同程度的溶蚀作用，一般认为这种沸石类的溶蚀发育在古地温 85～175℃的环境中。

长石的溶蚀也表明经历了较高的古地温。

3）有机质成熟

根据有关资料分析，该目的层的 16 个样品测得的镜质组反射率为 0.82%～1.86%，平均为 1.32%，属于成熟—高成熟的范围，古地温环境为 85～175℃。

2. 划分结果

依据上述矿物组合特征、特征矿物的溶蚀特征和有机质成熟度参数特征，按照《碎屑岩成岩阶段划分》（SY/T 5477—2003），可以确定本区目的层岩石属于中成岩阶段，跨越 A、B 期（图 4-16、图 4-17）。

淡水—半咸水水介质碎屑岩成岩阶段划分标志（SY/T 5477—2003）

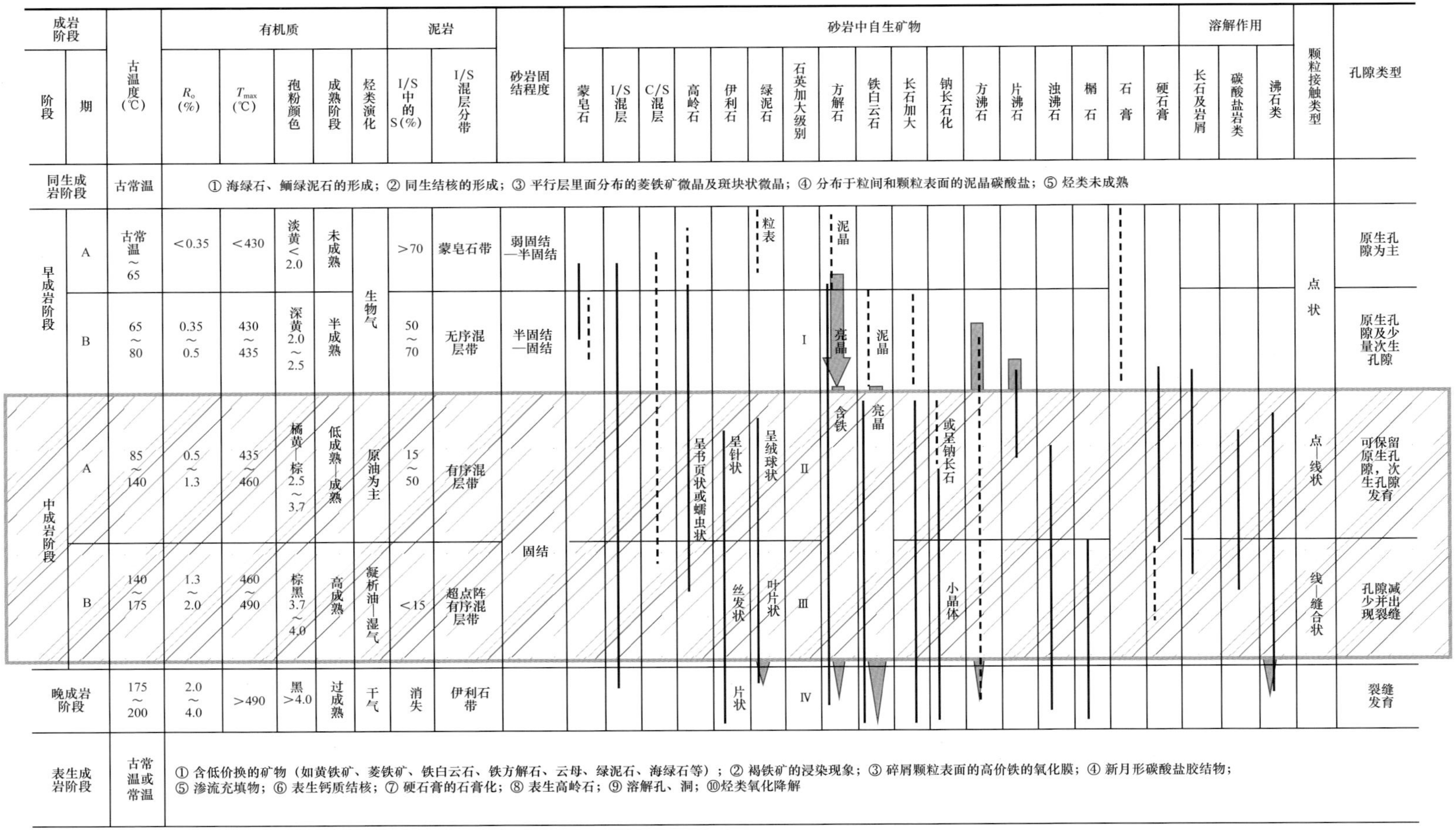

成岩阶段		古温度（℃）	有机质					泥岩		砂岩固结程度	砂岩中自生矿物																	溶解作用			颗粒接触类型	孔隙类型
阶段	期		R_o（%）	T_{max}（℃）	孢粉颜色	成熟阶段	烃类演化	I/S中的S（%）	I/S混层分带		蒙皂石	I/S混层	C/S混层	高岭石	伊利石	绿泥石	石英加大级别	方解石	铁白云石	长石加大	钠长石化	方沸石	片沸石	浊沸石	榍石	石膏	硬石膏	长石及岩屑	碳酸盐岩类	沸石类		
同生成岩阶段		古常温	① 海绿石、鲕绿泥石的形成；② 同生结核的形成；③ 平行层里面分布的菱铁矿微晶及斑块状微晶；④ 分布于粒间和颗粒表面的泥晶碳酸盐；⑤ 烃类未成熟																													
早成岩阶段	A	古常温～65	<0.35	<430	淡黄<2.0	未成熟	生物气	>70	蒙皂石带	弱固结—半固结						粒表		泥晶													点状	原生孔隙为主
	B	65～80	0.35～0.5	430～435	深黄2.0～2.5	半成熟		50～70	无序混层带	半固结—固结							Ⅰ	亮晶	泥晶													原生孔隙及少量次生孔隙
中成岩阶段	A	85～140	0.5～1.3	435～460	橘黄—棕2.5～3.7	低成熟—成熟	原油为主	15～50	有序混层带	固结				呈书页状或蠕虫状	呈针状	呈绒球状	Ⅱ	含铁	亮晶		或呈钠长石										点—线状	可保留原生孔隙，次生孔隙发育
	B	140～175	1.3～2.0	460～490	棕黑3.7～4.0	高成熟	凝析油—湿气	<15	超点阵有序混层带						丝发状	叶片状	Ⅲ				小晶体										线—缝合状	孔隙减少并出现裂缝
晚成岩阶段		175～200	2.0～4.0	>490	黑>4.0	过成熟	干气	消失	伊利石带						片状		Ⅳ															裂缝发育
表生成岩阶段		古常温或常温	① 含低价换的矿物（如黄铁矿、菱铁矿、铁白云石、铁方解石、云母、绿泥石、海绿石等）；② 褐铁矿的浸染现象；③ 碎屑颗粒表面的高价铁的氧化膜；④ 新月形碳酸盐胶结物；⑤ 渗流充填物；⑥ 表生钙质结核；⑦ 硬石膏的石膏化；⑧ 表生高岭石；⑨ 溶解孔、洞；⑩烃类氧化降解																													

注：① 因地壳构造运动，在地质历史过程中有可能在早成岩阶段、中成岩阶段和晚成岩阶段的任何时期出现表生成岩阶段，也可能不出现表生成岩阶段，各地区视具体情况而定；
② “--”表示少量或可能出现的成岩标志

图4-16　成岩阶段划分依据

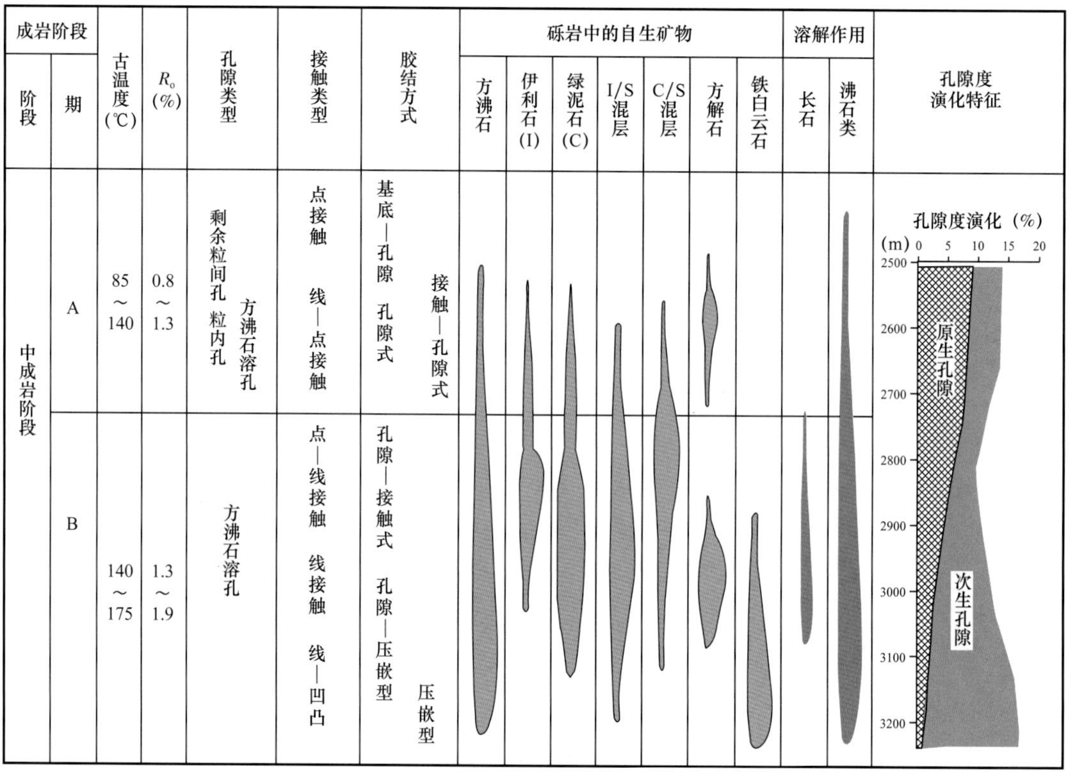

成岩阶段		古温度(℃)	R_o(%)	孔隙类型	接触类型	胶结方式	砾岩中的自生矿物							溶解作用		孔隙度演化特征
阶段	期						方沸石	伊利石(I)	绿泥石(C)	I/S混层	C/S混层	方解石	铁白云石	长石	沸石类	
中成岩阶段	A	85~140	0.8~1.3	剩余粒间孔 粒内孔 方沸石溶孔	点接触 线—点接触	基底—孔隙 孔隙式 接触—孔隙式										孔隙度演化(%) (m) 0 5 10 15 20; 2500 2600 2700; 原生孔隙
	B	140~175	1.3~1.9	方沸石溶孔	点—线接触 线接触 线—凹凸	孔隙—接触式 孔隙—压嵌型 压嵌型										2800 2900 3000 3100 3200; 次生孔隙

图 4-17　八区乌尔禾砾岩储层成岩阶段划分特征

依据原生孔隙度和次生孔隙度在不同深度的分布特征，如图 4-18 所示，2700～2800m 有明显分带界限；从沸石、绿泥石、绿 / 蒙混层的特征看，如图 4-19 所示，2700～2800m 也有明显分带界限；因此，可以推断 A、B 期的分带界限在 2700～2800m。

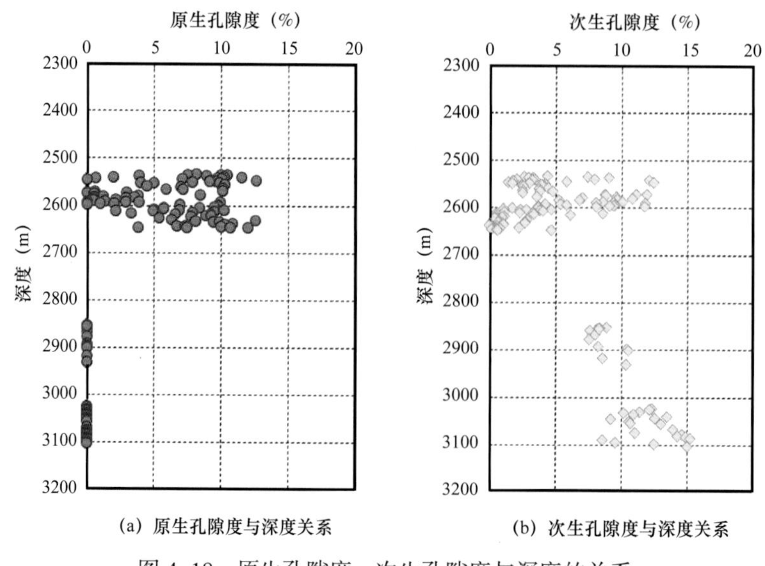

图 4-18　原生孔隙度、次生孔隙度与深度的关系

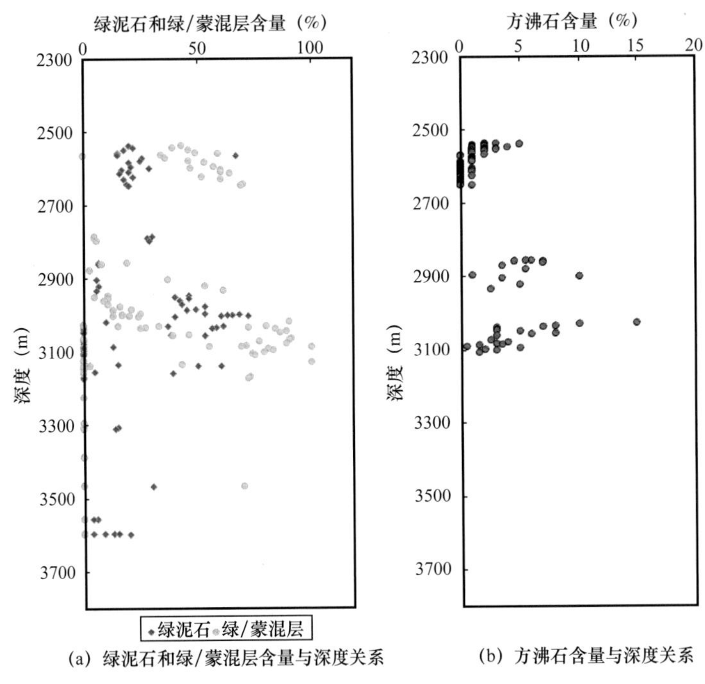

图 4–19 绿泥石和绿 / 蒙混层、方沸石含量与深度的关系

第三节 物性特征

一、物性基本特征

从本区 33 口井 4295 个岩心样品物性分析统计来看(图 4–20),孔隙度最大值为 25.15%,最小值为 0.71%;峰值区间 7%～12%,占样品总数的 74%。渗透率最大值为 475.3mD,最小值为 0.004mD;峰值区间 0.1～5mD,占样品总数的 78.2%。

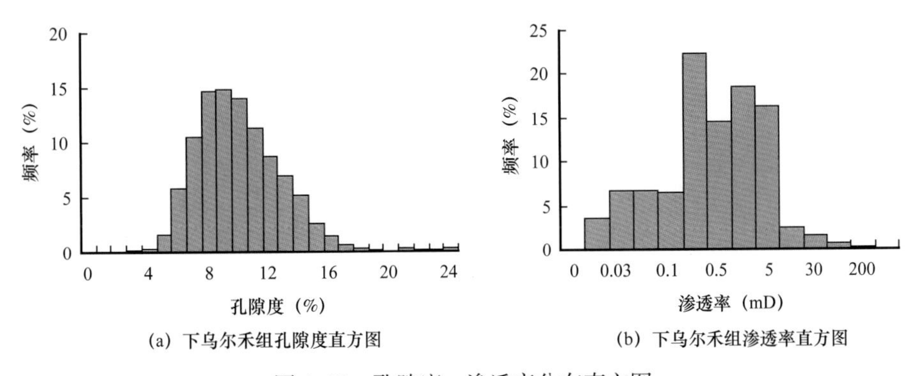

图 4–20 孔隙度、渗透率分布直方图

二、物性分布特征

从垂向上看,自上而下随深度变深,孔隙度有增大趋势,如图 4–21 所示, P_2w_1 孔隙度峰

值区间为 6%～10%，而 P_2w_2 层段峰值区间为 9%～11%，P_2w_3 和 P_2w_4 层段峰值区间则增为 9%～14%，最深层段 P_2w_5 孔隙度峰值区间达 9%～15%。相比较孔隙度而言，渗透率随深度的变化则相对较小（图 4-21）。

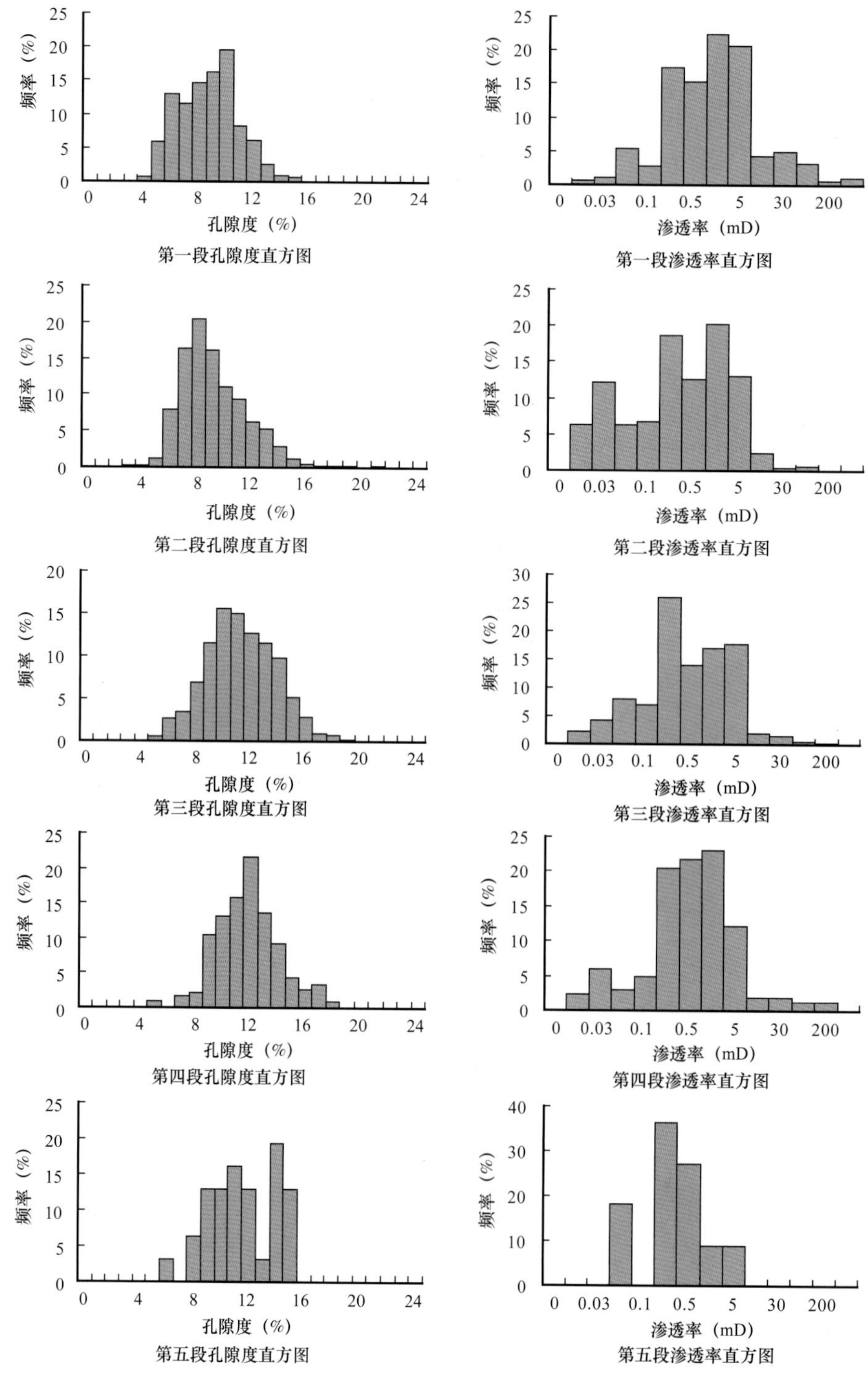

图 4-21　不同层段孔隙度、渗透率分布直方图

第四节　视骨架密度特征

一、视骨架密度总体特征

下乌尔禾组油藏岩石视骨架密度与深度统计表明(图 4–22),相同深度的骨架密度分布范围很广,多介于 2.5～2.7g/cm³ 之间;不同深度的视骨架密度,由下往上随着深度的变浅,有先减小后增大的趋势;不同层位的岩石骨架密度具有分层特征。

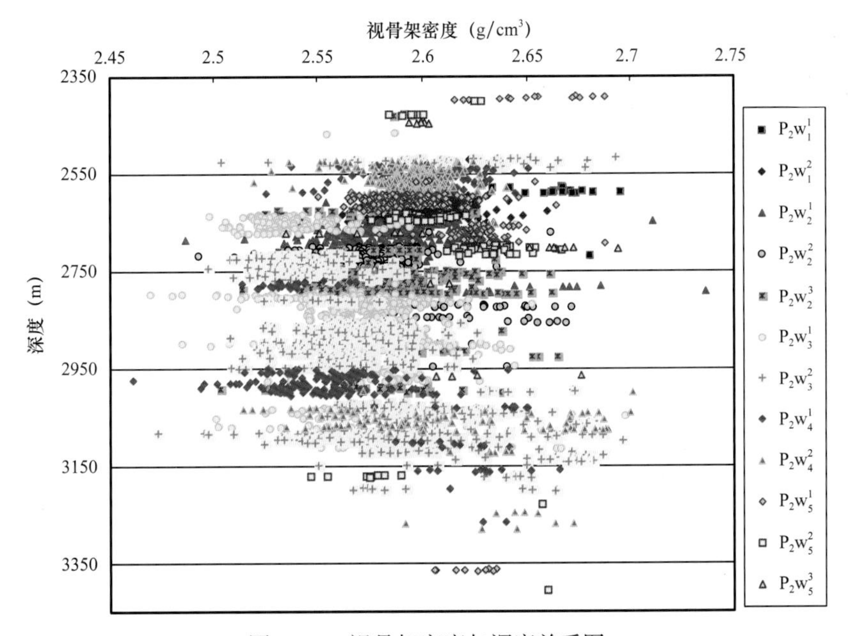

图 4–22　视骨架密度与深度关系图

尽管本区 25 口井 5339 个样品点统计表明,视密度与有效孔隙度具有较好的相关性(图 4–23),但统计表明,视骨架密度与有效孔隙度相关性较差,即很难用视骨架密度来解释有效孔隙度大小。

二、视骨架密度分布特征

由前述知,研究区岩石视骨架密度具有分层特征,为此,统计了不同层位的骨架密度大小分布情况。统计结果表明,由下(P_2w_5)往上(P_2w_1),岩石视骨架密度有先减小后增加的趋势,即 P_2w_5 骨架密度较高,数值分布在 2.55～2.70 之间,P_2w_4 骨架密度较低,介于 2.52～2.63 之间,且该层段内部视骨架密度具有从下往上逐渐减小的趋势,P_2w_3 骨架密度达到全区的极低值,数值介于 2.51～2.63 之间,从 P_2w_2 层段开始,骨架密度逐渐增加,峰值从 2.57 增加到 2.61,到顶部层段 P_2w_1,骨架密度进一步增加,峰值从 2.61 增加到 2.68。

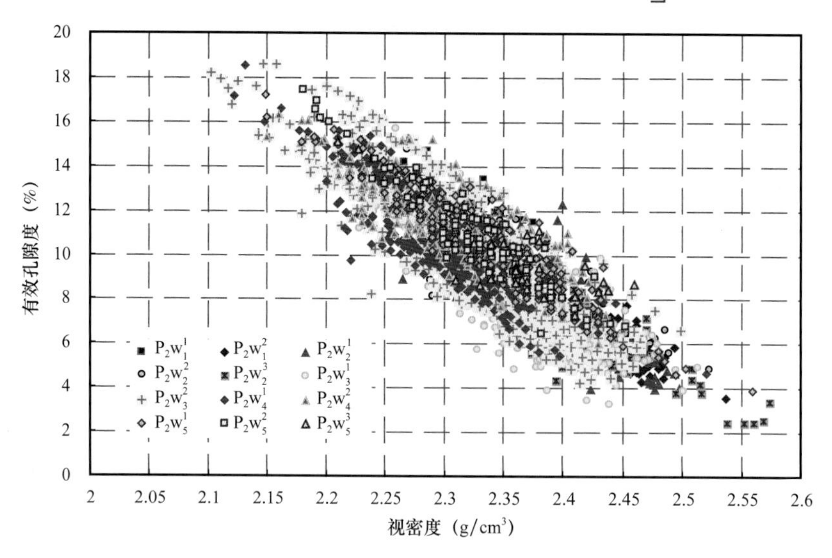

图 4-23　视密度与有效孔隙度关系图

本章小结

本区岩性主要以细小砾岩、不等粒小砾岩及粗粒小砾岩为主，储层砾岩成分具有明显的冲积扇沉积物成分成熟度低的特点。本书从碎屑成分和填隙物成分两个方面对研究区岩石成分特征做分析，并详解研究区砾岩油藏储层岩石成分成熟度低、结构成熟度低的特点。

目的层的主要成岩作用包括压实作用、压溶作用、胶结作用、交代作用、重结晶作用和溶蚀作用，其中，压实作用是减少原生孔隙的主要作用，其次为胶结作用，而大量的溶蚀作用是增加储层孔隙空间的主要作用，形成的孔隙占总孔隙的近 60%。

本区成岩过程可划分为若干阶段，主要的划分依据包括自生矿物特征、特征矿物溶蚀以及有机质成熟度等。依据矿物组合特征、特征矿物的溶蚀特征和有机质成熟度参数特征，按照《碎屑岩成岩阶段划分》（SY/T 5477—2003），可以确定本区目的层岩石属于中成岩阶段，跨越 A—B 期。

依据原生孔隙度和次生孔隙度在不同深度的分布特征，2700～2800m 间有明显分带界限；从沸石、绿泥石、绿 / 蒙混层的特征看，2700～2800m 也有明显分带界限；因此，可以推断 A、B 期的分带界限在 2700～2800m。

从 33 口井 4295 个岩心样品物性分析统计来看（图 4-20），孔隙度最大值为 25.15%，最小值为 0.71%；峰值区间 7%～12%，占样品总数的 74%。渗透率最大值 475.3mD，最小值 0.004mD；峰值区间 0.1～5mD，占样品总数的 78.2%。

油藏岩石视骨架密度与深度统计表明，相同深度的骨架密度分布范围很广，多介于 2.5～2.7g/cm^3 之间；不同深度的视骨架密度，由下往上随着深度的变浅，有先减小后增大的趋势；不同层位的岩石骨架密度具有分层特征。

25 口井 5339 个样品点统计表明，视密度与有效孔隙度具有较好的相关性，视骨架密度与有效孔隙度相关性较差，即很难用视骨架密度来解释有效孔隙度大小。

第五章 孔隙结构

储层研究就是在细分沉积微相和定量求取测井储层参数之后，揭示储层宏观（层内、层间、平面）、微观非均质性。以现代沉积学理论为指导，借鉴现代沉积和露头沉积学知识，其中重点利用生产测试资料定量重建储层空间结构，为储层非均质性研究提供沉积学依据，建立不同类型隔夹层识别标准，在沉积理论和储层空间结构研究的基础上定量描述隔夹层的分布特征，建立砾岩油藏的有效储层划分标准和划分方法，探讨影响渗流特征的地质因素，刻画有效储层特征，分析有效储层分布规律，基于测井属性参数，定量分析层内、层间和平面非均质参数分布，描述砾岩油藏储层非均质特征。

储层非均质性研究主要是通过整理研究取心井的岩心铸体薄片分析、沉积岩薄片分析、物性分析、黏土矿物分析等资料，分析了下乌尔禾组的储层基本特征，包括储层的层内非均质性、层间非均质性、平面非均质性和微观非均质性特征，利用生产测试资料详细建立了主力储层带的空间展布规模叠置关系，采用模糊聚类的方法建立了五类有效储层评价方案，并且详细地分析不同有效储层的空间展布规律、接触关系，结合生产资料总结不同有效储层的油水运动规律关系，最后根据储层性质对本区储层进行了综合评价。

第一节 孔隙型储层特征

一、孔隙类型划分依据

关于碎屑岩储层孔隙类型的划分，前人从不同角度曾提出过很多方案。Pittman（1979）认为砂岩中存在四种基本孔隙类型：粒间孔、溶蚀孔、微孔隙和裂隙。王允诚等（1981）按成因对砂岩储集岩中常见孔隙类型进行了分类（表5-1）。刘宝珺等（1980）根据自己研究的成果对砂岩孔隙类型进行了划分。

表5-1 砂岩的孔隙类型及成因

类型		成因
原生或沉积	粒间孔	沉积作用
	纹理及层理缝	
次生或沉积后	溶孔、铸模孔、颗粒内溶孔和胶结物溶孔	溶解作用
	晶体再生长晶间孔	压溶作用
	裂缝孔隙	构造作用
	颗粒破裂孔隙、收缩孔洞	岩石的破裂和收缩
混合成因的孔隙	微孔隙	复合成因

以产状特征为主，同时考虑溶蚀作用等因素进行孔隙分类[32]，孔隙类型划分主要参照《油气储集层岩石孔隙类型划分》（SY/T 5579.1—2008），见表 5-2。

表 5-2 《油气储集层岩石孔隙类型划分》（SY/T 5579.1—2008）

<table>
<tr><th colspan="3">孔隙类型</th><th colspan="2">孔隙类型</th></tr>
<tr><td rowspan="5">粒间孔</td><td colspan="2">原生粒间孔</td><td rowspan="2">填隙物内孔</td><td>晶间孔</td></tr>
<tr><td colspan="2">剩余粒间孔</td><td>填隙物内溶孔</td></tr>
<tr><td rowspan="3">溶蚀粒间孔</td><td>港湾状溶蚀粒间孔</td><td rowspan="3">缝状孔隙</td><td>构造缝状孔隙</td></tr>
<tr><td>长条状溶蚀粒间孔</td><td>成岩缝状孔隙</td></tr>
<tr><td>大溶孔</td><td>溶解缝状孔隙</td></tr>
<tr><td rowspan="3">粒内孔</td><td colspan="2">原生粒内孔</td><td rowspan="3" colspan="2"></td></tr>
<tr><td colspan="2">溶蚀粒内孔</td></tr>
<tr><td colspan="2">铸模孔</td></tr>
</table>

根据铸体薄片鉴定资料，本区储层孔隙主要以溶蚀作用形成的次生孔隙为主。所以综合各家分类意见，并结合本区储层岩石中实际发育的孔隙类型，将本区的孔隙类型分为粒间孔、粒内孔、填隙物内孔、缝状孔四大类。

二、孔隙类型特征

1. 粒间孔

1）原生粒间孔

原生粒间孔中基本没有或有少量填隙物，孔隙大小和分布都比较均匀，基本上反映了沉积时期粒间孔隙的大小和形状。相对于大多数其他类型的孔隙来说，原生粒间孔具有孔隙大、喉道较粗、连通性好以及储渗能力强等特征，是碎屑岩储集岩中重要的有效储集孔隙类型。本区岩石受底层深埋和后生成岩作用的影响，特别是长期注水开发使原生粒间孔隙破坏殆尽，在本区此孔隙类型基本不存在。

2）剩余粒间孔

根据铸体薄片鉴定资料统计，剩余粒间孔是本区砂砾岩中最主要的孔隙类型，占本区总孔隙面孔率的 25.58%。研究区岩石受压实作用及成岩后生作用的影响，原生粒间孔隙基本消失，只剩下部分粒间类孔隙，它是由胶结物溶解或部分骨架颗粒溶蚀而形成的次生大孔隙，平均孔径一般大于 100μm，在含砾砂岩储层内发育，孔隙不发育，连通性差（图 5-1）。

3）溶蚀粒间孔

在残余原生孔隙基础上，粒间填隙物或碎屑颗粒受成岩流体的影响而遭受溶解，从而形成溶蚀粒间孔隙。溶蚀粒间孔占孔隙总面孔率的 6.37%。在主要发育溶蚀孔隙的样品中，胶结类型以孔隙型为主，少量孔隙—压嵌型，孔隙发育程度好—中等，孔隙发育差的样品很少。

(a) T85722井，2534.55m，剩余粒间孔

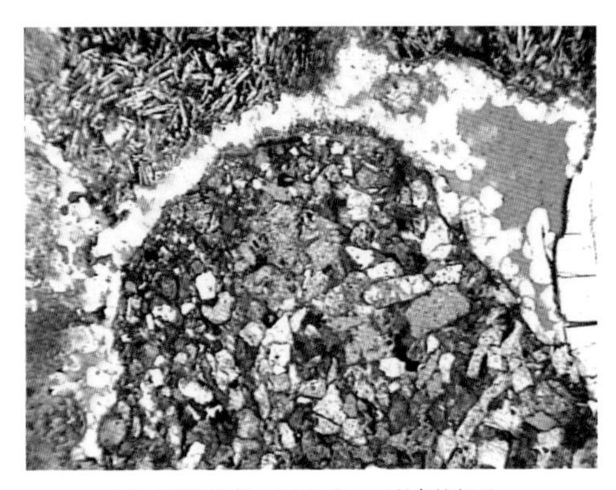
(b) T85722井，2533.79m，剩余粒间孔

图 5-1 T85722 井孔隙类型

2. 粒内孔

本区发育的粒内孔主要为原生粒内孔、溶蚀粒内孔和铸模孔。但主要以溶蚀粒内孔为主。在以溶蚀粒内孔为主的岩石样品中，胶结类型以孔隙型为主，同时也含有孔隙—压嵌型、压嵌型和基底型。孔隙发育程度差（图 5-2）。

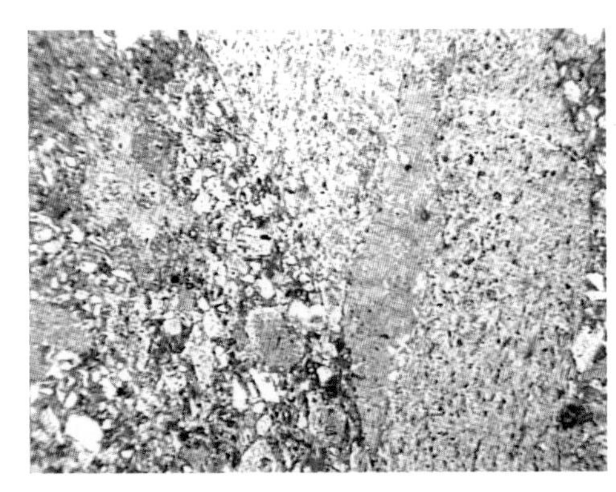
(a) T85722井，2589.99m，粒内溶孔

(b) T85722井，2601.21m，基质溶孔，粒内溶孔

图 5-2 粒内孔铸体照片

镜下观察到溶蚀粒内孔中长石的溶蚀通常沿着解理、双晶面或者破碎面，片岩沿片理方向选择性溶解而成，形成粒内条状、窗格状以及蜂窝状溶蚀孔隙，当溶蚀作用非常强烈时可形成铸模孔或者与溶蚀粒间孔连通，使孔渗性得到较大改善。云母类矿物的溶解往往沿着云母的解理发生，其分布呈蜂窝状。

3. 填隙物内孔

填隙物内孔主要分为晶间孔与晶内溶蚀孔。因本区成岩作用比较强烈，所以晶间孔大多被溶蚀为晶内溶蚀孔，本区晶内溶蚀孔在砂砾岩中比较发育，是仅次于剩余粒间孔的孔隙类型。在本区主要为方沸石晶内溶孔，孔隙连通性差。另外伴随着晶内溶孔出现的还有部分晶模孔，是由岩石中的粒间胶结物被选择溶蚀后形成的孔隙（图 5-3）。

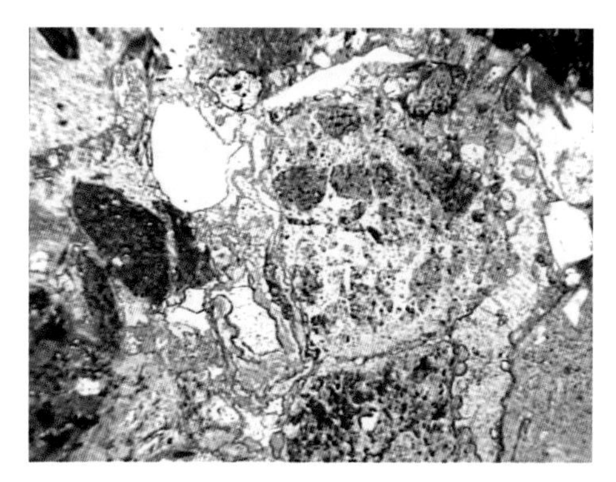

（a）T85722井，2575.07m，方沸石晶内溶孔，晶模孔

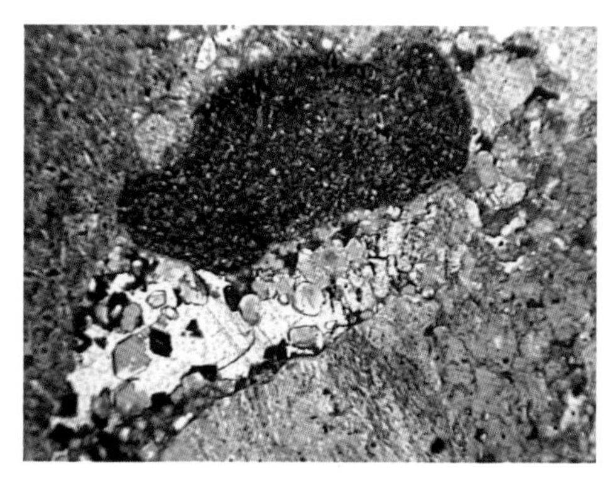

（b）T85722井，2595.3m，方沸石晶内溶孔，晶模孔

图 5–3　填隙物铸体照片

4. 缝状孔

1）砾缘缝

砾缘缝是指发育于较大砾石边缘的缝隙，缝宽通常介于 2～35μm 之间，它是砾岩储层的重要特征，在岩性变化的界面上形成的砾缘缝也称为界面孔（缝），形态比较均一，因岩性收缩性的不同所形成，孔喉一般比较平直，液阻效应低，在注水开发中容易形成水窜通道。对研究区岩石样品的铸体薄片观察发现，本区基本不发育砾缘缝。

2）微裂缝

微裂缝是在构造应力或地静压力作用下岩石发生破裂而形成的次生孔隙（图 5–4）。从显微镜下观察，颗粒间或颗粒内发育的微裂缝均比较常见，微裂缝的宽度通常受残余构造水平应力场的控制。

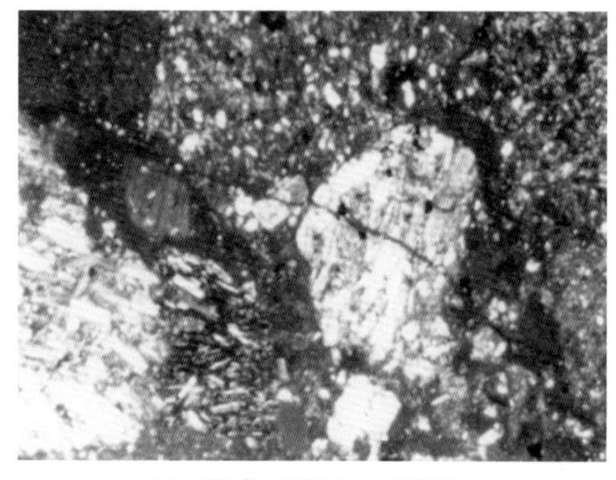

（a）JW3井，2701.5m，微裂缝

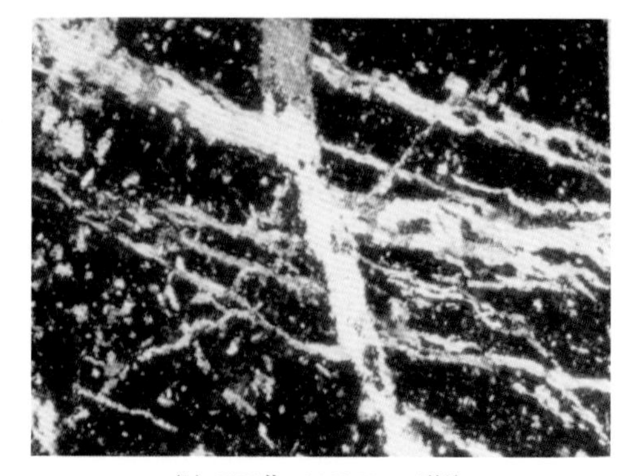

（b）JW3井，2939.75m，裂缝

图 5–4　填隙物铸体照片

储层中微裂缝有发育，但数量较少，虽然微裂缝对面孔率贡献很小，但对改善岩石的渗流能力具有一定的作用。需要指出的是，如果样品中发育的微裂缝被半充填或者完全被碳酸盐岩和自生石英等所充填，那么这种贡献作用将显得很微小。

5. 孔隙组合类型

在砾岩储层中，剩余粒间孔、晶间溶孔、晶内溶蚀孔是主要的储集空间。多类型的孔隙组合，每种类型孔隙大小不均，使孔隙分布曲线具多峰态、宽区间特点。根据前人总结的孔隙组合类型，本区储层孔隙组合类型具有三种。

（1）剩余粒间孔 + 方沸石晶内溶孔：剩余粒间孔为主（70%），孔喉未被充填或半充填，孔隙发育中等，连通性差。从下到上，该组合在各层砂质砾岩中均有发育（图 5-1a）。

（2）方沸石晶内溶孔 + 晶间溶孔 + 粒内孔：剩余粒间孔为主（65%），晶间溶孔和粒内孔次之，分别为 25% 和 10%，孔喉未被充填或半充填，孔隙发育中等，连通性差。该组合主要分布在含砾粗砂岩中。

（3）粒间方沸石溶孔 + 粒内溶孔：粒间方沸石溶孔在 65% 以上，孔隙发育较差，孔喉多被充填，连通性差，主要发育在砂质砾岩中。

第二节　储层空间类型特征

孔隙结构是指岩石中孔隙和喉道的几何形状、大小及其相互连通和配置关系，它是决定流体在地层中渗流特点的主要条件，也是评价储层的一项重要指标。利用常规压汞技术评价孔隙结构是常用手段之一。

一、毛细管压力基本原理

把一根干净的毛细管插入一个盛有自由液面的容器中，此时由于表面张力的存在，使水受到一个向上的附加压力，即表面张力，使润湿相液面沿毛细管壁上升一定高度。反之，如果把毛细管插入非润湿相（如水银）中，则管内液体界面呈凸形，液体受到一个向下的附加压力，使非润湿相液面下降一定的高度。由于界面张力和润湿性的作用，使得在流体之间的分界面上两侧出现流体的压力不相等，这个压力就称之为毛细管压力或毛管压力，或者简称为毛管力。

从毛细管压力的概念可知，毛细管压力与润湿相（或非润湿相）流体饱和度之间存在一定的函数关系，用实验的方法测量出不同湿相流体饱和度下的毛细管压力，这种毛细管压力与润湿相（或非润湿相）饱和度的关系曲线称为毛细管压力曲线，简称毛管压力曲线或毛管力曲线。

把岩石孔隙空间看成是由等直径的平行毛细管束所组成，多相流体在其中流动时，由于流体对岩石的选择性润湿和相间的表面张力作用，在相界面上就会产生毛细管力，它是平衡毛细管中弯液面两侧非湿相和湿相压力差的一种附加压力，它的方向是指向弯液面的凹向方向，它的大小由式（5-1）确定：

$$p_c = \frac{\sigma \cos\theta}{r} \tag{5-1}$$

式中　p_c——毛细管压力，Pa；

σ——界面张力，N/m；

θ——两相流体界面与固相的润湿角，(°)；

r——毛细管半径，m。

由式(5-1)可知，在一定的界面张力和接触角下，毛细管半径越小，毛细管压力越大，因此，毛细管的压力大小就反映了孔隙空间的大小。

二、毛细管压力曲线特征

毛管压力曲线的形态主要受孔隙和喉道的大小、孔隙和喉道的分布、孔隙和喉道的分选性、孔隙和喉道的连通性等多因素影响。在一条典型的毛细管压力曲线上可以确定四个定量特征值(图5-5)：排驱压力(p_d)、倾斜角(α)、平台段(S_{AB})和最终进汞饱和度(S_{max})。

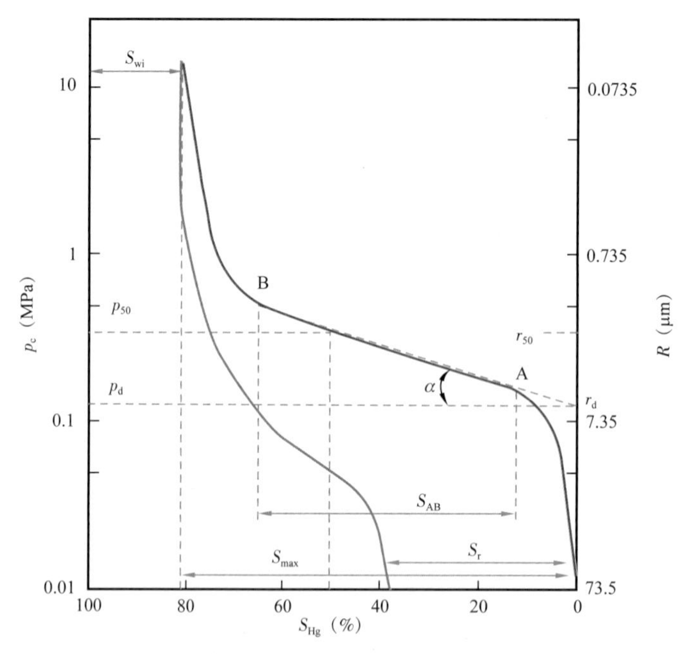

p_d—排驱压力；α—倾斜角；S_{AB}—平台段；
S_{max}—最大进汞饱和度；S_{wi}—不可减少饱和度；S_r—残余饱和度

图5-5　典型毛细管压力曲线

毛细管压力曲线的形态主要受孔隙分布的歪度(又称为偏斜度)以及孔隙的分选性两个因素所控制。所谓歪度是指孔喉大小的分布偏向于粗孔喉还是细孔喉。把偏向于粗孔喉的称为粗歪度(曲线)，偏向于细孔喉的称为细歪度(曲线)。对于储层来说，歪度越粗越好。

孔喉分选性则是指孔喉大小分布的均一程度。孔喉大小分布越集中则表明分选性越好，在毛细管压力曲线的形状上就会出现一个水平的平台段。而当孔喉分选越差时，毛细管压力曲线就越倾斜。

三、孔喉类型及特征

喉道是流体渗透的通道，其大小直接影响着渗透率的高低，是确定注水方式的主要地质依据之一，也是储层评价的重要依据。根据压汞资料可以看出该区的大部分样品的毛细管压力曲线分选较差，没有平台段，多呈倾斜状，具偏细歪度。

从图 5-6 中可以看出，本样品的排驱压力较小，小于 0.05MPa，压力曲线呈现 45°，分选较差，样品的孔径一般较大，多大于 8μm，孔隙结构复杂。具有此类毛细管压力曲线的样品在孔隙结构方面主要表现为孔喉分选较差、偏粗歪度，在物性上一般都表现为孔隙度高，渗透率高。

如图 5-7 所示，样品的物性一般较好，排驱压力小于 0.3 MPa，分选差，略粗歪度，毛细管压力曲线具有平台段。孔隙结构表现为孔喉分选差、偏细歪度。

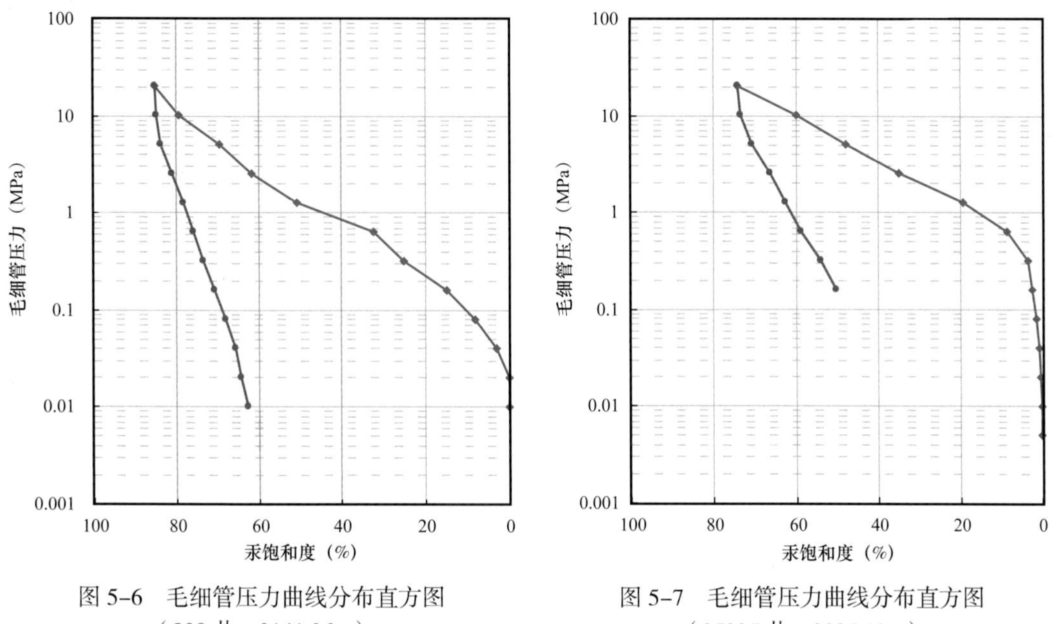

图 5-6 毛细管压力曲线分布直方图（808 井，3141.06m）

图 5-7 毛细管压力曲线分布直方图（85095 井，3025.12m）

在中孔中渗的不等粒砂砾岩储层中多见这类毛细管压力曲线（图 5-8），排驱压力较高，有较短平台段，60% 的孔喉分布在小于 1μm 的孔喉半径的区间中，孔喉偏细歪度，分选较差。

图 5-9 中毛细管压力曲线的排驱压力变大，孔喉显著变小，表现为低孔隙度、低渗透率、孔喉偏细歪度、分选中等。

砾岩储层的特殊沉积条件，构成了与砂岩储层不同的物性和复杂的孔隙结构特征，以及在平面和垂直剖面中的极大差异，增大了砾岩油藏开发的难度。

1. 复模态结构特征

砾岩储层的岩石结构与孔隙结构非常复杂，按结构的模态划分，有单模态、双模态和三模态结构。三模态结构是山麓冲积—洪积相砾岩储层中较普遍的结构模态，主要表现为砾石骨架形成的孔隙中，常常部分或全部被砂粒所充填，而在砾石和砂粒形成的孔隙结构中又部分地被黏土颗粒所充填。砾石、砂粒、黏土颗粒三者的粒径、含量及组合关系在不同沉积环境中的变化，形成了砾岩储层错综复杂的岩石结构与孔隙结构，故三模态结构又称之为复模态结构。复模态结构较单模态、双模态结构要差，表现在孔喉分选差，孔喉比值高，孔喉配合数低。它形成“复模态充填式”结构,即一级颗粒内充填二级颗粒,二级颗粒内充填三级颗粒(图 5-10);或者形成“复模态悬浮式”结构,即一级颗粒不接触而“悬浮”于二级或三级颗粒(图 5-11),其孔隙类型和组合都比较复杂。因此,物性较差,在油田开发中,流体的渗流阻力较大。

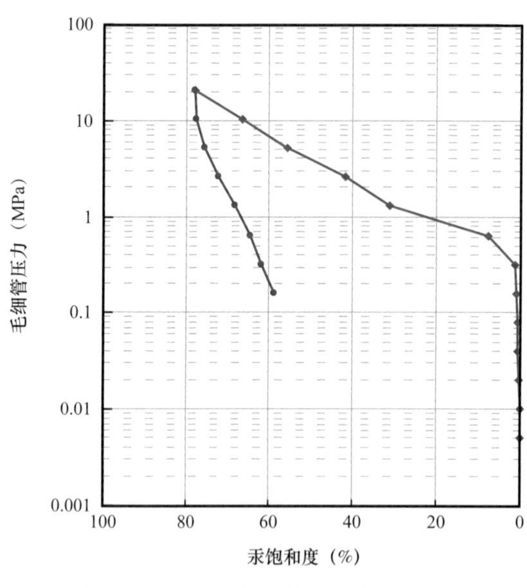

图 5-8 毛细管压力曲线分布直方图
(85095 井,3040.97m)

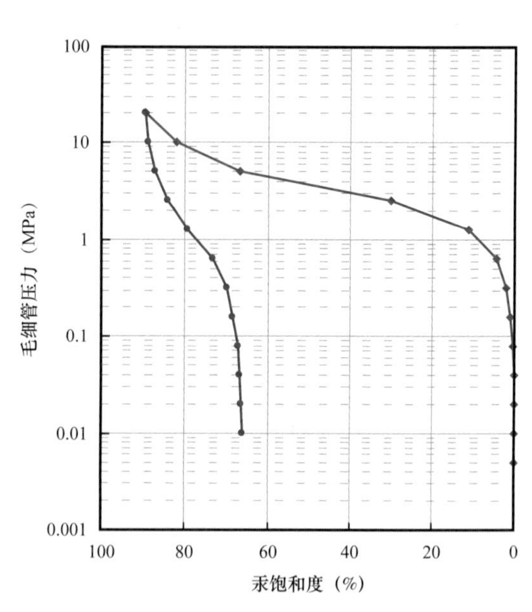

图 5-9 毛细管压力曲线分布直方图
(808 井,3117.3m)

T85722井,×40,256井8.47m

图 5-10 “复模态充填式”结构

JY5井,×40,2610.53m

图 5-11 “复模态悬浮式”结构

2. 孔隙类型

据铸体薄片、图像分析及扫描电镜资料分析表明孔隙空间经历了溶蚀和次生矿物的充填改造过程,储层孔隙主要为溶蚀作用形成的次生孔隙(图 5-12)。

次生孔隙主要为溶蚀作用或者是岩石破裂和收缩形成的,在本区主要为溶蚀作用形成的溶蚀孔隙。可进一步细分为以下几种类型。

剩余粒间孔是本区砂砾岩中最主要的孔隙类型，是由胶结物溶解或部分骨架颗粒溶蚀而形成的次生大孔隙，平均孔径一般 100μm，在含砾砂岩储层内发育（图 5–13），粒间充填或半充填伊 / 蒙混层、绿泥石，孔隙不发育，连通性差。

晶内溶蚀孔是仅次于剩余粒间孔的孔隙类型，在砂砾岩中发育。在本区主要为方沸石晶内溶孔，粒间充填绿泥石、绿 / 蒙混层，孔隙连通性差。

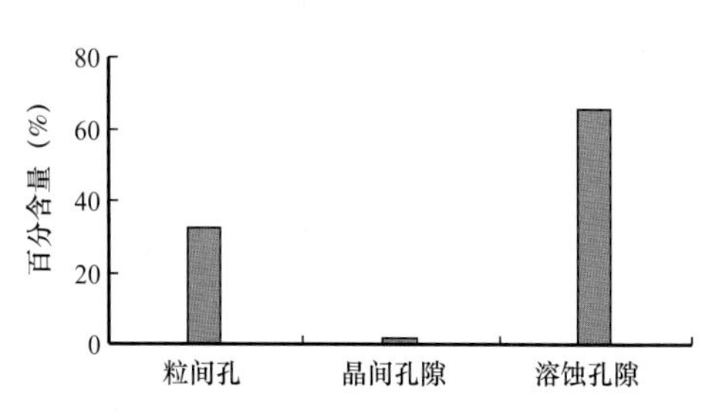

图 5–12 不同孔隙类型百分含量分布图

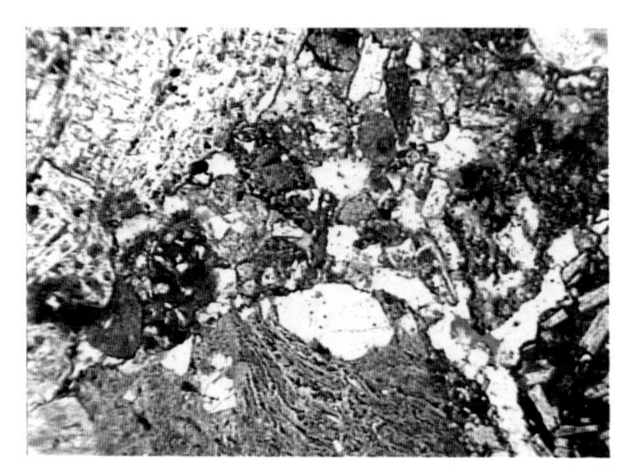

（a）T85722井，2534.55m，剩余粒间孔隙

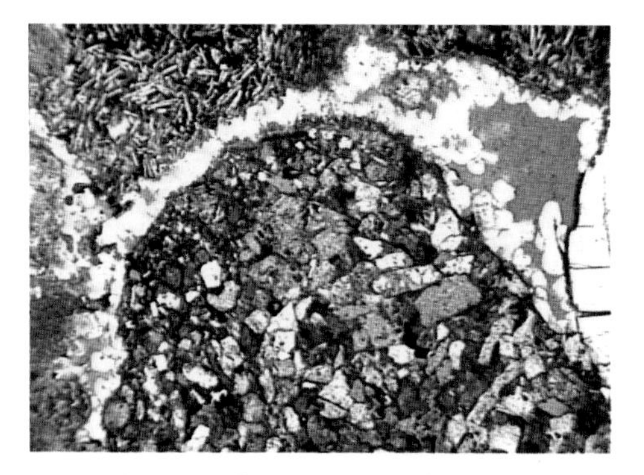

（b）T85722井，2533.79m，剩余粒间孔隙

图 5–13 T85722 井孔隙类型

晶间孔、晶间溶孔及粒内溶孔在 85209 井及 85095 井也有发育。

在砾岩储层中，剩余粒间孔、晶内溶蚀孔、晶间溶孔是主要的储集空间。多类型的孔隙组合，每种类型孔隙大小不均，使孔隙分布曲线具多峰态、宽区间特点。本区储层具有三种孔隙组合类型：

（1）剩余粒间孔 + 方沸石晶内溶孔；（2）方沸石晶内溶孔 + 晶间溶孔 + 粒内孔；（3）粒间方沸石溶孔 + 粒内溶孔。

3. 喉道类型

喉道是流体渗透的通道，其大小直接影响着渗透率的高低，是确定注水水质的主要地质依据之一，也是储层评价的重要依据。

根据压汞资料将该区储层喉道划分为四类：多峰偏粗态（Ⅰ），单峰偏粗态（Ⅱ），多峰偏细态（Ⅲ），单峰偏细态（Ⅳ）。

（1）多峰偏粗态（Ⅰ）：阀压小，小于 0.05MPa，分选差，压力曲线呈现 45°，无平台，孔径较大，一般大于 8μm，孔隙结构复杂，退汞效率低，一般小于 10%，岩性主要是砂砾岩（图 5–14a）。

（2）单峰偏粗态（Ⅱ）：阀压小，多为含砾粗砂岩，孔隙参数变小，毛细管压力曲线平台段不明显，退汞效率小于 15%（图 5–14b）。

（3）多峰偏细态（Ⅲ）：岩性以不等粒砂砾岩为主。在中孔中渗的不等粒砂砾岩储层中多见这类毛细管压力曲线，有较短平台段，60% 的孔喉分布在小于 1μm 的孔喉半径的区间中（图 5-14c）。

（4）单峰偏细态（Ⅳ）：主要分布在砂质砾岩中，孔喉显著变小，表现为低孔隙度、低渗透率、细孔喉、分选中等（图 5-14d）。

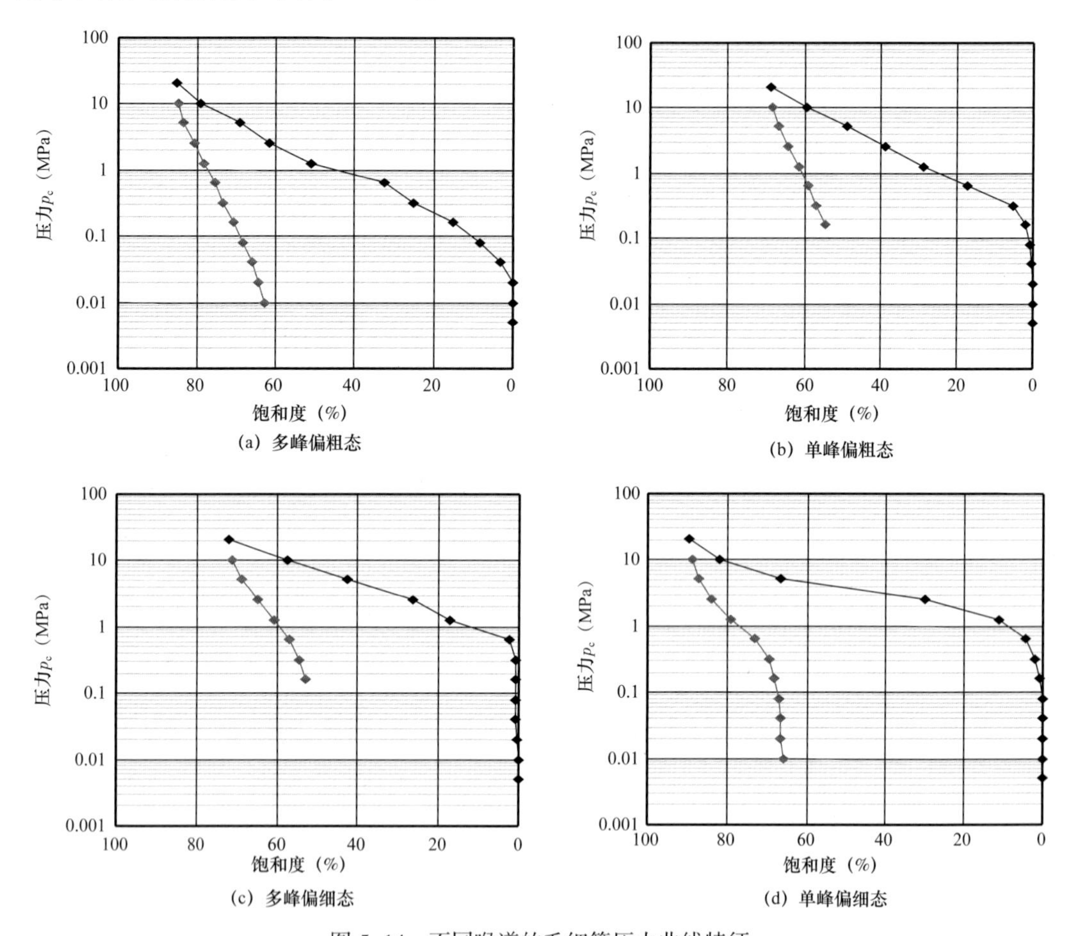

图 5-14 不同喉道的毛细管压力曲线特征

4. 孔喉特征

（1）孔隙半径均值。

孔隙半径均值是孔隙半径大小的总平均度量。以 85095 井、85290 井和 T85722 井的研究结果为依据，孔隙半径均值集中在 25～50μm 之间，如图 5-15 所示。

（2）孔喉配位数。

孔喉配位数是指连接每一个孔隙的喉道数量，是反映孔隙连通情况的重要参数。孔喉配位数主要取决于成岩程度和填隙物的含量。成岩作用强，填隙物如杂基、胶结物等含量高，则往往导致孔喉配位数减少，连通性变差，出现死孔隙。由于八区下乌尔禾组压实、胶结等成岩作用较强，所以孔喉配位数低。以 805 井和 85095 井为例，大多数集中在 1 左右，配位数低。

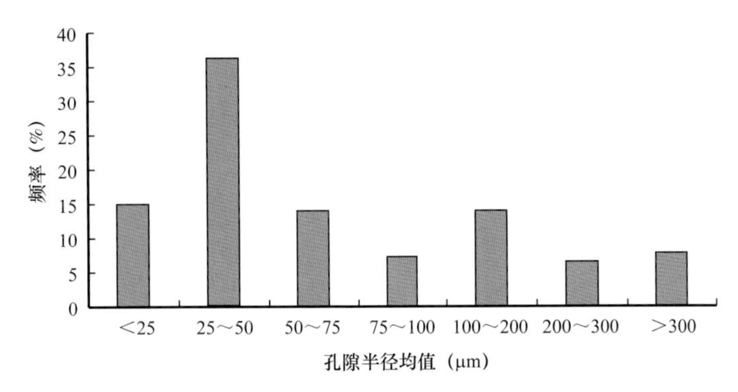

图 5-15 孔隙半径均值频率分布图

（3）孔喉比。

样品中平均孔隙直径与平均喉道直径的比值。一般来说，孔喉比越大，储层的性质越差。据 85095 井、85290 井和 T85722 井的统计结果（图 5-16），研究区孔喉比峰值介于 10～30 之间。

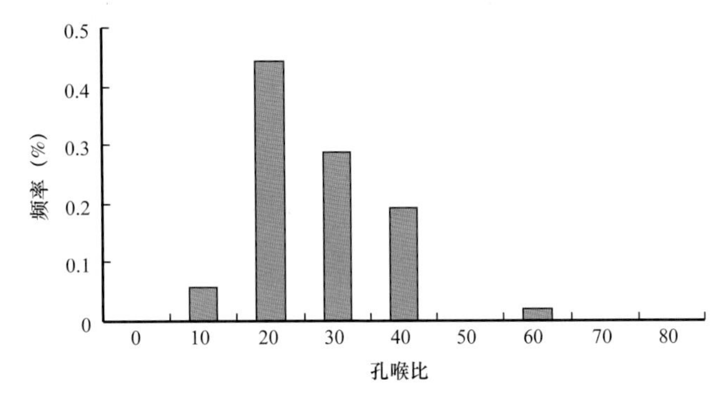

图 5-16 孔喉比频率分布直方图

（4）面孔率。

一般来讲，面孔率越大，储层性质越好。本区面孔率峰值介于 0.4～1.6 之间，如图 5-17 所示。

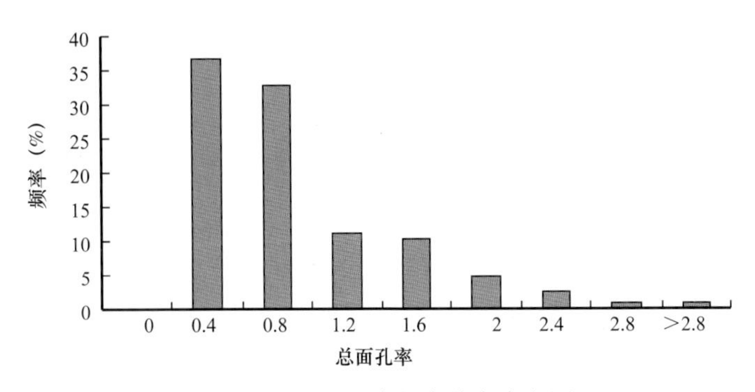

图 5-17 总面孔率频率分布直方图

5. 孔隙结构分类

考虑到本区储层特点，参考刘顺生（1991）孔隙结构分类标准，选用 5 项分类参数（孔隙度、渗透率、孔喉中值、均值、面孔率)，采用系统聚类的方法可将本区砂砾岩储层的孔隙结构细分为4级6种类型(表5-3)。

表5-3 八区下乌尔禾组储层不同孔隙结构特征表

类别		孔隙度(%)	渗透率(mD)	孔喉特征参数				孔隙发育特征
				孔径均值(μm)	最大孔径(μm)	面孔率(%)	孔喉配位数	
Ⅰ	$Ⅰ_1$	>15	>1	60	200	5	1～2	孔隙发育，网络状连通，胶结物含量小于10%
	$Ⅰ_2$	>15	0.8～1	50～60	160～200	5～4	1～2	孔隙发育好，大部分未充填，大部分孔隙呈网络状连通，胶结物含量一般在10%～12%
Ⅱ	$Ⅱ_1$	10～15	0.6～0.8	40～50	100～120	2～4	1	孔隙发育好—中等，部分未充填，较大部分孔隙呈网络状，胶结物含量一般在12%～15%
	$Ⅱ_2$	10～15	0.6～0.8	30～40	60～100	2～4	1	孔隙发育中等—差，只有较少量的孔隙互相连通，胶结物含量一般在14%～18%，非粒间的溶蚀孔隙为主
Ⅲ		8～10	0.4～0.6	20～30	30～60	1～2	0～1	孔隙发育差，大部分被充填，孔隙多呈星点状分布，胶结物含量高，在18%之上。非粒间的溶孔为主
Ⅳ		<8	<0.4	<20	<30	<1	0～1	孔隙发育不均，大部分被充填，孔隙不连通者居多。微细孔隙为主，微裂缝发育

Ⅰ级孔隙结构以粒间孔和粒间溶孔为主，孔隙度在15%左右，平均渗透率在1mD左右；以中孔细喉为主，孔喉配位数较大，孔喉连通呈较好的网络状，是好的孔隙结构。

Ⅱ级孔隙结构的孔隙直径变小，虽以粒间溶孔为主，但其他孔隙类型已经占据明显的地位。喉道变细，面孔率下降，物性变差。喉道偏粗、分选差等特点，平均孔径在40～50μm，最大在120μm左右。孔喉连通呈近似网络状。

Ⅲ级孔隙结构的粒间溶孔已经不占主要地位，孔喉偏细，分选差，孔隙度和渗透率低，孔喉配位数只有0～1。

Ⅳ级孔隙结构受强烈的成岩后生作用改造，孔喉发育极差；次生溶孔和微裂缝发育，孔径小，喉道细，连通性差，孔隙度和渗透率特低。

四、储层宏观特征

储层性质的好坏直接影响油层的产能、注水效果及采收率，因此，研究储层非均质性是精细描述的核心内容之一。研究储层非均质性能揭示砂体展布及合理开发层系，选择注采系统，为改善油田的开发效果，进行二、三次采油提供可靠的地质依据。

1. 岩石相类型及特征

1）取心井岩石相类型及特征

对取心井岩心进行观察，见到的岩性有10种，分别为泥岩、粉砂岩、细砂岩、泥质砂岩、含砾砂岩、砾状砂岩、砂砾岩、细砾岩、凝灰质砂岩及中粗砾岩。胶结物主要为方沸石，少量为凝灰质。根据取心井观察识别10种岩性可对应划分到4大类、10种岩石相，岩石相的具体划分见表5-4。

表5-4 岩石相类型及特征表

岩类	岩相类型	沉积特征
砾岩相	G1相—杂基支撑无序砾岩相	混杂结构，无分选、磨圆，块状构造
	G2相—杂基—颗粒支撑砾岩相	砾石略有分选、磨圆，见粒序层理
	G3相—颗粒支撑砾岩相	细砾为主，粒序层理或大型交错层理
砂岩相	S1相—含砾块状砂岩相	正粒序，底部冲刷或明显接触，块状层理
	S2相—薄层平行层理砂岩相	细粒为主，分选中等，平行层理
	S3相—交错层理细砂岩相	小型交错层理、波状层理，薄层状
	S4相—具鲍马序列的粉细砂岩相	呈薄层状交互或纹层状交互，夹于泥岩中
泥岩相	M1相—暗色泥岩相	灰—灰黑，水平—隐水平层理
	M2相—砂质泥岩相	水平—缓波状层理
火山岩相	E相—火山岩相	块状层理

（1）砾岩相。

根据结构由差到好分为杂基支撑无序砾岩相（G1）、杂基—颗粒支撑砾岩相（G2）、颗粒支撑砾岩相（G3），反映了砂砾岩由近源到远端的岩性变化。砾岩相中有利于储存油气的是颗粒支撑砾岩相（G3），如图5-18所示。

（2）砂岩相。

根据粒度及岩石的层理特征，分为含砾块状砂岩相（S1）、薄层平行层理砂岩相（S2）、交错层理细砂岩相（S3）和具鲍马序列的粉细砂岩相（S4）。上述各相一次基本上反映了逐渐减弱的水动力条件。砂砾岩相是最为有利的含油气岩相，如图5-19所示。

（3）泥岩相。

根据岩石的物理特征及成因，划分为两种岩石相，分别是暗色泥岩相（M1）、砂质泥岩相（M2）。泥岩相反映了外扇弱水动力条件下的沉积环境（图5-20）。

G1相—杂基支撑无序砾岩相
（检乌3井，2901m）

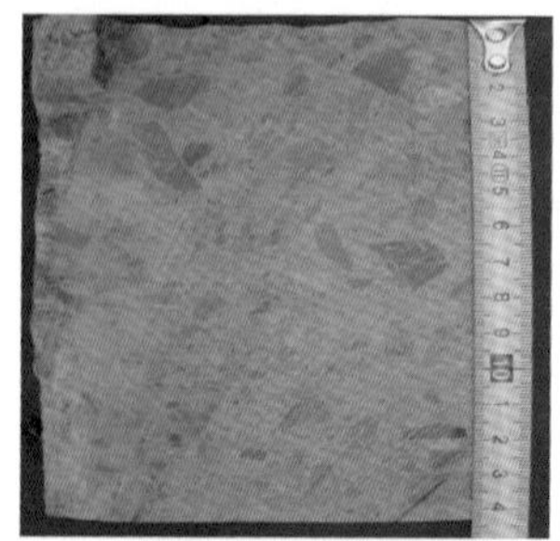
85095井，3048.97m

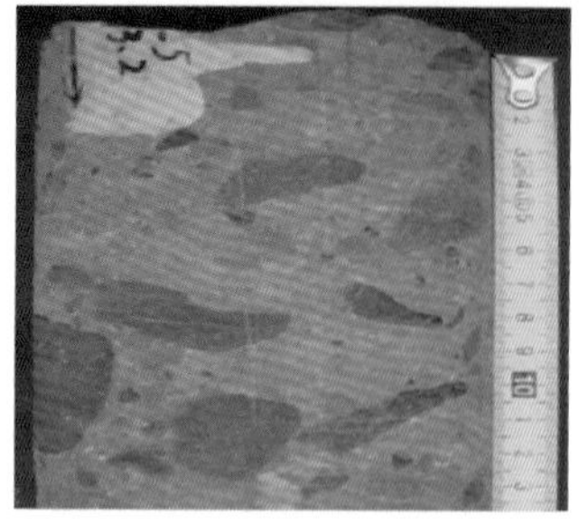
检乌3井，2946.35m
G1相—杂基支撑无序砾岩相（中粗砾岩）

检乌3井，2606.196m
G2相—杂基—颗粒支撑砾岩相（细砾岩）

图 5-18　典型砾岩相岩心照片

检乌3井，2817.40m
S1相—含砾块状砂岩相

T85722井，2562.85m
S2相—薄层平行层理砂岩相

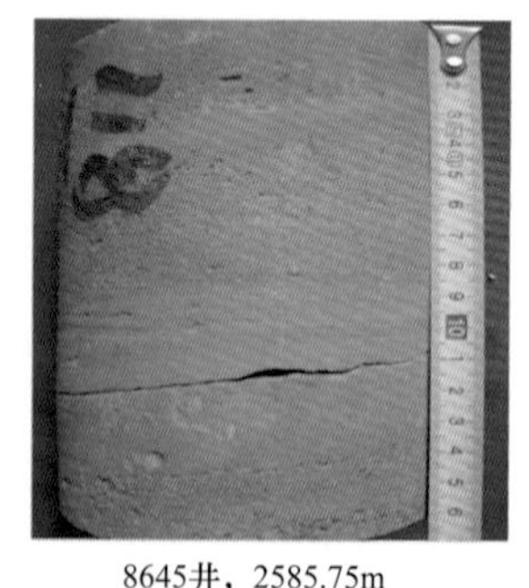
8645井，2585.75m
S3相—交错层理中细砂岩相

图 5-19　典型砂岩相岩心照片

2）各类岩石相测井响应特征

岩性不同的储层，测井响应特征也不相同，测井信息间接地反映了储层的岩性、物性、电性及含油性。通过测井资料的综合分析，以及与取心资料的对比，研究探讨该区砂砾岩体储层的岩性、物性、电性及含油性之间的相互关系，主要的制约因素及在测井信息上不同的响应特征。对储层岩性进行准确划分和识别，研究其与物性、电性、含油性间的关系，是进行储层精细评价的关键。

本区所见岩相类型丰富，它们与储层类型及物性特征密切相关，可以为储层研究提供最直接最直观的判断依据。将 10 类岩石相的岩性、物性、含油性做详细分析。将特征相似的岩石相类型归类。

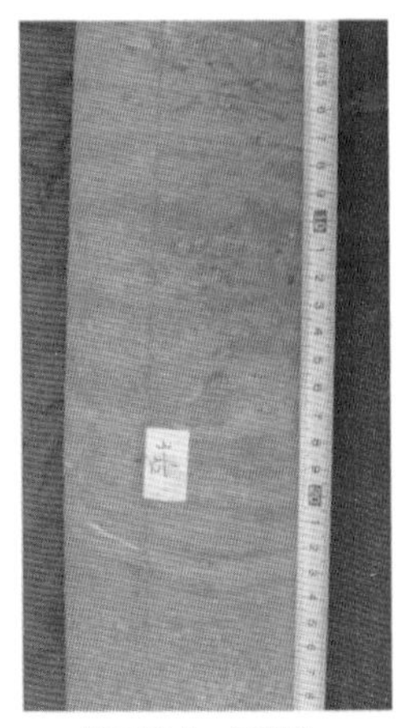

T85722井，2537.7m
S4相—具鲍马序列的粉细砂岩相（纹层状交互，夹于泥岩中）

85095井
M1相—暗色泥岩相（灰—灰黑，水平—隐水平层理）

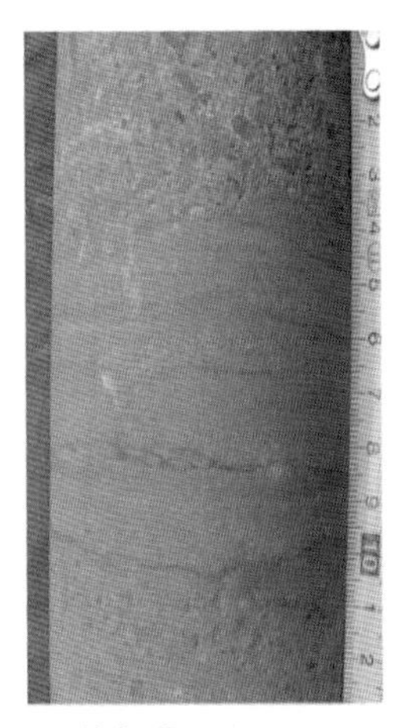

检乌3井，2881.64m
M2相—砂质泥岩相（水平—缓波状层理）

图 5-20 典型砂岩相及泥岩相岩心照片

（1）物性特征。

取心井物性分析资料多为本区优质储层，具有物性分析数据的岩性主要有砂岩、砾状砂岩、砂砾岩、细砾岩及中粗砾岩。而泥岩类基本不能作储层，没有做物性资料。孔隙度分布图（图 5-21）显示岩性由细逐渐变粗，物性由差—好—差。其中砂岩、含砾砂岩、砂质砾岩、小砾岩、砂砾岩孔隙度较高；而分选较差的泥质砂（砾）岩和砾岩物性较差。

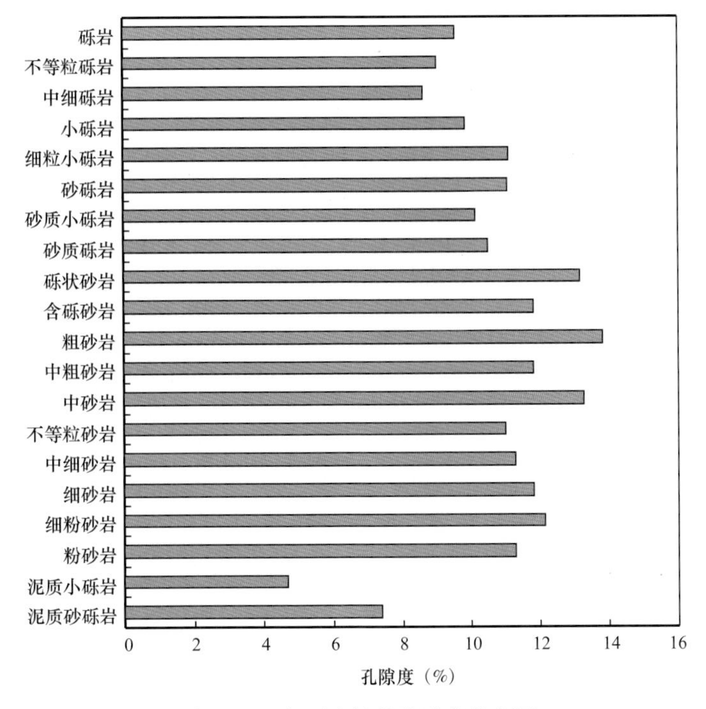

图 5-21 主要岩性的孔隙度分布图

（2）含油性特征。

根据35口取心井统计资料分析，含油性分布特征为砂砾岩（G3）、粗中砂岩（S1）、含砾砂岩（S1）、小砾岩（G3）的含油性较好，细砾岩（G2）及泥质砂砾岩（G1）含油性差，如图5-22所示。

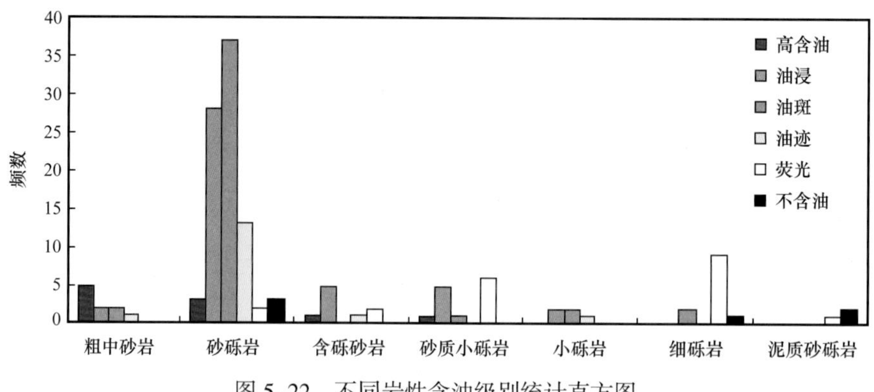

图5-22　不同岩性含油级别统计直方图

2. 储层层内非均质特征

近年来的实践表明，层内非均质性是直接控制和影响储层垂向上注入水波及体积的关键地质因素，其主要依据的是岩心分析资料。

1）层内韵律性

岩心和测井资料表明，本区储层具有多种韵律性特征，储层层内非均质性受其控制呈规律性变化，有以下几种特点。

（1）正韵律。

下乌尔禾组油藏多见正韵律砂层。如图5-23所示，T85722井2570m处单砂体，声波时差自上而下逐渐增加，渗透率逐渐增大，砂体底部渗透率达到最大值。

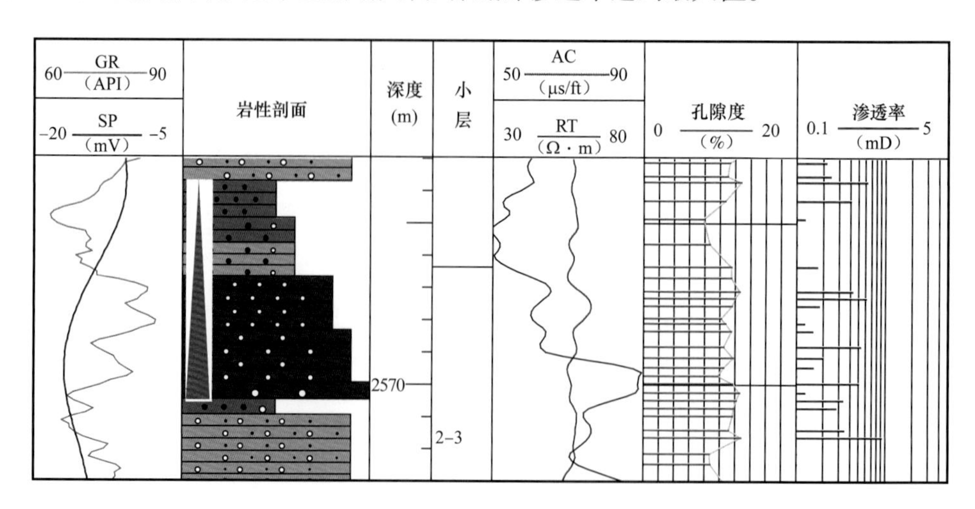

图5-23　T85722井渗透率正韵律砂体

（2）反韵律。

下乌尔禾组油藏亦见反韵律砂层。如图 5-24 所示，85095 井 3050～3056m 处砂体，声波时差逐渐降低，渗透率自上而下逐渐减小。渗透率高值位于砂体顶部。

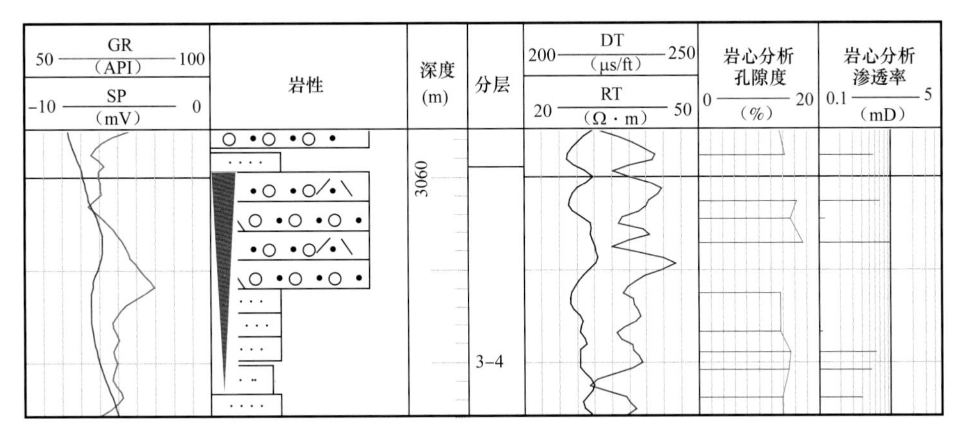

图 5-24 85095 井渗透率反韵律砂体

（3）跳跃式复合韵律。

复合韵律是下乌尔禾组油藏单砂体中最常见的韵律形式。如图 5-25 所示，85095 井 3091～3101m 的砂体，声波时差曲线出现起伏变化，而渗透率值也连续变化，存在几个不同的高值点。

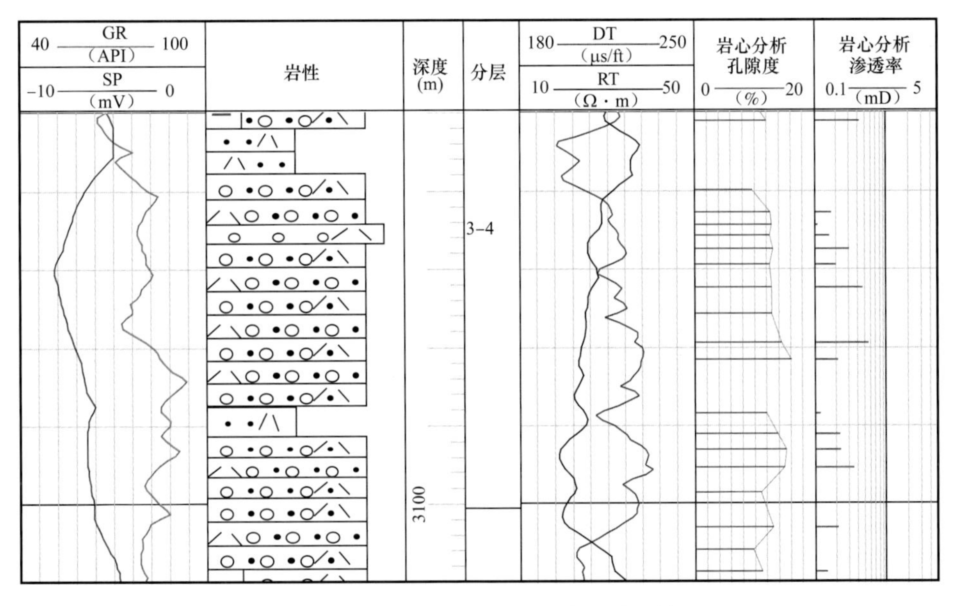

图 5-25 85095 井渗透率复合韵律砂体

总体来看，正韵律模式层内非均质性强，上部和底部的渗透率值相差大；反韵律模式顶部渗透率大，但由于注水开发，重力和毛细管力下吸，下部渗透率有所增加，也就是说，这种模式的上、下部位渗透率差异在不断减少，但总体仍呈现上部高渗透下部低渗透特征。

（4）均匀型韵律。

特点是平均渗透率低，纵向上渗透率变化较小，在电测曲线上一般表现为自然电位异常幅度小，电阻率较低。这种渗透率变化类型一般发育在渗透率很低的差储层中。

2）层内非均质特征评价

采用渗透率变异系数、突进系数、级差来表征储层非均质性和综合评价储层非均质性。

（1）渗透率变异系数（V_k）。

指渗透率标准偏差与平均值之比值，即

$$V_k = \frac{\sigma}{K} \tag{5-2}$$

其中

$$\sigma = \left(\sum_{i=1}^{n} \left(K_i - \overline{K} \right)^2 / (n) \right)^{1/2}$$

$$\overline{K} = \sum_{i=1}^{n} K_i / n$$

式中　n——层内采样总点数。

变异系数反映样品偏离整体平均值的程度。其变化范围为 $V_k \geqslant 0$，该值越小，说明样品值越均匀。反之，非均质性越强，$V_k=0$ 时为均匀型。这是一个重要的表征量，国内外都用它来计算数据中的变化性。

（2）渗透率突进系数（S_k）。

一定井段内渗透率极大值（K_{max}）与其平均值（$\overline{K}$）的比值。即

$$S_k=K_{max}/K \tag{5-3}$$

渗透率突进系数是评价层内非均质的一个重要参数，其变化范围为 $S_k \geqslant 1$，数值越小说明垂向上渗透率变化小，注入剂波及体积大，驱油效果好。数值越大，说明渗透率在垂向上变化大，注入剂易由高渗透率段窜进，注入剂波及体积小，水驱油效果差。

（3）渗透率级差（N_k）。

一定井段内渗透率最大值与最小值之比值。即

$$N_k=K_{max}/K_{min} \tag{5-4}$$

渗透率级差反映渗透率变化幅度，即渗透率绝对值的差异程度。其变化范围为 $N_k \geqslant 1$。数值越大，非均质性越强，数值越接近于 1，储层越均质。综合分析储层的评价标准见表 5-5。

在各小层内利用测井二次解释结果的单点渗透率值分别求取了各小层的层内渗透率突进系数、渗透率变异系数、渗透率级差（表 5-6），并通过三个参数求取的综合指数，绘制了各小层的综合指数分布图。

表 5–5 八区储层非均质性的综合评价标准（据吴胜和等，1998）

储层类型 \ 参数	变异系数（V_k）	突进系数（S_k）	渗透率级差（N_k）
弱非均质储层	＜0.5	＜2	＜10
中等非均质储层	0.5～0.8	2～4	10～15
强非均质储层	＞0.8	＞4	＞50

表 5–6 储层物性统计表

小层	渗透率变异系数			渗透率极差			渗透率突进系数		
	最小值	最大值	平均值	最小值	最大值	平均值	最小值	最大值	平均值
W_1^1	0.169	2.264	1.239	1.545	4082.19	1200.49	1.447	10.78	3.949
W_1^2	0.027	1.561	0.699	1.057	1221.47	364.85	1.005	5.065	2.319
W_1^3	0.003	2.063	0.612	1.010	3212.39	327.06	1.009	11.721	2.348
W_1^4	0.002	5.729	0.596	1.004	5961.14	202.77	1.001	34.011	2.539
W_1^5	0.005	1.981	0.383	1.012	2776.12	59.32	1.008	11.863	1.707
W_1^6	0.001	4.097	0.341	1.002	6291.21	99.75	1.001	21.522	1.732
W_2^1	0.003	3.160	0.331	1.006	13928.79	139.37	1.004	26.392	1.720
W_2^2	0.001	3.772	0.307	1.001	36561.39	153.89	1.001	17.062	1.661
W_2^3	0.002	2.392	0.309	1.005	14382.30	150.80	1.002	10.058	1.627
W_2^4	0.001	4.574	0.382	1.002	21111.63	114.07	1.002	35.510	1.923
W_2^5	0.003	4.769	0.402	1.006	15664.09	199.82	1.003	23.872	1.868
W_3^1	0.002	3.351	0.401	1.004	7434.67	92.50	1.001	17.401	1.886
W_3^2	0.002	2.172	0.379	1.004	23076.21	236.90	1.001	10.935	1.787
W_3^3	0.002	2.914	0.349	1.004	24588.19	149.99	1.002	14.480	1.667
W_3^4	0.008	2.128	0.349	1.015	18960.90	122.56	1.004	7.854	1.654
W_4^1	0.006	2.232	0.347	1.014	34537.17	205.94	1.004	8.315	1.687
W_4^2	0.008	1.915	0.355	1.015	30023.25	333.89	1.009	9.613	1.734
W_5^1	0.028	2.457	0.320	1.091	33323.00	307.45	1.015	8.928	1.697
W_5^2	0.017	1.024	0.270	1.037	17306.53	339.34	1.013	3.708	1.490
W_5^3	0.073	0.793	0.349	1.159	59.18	6.89	1.095	2.615	1.666
W_5^4	0.005	0.940	0.383	1.010	24.93	5.56	1.006	3.212	1.720
W_5^5	0.078	0.718	0.451	1.175	24.05	5.20	1.066	2.368	1.673

从渗透率变异系数可以看出，各小层相差不大，W_1^1 小层最大，为 1.239，非均质性最强；W_5^2 小层最小，为 0.270，非均质性最弱。总体上看，W_1^3、W_1^4 小层的渗透率变异系数都超过了 0.5，表现的非均质性比较强；而其他小层的非均质性类似，都相对较弱。

从渗透率突进系数可以看出，W_1^1 小层最大，为 3.949，显示非均质性最强；W_5^2 小层最小，为 1.490，说明非均质性最弱。总体来看，W_1^2、W_1^3、W_1^4 小层的渗透率突进系数都超过了 2，非均质性相对较强；仅其他小层的渗透率突进系数都小于 2，非均质比较弱。

从渗透率级差可以看出，W_1^1 小层值最大，达到了 1200.49，非均质性最强；W_5^5 小层值最小，仅为 5.20，非均质性最弱；W_5^3、W_5^4 小层小于 10，非均质性同 W_5^5，属弱非均质性。其他小层的渗透率级差都超过了 50，非均质性较强。

在裂缝不发育层段，储层间储层物性的差异可以造成储层之间的吸水能力、产液能力以及水淹状况发生较大的差异，例如注水井 8508 井，吸水强度明显受到物性的控制，其中 W_4^2 小层平均渗透率为 2.07mD，渗透性最高，吸水强度为 49.17 m^3/d；与之相邻的同一小层的另一射孔层段平均渗透率为 0.445 mD，渗透性很差，吸水强度为 0.5m^3/d。很明显，吸水能力的差异与物性的差异有很大的相关性（图 5-26）。T85750 井的产液剖面也同样说明下乌尔禾组油层具有很强的非均质性，T85750 井 W_1^5 小层共计 3 个射孔层位，测试资料显示 3 个层段均有生产，但其中主力层段的单位产液量为 24.825t/d，占总产液量的 63%，含水高达 99%，而其下部射孔层段产液量 7.16t/d，含水为 96%（图 5-27）。

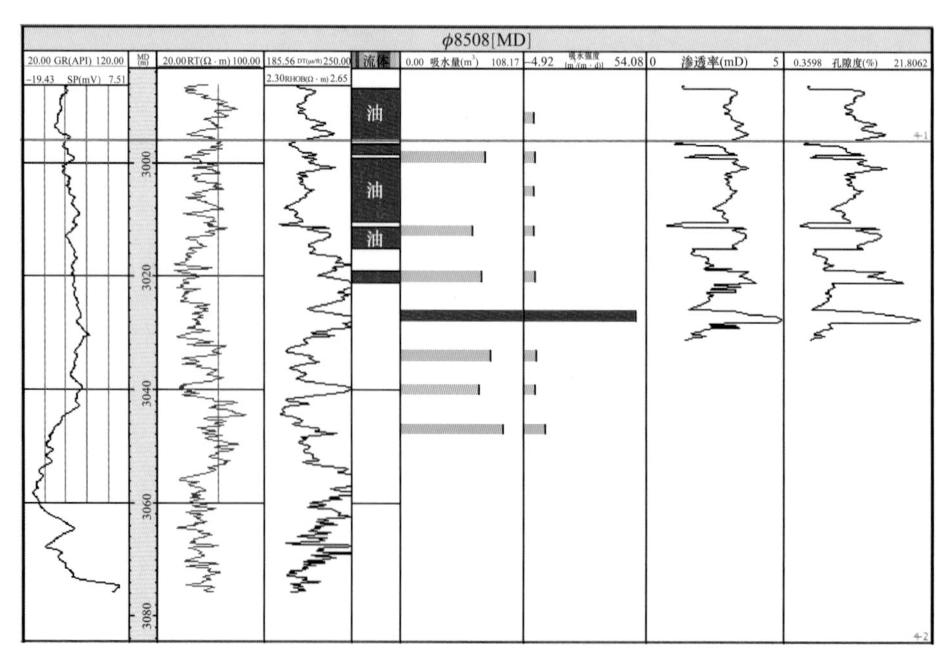

图 5-26 8508 井吸水剖面成果图

3）*层内夹层特征*

夹层是指分散在小层内砂体间的、横向上不稳定的相对低渗透或非渗透层。其厚度较小，作为渗流屏障，夹层影响着砂体内垂向和(或)侧向的流体渗流。本区夹层的岩性主要为泥岩、泥质致密砾岩。不稳定泥质层对流体的流动起着不渗透或极低渗透作用,不仅影响着垂向和水平方向上的渗透率变化,而且可能形成注入剂遮挡堵塞,降低驱油效果。它的分布具有随机性,很难横向追踪,通常采用下述两个参数定量描述。

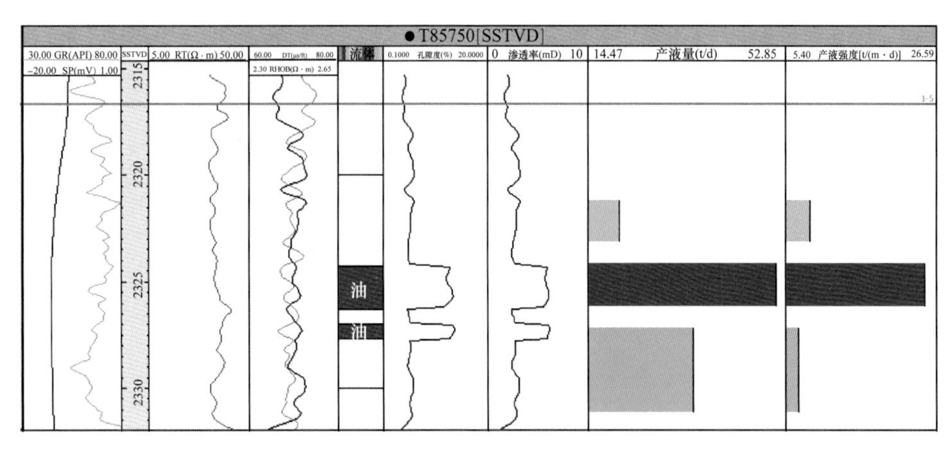

图 5-27　T85750 井产液剖面成果图

(1)夹层分布频率(F_{sh})。

$$F_{sh}=N/H \qquad (5-5)$$

式中　N——层内非渗透夹层的个数;

　　H——层厚,m。

夹层分布频率实际上反映了单位厚度岩层内夹层出现的个数,其值越大,说明夹层越多,非均质性越强。

(2)夹层分布密度(D_{sh})。

$$D_{sh}=H_{sh}/H \qquad (5-6)$$

式中　H——层厚,m;

　　H_{sh}——层内非渗透性夹层厚度总和,m。

夹层分布密度(D_{sh})实际上反映了夹层厚度占总厚度的百分比,其值越大,说明非均质性越强。

工区主要发育泥质砾岩致密夹层和泥质夹层,其中泥质砾岩致密夹层在电阻率曲线上具有高阻齿状的特点,泥质夹层在微电极曲线上具有低阻齿状的特点。泥质砾岩夹层发育,厚度平均在 2m 左右;泥质夹层次之,厚度在 0.5m 左右。根据测井二次解释成果,对下乌尔禾组油藏各小层内夹层进行识别并统计了其厚度,统计了研究区各小层夹层厚度、夹层频率、夹层密度(表 5-7)。

从小层夹层厚度统计表(表 5-7)可以看出,夹层厚度平均在 2.1～9.8m 之间,夹层的密度在 0.231～0.429 之间,夹层频率在 0.04～0.14 之间。其中 W_1^1 小层夹层最发育,厚度大,夹层密度和频率高,具有很强的随机分布特征,并且夹层平面分布形态在各单砂层差别也较大,向上夹层范围逐渐减小。

表 5-7 下乌尔禾组单井夹层数据统计表

段	小层	总井数（口）	钻遇井数（口）	夹层厚度（m）	夹层频率（个/m）	夹层密度（m/m）
W_1	W_1^1	510	7	7.7	0.0458	0.429
	W_1^2	637	3	4.7	0.0396	0.355
	W_1^3	872	13	9.1	0.0514	0.404
	W_1^4	995	30	4.5	0.1186	0.241
	W_1^5	1033	72	2.1	0.1491	0.231
	W_1^6	1065	144	2.6	0.1440	0.253
W_2	W_2^1	1097	242	2.7	0.1390	0.243
	W_2^2	1126	316	2.9	0.1324	0.265
	W_2^3	1132	348	2.8	0.1354	0.270
	W_2^4	1133	364	3.5	0.1160	0.273
	W_2^5	1131	353	4.1	0.1038	0.268
W_3	W_3^1	1084	391	4.1	0.1021	0.264
	W_3^2	1013	457	4.6	0.1013	0.295
	W_3^3	952	470	4.2	0.0927	0.293
	W_3^4	905	440	5.1	0.0941	0.330
W_4	W_4^1	736	390	4.3	0.1045	0.320
	W_4^2	580	295	5.2	0.0930	0.319
W_5	W_5^1	307	146	5.0	0.0947	0.331
	W_5^2	142	83	4.7	0.0977	0.298
	W_5^3	55	28	4.1	0.0951	0.275
	W_5^4	35	13	4.5	0.0894	0.273
	W_5^5	22	6	9.8	0.0394	0.349

注：总井数指单砂层钻遇储层的井数，缺失不算在内；钻遇井数是指单砂层内有夹层的井数。

致密砾岩夹层主要形成于泥石流沉积物，厚度通常在几十厘米，岩性以泥质砾岩和砾状泥岩为主，夹层厚度薄，一般为0.5～2.0m，空间分布极不连续，难于井间对比。泥质夹层多为洪水后期的漫流沉积物，它的悬浮质含量最高垂向加积在前期的河道沉积体上，厚度较薄，夹层连续性不好，延伸不远，垂向上只能起到局部的非渗透性遮挡作用，例如8771A井W_3^2小层由于内部夹层的存在造成垂向上水淹程度差异很大（图5-28）。

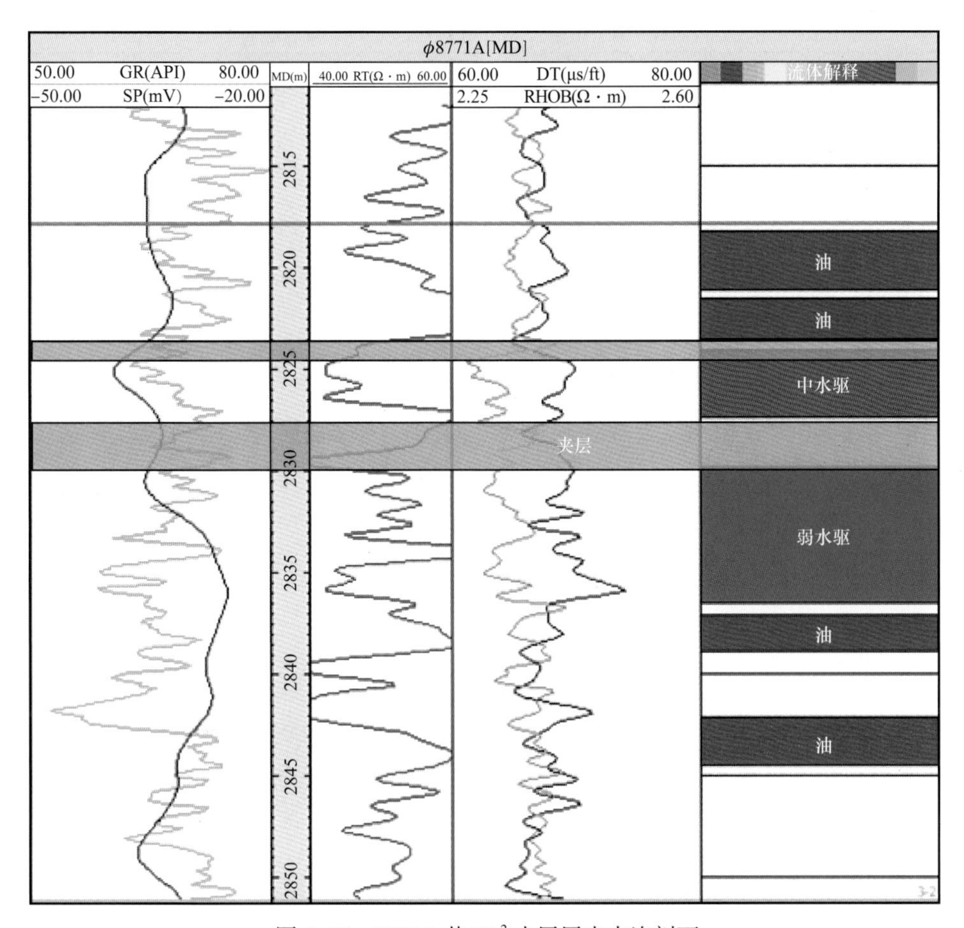

图 5-28 8771A 井 W_3^2 小层层内水淹剖面

3. 储层层间非均质特征

层间非均质性是指某一单元各砂体之间垂向上岩性、物性及含油性等的差异性，包括旋回性渗透率的非均质程度及隔夹层分布等，它是产生层间干扰、单层突进及宏观剩余油分布的内在原因。在注水开发的油田内，深入研究层间非均质性，可为开发层系调整、分层系开采工艺技术等重大战略提供可靠的依据。

1）层间物性特征

层间非均质参数主要是依据取心资料及多井评价解释结果。从表 5-8 可以看出，八区下乌尔禾组油藏各段的非均质性均属于强非均质性。W_2 段渗透率最大为 507.56mD，最小为 0.01mD，变异系数为 1.61～8.15，突进系数为 15.63～181.87，级差为 2996.6～9701.9；W_2^4 小层非均质性最强，渗透率最大为 97.07mD，最小为 0.01mD，变异系数为 2.52，突进系数为 49.93，级差为 97.07；W_4 砂层渗透率最大为 48.7mD，最小为 40.15mD，变异系数为 1.96～2.04，突进系数为 18.28～23.7，级差为 4014.1～4869.2。自下而上层序内部储层非均质性逐渐增强，W_2 砂层非均质性最强。

表 5-8　不同小层吸水强度统计表

小层号	测试层数	平均吸水强度 [$m^3/(m \cdot d)$]	孔隙度 (%)	渗透率 (mD)	裂缝长度	裂缝类型
W_1^4	3	0.111	10.14	0.360	2.45	较发育
W_1^5	5	1.053	12.17	0.998		
W_1^6	14	4.657	13.09	1.009	2.50	较发育
W_2^1	22	3.535	13.09	6.666		
W_2^2	67	4.480	13.50	9.885	1.67	发育差
W_2^3	85	2.569	12.13	1.194	4.62	较发育、发育差
W_2^4	13	3.127	10.61	2.802	3.24	较发育、发育差
W_2^5	94	4.753	9.43	1.812	4.42	较发育、发育差
W_3^1	109	3.113	9.70	1.840	7.28	发育差
W_3^2	121	4.153	10.03	0.196	2.20	较发育、发育差
W_3^3	116	3.038	9.17	0.177	5.41	较发育、发育差
W_3^4	89	2.755	10.07	0.125	5.88	较发育、发育差
W_4^1	133	3.876	9.357	0.179	7.91	较发育、发育差
W_4^2	128	2.994	10.16	0.691	6.90	较发育、发育差
W_5^1	31	4.295	7.77	1.325	14.6	发育差
W_5^2	10	9.648	7.77	2.914	2.82	发育差

统计 1041 个层段的吸水资料，在非裂缝发育层段，W_2^1 小层射孔层段渗透性好，表现为吸水强度大 3.53 [$m^3/(m \cdot d)$]，W_1^5 小层射孔层段渗透率差，吸水能力弱（表 5-8）。产液剖面资料也验证了渗透性好的 W_1^6 小层，产液量高（4.328 m^3/d），综合含水高，含水上升快；W_2^2、W_2^5、W_3^3 小层渗透率次之，产液量中等，含水上升较慢，其他单砂层由于物性差形成注不进采不出的被动生产情况（表 5-9）。

2）层间隔层特征

隔层是指小层之间分隔砂层阻挡流体垂向流动的非渗透遮挡层或阻渗层，是非均质多油层的油田划分层系，实施分层开采所必须考虑的一个问题。

八区下乌尔禾组隔层主要以物性致密隔层为主。岩性主要是含砂砾质泥岩和泥质砂砾岩，电阻率曲线为高峰高阻形态，孔隙度小于 8.2%，渗透率小于 0.01mD，八区下乌尔禾组储层小层之间的隔层全区发育分布稳定，平均厚度 12.15m，最大厚度 25.36m，最小 1.5m，厚度小于 2m 区域在平面上零散分布，能够对全区油水的运动起到控制作用（表 5-10）。

表 5-9　不同单砂层产液剖面统计表

小层号	测试层数	平均产液量[m³/(m·d)]	孔隙度(%)	渗透率(mD)	裂缝长度	裂缝长度
W_1^5	1	0	5.84	0.029	12.20	发育差
W_1^6	15	4.328	9.51	2.963	3.84	较发育、发育差
W_2^1	12	0.532	9.52	3.049	6.60	
W_2^2	36	2.005	10.20	3.207	6.16	较发育、发育差
W_2^3	82	1.893	9.48	1.901	3.44	较发育、发育差
W_2^4	97	1.504	8.69	0.560	3.53	发育、较发育、发育差
W_2^5	99	2.080	9.48	1.054	4.43	较发育、发育差
W_3^1	135	1.621	8.25	1.105	4.48	较发育、发育差
W_3^2	147	2.084	8.07	0.823	3.70	较发育、发育差
W_3^3	163	2.144	8.59	1.483	4.34	发育、较发育、发育差
W_3^4	101	1.752	8.69	0.811	5.67	发育、较发育、发育差
W_4^1	132	1.796	8.51	0.214	3.71	较发育、发育差
W_4^2	218	1.340	9.51	0.492	4.97	发育、较发育、发育差
W_5^1	58	0.719	7.62	0.524	3.66	发育、较发育、发育差
W_5^2	17	1.756	9.79	0.201	6.88	发育、发育差
W_5^3	12	0.572	9.92	0.180	1.3	发育差
W_5^4	7	0.498	11.81	0.300	10.83	发育差
W_5^5	5	1.112	7.56	0.113	5.17	发育差

表 5-10　八区下乌尔禾组储层小层之间隔层厚度统计表

隔层名称	隔层性质	隔层厚度(m)			钻遇井数
		最大	最小	平均	
W_1^1—W_1^2	小层之间	44.7	2.77	25.36	45
W_1^2—W_1^3	小层之间	44.125	3.86	20.93	67
W_1^3—W_1^4	小层之间	44.3	3.54	16.21	102
W_1^4—W_1^5	小层之间	49.6	2.51	12.27	164
W_1^5—W_1^6	小层之间	42.445	4.51	10.27	234
W_1^6—W_2^1	小层之间	42.6	1.54	8.81	330

续表

隔层名称	隔层性质	隔层厚度（m）			钻遇井数
		最大	最小	平均	
W_2^1—W_2^2	小层之间	64.5	2.51	8.45	472
W_2^2—W_2^3	小层之间	67.25	3.52	8.78	560
W_2^3—W_2^4	小层之间	61.5	1.50	10.01	633
W_2^4—W_2^5	小层之间	69.2	3.51	12.20	676
W_2^5—W_3^1	小层之间	68.2	2.52	13.22	695
W_3^1—W_3^2	小层之间	85.63	4.53	12.10	717
W_3^2—W_3^3	小层之间	70.5	1.55	12.03	732
W_3^3—W_3^4	小层之间	63.6	3.50	11.48	695
W_3^4—W_4^1	小层之间	87.6	2.50	11.99	608
W_4^1—W_4^2	小层之间	84.2	3.52	9.42	427
W_4^2—W_5^1	小层之间	62	4.58	11.38	250
W_5^1—W_5^2	小层之间	53.1	3.58	9.88	127
W_5^2—W_5^3	小层之间	40.2	2.54	6.16	63
W_5^3—W_5^4	小层之间	35.7	1.53	5.69	34
W_5^4—W_5^5	小层之间	52	3.61	9.81	15

4. 储层平面非均质特征

储层平面非均质性是指单一油层砂体的几何形态、各向连续性、连通性以及砂体内渗透率和孔隙度的平面变化及方向性、隔夹层平面分布情况等。对研究井网的部署、剩余油的分布规律等都有积极的意义。本次研究利用测井二次解释结果，统计了每个小层的储集砂体厚度、平均孔隙度、平均渗透率，并分别绘制了平面分布图。

下乌尔禾组油藏属于低孔隙度低渗透率油藏，从孔隙度平面展布情况来看，孔隙度分布与渗透率分布范围基本一致，即物性好的、孔隙度高的地区主要分布在较好的沉积相带中，也反映出诸如水下分支河道微相等的岩性特征。

通过孔隙度的平面分布图可以看出，在下乌尔禾组油藏五段之中，乌五段下部井点少，控制地层范围也小，孔隙度较低，上部地层分布范围扩大，孔隙度平均在 7% 左右。乌四段发育较完全，孔隙度较乌五段略大，在 8% 左右，物性较好。乌三段由老变新孔隙度变大，是该区主力层段，物性好，孔隙度平均在 8% 左右。乌二段由于剥蚀作用，地层范围减小，孔隙度较低在 6% 左右。至乌一段，地层剥蚀加大，地层面积进一步缩小，孔隙度变小，在顶部的小层孔隙度非常低，在 3% 左右，物性较差。

八区下乌尔禾组油藏，由于岩性比较单调，厚 800m 的地层自下而上都是以砾岩为主，岩性单一，而且在沉积、成岩以及构造作用下，形成了低渗透—特低渗透储层，平均渗透率在1mD以下。根据测井二次解释结果，统计了各小层的渗透率均值。从渗透率平面分布图上，也可以反映出该区渗透率低、分布不均、变化复杂的特点。

1）第五段

下乌尔禾组油藏下部的第五段由于埋藏深，钻达井位较少，其渗透率整体变化较大。从单井来看，其渗透率高值区范围介于0.2～0.5mD之间，与孔隙度分布的相关性较好。

2）第四段

第四段渗透率主体分布范围为0.1～0.35mD，总体上，4–1小层比4–2小层的渗透率相对较高。4–2小层的渗透率在研究区东北部比较均一，相对变化较小，渗透率值在0.3mD左右；在研究区中部T85488井区附近出现局部高值区；而在西南部地层尖灭带则出现带状高值区。4–1小层渗透率相对较高，局部地区可达1mD，均值在0.5mD左右，且全区相对均一。

3）第三段

第三段全区均有发育，范围比较广，其渗透率值在各小层内分布相对均一，地层由老到新渗透率呈减小趋势。3–4、3–3小层渗透率都存在西南高、东北低的规律，渗透率高值区可达1mD以上；3–2、3–1小层渗透率全区都相对较低，渗透率均值在0.15mD左右。

4）第二段

第二段渗透率垂向上呈底部低、顶部高的特点。2–5小层在研究区中部和西南部地层尖灭带出现高值；2–4小层的高值区形态基本与2–5小层一致，具有一定的延续性，但分布范围偏向东北方向；2–3小层的高值区发生变化，主要分布在研究区的中南部；至2–2、2–1小层全区渗透率差异更加明显，在中部以85019—T85032—85107—8759—85190井连线为界，其北部渗透率极低，最大值不足0.1mD，而在其南部渗透率则突然增加，局部渗透率可达到2.5mD。

5）第一段

第一段受地层剥蚀影响，分布范围较小，其渗透率呈底部高、顶部低的规律。该段地层的高渗透段主要位于1–6、1–5小层的西南部，其值较高，均质高值区渗透率分布范围在0.5～0.8mD之间。其他小层的渗透率都相对较低，顶部1–1小层渗透率均值不足0.1mD。

综上所述，下乌尔禾组油藏渗透率整体比较低，介于0～1mD之间。垂向上，从整套地层来看，渗透率高值层有两部分，分别为第四段和第一段底；平面上，高渗透区域在底部地层位于研究区中北部，而在顶部地层主要位于中南部；另外，受剥蚀作用影响，在地层尖灭线处往往也出现条带状高渗透区域。

5. 储层有效性研究

储层的有效性，又可以称为有效储层，它是指垂向及侧向上连续的、影响流体流动的岩石特征和流体本身渗流特征相似的储集岩体。对其研究共分两个层次：第一层次是首先在时间地层单元对比的基础上，确定储层的垂向和侧向渗流屏障分布特征和砂体的连通状况；第二层次是在连通体内分析储层物性差异，根据岩石物理相类型，研究连通体内导致渗流及储集差异的储层特征，划分出相应的有效储层，并最终确定连通体内的物性差异。

1）下乌尔禾组有效储层划分标准

有效储层分类实质上是对连通体内的储层渗流及储集质量进行分类。在同一有效储层内，影响流体储集及流动的地质参数相似，不同有效储层间则表现了岩性和岩石物理性质的差异性。目前用于储层质量分类评价的方法大多是利用统计学方法，如聚类分析、判别分析、因子分析、对应分析及各种方法的综合。

（1）有效储层划分参数的选取。

表征有效储层的参数主要包括孔隙度、渗透率、粒度中值、泥质含量、地层系数、饱和度、传导系数、存储系数、孔喉半径、孔喉比等。在选取参数时，要全面、准确和适当，要紧密结合研究区的地质特征、研究目的、要求以及收集资料的丰富程度，为油田开发服务。因此，表征有效储层划分参数的选取要体现宏观与微观、沉积与成岩、岩石骨架与流体性质各个方面。经分析，可综合为以下几个方面。

① 反映宏观的特征参数。孔隙度（ϕ）和渗透率（K）是表征储层物性的两个最重要和最常见的参数。其中，孔隙度表征储层储集流体的能力，渗透率表征流体渗流能力。在描述有效储层储集流体能力时，孔隙度就尤其重要，尤其对于非均质性强的低渗透油藏。

② 反映沉积环境的特征参数。储层物性的好坏和流体运动特征在很大程度受控于沉积环境和沉积特征。在反映沉积环境和沉积特征的参数中，粒度中值和泥质含量是最常用的两个参数，而粒度中值与泥质含量有很大的相关性，因此只选取泥质含量或者是粒度中值，以免影响分析时的权重。

③ 反映微观孔隙结构的特征参数。孔隙结构是影响油水运动规律的主要因素之一。孔隙结构参数包括孔隙和喉道的大小、形状、分布及相互关系等。Aguilera 在进汞实验中，当汞饱和度达到 35% 时对应的孔喉半径 R_{35} 对流体运动和生产都有十分重要的控制作用。此外，还选择了平均孔喉半径 R_m，这两个参数的综合运用在压汞曲线上体现为控制进汞曲线的平台段，可反映喉道大小和分选性。这些参数并非都易取得，尤其对于未取心井，因此只能起到辅助和验证的作用。

④ 反映流体特性的参数。有效储层的储集特征还体现在流体性质及含量。由于含油饱和度（S_o）可体现储集能力特征，还反映了岩石饱含流体后的性质。在开发过程中，它随开发措施和时间变化是一个动态参数。随着开发，油层各点的 S_o 都在不断变化。饱和度的变化，反映开发措施是否合理，是衡量开发效果的重要参数。同时用原始含油饱和度划分的静态有效储层代表油藏原始状态。故选择含油饱和度作为反映流体性质的特征参数。由此建立的油藏地质模型将会更真实可靠，为后期的研究提供依据。此外反映流体性质的参数还有黏度 μ、压缩系数 C_t、密度 ρ、体积系数 B_o 等，但这些参数在油中变化不大，一般均以常数处理，基本不用。另外储层的有效厚度可直接反映储层是否具备开发利用价值，也是表征储层储集流体能力及储层产能的很重要的参数。

综上所述，有效储层的研究是一种多参数分析法，因此参数的选取尤为重要，不仅体现在分析的目的，而且也体现在分析的步骤上。也就是说选取什么参数组，要达到什么样的分析目的；还有对选取的参数如何处理，才能更真实、更方便地反映地下的地质情况。

（2）有效储层划分。

如前所述，本区储层属于强非均质的低渗透油藏，油田在开发时多进行了压裂，人工裂缝对本区渗流作用的影响起到了很大的作用。而又由于储层低渗透的特点，因此，选取了孔隙度、含油饱和度、有效厚度作为表征储层储集能力的参数。通过研究发现，综合利用岩心分析资料、试油结论及测井资料，结合有效厚度标准，加以分析对比，并考虑研究区砂砾岩储层强非均质特点，将有效储层分为三类，划分标准见表 5-11。

表 5-11 下乌尔禾组油藏有效储层标准

储层	有效储层			非有效储层
参数	Ⅰ类	Ⅱ类	Ⅲ类	
孔隙度（%）	$\phi \geqslant 15$	$15>\phi \geqslant 10$	$10>\phi \geqslant 8$	$\phi<8$

此外，新疆油田研究院基于本区研究，提出了优质油层的划分标准，在油层范围内选取了 $S_w \leqslant 48\%$ 的作为优质储层（h_c）。采用储层厚度（h）和优质储层厚度进行储层分类，共分了五级。

最好的是 1 类，条件为优质储层厚度乘以含油饱和度的立方，大于 12.5（$h_c \times S_o^3 > 12.5$）；

2 类是在剩余的样品中，优质厚度大于 23m；

3 类是在剩余的样品中储层厚度不小于 25m；

4 类是储层厚度在 12～25m；

5 类是储层厚度小于 12m。

需要指出的是，这里的储层厚度即有效厚度，厚度的大小是以段为单位统计得出的。

Ⅰ类有效储层：岩性为砂质小砾岩、中粗砂岩及细砂岩，以 G3、S1、S3 岩相为主。存储性和渗透性最好，孔隙度在 15% 以上，平均渗透率在 1mD 左右，在测井曲线上，AC 的值在 72.6～80μs/ft。以中孔细喉为主，孔喉配位数较大，孔喉连通呈较好的网络状。此类有效储层占的比例较小，主要发育在 W_2^1、W_2^2、W_4^1、W_4^2 小层内（图 5-29a）。

Ⅱ类有效储层：岩性为砂质小砾岩（不等粒小砾岩）、砂砾岩、中细砂岩，以 G3、S1、S3 岩相为主。存储性和渗透性较好，孔隙度为 10%～15%，在测井曲线上，AC 的值在 65.8～72.6μs/ft。孔隙直径变小，虽以粒间溶孔为主，但其他孔隙类型已经占据明显的地位。喉道变细，面孔率下降，物性变差。喉道偏粗、分选差，平均孔径在 40～50μm，最大在 120μm 左右。孔喉连通呈近似网络状。各小层均有发育，且较其他类的有效储层，厚度大。在 W_4^1、W_4^2 小层内最为发育（图 5-29b）。

Ⅲ类有效储层：岩性为不等粒小砾岩、中细砾岩，以 G3 岩相为主。存储性和渗透性一般，孔隙度为 8%～10%，在测井曲线上，AC 的值在 63～65.9μs/ft。粒间溶孔已经不占主要地位，孔喉偏细，分选差，孔隙度和渗透率低，孔喉配位数只有 0～1。在各个单砂层均有发育，较其他类的有效储层，厚度大。在 W_3^1、W_3^2 小层内最为发育（图 5-29c）。

非有效储层：岩性为泥质小砾岩、泥质砂砾岩、砂质小砾岩、中粗砾岩，以 G1 岩相为主。

存储性和渗透性一般，孔隙度在8%以下。受强烈的成岩后生作用改造，孔喉发育极差；次生溶孔和微裂缝发育，孔径小，喉道细，连通性差，特低孔隙度，特低渗透率（图5-29d）。

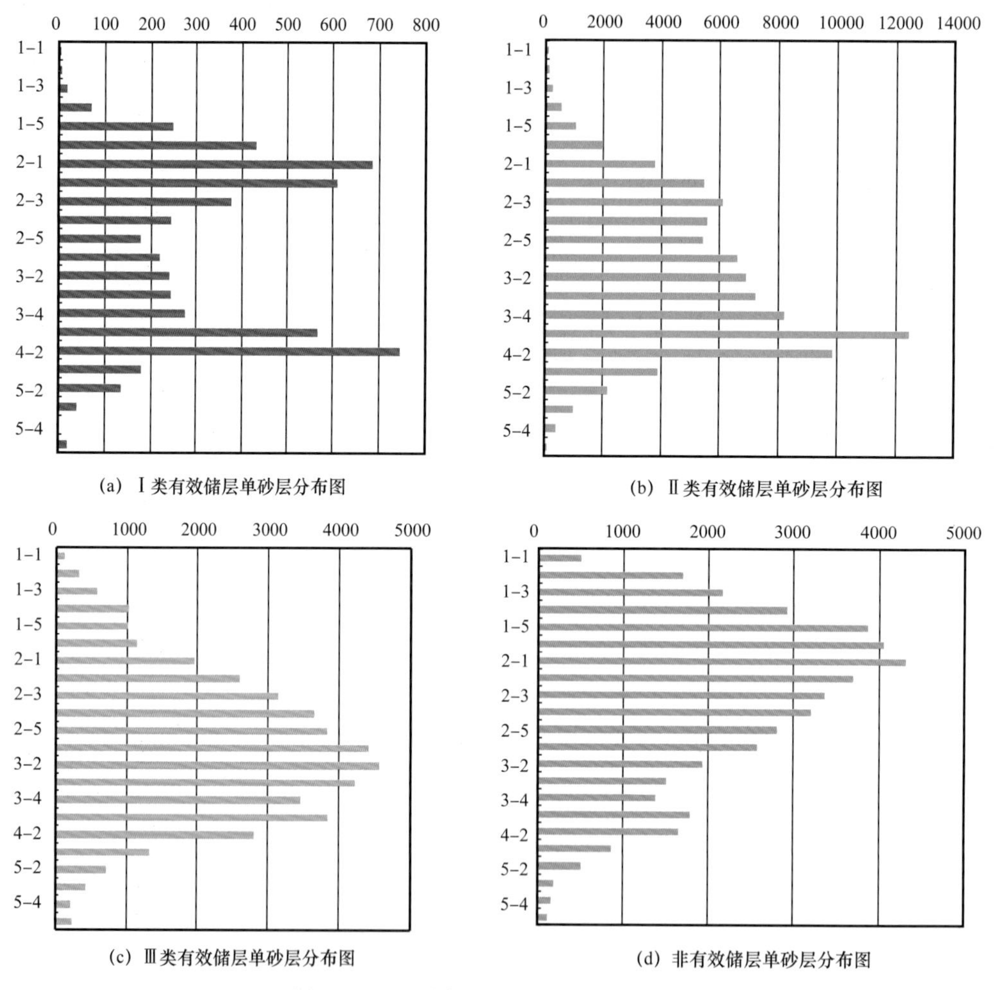

图5-29 不同类型有效储层分布统计图

2）有效储层分布特征

（1）有效储层剖面分布特征。

连井剖面上有效储层的识别是在单井有效储层识别的基础上，通过储层结构和渗流屏障分析，最终在连通体内识别出有效储层的空间展布。

由单井有效储层剖面以及有效储层剖面图可看出以下特点（图5-30至图5-32）：

本区有效储层以Ⅱ和Ⅲ类为主，Ⅰ类有效储层分布较少，主要发育在W_2^1、W_2^2 、W_4^1、W_4^2小层内；Ⅱ类有效储层在W_4^1、W_4^2小层内最为发育；Ⅲ类有效储层厚度大，在W_3^1、W_3^2小层内最为发育。在层序Ⅰ内，有效储层往往分布在中下部，纵 向上连通性好，厚度大，夹少量隔夹层；在层序Ⅱ内，有效储层往往分布在下部地层，向上连续性变差，厚度变小。

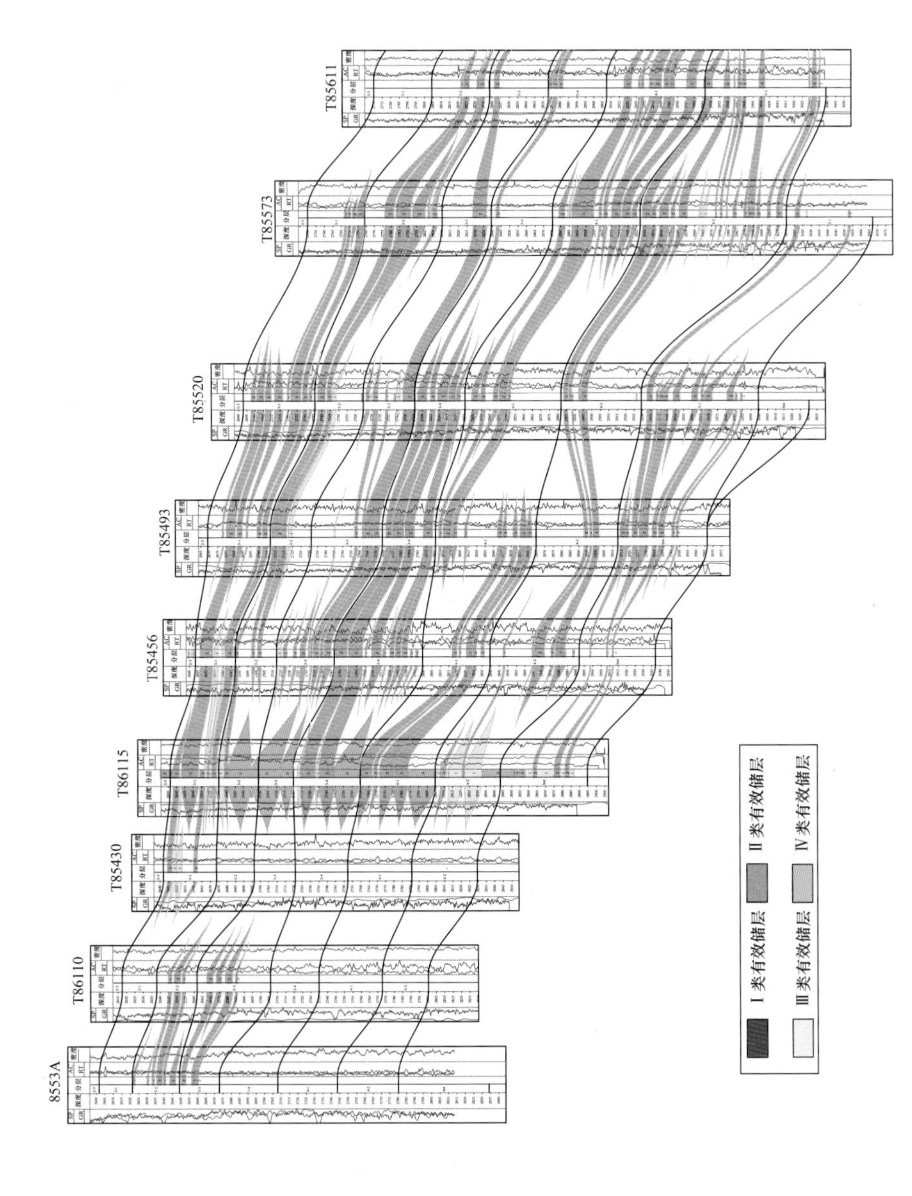

图 5-30 东西向有效储层剖面图

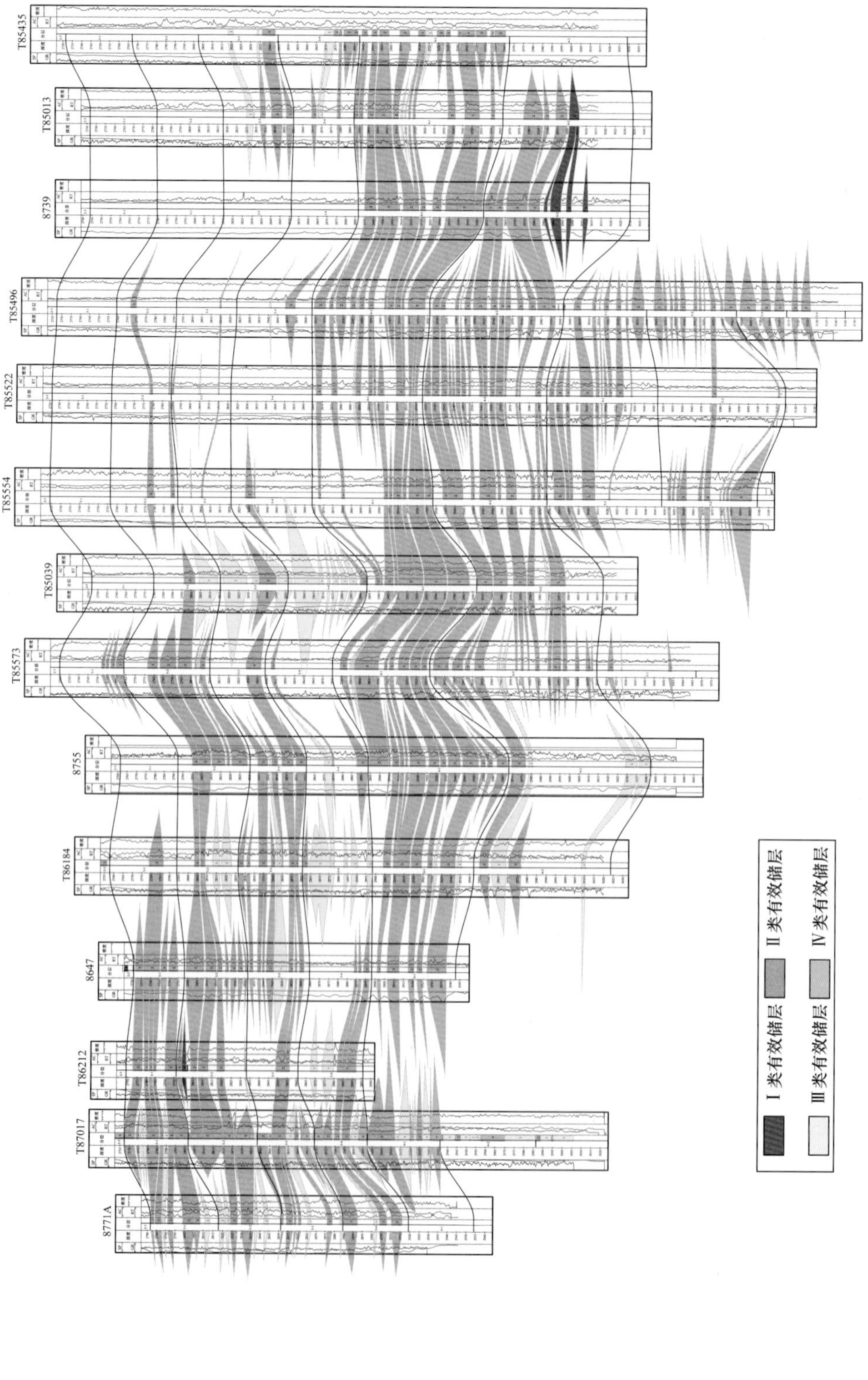

Ⅰ类有效储层　Ⅱ类有效储层　Ⅲ类有效储层　Ⅳ类有效储层

图 5-31　南北向有效储层剖面图

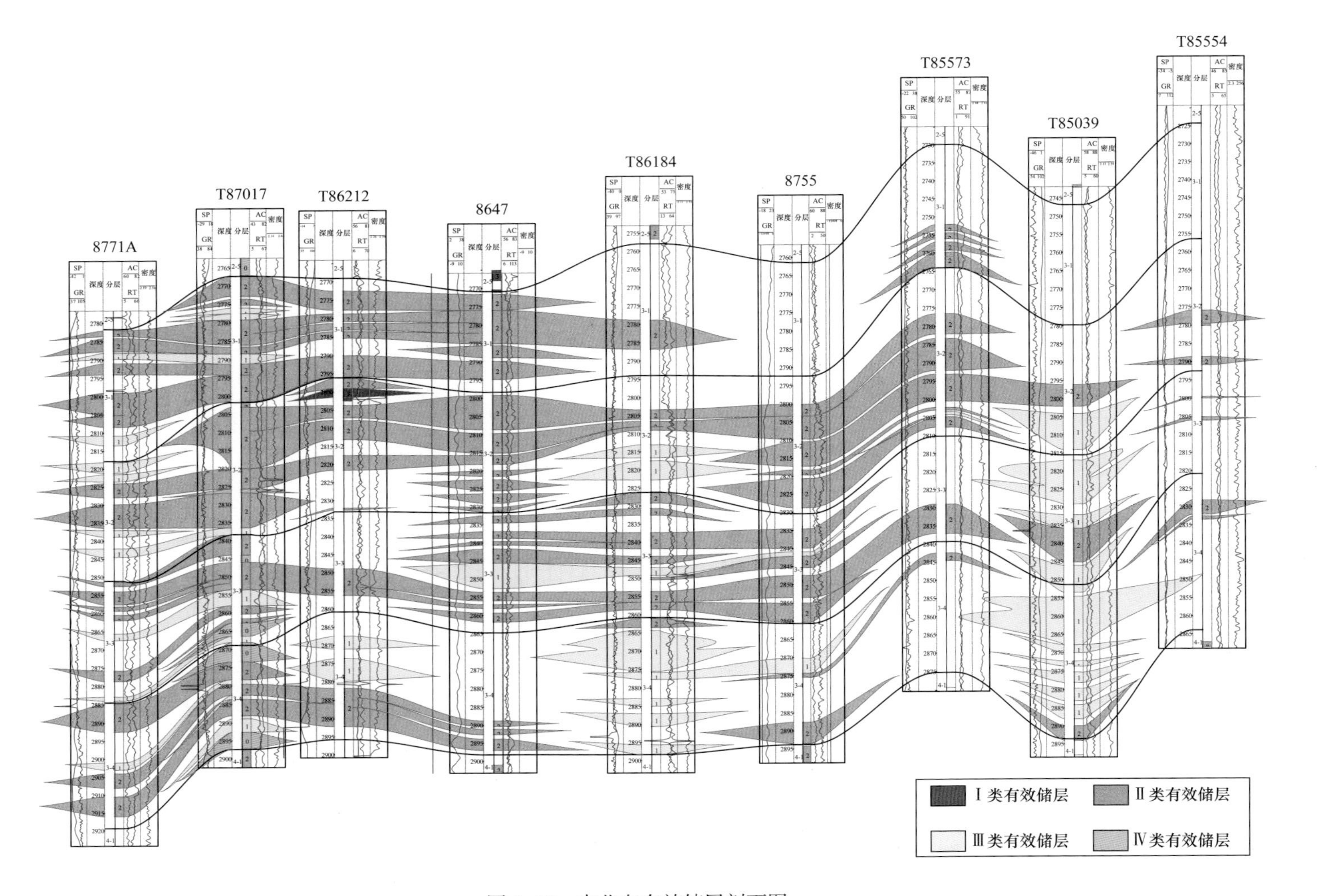

图 5-32 南北向有效储层剖面图

（2）有效储层平面分布特征。

平面有效储层的划分有助于了解不同质量的储层在平面上的分布状况，以及从平面上分析不同有效储层间注水开发动态和剩余油分布规律。平面有效储层的划分是在单井有效储层划分和多井剖面有效储层对比的基础勾绘的。

从有效储层平面分布图可以看出，八区下乌尔禾组 P_2w_5 段由于埋藏较深，大多数井没有钻遇，只有在北部部分井钻至 P_2w_5 段。八区下乌尔禾组 P_2w_5 段的有效储层以Ⅱ、Ⅲ类有效储层为主，Ⅰ类有效储层分布较少，且两类有效储层分布连续性好。特别是小井距试验区及周边区域。在 W_4^1 小层，八区上盘在西部区发育Ⅱ、Ⅲ类有效储层且比较连续。其他地区有效储层发育分布零星，不连续。相对于其他段，P_2w_3 段有效储层发育好于其他段，有效储层以Ⅱ、Ⅲ类有效储层为主，从各小层的有效储层叠加图上可以看出，有效储层的连续性较好，且呈“镶嵌型”分布。P_2w_2 段在八区以Ⅱ类和Ⅲ类有效储层为主，在分布区域上，主要分布于西南—南—东南部。在白碱滩北部大断层附近发育Ⅱ类有效储层。P_2w_1 段在八区下乌尔禾组有效储层发育以Ⅱ、Ⅲ类为主，且分布零星，连续性不好。

平面上有效储层的分布主要受断层及沉积相带的控制，在 256 井走滑断层两侧，有效储层的发育相差较大，特别是在断层带附近，主要发育Ⅳ类非有效储层。而发育有效储层的区域分布零星，平面上连续性差。从下往上，八区下乌尔禾组油藏有效储层主体发育区在平面上从北向南迁移，这也反映了该区优势储层随沉积相带迁移而发生变化的规律。

3）不同有效储层生产特征

不同有效储层存在渗流差异，其中，Ⅰ类有效储层存储及渗流性质最好，在开发过程中，极易水淹。统计吸水剖面 72 层，该类有效储层吸水强度为 5.02［m^3/（m·d）］；19 个层生产测试资料统计表明Ⅰ类有效储层产液强度最大，平均 4.28［t/（m·d）］，见水早，平均 18 个月，综合含水上升快，含水率一般大于 90%（表 5-12）。井资料显示，由于单层突进，底部层已经水淹。而同属Ⅰ类有效储层的中部的同类油层则没有水淹。例如，T86126 井 W_3^3 小层是Ⅰ类有效储层，测试显示，日产液量 49.42t，产液强度 16.47［t/（m·d）］，对应的产液层位已经水淹（图 5-33）。可以说，Ⅰ类有效储层注水后水线推进速度快，极易发生单层突进，水淹后调整的潜力小。

表 5-12　不同有效储层生产测试资料汇总表

有效储层类型	吸水剖面		产液剖面		初期产能
	统计层数	吸水强度［m^3/（m·d）］	统计层数	产液强度［t/（m·d）］	三次调整阶段（t/d）
Ⅰ	72	5.02	19	4.28	44.81
Ⅱ	319	5.28	446	2.68	21.71
Ⅲ	145	4.84	178	2.28	19.03

Ⅱ类有效储层存储与渗流性质次之，统计 319 层吸水剖面资料，该类有效储层吸水强度较大，为 5.28［m^3/（m·d）］；446 层产液剖面生产测试资料统计表明，Ⅱ类有效储层产液量较高，平均 2.68［t/（m·d）］，初期产能 21.71t/d。该类有效储层平面分布较大，连续性较好，注水后水线推进较均匀，驱油效率较高。

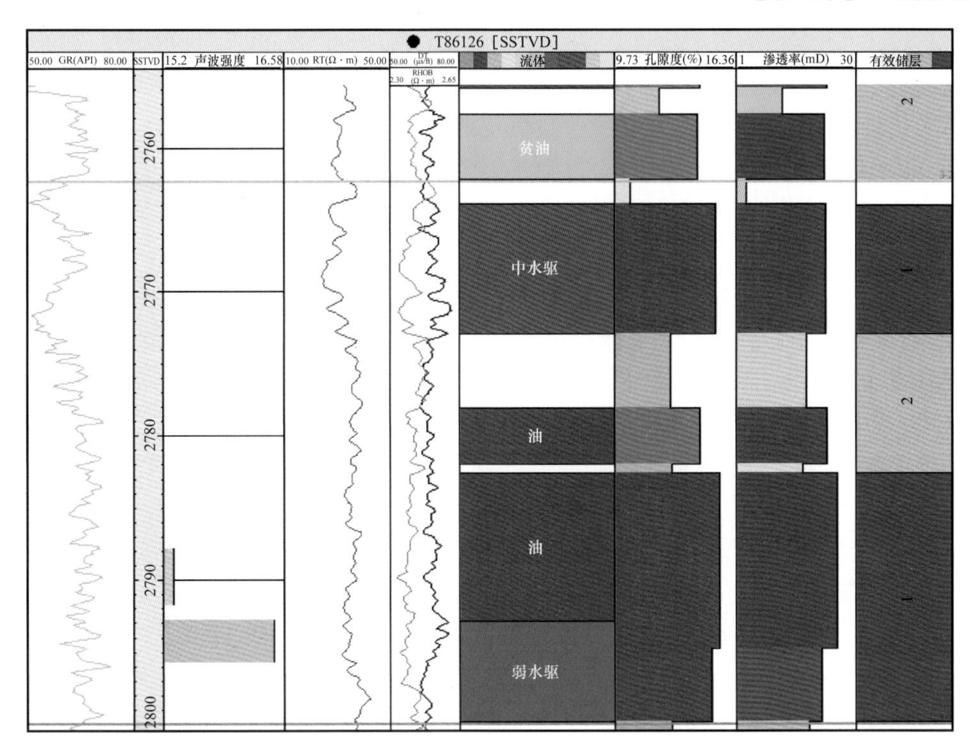

图 5-33 T86126 井Ⅰ类有效储层生产测试资料

Ⅲ类有效储层存储及渗流性质较差，水线推进较慢，见水时间较晚，一般为 48 个月，含水上升慢，综合含水低于 75%，吸水及产液均低于前两类有效储层（表 5-12）。根据 145 个层统计，显示吸水强度为 4.84［m^3/（m·d）］；根据 178 个生产层的统计，平均产液量为 2.68［t/（m·d）］。全区该类有效储层分布面积大，连续性好，后期调整余地最大。

6. 储层综合评价

1）储层评价方法

（1）方法的选择。

本项目选取了储层权重综合评价法，其步骤一般为首先进行有利参数和不利参数的确定，其次对各参数权重系数的确定，然后计算单项得分，最后得出储层的综合评价指标。

（2）参数的选择及标准化处理。

本项目选取了有效厚度、孔隙度、渗透率、有效储层及含油饱和度 5 个储层参数。

① 有效厚度的大小，直接反映储量的丰度和所占有储量的多少，有效厚度越大表明储层储集性能越好，有效厚度越小则越差。本项目采用了极大值标准化法，将有效厚度数据代入以下标准化公式：

$$X = \frac{X_i - X_{\min}}{X_{\max} - X_{\min}} \tag{5-7}$$

式中 X——标准化值；

X_i——某属性的任意参数值；

X_{max}——该属性的最大值；

X_{min}——该属性的最小值。

标准化处理后将本区的有效厚度参数标定在0～1之间。

② 孔隙度是反映储层岩石存储能力的参数，与储层产能有直接关系，孔隙度越大表明储层存储性能越好，储层类型越好，孔隙度值越低表明储层越差。同样将孔隙度参数带入标准化公式进行标准化处理。

③ 渗透率反映储层渗流能力的高低，表明储层的渗流能力。渗透率越大表明储层性质越好，渗透率越小则储层越差。但渗透率参数为指数类型数据，最大值和最小值差别很大，这种现象在本区砂砾岩扇体强非均质储层表现得更为突出。为了更真实客观地评价储层差异性，将渗透率值先取对数，这样会使得渗透率参数变化相对平稳，与其他线性参数共同作用于评价结果使其更合理。然后将做对数处理后的渗透率参数代入标准化公式，将其标定在0～1之间。

④ 含油饱和度是反映储层含油丰度的重要参数，与储层的产能关系密切。含油饱和度越高表明储层油层丰度越高，含油饱和度越低则油层丰度越低。

⑤ 经过本区有效储层的研究，认识到各有效储层与储层性质的好坏有较好的对应关系，即从整体考虑了有效储层类型对储层的影响，又考虑到要表现出储层的局部差异性。将各类有效储层的初期产能的比值作为其权系数的取值。Ⅰ类有效储层类型的参数赋值为1，将Ⅱ类有效储层类型的参数赋值为0.48，Ⅲ类有效储层类型均赋值0.42，这样赋值之后有效储层类型值不必进行标准化处理，就可以把测井资料的单井有效储层识别结果纳入储层评价中来。

（3）权系数的选择。

储层综合定量评价的关键是确定各项评价参数的权系数，本项目通过综合的地质研究认识到有效厚度是影响本区储层最重要的参数，其次是孔隙度和含油饱和度，由于后期人工裂缝的改造，渗透率对本区储层渗流能力影响较大。有效储层类型作为辅助参数将先验的地质认识应用到评价中，使分类评价结果更符合实际地质情况。最后将有效厚度、孔隙度、含油饱和度、有效储层类型、渗透率的权系数分别定为0.4、0.1、0.3、0.15、0.05。

（4）储层评价类型划分。

根据各参数的储层综合评价得分，将总分在0.3以下的定为Ⅳ类储层，0.3～0.40之间的为Ⅲ类储层，0.40～0.50定为Ⅱ类储层，大于0.5的定为Ⅰ类储层。

此外，如前所述在本次项目合作中，新疆油田采用储层厚度（h）和优质储层厚度（$S_w \leqslant 48\%$确定的储层厚度，h_c）进行储层分类，共划分为五级。需要指出的是，这里的储层厚度即为有效厚度，厚度的大小是以段为单位统计得出。

2）有利储层分析

（1）两类储层评价对比。

① 参数选择。

前已论述，综合评价（A评价）选择有效厚度、孔隙度、含油饱和度、有效储层类型、渗透率5个参数作为评价参数。在参数选择的基础上，结合综合研究，取各参数不同的权重，计算得到储层的综合评价得分，给出评价结果。新疆油田研究院的评价（B评价）选取油层的有效厚度、S_w作为评价储层的参数，在S_w确定的优质储层的基础上根据确定的储层厚度、优质储层厚度在以段为单位的基础上对油层评价，给出了本区油层的细分类结果。在参数选择上，综合评价（A评价）较新疆油田的评价（B评价），选取了除有效储层、含油饱和度以外的其他参数，参数选择相对更加全面。

② 结果对比。

综合评价方法所评价的储层包括了水淹层在内的储层，B评价方法是对油层的综合评价，是对本区油层的细分类结果。对比两种评价方法的结果，A类方法的Ⅰ类储层相当于B类方法的1、2类储层；Ⅱ类储层相当于2、3、4类储层。Ⅲ类储层相当于3、4、5类储层，Ⅳ类储层相当于非油层的储层。

（2）有利储层评价结果分析。

根据以上储层评价方法，对本区每口井的每个单砂层进行了划分处理，得到每个井点在每个小层的分类评价结论，为了揭示各类储层平面分布规律，分别绘制了22个小层及5个段的有利储层评价分布图。

从P_2w_5各小层有利储层评价分布，可以看出该层以Ⅱ类及Ⅲ类储层为主。Ⅱ类储层发育连片，在八区下盘的靠近256井断层的区域大面积分布。Ⅲ类储层多分布在Ⅱ类储层边缘，在T85306井区面积较大。与W_5^1小层有效储层平面分布图及生产特征图结合分析，八区主要的Ⅱ类储层分布范围属于Ⅰ、Ⅱ类有效储层，其产能好，含油丰度高。八区的Ⅲ类储层基本上落在Ⅱ类、Ⅲ类有效储层内。

W_4^2层Ⅰ类储层主要分布于八区的T85496井区、8580井区南部、T85026井区南部、T86062井区、T86032井区和T85283井区，T85229井区和T86037井区。Ⅱ类储层在八区连片分布，这与该区Ⅱ类有效储层的分布范围广泛不无关系；在八区下盘的T85334井区和T85220井区南部面积均较大。Ⅲ类储层在85074井区和8739井区有所分布，还有的分布在Ⅱ类或Ⅳ类储层与砂体尖灭线之间。

W_4^1层随着砂体展布范围增大，有利储层分布面积也增大很多。Ⅰ类储层在八区256井断层下盘分布面积较八区256井断层上盘大，多为土豆状，分布零星；Ⅱ类储层分布广泛，在T85370井区、85043井区和T85039井区周围均大面积连片分布；Ⅲ类储层多分布在Ⅱ类储层周围，向砂体尖灭区延伸。

W_3^4层上盘储层好于W_4^1层，但Ⅰ类储层分布范围很小，八区256井断层下盘零星分布；Ⅱ类储层在T85493井区、T85609井区、T86246井区西部、T85442井区等井区零星分布；Ⅲ类储层分布连片，Ⅲ类储层为主要储层。

W_3^3层的储层在上盘相对W_3^4层连片性好，但Ⅰ类储层分布零星不连续。Ⅰ类储层在八区256井断层下盘分布特点与上盘相似，分布零星，只在T85255井区、T85139井区发育。Ⅱ类储层在八区分为三个大的区域：北部的T86041井区至T86518井区一带、靠近256井断层的T86116井区至T85033井区一带及南部的T87017井区至T86056井区。Ⅲ类储层呈条带状围绕Ⅱ类储层分布。

W_3^2层的储层在上盘相对W_3^3层连片性更好。Ⅰ类储层分布零星不连续。Ⅱ类储层在八区256井下盘有两片分布相对集中，北部的T86519井区至T86487井区一带及其南部的85279井区，另一部分是南部的T87017井区至T86056井区。Ⅲ类储层呈条带状围绕Ⅱ类储层分布。

W_3^1层Ⅰ类储层很少；Ⅱ类储层主要分布在256井断层下盘，靠近256井断层的区域，由北到南呈条带状分布；在256井上盘西部靠近工区边界发育有两条窄带状的Ⅱ类储层，在东北部的85260井区及T85487井区附近也有较大面积的分布；Ⅲ类储层呈孤立透镜状分布或者带状镶嵌分布于Ⅱ类储层边缘。

W_2^5层的有效储层分布较少，Ⅰ类储层分布零星；Ⅱ类储层主要分布在东北部的85260井区及T85487井区；Ⅲ类储层孤立分布或呈条带状连片分布，面积较大。

W_2^4层Ⅰ类储层分布很少，只在8513井区、8685井区、8665井区有所发育。Ⅱ类储层在全区分布但连续性不好，延伸范围只有2～4个井距，在上盘的T85600至T85685井区、T85722井区南部、下盘的南部85184井区周围及东北部的T86513至T86509井区分布面积较大；Ⅲ类储层连续性好，呈条带状镶嵌在Ⅱ类储层边缘。

W_2^3层Ⅰ类储层分布很少，只在8542井区北部、8685井区至85227井区有所发育。Ⅱ类储层在全区分布连续性不好，延伸范围只有2～4个井距，在上盘的T85600至T85685井区、T85722井区南部、下盘的南部85224井区至85228井区、T87087至85229井区及东北部的T86513至T86509井区分布面积较大；Ⅲ类储层连续性好，呈条带状镶嵌在Ⅱ类储层边缘。

W_2^2层Ⅰ类储层分布较W_2^3小层好，在8625井区、T85735井区、T86355井区、85255井区、T86355井区等都有所发育。Ⅱ类储层在全区分布连续性也较好W_2^3，延伸范围6～8个井距，特别是下盘的南部达到了10个井距以上，在上盘的T85722井区南部、下盘的中南部85121至85243井区周围及东北部的T86513井区东部分布面积较大；Ⅲ类储层连续性好，呈条带状镶嵌在Ⅱ类储层边缘。

W_2^1层Ⅰ类储层分布较少，上盘的发育情况明显较其下伏的W_2^2差；下盘的Ⅰ类储层的范围有所扩大，在85255至85243井区、85158至8575井区有所发育。Ⅱ类储层在全区分布连续性不好，延伸范围只有2～4个井距，在上盘零星发育，而下盘只在南部的T86329至85243井区发育。Ⅲ类储层连续性好，呈条带状镶嵌在Ⅱ类储层边缘。

W_1^6层的储层整体发育较差，上盘只在南部发育2～3个井距范围的储层，而下盘也只是在南部发育较连续的储层，各类储层的发育区域范围变小，表现出从南到北呈窄条状分布的特点。Ⅰ类储层分布很少，只在85225井区、T85494井区、T85432井区有所发育。Ⅱ类储层在全区分布连续性不好，延伸范围只有2～4个井距，在上盘的T85735至T85749井区、8678井区南部、下盘的南部85183井区周围及中部的T8552至T87042井区分布面积较大；Ⅲ类储层连续性较好，呈条带状镶嵌在Ⅱ类储层边缘。

W_1^5层的储层发育较差，Ⅰ类、Ⅱ类储层分布很少，呈孤立状零星发育。Ⅱ类储层在全区分布也大量减少，延伸范围只有2个井距左右，只在下盘靠近256井断层的T86183井区周围延伸范围达到3个井区。Ⅲ类储层连续性好，呈条带状镶嵌在Ⅱ类储层边缘。

W_1^4、W_1^3、W_1^2、W_1^1 4个小层本身砂体不发育，这4个小层中均没有Ⅰ类储层，呈透镜状零星分布的储层主要为Ⅱ类、Ⅲ类储层。

综上所述，八区下乌尔禾组有利储层在层序Ⅰ主要分布在八区256井下盘的北部—中部沿东北—西南呈条带状分布，W_4^2、W_4^1 储层发育情况最好，在工区东北部靠近白碱滩南2断层的区域储层发育较好；在层序Ⅱ有利储层主要分布在靠近256井断层的从北到南的呈条带状分布的区域，且南部的储层发育情况均好于其他区域，这些地带可作为下一步开发方案调整重点挖潜区域。

第三节　储层裂缝特征

一、裂缝特征及分类

1. 岩心裂缝特征及分类

地层中的裂缝千姿百态，与之相应，许多研究者从不同角度提出了裂缝的分类方法（表5-13）。除对裂缝进行分类外，通常还对裂缝进行等级划分。裂缝的等级划分应该同时考虑裂缝的长度和开度，但裂缝的延伸长度是个难以取得的数据。因此，目前在对裂缝进行等级划分时主要考虑裂缝的开度。

表5-13　裂缝分类

<table>
<tr><th>描述角度</th><th colspan="2">类别</th><th>分类准则</th></tr>
<tr><td rowspan="5">成因分类</td><td rowspan="3">天然裂缝</td><td>构造裂缝</td><td>由构造应力作用形成</td></tr>
<tr><td>成岩裂缝</td><td>由成岩作用形成</td></tr>
<tr><td>风化裂缝</td><td>由风化作用形成</td></tr>
<tr><td rowspan="2">人工裂缝</td><td>钻井诱导缝</td><td>由钻井扰动形成</td></tr>
<tr><td>水力压裂缝</td><td>水力压裂增产形成</td></tr>
<tr><td rowspan="3">力学性质</td><td colspan="2">张性裂缝</td><td>岩石受到拉伸作用发生张性破裂形成的，其方向性较强，延伸长度较大，宽度较大</td></tr>
<tr><td colspan="2">张剪裂缝</td><td></td></tr>
<tr><td colspan="2">剪切裂缝</td><td>岩石受到剪切作用的结果，这类裂缝通常是闭合的</td></tr>
<tr><td rowspan="4">产状</td><td colspan="2">垂直缝</td><td>倾角75°～90°</td></tr>
<tr><td colspan="2">高角度缝</td><td>倾角45°～75°</td></tr>
<tr><td colspan="2">低角度缝</td><td>倾角15°～45°</td></tr>
<tr><td colspan="2">水平缝</td><td>倾角0°～15°</td></tr>
<tr><td rowspan="3">与褶皱的关系</td><td colspan="2">纵向缝</td><td>沿着褶皱轴发育</td></tr>
<tr><td colspan="2">斜裂缝</td><td>斜交褶皱轴发育</td></tr>
<tr><td colspan="2">横向缝</td><td>垂直褶皱轴发育</td></tr>
</table>

八区下乌尔禾组天然裂缝的类型有构造垂直缝、构造高角度缝、构造低角度缝和成岩充填缝—半充填缝等，以构造高角度缝为主（图 5-34）。从 P_2w_1 至 P_2w_5 都有分布，裂缝发育段厚度与地层厚度的百分比约为 1.45%～10.46%（表 5-14）。根据 14 口取心井资料统计，869.08m 岩心中见裂缝 649 条，裂缝累计长 98.31m，平均每米岩心中有 0.75 条裂缝，平均每米岩心中裂缝总长 0.113m。P_2w_1 段裂缝发育最差，油水界面附近裂缝较发育。天然裂缝的连续最大厚度在 2.3～8.8m。

构造垂直裂缝(8619井，3040m)

构造高角度裂缝(8619井，3084.5m)

构造低角度裂缝(检乌3井，3034m)

成岩充填裂缝(8619井，3093.3m)

图 5-34　下乌尔禾组储层天然裂缝发育特征

表 5-14　下乌尔禾组不同类型裂缝发育规模比较

井号	天然裂缝与地层厚度百分比（%）	钻井诱导缝与地层厚度百分比（%）	天然裂缝连续最大厚度（m）	钻井诱导缝连续最大厚度（m）
T85006	4.46	27.44	2.3	32.8
T85015	10.46	3.46	8.8	3.5
T85024	1.45	33.85	3.2	39.7
T85027	5.00	9.06	2.5	25.4

钻井诱导裂缝的类型有诱导垂直缝、诱导高角度缝和诱导羽状缝，以诱导羽状缝为主。诱导缝储层厚度与地层厚度百分比约为 3.46%～33.85%，钻井诱导裂缝有随井深增加裂缝发育增强的明显趋势，其连续最大厚度为 3.5～39.7m。

钻井诱导缝天然裂缝有明显的不同，钻井诱导裂缝的开度稳定性好，边缘光滑，缝面平直，而天然裂缝的开度不稳定，时宽时窄，边缘不光滑；钻井诱导裂缝直接切穿不同的岩石，在砾石层中可直接切穿砾石颗粒，而天然裂缝一般绕过砾石颗粒延伸；羽状分布的钻井诱导裂缝延伸较短，密度较高，多条裂缝的产状几乎完全一致，天然裂缝很难有此完全一致性。简言之，钻井诱导裂缝相对于天然裂缝而言，具有发育对称性、外观规则性和开度稳定性。

各类裂缝在原始地层条件下多呈闭合状态，少数为充填或半充填缝。人工压裂前，裂缝的渗流能力较差，压裂过程中各类闭合缝、充填或半充填缝会优先张开，形成压裂裂缝，使渗流能力大为改善。

通过对岩心、铸体薄片、EMI 成像测井资料的分析和对比，发现下乌尔禾组油藏不同岩性及不同构造部位发育的裂缝性质有较大差异，说明研究区裂缝发育受岩性和局部构造变形控制十分明显。根据裂缝形成的成因，可将下乌尔禾组油藏的裂缝分为构造裂缝和非构造裂缝（成岩、干裂、风化、重结晶以及压溶作用形成的裂缝）。

2. 裂缝产状及分类

根据岩心观察、成像测井和薄片鉴定，本区裂缝发育有微裂缝、斜交缝、直劈缝、网状缝、高角度直劈巨型缝等 5 种类型，主要以直劈缝为主。

1）微裂缝

微裂缝宽度一般为 0.15～1mm，且大部分为方解石全充填和半充填，因此这类微裂缝无论在数量上还是有效性上对渗流影响都不大，如图 5-35、图 5-36 所示。

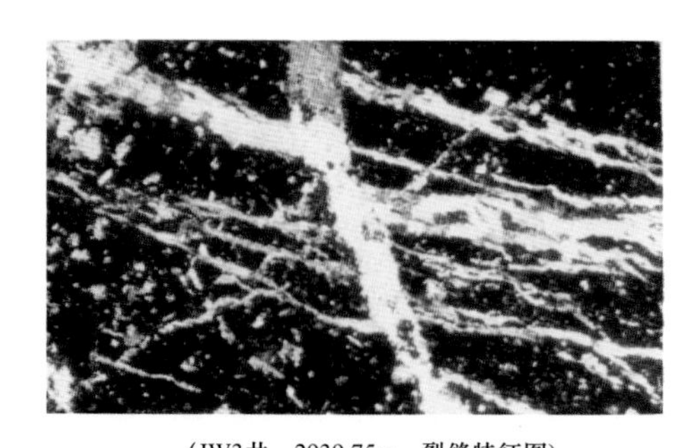

(JW3井，2939.75m，裂缝特征图)

图 5-35　镜下薄片微裂缝

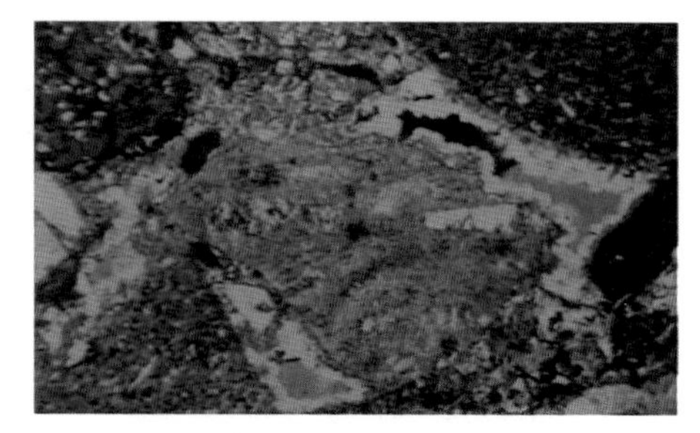

(T85722井，2533.23m，裂缝平均宽度 6.02μm，裂缝密度1.52mm/cm^2)

图 5-36　铸体薄片下微裂缝

2）斜交缝

斜交缝包括高角度斜交缝（大于 60°）、低角度斜交缝（10°～60°）和水平缝（倾角小于 10°）。EMI 图像显示为深色曲线，依次为“V”字形曲线，如图 5-37a 所示；正弦曲线，如图 5-37b 所示。弧线或直线，如图 5-37c 所示。另外，还可见倾角大于 45° 的钻井诱导缝，沿井壁对称方向出现，可单独存在，也可成组呈羽状排列，如图 5-37d 所示。

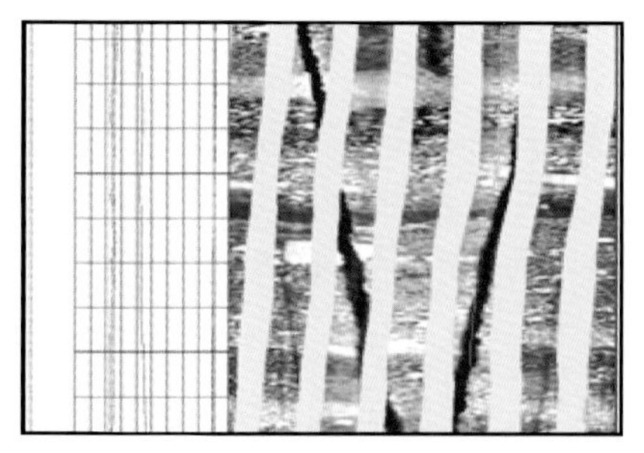

(a) T85024井，2950.3～2952.4m

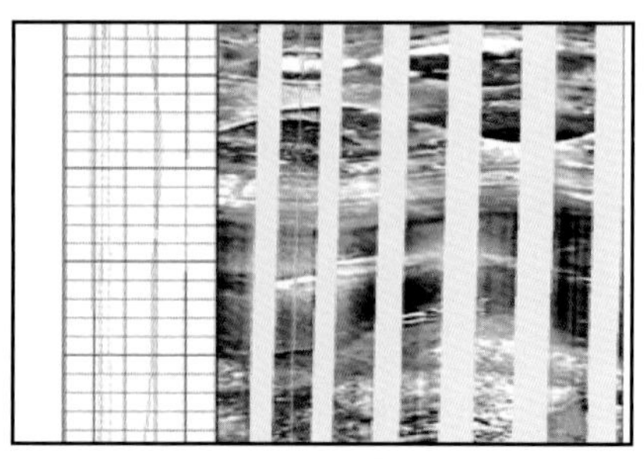

(b) T85027井，2842.7～2845.0m

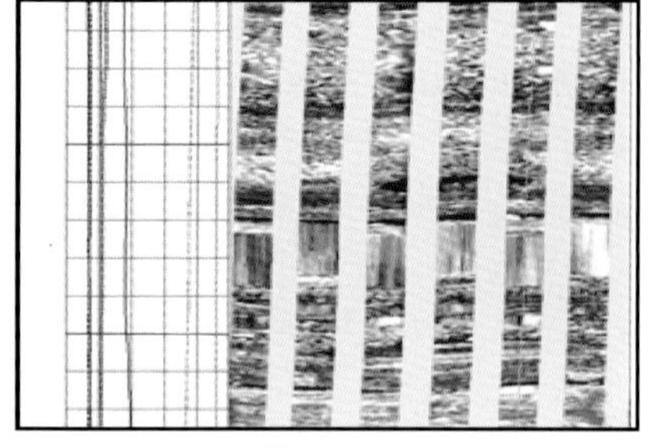

(c) T85015井，2886.2～2588.5m

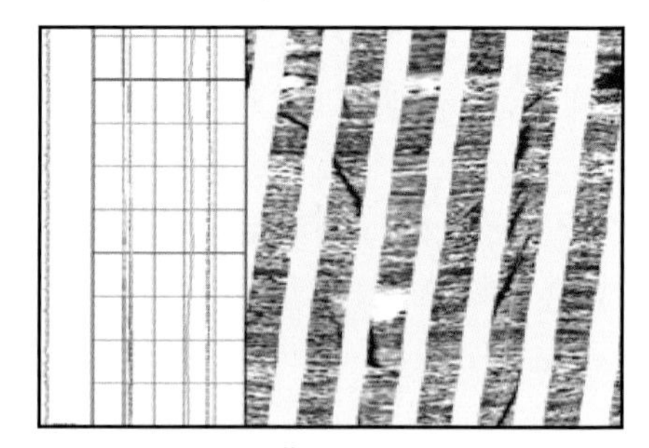

(d) T85006井，3209.7～3212.0m

图 5-37 斜交缝成像测井响应模式图

3）直劈缝

直劈缝角度接近 90°，在对应的 EMI 图像上砾岩普遍高阻，裂缝呈暗色条纹，二者之间对比明显，特别是裂缝常常整齐地切过亮色的砾石颗粒，显示为近乎与井轴平行对称出现的两条“铁轨”，如图 5-38 所示。

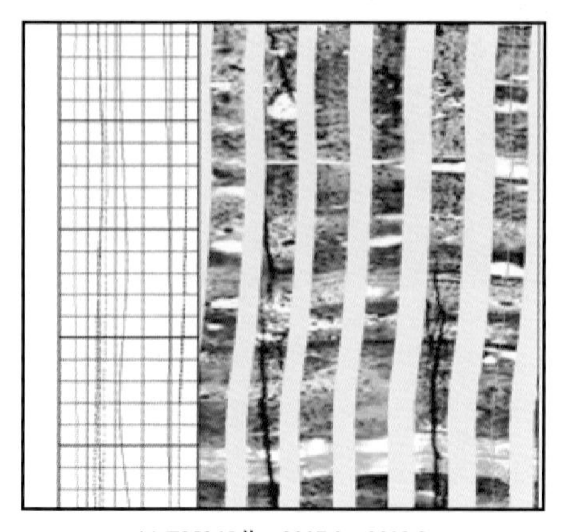

(a) T85245井，3007.0～3009.3m

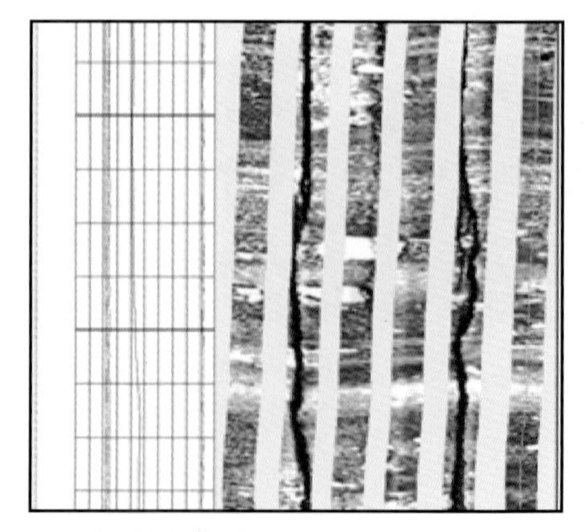

(b) T85006井，2972.5～2974.9m

图 5-38 直劈缝成像测井响应模式图

4）网状缝

网状缝分为垂直网状缝和交织网状缝，前者发育于胶结致密的细砂岩或粉砂岩中，为构造裂缝；后者发育于砂砾岩中，大多为砾石边缘胶结溶蚀缝，如图 5-39 所示。

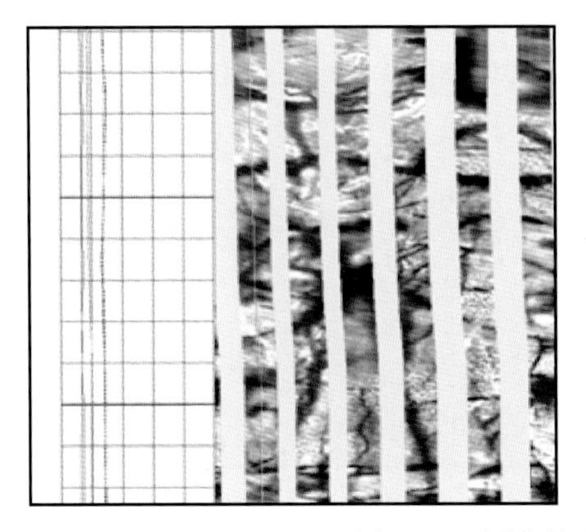
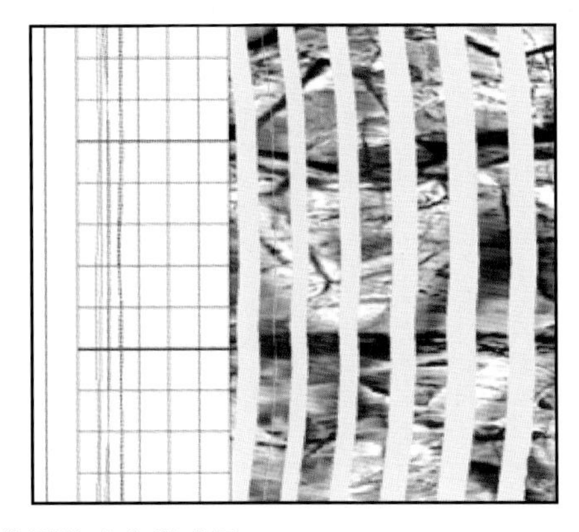

图 5-39 网状缝成像测井响应模式图

5）高角度直劈巨型缝

在该裂缝发育层段内，发育多条裂缝，且裂缝开度较大，延伸较长，致使井壁强度下降，易形成井壁垮塌，如图 5-40 所示。

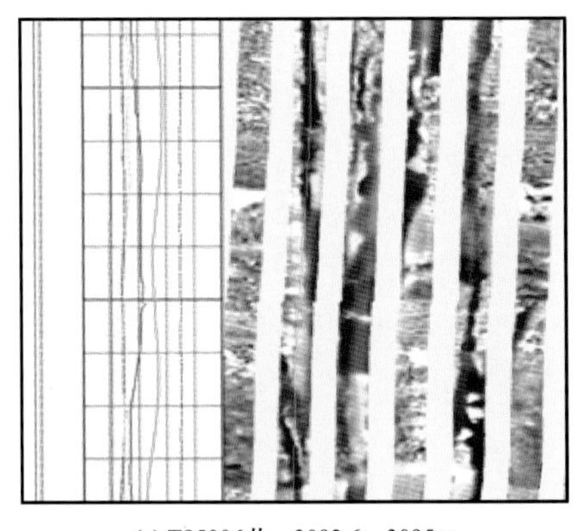

(a) T85006井，3092.6～3095m

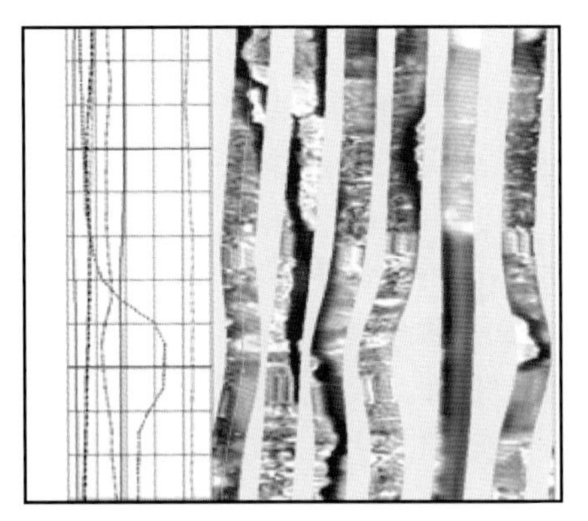

(b) T85015井，2660.6～2662.6m

图 5-40 高角度直劈巨型缝成像测井响应模式图

3. 裂缝的开启与封闭性及充填和溶蚀作用

高角度直劈缝多数缝面平整，常见其所经砾石被劈成两半，裂缝面内不见擦痕，充填物极少，没有溶蚀现象。裂缝两侧岩性（包括被劈开的砾石）可以完全对合，说明裂缝两侧未发生过任何位移。这些现象充分说明大多数直劈缝属潜在缝，即确已在构造力下形成一组节理，在地下原始油层条件下是闭合的，但极易在人工外力诱导下张开，如图 5-41 所示。

据上述裂缝特征，在八区下乌尔禾组油藏未开发前的原始地下状态，下乌尔禾组油层大部分地区不存在开启的有效裂缝。开发以后，经压裂投产或注水等人工措施，使部分直劈缝张开而对流体渗流发生作用。下乌尔禾组油藏裂缝缝面平整、光滑，缝宽一般在 1.0～6.0mm，长度小者几十厘米，大者可达 45m，往往造成钻井液漏失严重，给钻采带来很大难度。

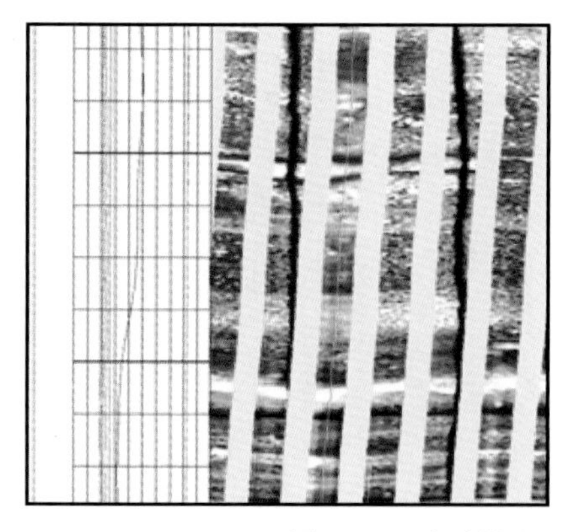

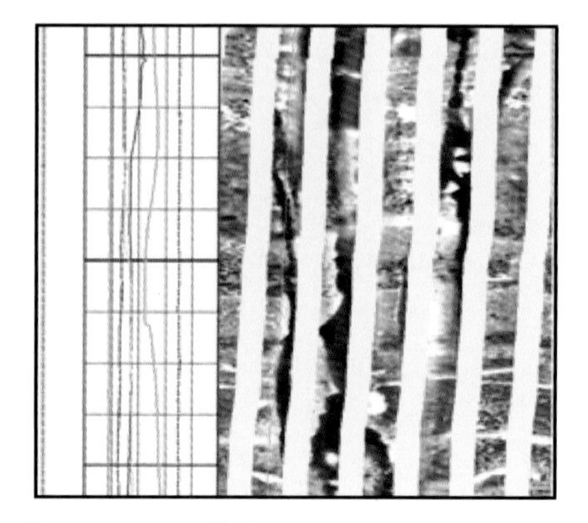

图 5-41　直劈缝和巨型直劈缝的 EMI 图像特征

二、裂缝测井识别

1. 成像测井识别裂缝的原理

成像测井是以井壁地层对电的传导能力差异或对声波的反射差异为理论基础，来形成井眼内表面的图像的，通常以展开图的形式表示（图 5-42）。在各种成像测井资料中，电阻率成像测井图和声波成像测井图用得最多。电阻率成像测井图包括微电阻率扫描成像测井图（FMI 和 EMI）和方位电阻率成像测井图（ARI），声波成像测井图主要为超声波成像测井图（UBI）。与 ARI 和 UBI 相比，FMI（EMI）的纵向分辨率最高。裂缝产状、张开程度、充填状况不同，在各种成像测井图上的显示特征不同。与井眼相交的裂缝在各种成像测井展开图上，都以正弦曲线的特征显示，且随着裂缝倾角减小，正弦曲线逐渐变得平缓；开裂缝都以黑色条纹出现，随着裂缝充填程度增加，裂缝在电阻率成像测井图和声波成像测井图上的颜色都逐渐变浅（图 5-43）。

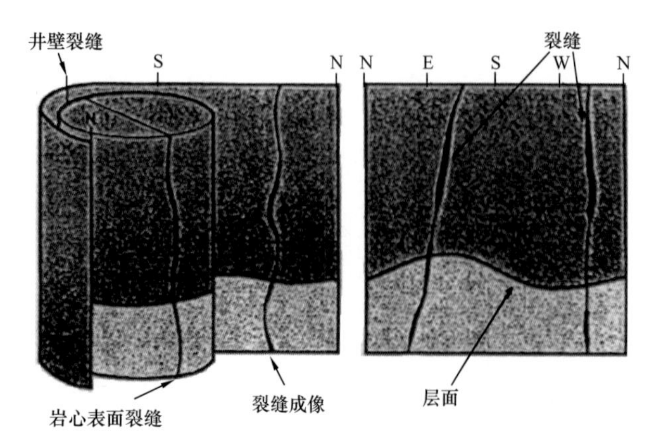

图 5-42　成像测井展开示意图

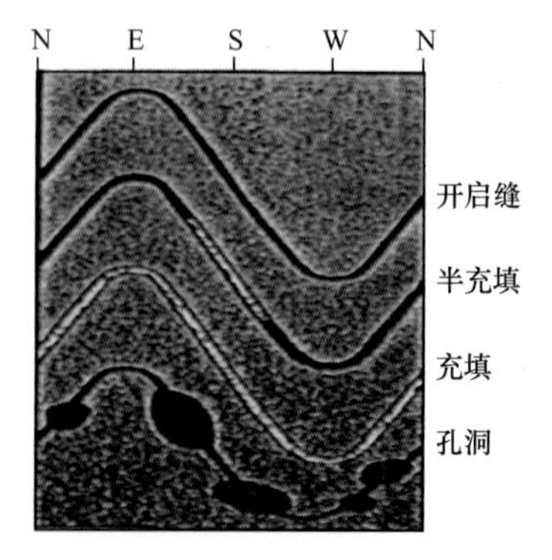

图 5-43　裂缝及孔、洞的成像测井显示

天然裂缝一般与层面不平行，形态不规则，变化较大，经后期溶蚀作用后形态更不规则，并伴有充填作用。斜交缝包括高角度斜交缝、低角度斜交缝和水平缝，高角度斜交缝在 EMI 图像上表现为低电阻的暗色条纹，形成高幅度的“V”字形；低角度斜交缝在成像图上的暗

色条纹,多表现为一个低幅度的正弦波形,切割层理或井眼;水平缝为弧线或者直线,切割井眼;斜交裂缝相互切割交织在一起时,会形成网络状,在成像图上表现为暗色网状形态。

成像图上经常可以看到钻井过程中产生的诱导裂缝和井眼扩径现象,这是由于钻具的振动、钻井液液柱压力和地应力不平衡产生的。诱导缝在成像图上表现为两条纵向上延伸细长的暗色条纹,通常以 180° 或接近于 180° 垂直对称地出现在井壁上。在两条垂直缝的背景上通常会有向两侧分布的羽状小裂缝。垂直缝的走向与现今地应力场的最大主应力方向一致,开启前对储层流体的渗流不起作用,但对油层进行压裂改造时控制着压裂裂缝的方向。钻井过程中,由于地下应力的不均衡性,在相对脆性的地层中产生诱导裂缝,但在相对塑性的地层中沿着最小主应力方向产生扩径现象,形成椭圆形井眼,因此可以根据诱导缝和椭圆井眼的方向确定现地应力的方向,指导油层的压裂改造设计、井网部署及井排距的优化。

八区下乌尔禾组砾岩储层各种类型裂缝在成像图上表现相同,最常见 4 类裂缝:垂直缝、高角度缝、低角度缝和羽状缝。垂直缝又包括两类,一种是大量出现的垂直闭合缝,在岩心上能看见广泛出现的薄弱面,后经钻井过程的联合影响诱导裂缝张开,在成像图上,发育非常标准的两根“铁轨”,很准确地出现在相差 180° 的位置上,两根细长“铁轨”,有时纵向长达 100m 以上,还切穿大的砾石颗粒,属于闭合的垂直裂缝(图 5-44);另一种是为数不多的垂直开启缝,这种缝纵向延伸不长,连续不超过 3～5m,暗色条纹粗大,说明在地下开启,经钻井钻具作用,井筒附近开启度加大,暗色条纹非常明显(图 5-45)。高角度缝也分为两类:高角度张开缝和高角度充填缝。高角度张开缝在成像图上表现为紧闭的半正旋曲线或呈“V”字形,暗色条纹粗大,缝隙不规则延伸,整条缝在纵向延伸不远,为典型的地下天然开启裂缝(图 5-46)。高角度充填缝在成像图上表现为紧闭的半正旋曲线,被充填的亮色条纹粗大,缝隙不规则延伸,整条缝在纵向延伸不远,为典型的地下天然充填闭合裂缝(图 5-47)。低角度缝在成像图上的特征与高角度缝相似,表现为一个完整平缓的正弦曲线,低角度缝主要为开启缝(图 5-48)。羽状缝属于人工诱导缝,在成像图上表现为羽状排列的暗色条纹(图 5-49)。

T85024井,2942.8～2944.3m

图 5-44 砾岩储层垂直闭合缝

T85015井,2661.2～2662.8m

图 5-45 砾岩储层垂直开启缝

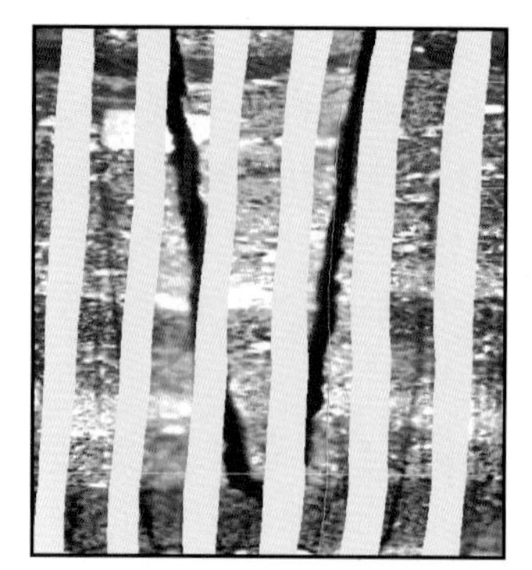

T85024井，2951.3～2952.6m

图 5–46　砾岩储层高角度张开缝

85090A井，2564.8～2566.1m

图 5–47　砾岩储层高角度充填缝

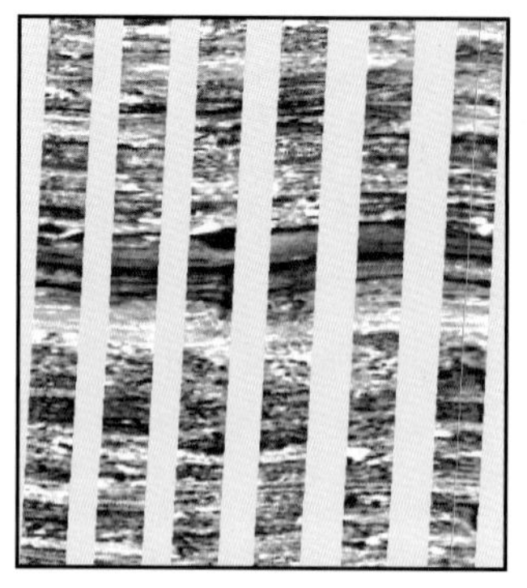

T85015井，2578.8～2580.1m

图 5–48　砾岩储层低角度缝

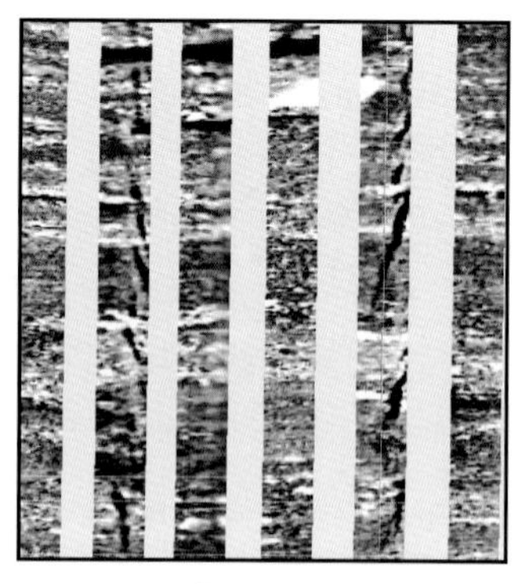

T85462井，2611.9～2613.2m

图 5–49　砾岩储层羽状缝

2. 常规测井的裂缝识别

克拉玛依油田八区下乌尔禾组油藏属低孔隙度、低渗透块状砂砾岩油藏，大量发育裂缝。裂缝的存在给油藏开发带来了巨大困难，如钻井过程中，个别井钻井液漏失严重，钻井难度大；注水开发中，部分油井水淹、水窜严重。研究裂缝发育特征，明确裂缝分布模式，对剩余油的挖潜具有指导意义，是提高油藏开发水平的关键。

1）裂缝的常规测井响应特征

利用常规测井资料识别裂缝的主要依据是不同的测井方法对于地层的各种地质现象有不同的响应。裂缝对岩石孔隙度的贡献一般很小，但却可以显著改变岩石的导电性。

在裂缝发育部位，对于高角度裂缝（包括垂直缝），声波时差的响应很小。声波按最短时间传播的原则将绕过裂缝，因此，沿井壁滑行的声波基本上不反映与其传播方向平行的高角度裂缝，可以认为声波测井资料中基本不含高角度裂缝成分。但对于低角度裂缝和水平裂缝，声波在其中传播时的能量损耗较大，时差会增大或出现声波跳跃现象，呈现短小的锯齿状。

电阻率测井则完全不同，裂缝发育程度、裂缝角度和裂缝内的流体性质不同可造成电阻率值的明显差异，反过来，通过这种差异的分析可以判别裂缝发育层段。对于深浅双侧向电阻率测井，高角度缝的存在相当于在浅侧向（R_s）的电流路径上并联了一个较小的电阻，从而使 R_s 下降；而对于深侧向（R_d）来说，却相当于并联了一个很大的电阻，R_d 虽有下降但

下降值明显小于 R_s，这就造成了 R_d 与 R_s 之间的正差异。低角度裂缝也使深浅双侧向电阻率值读数降低，曲线形状尖锐，R_d 与 R_s 之间一般显示相反的负差异或无差异。对于微球形聚焦电阻率测井，由于采用贴井壁测量方式，而且电极尺寸小，测量范围小，测量结果可以较好地反映井壁附近的电阻率变化，当存在裂缝时，微电阻率响应十分敏感，电阻率曲线出现低阻异常，往往表现为以深侧向为背景的“刺刀状”低阻突跳。因此，在电阻率测井中，深浅双侧向测井适合在中高电阻率地层解释高角度缝，微球形聚焦电阻率测井对低角度缝和水平缝反应灵敏。

对于密度测井、中子测井和自然伽马测井等放射性测井，在一定程度上都能反映地层中裂缝的存在。由于裂缝中的流体密度比储层骨架密度低得多，因此，一般在裂缝发育部位显示出低的密度值，曲线变化幅度大。在裂缝发育层段，补偿中子显示为高的中子孔隙度，而伽马中子显示为低值，无铀伽马和自然伽马曲线变化幅度较小。

井径曲线也能指示裂缝发育层段。与井壁相切割的高角度裂缝造成井壁附近岩石强度降低，形成沿裂缝走向的垮塌，使双井径曲线出现一个方向井径大于钻头直径，另一个方向井径接近于钻头直径的椭圆现象。在常规测量的单井径曲线上同样存在裂缝发育处井径较致密层扩大的现象。

2）裂缝的测井识别模式

在储层裂缝成像测井识别的基础上，通过对裂缝的成像测井模式与相应的常规测井响应特征进行分析，建立了不同裂缝类型的常规测井响应模式。

（1）垂直闭合缝测井响应模式。

在对应的 EMI 图像上砾岩普遍高阻，裂缝呈暗色条纹，二者之间对比明显，特别是裂缝常常整齐地切过亮色的砾石颗粒，显示为近乎与井轴平行且对称出现的两条“铁轨”。从裂缝发育段开始，深浅双侧向电阻率平缓降低，但降低的幅度并不是很显著，且裂缝段电阻率曲线较平直，表现为“正差异”。微电阻率曲线也同样平缓降低，幅度不大，较为平直。垂直闭合缝在声波时差曲线上特征不明显，地层密度曲线有一定幅度降低，补偿中子数值有一定幅度的增大，井径曲线变化不明显。

T85006 井测井综合图显示（图 5-50），在 2935～2938.5m 和 2941.5～2944m 井段地层发育垂直缝。该段地层深浅双侧向及微球形聚焦电阻率值较低（30～50 Ω·m），且三者有差异。微球形聚焦电阻率数值变化幅度较大，有时高于、有时低于深浅双侧向电阻率值。垂直缝的常规曲线响应特征与高角度缝相似，明显的不同是垂直缝的常规测井响应段厚度较大。

（2）垂直开启缝测井响应模式。

垂直开启裂缝发育段在常规测井曲线上，深浅双侧向电阻率值降低，出现明显的“正差异”现象，且幅度差较大；微电阻率曲线出现大幅度低阻异常，或以深侧向为背景的大幅度“针刺状”低阻突跳。垂直开启缝对声波时差影响不明显，地层密度有一定幅度降低，中子测井值会有一定幅度的增大。与井壁相切割的垂直开启缝造成井壁附近岩石强度降低，形成沿裂缝走向的垮塌，在常规测量的单井径曲线上，裂缝发育处井径较致密层有明显扩大的现象。

T85015 井测井综合图显示（图 5-51），在 2635～2685m 井段地层发育垂直开启裂缝。该段地层明显与下段地层测井响应不同，深浅双侧向及微球形聚焦电阻率值很低，且三者差异较大，深浅电阻率值比致密段下降 8～10 Ω·m。微球形聚焦电阻率值变化幅度很大，最大约

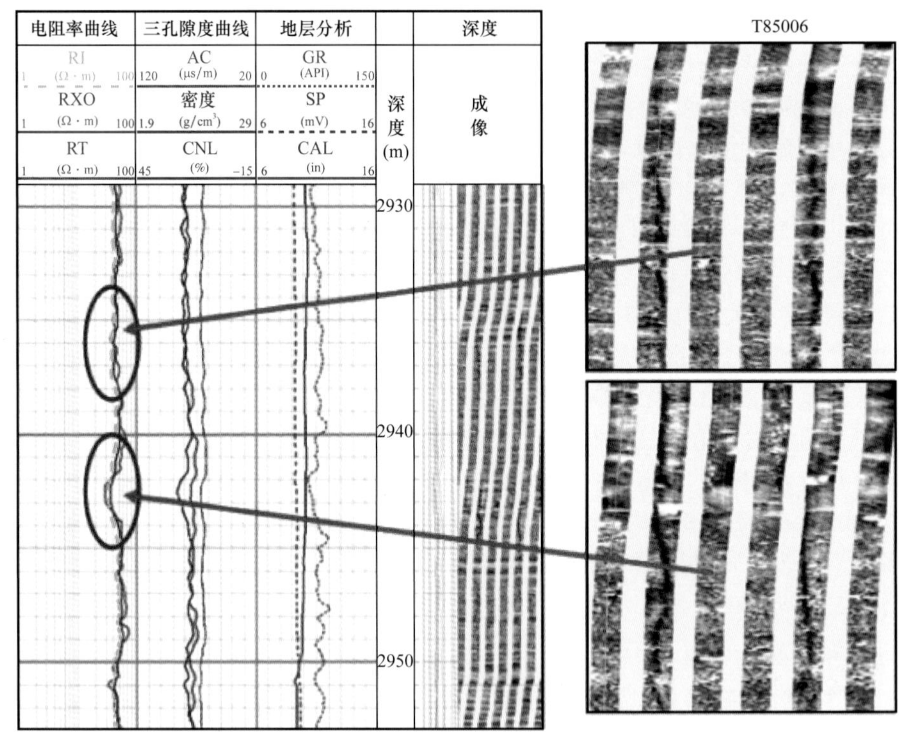

图 5-50 垂直闭合缝测井响应特征

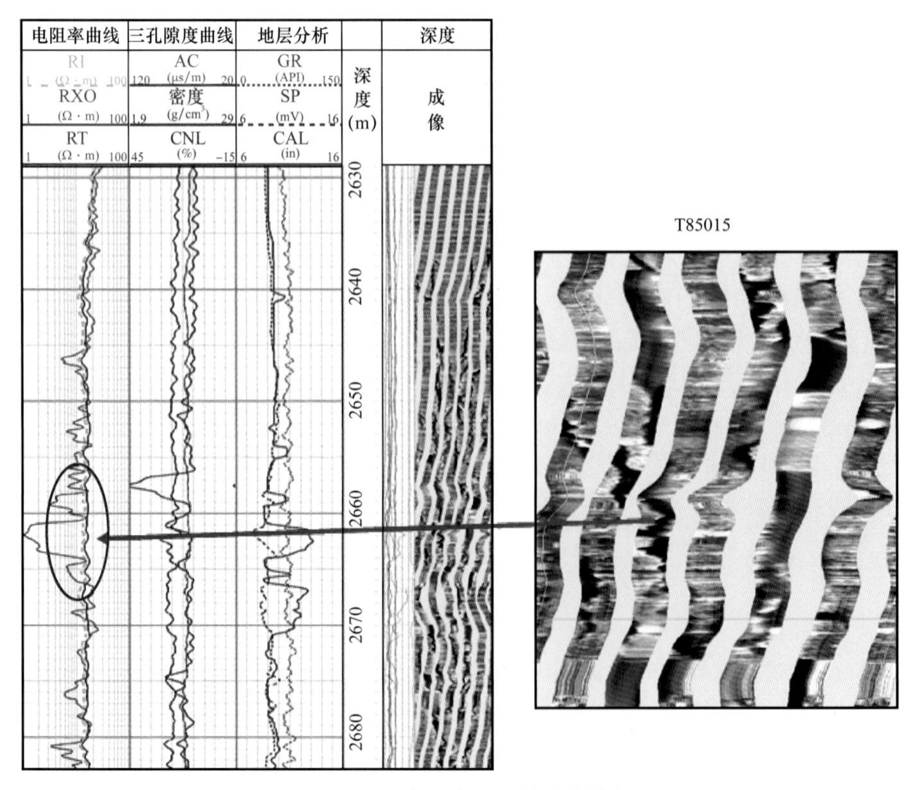

图 5-51 垂直开启缝测井响应特征

30 Ω·m,有时高于、有时低于深浅双侧向电阻率值。同时密度测井、井径测井数值变化也很大。微电阻率测井值、密度测井值、井径测井值的大幅度变化是垂直开启裂缝的最大特点。

（3）高角度斜交缝测井响应模式。

高角度张开斜交缝在EMI图像上显示为黑色的“V”字形。常规测井曲线上,深浅双侧向电阻率降低,一般越接近高角度缝“V”字形的底,幅度降低越明显,并表现为“正差异”,同时微电阻率曲线出现低阻异常,降低的幅度成“刺刀状”。高角度缝在声波时差曲线上特征不明显,地层密度有一定幅度降低,补偿中子数值有一定幅度的增大,井径曲线在裂缝处变化也不明显。

T85024井测井综合图显示(图5-52),在2950～2953m井段地层发育高角度斜交缝。该段地层与下段地层相比,深浅双侧向、微球形聚焦电阻率值降低,双侧向电阻率的降低程度远不如微电阻率,微电阻率曲线出现“刺刀状”凸起。仔细观察发现,三条电阻率曲线具有降低深度不一致的特点,这些深度的不一致性表现为存在高角度缝。

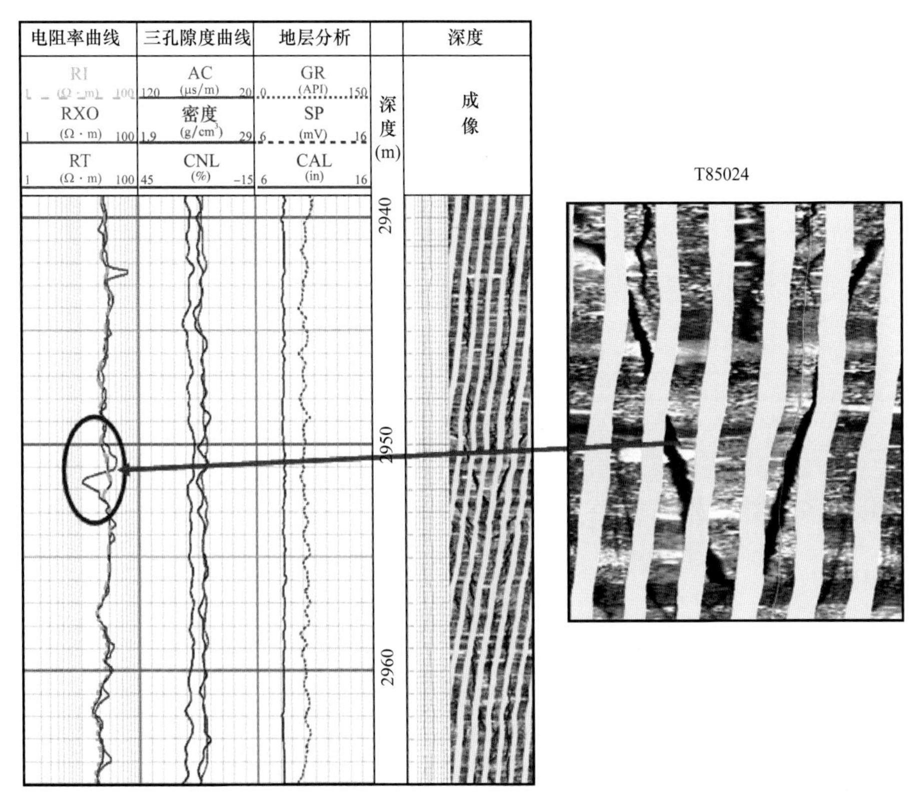

图5-52 高角度斜交缝测井响应特征图

（4）低角度斜交缝测井响应模式。

低角度斜交缝在EMI图像上显示为黑色的正弦曲线,在常规测井曲线上显示为高的双侧向电阻率背景下的明显低电阻率层段,微电阻率曲线降低更明显、呈锯齿状剧烈变化、数值远低于双侧向电阻率。声波时差、补偿中子数值增大,声波时差出现跳跃现象,密度曲线值明显降低。井径曲线不平整,裂缝处呈锯齿状。水平缝在成像测井图上为横向的弧线或直线,常规测井响应特征与低角度斜交缝相似,下乌尔禾组几乎不发育。

T85015 井测井综合图显示(图 5-53),在 2585.0～2590.0m 井段地层发育低角度裂缝。在常规测井曲线上表现为很低的微球形聚焦电阻率(9～10 Ω·m),且与双侧向电阻率(12～14 Ω·m)的响应深度一致。该段地层可见声波时差增大(较邻层增高 4μs/m),井径曲线不如邻层光滑平整,有小的呈锯齿状显示。

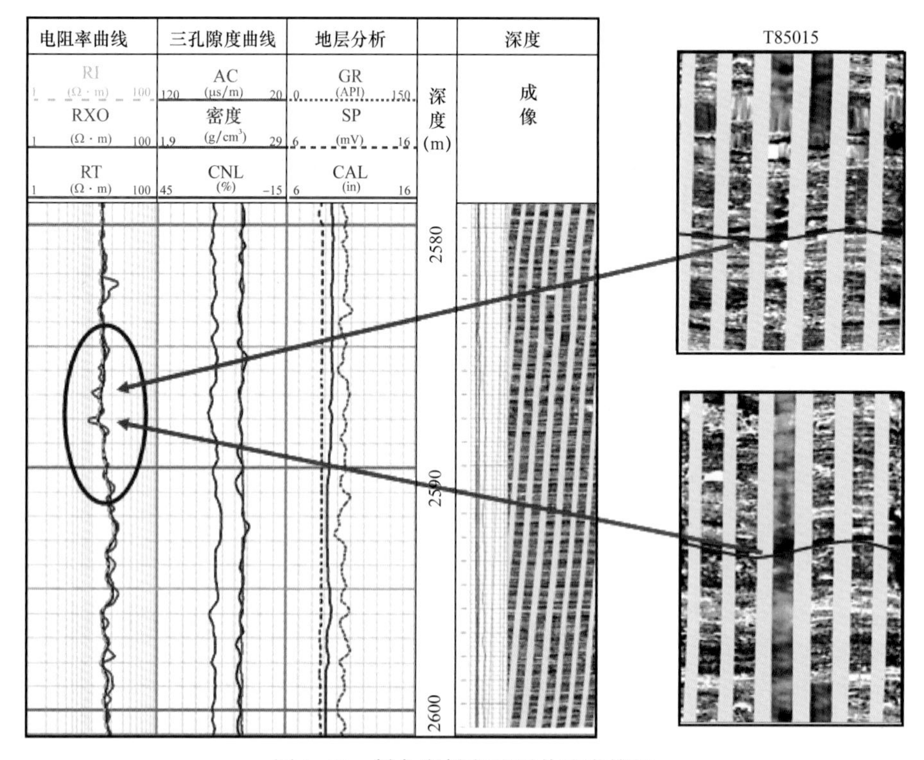

图 5-53　低角度斜交缝测井响应特征

三、裂缝多参数识别

1. 模糊识别

在自然科学或社会科学研究中,存在着许多定义不太严格或者具有模糊性的概念。为处理、分析这些“模糊”概念的数据,便产生了模糊集合论。根据集合论的要求,一个对象对应一个集合,要么属于,要么不属于,二者必居其一且仅居其一。集合论本身并不能处理具体的模糊概念,为处理模糊概念而进行的种种努力催生了模糊数学,所以说模糊数学的理论基础是模糊集,由美国自动控制专家查德(LA.Zadeh)教授于 1965 年首先提出,近年来发展很快。模式识别的问题,在模糊数学形成之前就已经存在,传统的做法主要用统计方法或语言方法进行识别。在多数情况下,标准类型可用模糊集表示,用模糊数学的方法进行识别是更为合理可行的,将以模糊数学为基础的模式识别方法称为模糊模式识别。

模式识别主要包括三个步骤:

第一步:提取特征。首先需要从识别对象中提取要识别的特征,并度量这些特征,设 $x_1 \cdots x_2$ 分别为每个特征的度量值,于是每个识别对象就对应一个向量($x_1 \cdots x_2$),这一步是识别的关键，特征提取不合理，会影响识别效果。

第二步：建立标准类型的隶属函数，标准类型通常是论域 $U=\{(X_1, X_2, X_3, \cdots, X_i, X_m)\}$ 的模糊集，X_i 是识别对象的第 i 个特征。

第三步：建立识别判决准则，确定某些归属原则，以判定识别对象属于哪一个标准类型。常用的判决准则有最大隶属度原则（直接法）和择近原则（间接法）。

2. 裂缝的定量识别方法

测井过程和数据始终伴随着误差、不确定性和数据序列之间脆弱的相关性。误差是天生的，即使在实验室条件下将测井响应和地质参数精确联系起来也是非常困难的。传统的测井解释尽量最小化或忽略这些误差。模糊逻辑数学认为这些误差有可利用的信息，这些信息可用来完善传统技术并提供强有力的预测工具。

由于各种测井方法的地质、物理响应机制不同，各种测井曲线的量纲、数量级以及测井仪测量状态也存在差异，因此，有必要对用于识别裂缝的测井响应进行归一化处理，以消除不同曲线在量纲、数量级上的差异及非裂缝的影响。本次研究采用的归一化方法是根据裂缝对常规曲线的响应特征，以岩心和成像测井等资料确定裂缝最发育处测井响应归一化值趋近 1 为原则，对常规测井曲线归一化处理。

井径曲线 CAL、声波曲线 AC、补偿中子曲线 CNL 采用式（5-8）归一化：

$$X=(X-X_{min})/(X_{max}-X_{min}) \tag{5-8}$$

式中 X——实际测量的 CAL、AC、CNL 测井响应值；

X_{min}——地层致密段对应的 CAL、AC、CNL 测井响应值；

X_{max}——地层裂缝发育段的 CAL、AC、CNL 测井响应值。

密度曲线 DEN、深侧向电阻率曲线 RT、浅侧向电阻率曲线 RI、深浅双侧向电阻率差异曲线 RA，则应用式（5-9）归一化处理：

$$X=1-(X-X_{min})/(X_{max}-X_{min}) \tag{5-9}$$

式中 X——实际测量的 DEN、RT、RI、RA 测井响应值；

X_{min}——地层裂缝发育段的 DEN、RT、RI、RA 测井响应值；

X_{max}——地层致密段对应的 DEN、RT、RI、RA 测井响应值。

3. 建立裂缝评价的模糊概率模型

在归一化测井数据的基础上，采用模糊识别的数学方法，应用概率论理论来帮助定量描述属性灰度或模糊性，进行裂缝识别。

正态分布描述：

$$P(x)=\frac{\mathrm{e}^{\frac{-(x-\mu)^2}{2\sigma^2}}}{\sigma\sqrt{2\pi}} \tag{5-10}$$

$P(x)$ 是被均值 μ 和标准方差 σ 所描述的数据列中测得的观测值 x 的概率密度。如果某种类型裂缝的电阻率具有均值为 μ、标准偏差为 σ 的分布，那么在这种裂缝中，电阻率测井测量值为 x 的概率可以用公式（5-10）来计算。均值 μ 和标准偏差 σ 通常从岩心数据或成像资料的标定中得到。

如果在有多种类型的裂缝，电阻率值 x 可以属于这些类型裂缝中的任何一种，但是有一种可能性更大。每种类型的裂缝都有自己的均值和标准偏差，例如有 f 种裂缝就有 f 对 μ 和 σ。假设电阻率测量值 x 属于裂缝 f，电阻率测量值 x 的概率可以通过将 μ_{f} 和 σ_{f} 代入方程（5-10）来计算。同样地，可以得到所有 f 种裂缝的概率。属于某一种特定裂缝的概率，不能直接进行比较，这些概率是不可加的，它们的和也不为 1，因此有必要找到一种手段来比较这些概率。

首先是归一化这些概率。通过将每种裂缝的概率与均值或大多数情况下的观测值的概率来比较完成归一化。

平均观测值 μ 的概率为

$$P(\mu)=\frac{\mathrm{e}^{-(\mu-\mu)^2/2\sigma^2}}{\sigma\sqrt{2\pi}}=\frac{1}{\sigma\sqrt{2\pi}} \tag{5-11}$$

电阻率 x 属于裂缝 f 的概率与测量均值 μ_{f} 的概率的相对概率 $R(x_{\mathrm{f}})$，由方程（5-10）除以式（5-11）得到：

$$R(x_{\mathrm{f}})=\mathrm{e}^{-(x-\mu_{\mathrm{f}})^2/2\sigma_{\mathrm{f}}^2} \tag{5-12}$$

现在每种概率都自定位于可能的裂缝类型。为了将裂缝类型与这些概率比较，每种裂缝在井中出现的相对概率必须加以考虑。这可以通过将式（5-12）乘以裂缝 f 的期望出现概率的平方根得到。如果用 n_{f} 表示裂缝 f 的期望出现概率，则电阻率测量值 x 属于裂缝 f 的模糊概率是

$$F(x_{\mathrm{f}})=\sqrt{n_{\mathrm{f}}}\,\mathrm{e}^{-(x-\mu_{\mathrm{f}})^2/2\sigma_{\mathrm{f}}^2} \tag{5-13}$$

式中 $F(x_{\mathrm{f}})$——电阻率测量值 x 属于裂缝 f 的模糊概率；

n_{f}——从标定数据列中得到的裂缝 f 的期望出现概率；

μ_{f}——裂缝 f 中电阻率 x 的均值；

σ_{f}——裂缝 f 中电阻率 x 的标准偏差。

模糊概率 $F(x_{\mathrm{f}})$ 仅仅只与电阻率测量值 x 相关。这种过程对第二种测井值，例如声波时差 y 可以重复，这将得到声波时差测量值 y 属于裂缝 f 的模糊概率 $F(y_{\mathrm{f}})$。同样这个过程对另外的测井值，比方 z，得到 $F(z_{\mathrm{f}})$。由此得到了基于预测 f 类裂缝的不同测井测量值（$x, y, z\cdots$）概率序列的模糊概率值序列 [$F(x_{\mathrm{f}}), F(y_{\mathrm{f}}), F(z_{\mathrm{f}})\cdots$]。这些模糊概率被调和地组合起来就得到联合模糊概率：

$$\frac{1}{C_{\mathrm{f}}}=\frac{1}{F(x_{\mathrm{f}})}+\frac{1}{F(y_{\mathrm{f}})}+\frac{1}{F(z_{\mathrm{f}})}+\cdots$$

式中 C_f——联合模糊概率。

这个过程对 f 种裂缝的每一种都要重复一遍，与最大联合模糊概率值所对应的裂缝被认为是最有可能的裂缝类型，相应的概率 C_f（最大值）提供了裂缝预测的可信品质。

4. 识别效果分析

选取声波时差 AC、深浅双侧向电阻率 RT 与 RI、深浅双侧向电阻率差异 RA 4 条测井曲线。从研究区的 4 口岩心描述资料井中选取裂缝发育层和无裂缝层的样本点，计算其联合模糊概率值。

首先根据岩心资料确定了 57 个裂缝点，然后通过公式计算并做出联合模糊概率直方图（图 5-54）。很明显，图中各点有裂缝的联合概率远远大于无裂缝的联合概率。同样根据岩心资料确定了 61 个无裂缝点，由公式计算并做出联合模糊概率直方图（图 5-55），图中各点无裂缝的联合概率远远大于有裂缝的联合概率。

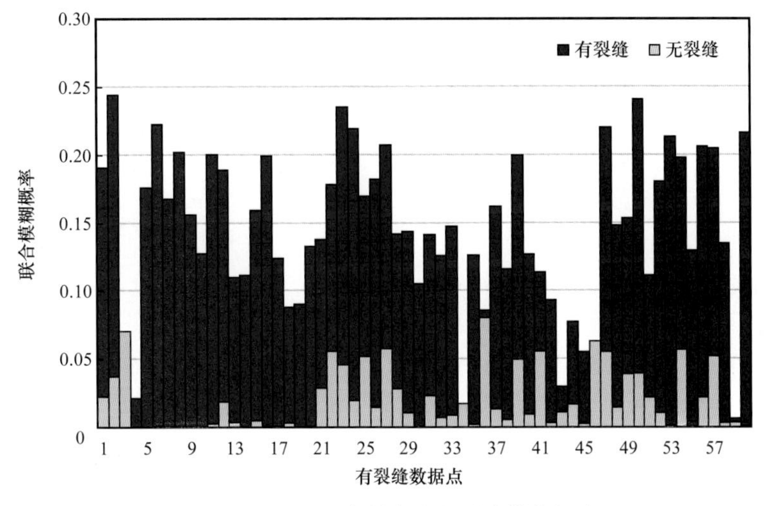

图 5-54 裂缝发育样本点的联合模糊概率

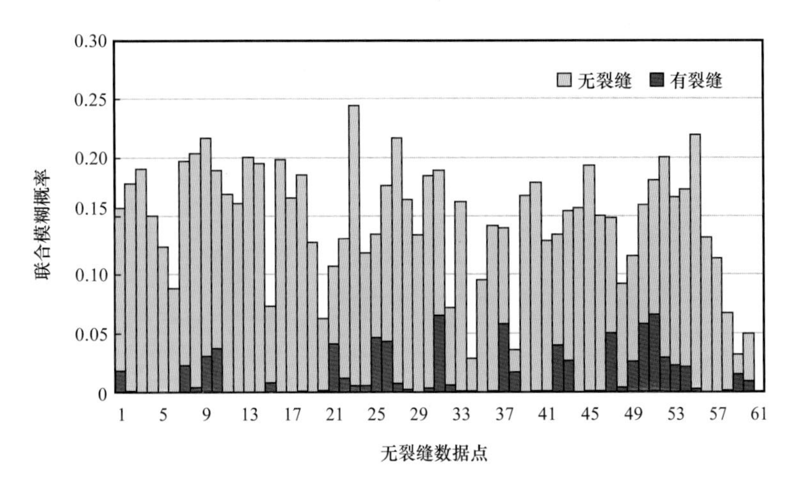

图 5-55 无裂缝样本点的联合模糊概率

由此证明，地层中有无裂缝的联合模糊概率存在明显的差别。可以根据常规测井曲线，利用模糊概率识别方法对非取心井和非成像井进行裂缝识别。

此外，为了验证下乌尔禾组油藏出现个别井在钻井中钻井液漏失严重，钻井难度大；注水开发后，一些油井水淹、水窜严重等问题，是否与裂缝发育有关，根据生产动态资料，对 66 口井 334 个射开为水层的层段与裂缝解释进行了对比。通过对比发现，开发中的水淹问题与裂缝发育情况相关性比较大。

图 5-56 和图 5-57 分别为产水层段与裂缝发育层段相关性对比直方图。可以看出，第二、第三段受水淹比较严重，可以看出，除第四段以外，其他各段裂缝发育段产水层所占的比例都比较高，第一段、第二段、第三段和第五段中出水地层发育裂缝的层段比率都大于等于 65%，这充分说明目前开发中遇到的水淹和水窜问题受裂缝发育影响是比较大的。

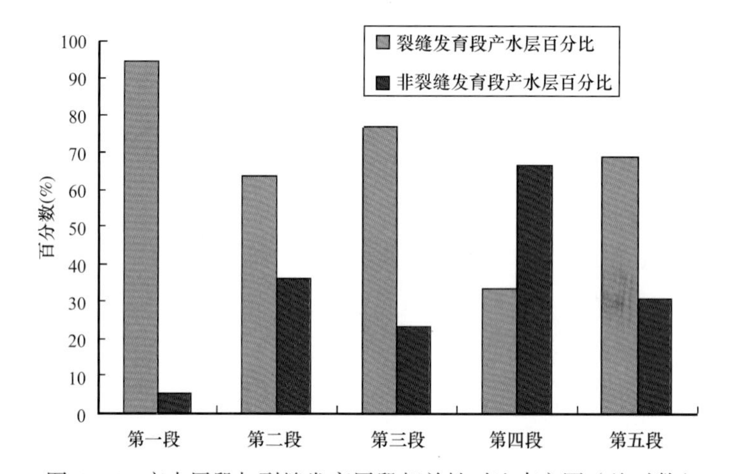

图 5-56　产水层段与裂缝发育层段相关性对比直方图（绝对数）

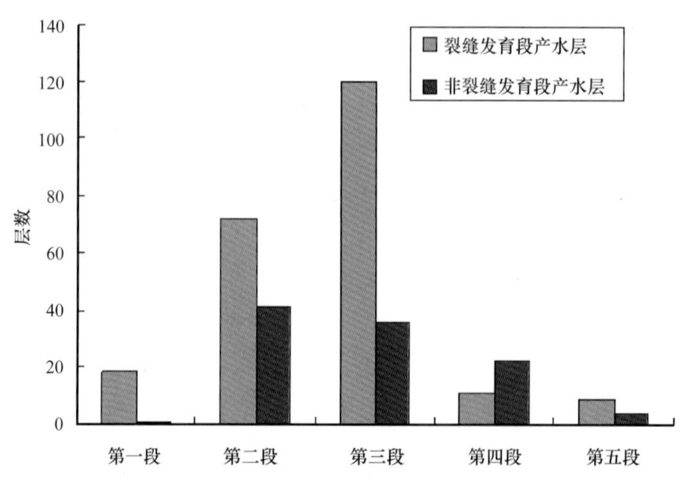

图 5-57　产水层段与裂缝发育层段相关性对比直方图（百分比）

5. 裂缝发育程度评价

根据 15 口井 EMI 成像图裂缝特征、取心井岩心描述裂缝特征及标定的常规测井资料的裂缝发育特征，把裂缝划分为四个级别：裂缝发育、裂缝较发育、可疑裂缝发育和裂缝不发育，并且在单井裂缝解释时分别记录为：Ⅰ类裂缝、Ⅱ类裂缝、Ⅲ类裂缝和无裂缝。裂缝发育是指在EMI成像图和岩心上裂缝显示清晰、延伸距离较长，对应的常规测井曲线响应特征明显，能识别出裂缝类型；裂缝较发育是指EMI成像图和岩心上能看到裂缝，发育规模较小，常规测井曲线上有响应特征，但不能准确识别出是哪种类型裂缝；可疑裂缝是指EMI成像图上有不明显的暗色条纹显示，但不能确定其反映的是裂缝特征还是沉积层理特征，在常规测井曲线上，相对于致密层测井响应会产生一定幅度的变化。

在归一化测井数据后，根据岩心及EMI成像测井的标定结果，采用模糊识别的数学方法，建立各种裂缝的联合概率，可对单井进行裂缝解释（图5–58）。以T85006井全井段的成像处理结果与模糊识别处理结果进行对比发现（表5–15），斜交缝的符合率为47.8%，微裂缝

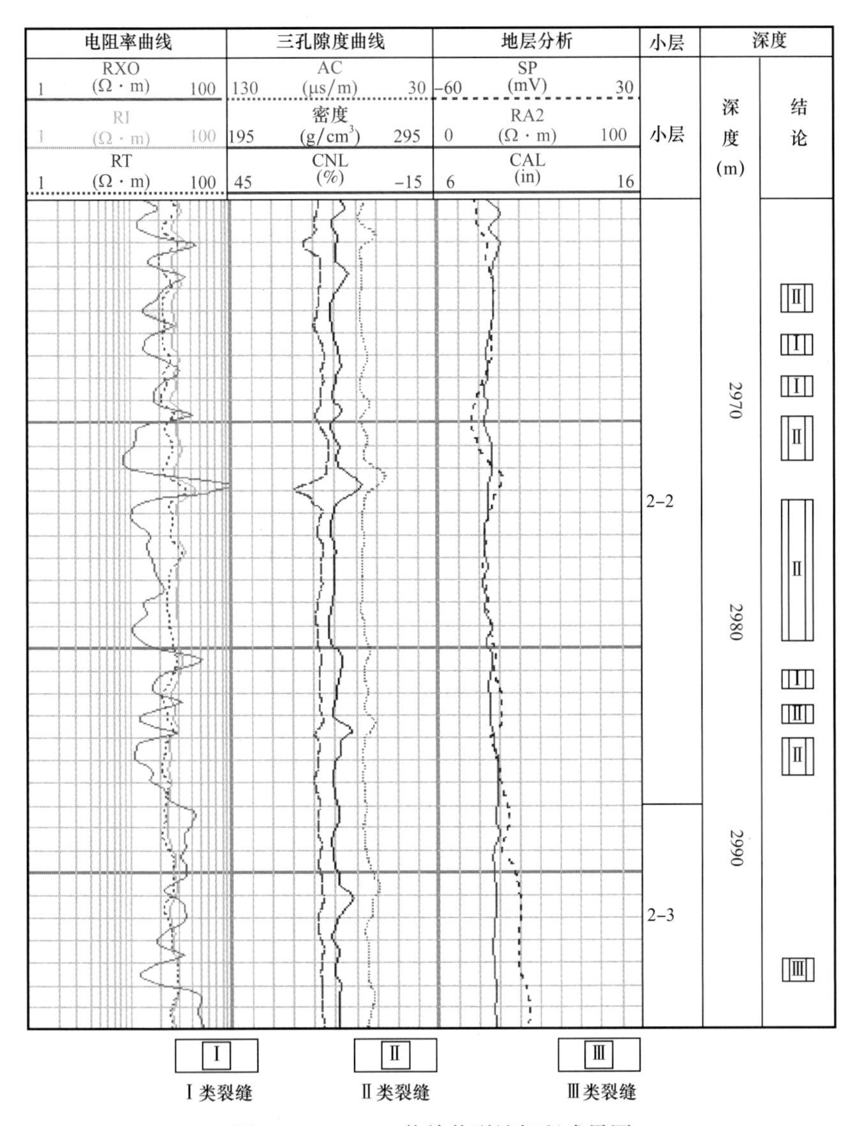

图5–58 8503A井单井裂缝解释成果图

表 5–15 T85006 井裂缝成像测井处理与模糊数学处理成果对比

裂缝类型	成像处理成果		模糊数学处理成果		符合率	裂缝类型	成像处理成果		模糊数学处理成果		符合率
	序号	井段（m）	井段（m）	级别			序号	井段（m）	井段（m）	级别	
斜交缝	1	2449.1～2449.9	2449.9～2450.6	1	1	垂直缝	1	2706.5～2710.5	2700.0～2721.4	1	1
	2	2539.6～2539.8	2539.5～2540.1	1	1		2	2767.5～2771.3	2769.5～2770.5	2	1
	3	2598.6～2604.0	2599.5～2600.1	1	1		3	2785.7～2790.0	2788.5～2789.9	2	1
	4	2841.0～2842.5	2836.2～2850.1	2	1		4	2836.0～2839.0	2836.2～2850.1	2	1
	5	2967.2～2968.0	2968.2～2969.7	1	0		5	2859.0～2861.2	2859.4～2860.0	2	1
	6	3099.0～3100.7	3091.1～3101.5	2	1		6	2867.5～2870.0	2869.4～2870.5	1	1
	7	3288.6～3289.0	3288.6～3290.0	1	1		7	2872.6～2874.5	2873.6～2874.5	1	1
	8	3327.3～3327.5	3326.0～3327.4	1	1		8	2876.0～2878.5	2878.0～2878.7	1	1
	9	3338.2～3338.4	3338.1～3338.7	1	1		9	2888.8～2892.5	2892.5～2895.1	1	1
	10	3350.0～3351.4	—	—	0		10	2896.5～2898.3	2895.7～2897.2	1	1
	11	3351.4～3355.2	—	—	0		11	2901.0～2902.5	2900.8～2901.5	2	1
	12	3357.8～3359.8	—	—	0		12	2910.5～2915.3	2910.6～2910.8	1	1
	13	3360.7～3368.0	—	—	0		13	2920.0～2924.0	2919.4～2920.9	1	1
	14	3392.4～3392.6	—	—	0		14	2927.0～2931.8	2927.9～2928.7	1	1
	15	3397.7～3398.6	—	—	0		15	2935.0～2937.5	2936.3～2937.8	1	1
	16	3411.3～3411.5	—	—	0		16	2942.3～2945.0	2942.0～2943.6	2	1
	17	3418.3～3419.0	—	—	0		17	2968.2～2971.0	2968.2～2969.7	1	1
	18	3433.6～3433.8	3432.6～3433.2	1	1		18	2973.0～2977.0	—		0
	19	3443.8～3444.5	3442.9～3444.6	2	1		19	2979.0～2980.7	—		0
	20	3482.2～3482.7	—		0		20	2984.8～2987.3	2983.9～2984.7	1	1
	21	3500.8～3500.9	—		0		21	2988.2～2990.0	2988.1～2988.5	1	1
	22	3521.4～3524.3	3514.2～3527.4	2	1		22	2991.5～2994.0	2991.9～2994.2	1	1
	23	3542.6～3542.7	—	—	0		23	2995.6～2997.5	2997.1～2997.7	1	1
微裂缝	1	3321.9～3323.8	—	—	0		24	2999.0～3000.2	3000.4～3003.9	1	1
	2	3352.0～3355.0	—	—	0		25	3002.7～3008.0	3005.5～3009.7	1	1
	3	3360.4～3373.2	—	—	0		26	3011.0～3012.5	3011.7～3012.5	1	1
	4	3392.4～3393.8	3391.8～3392.0	—	1		27	3014.2～3015.8	—	—	0
	5	3403.5～3409.6	3406.0～3406.3	—	1		28	3017.6～3019.5	—	—	0
	6	3429.0～3430.7	3429.0～3429.3	—	1		29	3021.5～3022.5	3021.7～3026.4	2	1
	7	3459.5～3463.5	—		0		30	3025.0～3026.5	3021.7～3026.4	2	1
	8	3466.8～3468.0	—		0		31	3028.3～3031.5	3029.1～3032.9	2	1

续表

裂缝类型	成像处理成果		模糊数学处理成果		符合率	裂缝类型	成像处理成果		模糊数学处理成果		符合率
	序号	井段（m）	井段（m）	级别			序号	井段（m）	井段（m）	级别	
垂直缝	32	3034.0～3035.0	3033.6～3035.1	2	1	垂直缝	49	3166.7～3169.0	3166.2～3167.4	1	1
	33	3038.0～3040.2	3038.0～3041.1	2	1		50	3170.0～3176.0	3168.1～3180.2	1	1
	34	3045.0～3047.4	3046.3～3050.1	2	1		51	3177.0～3209.5	3190.0～3199.7	1	1
	35	3049.0～3054.0	3050.6～3052.0	2	1		52	3212.5～3224.1	—	—	0
	36	3055.0～3057.6	3056.1～3056.9	1	1		53	3229.0～3232.0	3228.9～3231.9	1	1
	37	3058.5～3066.3	3059.4～3062.0	1	1		54	3239.0～3240.5	—	—	0
	38	3066.5～3098.0	3089.0～3090.0	2	1		55	3241.5～3288.0	3266.6～3275.0	1	1
	39	3110.0～3114.9	3113.9～3114.5	1	1		56	3345.0～3346.0	—	—	0
	40	3118.8～3120.8	—	—	0		57	3376.5～3384.0	3380.6～3383.4	2	1
	41	3122.0～3124.0	—	—	0		58	3387.8～3389.6	—	—	0
	42	3125.0～3126.7	—	—	0		59	3435.2～3437.2	3435.1～3436.8	2	1
	43	3127.3～3129.0	—	—	0		60	3437.2～3439.5	3437.1～3438.0	2	1
	44	3130.0～3131.4	—	—	0		61	3442.2～3446.0	3442.9～3444.6	2	1
	45	3145.5～3147.0	—	—	0		62	3503.8～3505.6	—	—	0
	46	3147.9～3148.7	—	—	0		63	3513.0～3521.8	3514.2～3527.4	2	1
	47	3150.0～3153.0	—	—	0		64	3524.6～3540.2	3524.2～3540.4	2	1
	48	3161.1～3165.5	3160.0～3166.0	1	1		65	3545.0～3546.2	—	—	0

注：级别中 1 为发育裂缝，2 为可疑裂缝，—为无裂缝。

的符合率为 37.5%，垂直缝的符合率为 72.3%，总的符合率为 63.6%。由于垂直缝是八区下乌尔禾组砾岩储层中最发育的一类裂缝，斜交缝和微裂缝发育很少，因此，用模糊识别的方法对裂缝进行解释，结果是可信的。解释结论可对全区裂缝的发育程度有整体的认识，对指导井网井排布置和压裂设计提供依据。通过对全区常规测井资料的定量解释共识别出裂缝发育井 592 口，分布特征如下：P_2w_5 段裂缝主要发育在南白碱滩断裂附近，主要受断层影响；P_2w_4 段裂缝一部分在 256 井—808—85158 发育带，主要受断层影响，另一部分集中在西南侧断块，主要受地应力影响；P_2w_3 段裂缝除在 256 井走滑断层及其伴生断层之间的区块发育外，在中部也发育大量受地应力控制的裂缝；P_2w_2 段在各条断层附近都有裂缝发育，裂缝发育受断层控制比较明显；P_2w_1 段裂缝发育在中部，是地应力引起。断层对裂缝的发育有一定影响，但是在不同层段影响程度不同。

6. 裂缝的分布特征

在全区单井裂缝解释的基础上，依据八区下乌尔禾组油藏的地质分层，分别研究了单井各段和各小层的裂缝发育厚度情况并建立了裂缝分布三维模型，裂缝的发育特征分析如下。

乌五段中，裂缝主要发育在百碱滩2、808东和85158北断层围成的断块中，绝大部分是由于地层的地应力释放引起的，只有少部分受808东断层影响。

乌四段中，裂缝发育带有两部分：一部分在256井、808东、85158北和85158南断层发育带，主要受断层影响；另一部分集中在西南侧的断块，主要受地应力影响。

乌三段中，裂缝除了在256井、808东、85158北、85158南、85177北、85177南和85177西控制的区域附近比较发育以外，在百碱滩3断层的东段也比较发育。在该段地层除断层附近发育裂缝外，在断块中部也集中发育了大量受地层应力控制的裂缝。

乌二段中各条断层附近都有裂缝发育，其中在256井、808东、85158北、85158南、85177南和85177西控制的区域附近，裂缝发育受断层控制比较明显。

乌一段裂缝主要发育在研究区中部，该段裂缝发育与断层的关系不大，主要是由于地层的地应力释放引起的。

综上所述，通过裂缝与断层发育带的对比可以发现，该区断层对裂缝的发育有一定的影响，但是在不同的层段影响程度不同。

第四节　油藏地质模型

建立油藏三维定量地质模型就是把油藏的各种开发地质特征在空间的分布定量地描述出来，其重点是储层孔隙度、渗透率和饱和度等参数的三维分布，它能够揭示储层非均质性特点，指导油田开发工作。

一、油藏地质模型建立方法

1. 储层随机性及其随机建模的必要性

储层建模实际上就是表征储层参数空间结构及分布、变化特征。建模的核心问题是井间储层参数预测，即精细表征储层非均质性问题。

虽然油气藏是客观存在的一个地质实体，油气储层的任一属性（物性或结构特征）在任一地质尺度下都是潜在可测量的、确定的。但是，油气田开发实践表明，真正的储层行为要比想象的复杂得多。储层的形成经历了许多复杂的地质过程，储层是复杂地质过程综合作用的结果。因此，储层结构和物性参数分布的非有序性、各向异性、非连续性是普遍存在的，这就决定了储层非均质性是绝对的、无条件的。这种绝对的、无条件的储层非均质性必然伴随着储层属性空间任意点取值的不确定性和随机性，这就是实际储层结构和物性参数分布的一大特点，也是储层研究和预测中的一大难点。由于储层行为的结构性和随机性，储层研究中做出的储层预测结果便具有多解性，那么，采用传统的确定性方法对储层空间参数进行研究或预测就难以得到满意的结果，难以真实地表现储层复杂的非均质性特征。

近年来，以地质统计学理论为基础，以变异函数理论为核心而发展起来的研究空间变量分布的随机模拟技术，不同程度地解决了储层预测中储层行为的不确定性问题，在国内外储层研究中获得了迅速地发展，已成为储层定量化研究的核心技术之一。

所谓随机建模，实质上是指依据已知信息，以随机函数理论为基础，应用随机模拟技术，建立多个可选择的等概率储层参数空间分布模型的储层空间参数预测方法。

随机建模方法承认已知数据点以外的储层参数分布具有一定的不确定性，即随机性，而人们对它的认识总会存在一些不确定的因素，那么建立的地质模型就存在着由这些随机性引起的多种可能出现的结果；同时该方法又认为，作为地质体的储层，由于其特定的地质成因，储层各属性的非均质分布具有一定的地质统计特征，可以用这一地质统计特征去表征储层属性非均质性的总体面貌。随机建模方法是基于以下两点建立起来的：

（1）认为在现有地下地质方法的情况下，对地下储层的认识存在一定的不确定性。原因之一是已知资料控制点有限，以 300m 井距井网而言，井孔揭示的储层体积所占整个储层体积，以百万至千万分之一数量级计，绝大部分储层性质是依靠这些少数已知点去推测；二是描述这些控制点储层性质的技术本身存在一定的误差。

（2）认为储层地质体的各项属性是非均质的，其分布具有一定的地质统计特征和规律性，并且这种空间统计特征可以用变差函数加以描述。

因此，对于任一储层属性的空间分布预测来说，随机模拟方法可以产生多个不同的参数分布模型；并且各个模型都具有与原始数据相一致的参数分布的统计特征和空间结构特征，可见随机模拟方法建立的多个随机模型可以恰当地反映实际储层行为的结构性和随机性。随机模拟技术的主要特点就是恢复区域变量的结构特征、反映区域变量的非均质特征，因此用随机模拟方法建立的储层地质模型能更充分、更真实地反映储层属性空间分布的非均质特征，即储层参数空间分布的细微变化和波动情况。

2. 随机建模方法和步骤分析

1）常用随机建模方法

随机建模方法就是指应用随机模拟技术建立储层地质模型的方法。根据储层建模的研究对象和所使用的随机模拟方法，可以形成不同的随机建模方法。

从储层建模的研究对象来看，储层地质模型可以分为两大类，即储层离散属性模型和储层连续参数模型。离散模型接近于地质家的储层解释，通常用于建立或表征大尺寸的非均质性和储层不连续性，表征离散的地质特征（储层空间结构特征），如岩石类型分布等；连续型模型则用于建立岩石物性的空间分布，描述参数连续变化的储层特性，如孔隙度、渗透率、饱和度分布等。

根据随机模拟原理，随机模拟方法是指由模拟算法和随机模型构成的产生随机函数（或随机场）的数学计算方法或技术。不同的随机模拟方法，模拟过程中所使用的算法、数学模型各不相同，适用的研究对象也不同。有些模拟方法能模拟离散变量，建立离散参数的空间分布模型；有些方法能模拟连续变量，建立连续参数的空间分布模型；而有些方法既可模拟连续变量，也能模拟离散变量。通常，按照模拟变量的特征可以将随机模拟方法分为模拟离散型变量的方法和模拟连续型变量的方法。目前研究表明，常用的建立储层参数地质模型的随机模拟方法主要有以下几种（表 5-16）。

从表 5-16 可见，建立储层离散型地质模型和连续型模型都有多种随机模拟方法可以使用。在表 5-16 所列的模拟方法中，有些方法可以在模拟过程中引入第二变量，进行多变量协同模拟，如多元序贯高斯、序贯指示模拟等。因此，在储层随机建模中，除了使用单一模拟方法建立储层地质模型外，还可采用多种模拟方法相结合的协同模拟方法建立储层地质模型。

表 5-16　常用随机建模技术

随机模拟方法	模拟算法	随机模型	建立模型类型
序贯高斯模拟	序贯模拟	高斯域	连续型
模拟退火模拟法	优化算法		连续型
分形随机域法		分形随机域	连续型
序贯指示模拟法	序贯模拟	指示函数	连续型，离散型
马尔科夫随机域法	优化算法		连续型，离散型
截断高斯模拟	序贯模拟	高斯域	离散型
概率场模拟	概率场	高斯域	离散型

多种模拟方法相结合的协同模拟建模方法既可用于建立离散型储层地质模型，也可用于建立连续型储层地质模型。

近年来，在储层预测和储层定量化研究中，国内外研究者常采用的“相控参数场随机模拟方法”或“储层二级随机建模方法”实际上就是将离散变量的模拟结果（如沉积微相分布模型）引入连续变量（如砂层厚度）模拟过程中进行的协同模拟建模方法。

除了可以用离散变量协同连续变量建模之外，也可以用一个连续变量协同另一个连续变量建立模型，如用一种模拟方法建立的砂层厚度分布协同孔隙度模型的建立。一般而言，对于非均质性较强的储层来说，这种“协同模拟建模方法”是一种建立储层参数地质模型十分有效的随机建模方法。

2）随机建模步骤

与传统的确定性建模一样，随机建模过程也包含原始数据准备、形成储层地质模型的数据体、以图形的方式展现建立的地质模型等几个基本环节。但是，随机建模过程与确定性建模过程仍有明显不同的地方。随机建模的核心是使模拟结果再现原始数据的地质统计特征，其关键则是恰当地选用与储层特征相适应的建模方法，并能在多个模拟实现，从中准确地优选出与实际储层特征最吻合的模拟结果。因此，要使用随机建模方法成功地建立可靠的地质模型，关键步骤如下：

（1）进行深入的基础地质研究，建立准确的储层地质概念模型，这有助于恰当地选择适用的建模方法、计算模拟变量可靠的地质统计特征参数。

（2）对每一模拟变量优选出适用的建模方法：首先应确定使用单一模拟方法建模还是多模拟方法协同建模，其次，选择具体的随机模拟方法。如上所述，目前能用于储层随机建模的模拟方法较多，但不同的方法有不同的模拟原理和适用范围，而储层随机建模的关键就在于恰当地选用适合储层地质特征的随机模拟方法。具体而言，主要根据建模的对象、地质条件和储层分布特征等相关的已知信息量选择适用的随机模拟技术。本研究中,将重点采用典型储层对比的方法来优选建模方法。

(3)确定模拟变量的地质统计特征:通过对已知非参数信息的分析和井点数据的处理,获取建模对象的具体地质特征和地质约束条件,即模拟变量的空间结构特征和变量的分布特征,从而使模拟结果能更真实、准确地再现原始数据的地质统计特征,反映建模对象的非均质特征。

(4)最优模拟结果的选择:随机建模的最大特点是可以产生多个模拟实现。一般可用两种方法选择最可能的估计结果:一种方法是根据已知的构造等地质信息选择;另一种方法是与测试、生产动态资料相结合,借助于测试层段所反映的孔洞分布情况以及实际生产中所反映的较准确的储层单元分布情况,在多个模拟实现中选择出最佳的储层随机模拟结果,这种方法目前是储层随机建模研究的发展趋势之一。

二、构造—地层三维地质模型建立

本文所研究的储层模型是在综合利用地质、测井、地震、试油及取心等资料研究基础上进行的,首先建立构造—层序地层格架模型,以此为基础,由测井资料解释数据体,建立三维储层地质模型。

1. 数据准备

三维地质建模准备的数据包括:

(1)八区下乌尔禾组主要目的层的准层序界面面数据体(22个准层序的界面);

(2)1142口井的井点坐标、井上的地质分层、测井储层参数(孔隙度、渗透率、饱和度解释数据)、裂缝解释数据等;

(3)地震解释的10条断层数据体;

(4)新三维地震解释数据体。

2. 三维构造—地层格架模型及网格设计

1)构造—地层格架分布地质模型建立

八区下乌尔禾组地震解释提供的层面数据精度到准层序组(段)级别。在地质分层上从下到上分别对应于P_2w_5、P_2w_4、P_2w_3、P_2w_2、P_2w_1等二叠系下乌尔禾组5个层位的底界面及下乌尔禾顶界共6个界面数据。

构造格架模型的建立步骤为:

(1)引入地震精细解释的6个层面(准层序组)构造数据,构造格架模型的各层在井点处校正,赋对应点上的海拔高度值,并由此计算出各层(准层序组)的构造数据;

(2)加入地震解释的10条断层数据体;

(3)由井点出发,结合三维地震解释数据,在纵向上进行准层序界面的划分,确定各准层序顶底面的海拔高度;

(4)计算控制井点处各准层序的厚度;

（5）对各带厚度进行克里金插值，形成各带厚度平面数据；

（6）根据各带厚度，得到各带底面的海拔高度平面数据；

（7）将各层面模型进行叠合，得到构造格架—地层格架地质模型。

2）模型三维网格设计

在完成构造—地层格架建模的基础上，就可以通过层面井点数据的控制，在构造框架下设计建立储层分布模型和储层参数模型的三维网格。合理的网格设计非常重要，一方面，为了节省计算机资源，网格数应尽可能少；另一方面，为了控制地质体的形态及保证建模精度，网格数要尽可能多，本书选取的网格数为 50m × 50m × 1m。

三、储层各类模型的参数求取

1. 有效储层相模型变差函数求取

属性建模所依据的最基本的已知数据一般为井点测井解释成果数据，统计井点储层各项参数的变化范围。储层属性数据分析的另一项重要的数据是对不同的储层类型的各项属性数据的正态分布的分析，并做标准正态变换。同时，通过三向变差函数的拟合，求取 3 个方向的变程。

以下乌尔禾组乌三段 2 小层（$P_2w_3^2$）的地震孔隙度为例，先计算东北—西南（45°）、西北—东南（135°）、东西（90°）、南北（0°）共四个方向的变差函数。根据实验变差函数数据，它的变化趋势符合球形理论模型。结合地质上的认识，把沉积物源的主方向作为该变差函数的主变程方向。由于测井资料在纵向上采集密集，因此纵向上变差函数的求取采取测井数据得来。通过拟合后，求得目的层砂体变差函数的参数（表 5–17）。

表 5–17　八区下乌尔禾组实验变差函数参数表

层位	$P_2w_3^1$			$P_2w_3^2$			$P_2w_3^4$			$P_2w_4^1$		
属性	ϕ	K	S_o	ϕ	K	S_o	ϕ	K	S_o	ϕ	K	S_o
主变程（m）	1800	1209	1209	1898	1265	1265	2800	1821	1821	2449	1633	1633
次变程（m）	1390	940	940	1805	1204	1204	1845	1213	1213	1301	867	867
垂向变程（m）	25	17	17	13	9	9	12	8	8	11	7	7
主变程方向（°）	224			220			223			83		
块金值	0.109			0			0			0		

本次建模中，在不同小层带内，应用地质统计学的方法，将这些储层属性参数分别看作具有一定分布范围的区域化变量，通过实验变差函数的计算，即根据井点的数据，拟合合适的变差函数模型，并得到最合适该小层带的变差函数。

2. 有效储层三维地质模型建立

本次研究选取有效储层作为控制属性建模的相，建立三维有效储层模型。

有效储层模型的建立立足于构造—地层格架模型，本项目中有效储层模型的建立分别选取了确定性建模和随机模拟两种方法，确定性建模是以前文中有效储层平面分类图为依据，将本区各小层的平面图依次导入软件中，应用确定性插值方法，建立了完全符合具有先验的地质认识的三维有效储层模型。随机有效储层模型的建立是以全区1142口井的单井有效储层解释数据作为已知控制点数据，应用序贯指示方法逐层模拟了本区22个小层的有效储层模型，最后形成完整的三维有效储层模型。

八区下乌尔禾组有效储层建模分别采用了确定性建模技术和随机模拟算法的实现，其中确定性建模技术，以单井测井二次解释为依据，将其数字化后的微相边界作为约束条件，在单一储层类型内部进行赋值，它将先验的地质认识很好地应用到有效储层模型的建立中，确定性方法的模拟结果如图5-59和图5-60所示。这种方法的优点在于能符合地质认识，建模结果适用于油藏数值模拟。

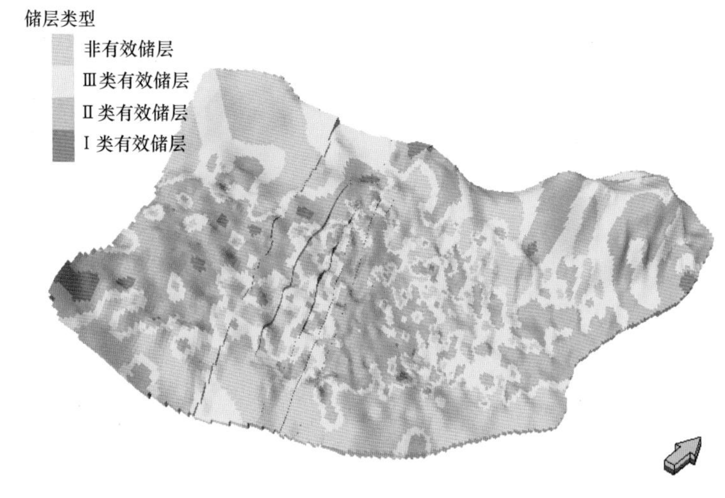

图5-59 $P_2w_3^2$有效储层模型

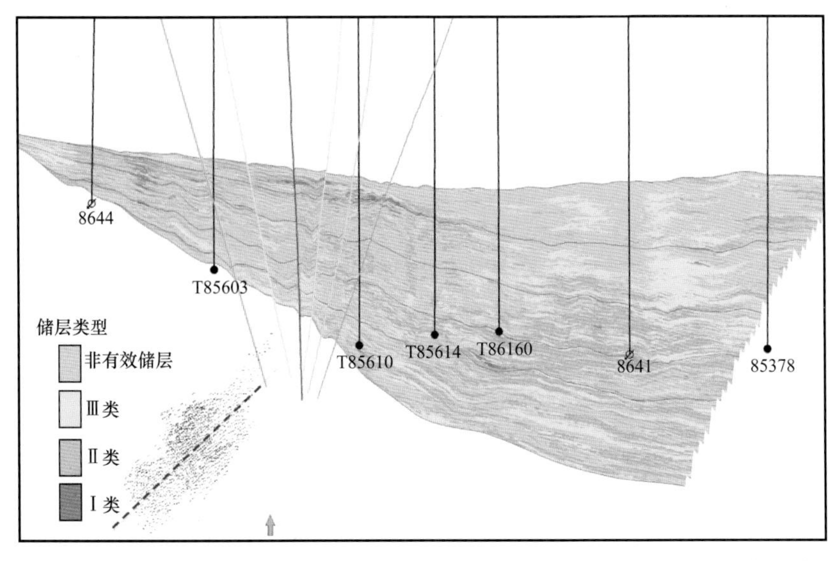

图5-60 8644—T85603—T85610—T85614—T86160—8641—85378井有效储层剖面图

3. 储层内物性参数模型的建立

储层物性建模是在构造和地层格架模型的基础上，利用有效储层分布控制的方法建立储层物性参数模型并实现三维可视化。储层物性参数主要包括孔隙度、渗透率、含油饱和度三个参数。

1）建模方法的选取

不同岩相带内储层预测采用序贯高斯协模拟方法，该方法原理与序贯高斯模拟相同，两者不同之处在于求取局部条件概率分布时，序贯高斯模拟采用普通克里金方法，序贯高斯协模拟采用协同克里金法。序贯高斯协模拟以测井数据为主变量，其他数据（相模型）作为二级变量，通过两者的结合，克服了克里金法的光滑效应缺陷，使得所建立的模型既能保持井筒中所测到的储层特征，同时又能反映出数据之间的关联性及观测到的随储层结构和储层性质变化的趋势，降低了井间预测的不确定性和随机性。

2）参数模型的建立

（1）储层孔隙度模型。

孔隙度模型的建立采用了序贯高斯协模拟方法，以相模型作为第二变量来约束该研究区的储层孔隙度模型。从模拟前后储层孔隙度频率分布图上（图 5-61）可以看出，该孔隙度在模拟前和模拟后的分布形态上比较一致，非常相似。模拟孔隙度结果平面分布如图 5-62 所示。

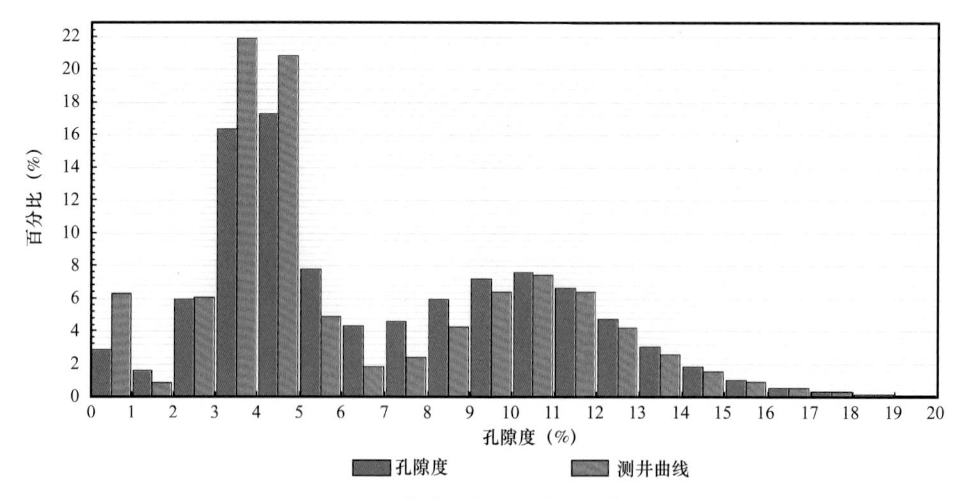

图 5-61　$P_2w_3^2$ 模拟前后孔隙度频率分布图

（2）储层渗透率模型。

从测井的数据分析可以知道，该研究区储层孔隙度和渗透率不存在明显的线性关系，但根据分析可知，该储层渗透率仍与孔隙度存在正相关关系，只是非线性的正相关。因此，可以采用序贯高斯协模拟方法，以储层孔隙度作为第二变量来约束该储层渗透率模型的建立。图 5-63 为模拟前后储层渗透率频率分布对比图，结合前面的孔隙度模拟结果，可知应用序贯高斯协模拟方法进行模拟，其变量的分布特征在模拟前后是一致的。模拟的储层渗透率平面图如图 5-64 所示。

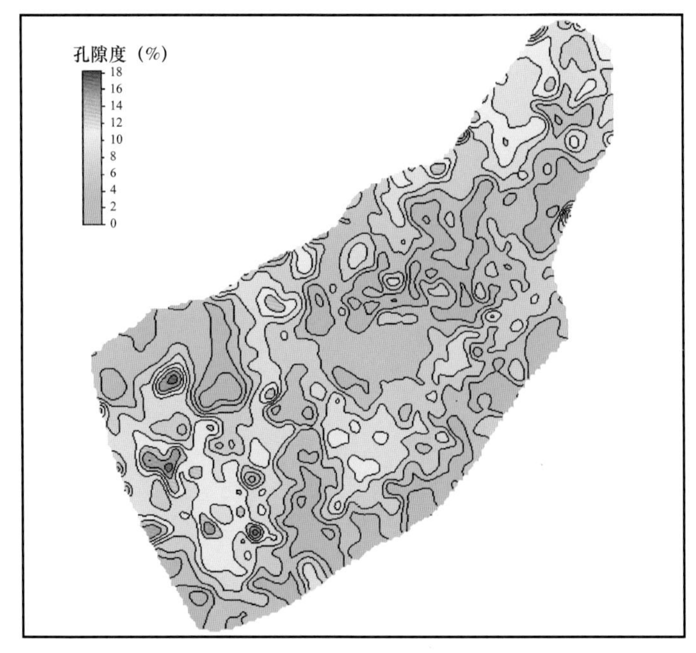

图 5-62　$P_2w_3^2$ 模拟孔隙度平面分布图

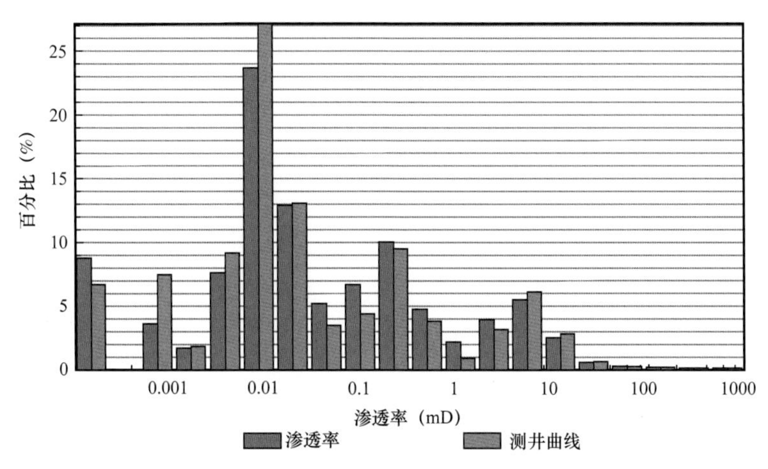

图 5-63　$P_2w_3^2$ 模拟前后渗透率频率分布图

（3）储层饱和度模型。

通过研究发现，该研究区储层内含水饱和度受到储层孔隙度和渗透率的双重影响，特别是储层的渗透率对饱和度的影响。从前面可以知道，该区的储层渗透率模型是在储层孔隙度的约束下得出的。这样，就可以在建立储层含水饱和度的时候把储层的渗透率模型作为第二变量来约束，而模拟的方法则应用序贯高斯协模拟方法。图 5-65 为模拟前后储层含水饱和度频率分布对比图，由图可以看出，应用序贯高斯协模拟方法进行模拟，其变量的分布特征在模拟前后是一致的。模拟的储层含水饱和度平面图如图 5-66 所示。

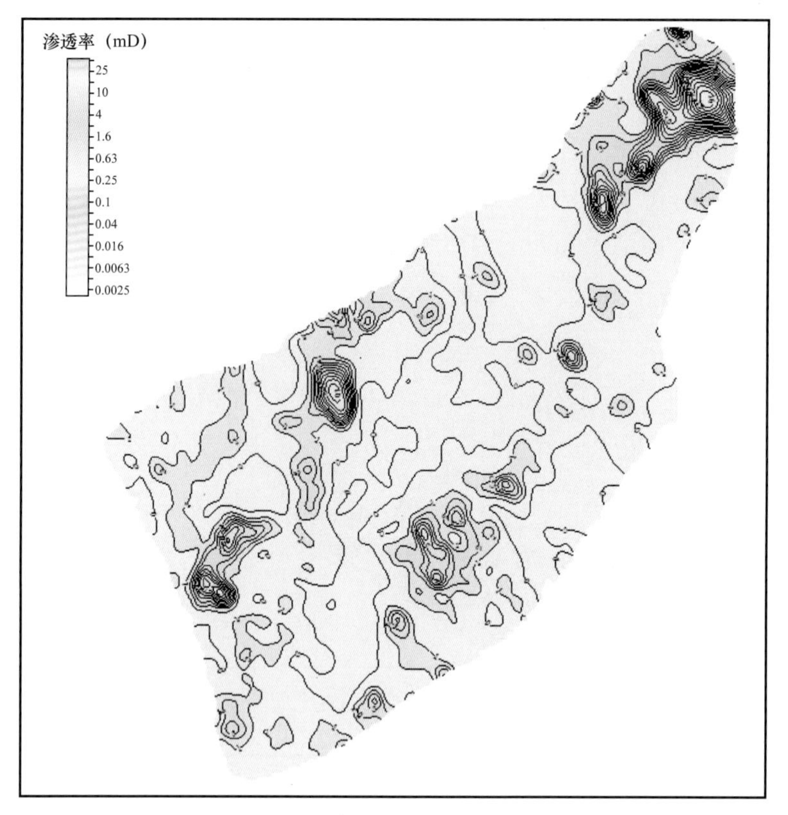

图 5-64　$P_2w_3^2$ 模拟渗透率平面分布图

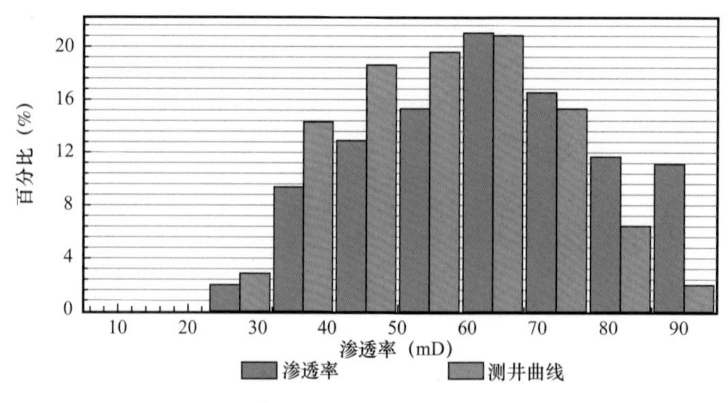

图 5-65　$P_2w_3^2$ 模拟前后含水饱和度频率分布图

4. 裂缝分布三维模型的建立

在裂缝解释识别出的 582 口单井基础上，尝试应用条件模拟的方法对下乌尔禾组油藏的裂缝空间分布规律进行了预测。由于裂缝分布的复杂性，本次裂缝空间分布的预测，首先将测井识别的裂缝离散化，即用不同的代码表示裂缝的类型，然后依据裂缝的自相似性，应用分形克里格算法进行不同类型的裂缝井间插值和预测，得到不同类型裂缝分布的三维模型。图 5-67 和图 5-68 为下乌尔禾组油藏裂缝分布三维模型栅状对比图及南西—北东过井剖面图。

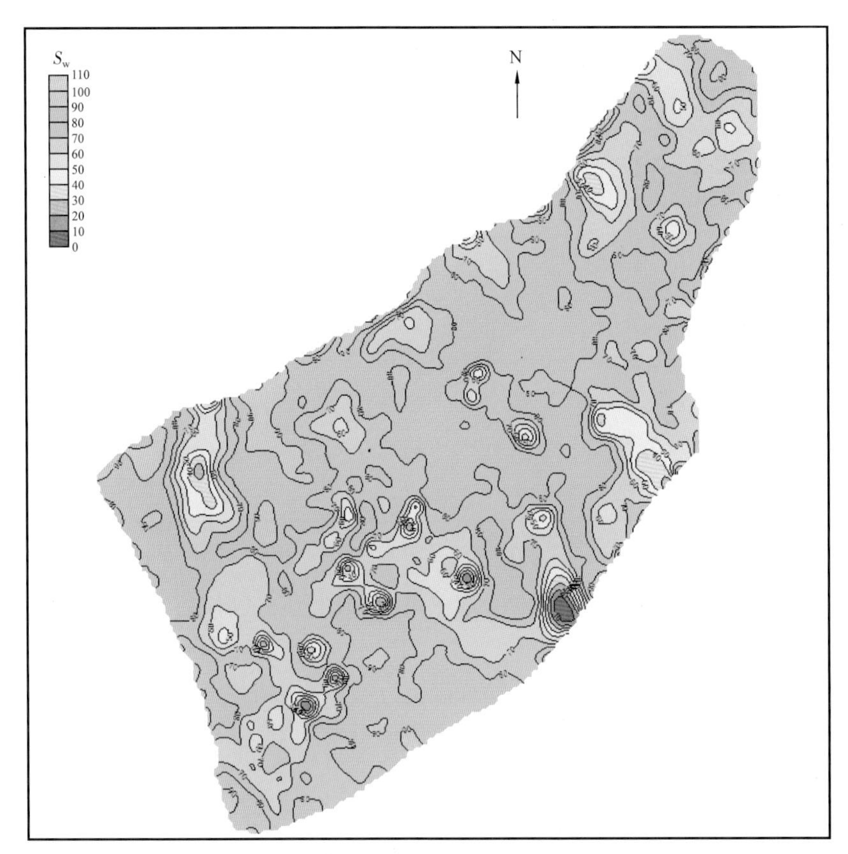

图 5-66 $P_2w_3^2$ 模拟含水饱和度平面分布图

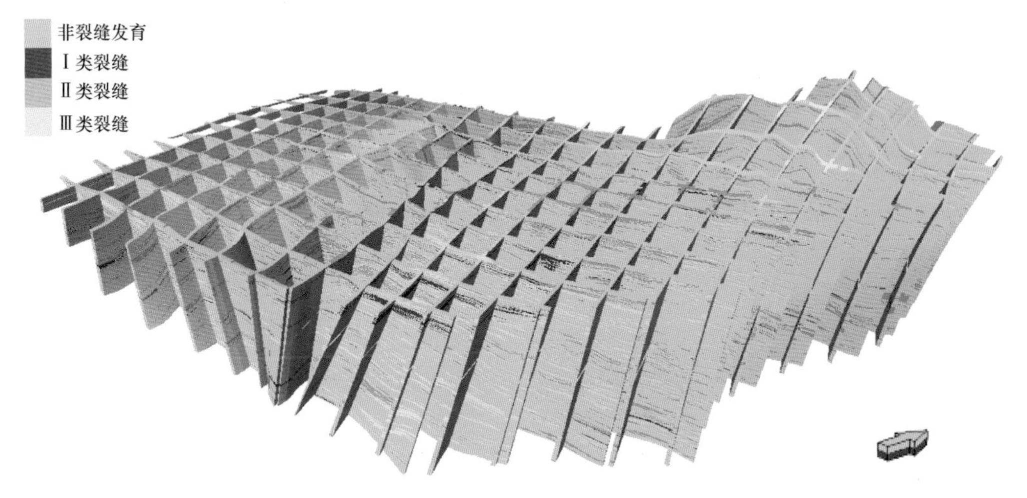

图 5-67 油藏裂缝分布三维模型栅状图

依据裂缝单井解释成果和多井预测结果，下乌尔禾组油藏裂缝以Ⅱ类和Ⅲ类裂缝为主。裂缝的分布主要受应力场以及断裂的发育所控制，如白碱滩断裂带附近，受南北方向挤压作用，裂缝较为发育，256 井走滑断裂带内部，受到水平扭动作用的影响，在断层的两侧形成裂缝。

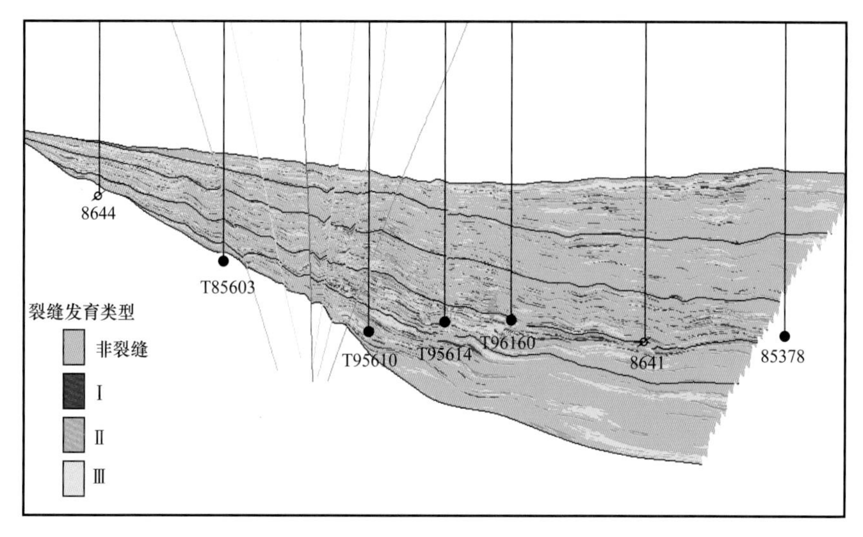

图 5-68 裂缝模型过井南西—北东剖面分布图

由此可见，通过裂缝与断层发育带的对比可以发现，该区断层对裂缝的发育有一定的影响，但是在不同的层段影响程度不同。

总之，在岩心和成像测井裂缝解释的基础上，应用常规测井资料对工区裂缝发育层段进行了多井判识，继而应用分形克里格的方法对裂缝的井间发育进行了预测，得到了裂缝分布的三维数字模型，预测了油藏内部裂缝空间分布规律。天然裂缝的存在，无疑加大了油藏开发的难度。随着压裂等增产措施的实施，天然裂缝与人工裂缝必然形成一个连通的网络，对油田注水开发措施产生重要的影响。裂缝空间分布预测的结果可以为油田开发动态分析和开发措施的制定提供一种地质依据。

本章小结

根据铸体薄片鉴定资料，本区储层孔隙主要为溶蚀作用形成的次生孔隙。孔隙类型可分为粒间孔、粒内孔、填隙物内孔隙、缝状孔隙四大类。储层孔隙组合类型具有三种：（1）剩余粒间孔 + 方沸石晶内溶孔；（2）方沸石晶内溶孔 + 晶间溶孔 + 粒内孔；（3）粒间方沸石溶孔 + 粒内溶孔。

储层的有效性，又可以称为有效储层，它是指垂向及侧向上连续的、影响流体流动的岩石特征和流体本身渗流特征相似的储集岩体。综合利用岩心分析资料、试油结论及测井资料，结合研究区有效厚度标准，将有效储层分为三类。

目的层有利储层中层序Ⅰ主要分布在 256 井断层下盘的北部—中部沿东北—西南呈条带状分布，W_4^2、W_4^1 储层发育情况最好，在工区东北部靠近白碱滩南 2 断层的区域储层发育较好；层序Ⅱ有利储层主要分布在靠近 256 井断层的从北到南的呈条带状分布的区域，且南部的储层发育情况均好于其他区域，这些地带可作为下一步开发方案调整重点挖潜区域。

目的层天然裂缝的类型有构造垂直缝、构造高角度缝、构造低角度缝和成岩充填缝—半充填缝等，以构造高角度缝为主。

根据15口井EMI成像图裂缝特征、取心井岩心描述裂缝特征及标定的常规测井资料的裂缝发育特征，把裂缝划分为四个级别：裂缝发育、裂缝较发育、可疑裂缝发育和裂缝不发育。在单井裂缝解释时分别记录为：Ⅰ类裂缝、Ⅱ类裂缝、Ⅲ类裂缝和无裂缝。裂缝发育是指在EMI成像图和岩心上裂缝显示清晰、延伸距离较长，对应的常规测井曲线响应特征明显，能识别出裂缝类型；裂缝较发育是指EMI成像图和岩心上能看到裂缝，发育规模较小，常规测井曲线上有响应特征，但不能准确识别出是哪种类型裂缝；可疑裂缝是指EMI成像图上有不明显的暗色条纹显示，但不能确定其反映的是裂缝特征还是沉积层理特征，在常规测井曲线上，相对于致密层测井响应会产生一定幅度的变化。

第六章　定量结构模态

第一节　定量模态历程

早期对储层物性特征研究已注意到碎屑沉积物的分选所起的重要作用，将分选系数作为砂岩孔隙度预测模式的一个重要参数。

碎屑岩分选差、粒度粗、粒度分布区间广的砾岩储层，其孔隙结构与分选有着极为密切的关系。对此，克拉克（1979）提出了双模态的结构模式以解释这种储层的特殊性。刘敬奎（1983，1986）还根据克拉玛依油田的特征提出了复模态的砾岩储层结构模态。

在砾岩储层的孔隙结构观察中，既可见到双模态结构，也可见复模态结构，而且还有其他的储层结构。研究储层微观孔隙结构模态的控制因素，将有利于综合评价油藏储层。

在众多的因素中，作者认为沉积环境是控制模态的主要因素，主要表现为碎屑颗粒的粒径比及不同粒径颗粒的相对含量两方面。克拉克提出双模态时已注意到因砂岩颗粒的含量不同而形成的两种不同堆积方式；刘敬奎提出的复模态结构强调了砾、砂、泥三种不同颗粒的含量在复模态形成中的作用。

本章从粒径比和相对含量这两个重要影响因素入手，进行定量研究，确定了形成五种不同碎屑岩模态的数学和地质模型及在不同模态中的孔隙度、渗透率的估算公式，阐述了碎屑岩结构模态的形成机理及对储层物性的影响。

第二节　各种模态的数学及地质模型

一、基本假设条件及定义

（1）碎屑颗粒呈球体；

（2）一级颗粒为岩石中最大的颗粒；

（3）二级颗粒为岩石中能充填于一级颗粒间的次级颗粒；

（4）三级颗粒为岩石中能充填于二级颗粒间的小颗粒；

（5）颗粒含量（f_g），指岩石中的颗粒体积（V_g）占整体岩石体积（V_T）的百分比；

（6）各级颗粒相对含量 f_i'，指 i 级颗粒体积（V_i）占颗粒体积（V_g）的百分比；

（7）各级颗粒绝对含量 f_i，指 i 级颗粒体积占岩石体积的百分比。

二、各种模态形成的基本数学模型

1. 单模态

由等粒级颗粒堆积而形成的孔隙结构称为单模态孔隙结构。

对于等球体的堆积,可导出其颗粒含量 f_g 为

$$f_g = \frac{\pi}{6(1-\cos\theta)\sqrt{1+2\cos\theta}} \tag{6-1}$$

如图 6-1 所示,当堆积角(θ)为 90° 时,称最疏松堆积, f_g 为最小值(π/6=52.4%);当 θ 为 60° 时称最紧密堆积, f_g 为最大值($\pi\sqrt{2}/6$ =74.05%)。因此,形成单模态的颗粒含量 f_g 为 52.4%～74.05%。

单模态的孔隙大小也因堆积角 θ 的大小而异,图 6-1（b）所示六面体面上内接椭圆,孔隙的长短轴分别为

$$R_{t\max} = \begin{cases} R_1\left(\sqrt{2(1+\cos\theta)}-1\right) & 90° \geqslant \theta \geqslant 70°28' \\ R_1\left(\dfrac{2}{\sqrt{3}}-1\right) & 70°28' > \theta \geqslant 60° \end{cases} \tag{6-2}$$

$$R_{t\min} = \begin{cases} R_1\left(\sqrt{2(1-\cos\theta)}-1\right) & 90° \geqslant \theta \geqslant 70°28' \\ R_1\left(\dfrac{2}{\sqrt{3}}-1\right) & 70°28' > \theta \geqslant 60° \end{cases} \tag{6-3}$$

其中 R_1 为内接椭圆半径。

当 θ＜70°28′ 时,在面上形成的孔隙形态为中间小两头大,在两端形成的孔隙内接圆半径约为 $\left(2/\sqrt{3}-1\right)R_1$。

六面体内的内接椭球体孔隙的大小为

$$R_{p\min}= R_1\left(\sqrt{3-4\cos\theta}-1\right) \tag{6-4}$$

$$R_{pmid}=R_1\left(\sqrt{3-2\cos\theta}-1\right) \tag{6-5}$$

$$R_{p\max}=R_1\left(\sqrt{3+6\cos\theta}-1\right) \tag{6-6}$$

式中 $R_{p\min}$、R_{pmid}、$R_{p\max}$ 分别为椭球体的最小、中等和最大轴半长。

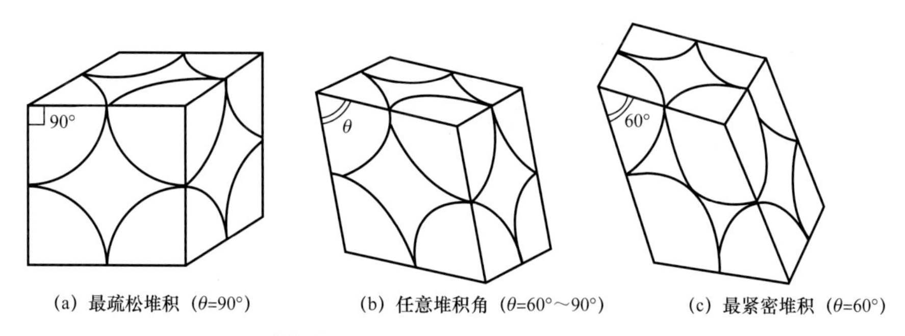

(a) 最疏松堆积（θ=90°） (b) 任意堆积角（θ=60°～90°） (c) 最紧密堆积（θ=60°）

图 6-1 单模态堆积的不同方式及颗粒含量（f_y）示意图

当 $\theta<67°58'$ 时，六面体内孔隙空间近似为最紧密堆积，孔隙为 4 个颗粒形成的四面体内孔隙和 6 个颗粒形成的八面体孔隙，其大小分别为 $\left(\sqrt{3/2}-1\right)R_1$ 和 $\left(\sqrt{2}-1\right)R_1$。

在最疏松堆积时（θ 为 90°），$R_{tmax}=R_{tmin}=\left(\sqrt{2}-1\right)R_1$，且 $R_{pmin}=R_{pmid}=R_{pmax}=\left(\sqrt{3}-1\right)R_1$，为最大孔隙。

由此可知，单模态孔隙结构的颗粒含量受其堆积角 θ 的影响，而与颗粒的大小（R_1）无关；其孔隙（六面体中心的孔隙）和喉道（六面体面上的孔隙）的大小受颗粒大小和堆积角大小的控制，颗粒越大，堆积角越大，则孔喉也越大（图版 I–1）。

2. 双模态

在一级颗粒之间有二级颗粒存在的孔隙结构称为双模态孔隙结构。

当二级颗粒半径（R_2）小于六面体内孔隙最小半径（R_{pmin}）而大于六面体上最小半径（R_{tmin}）时，二级颗粒可存在于六面体中心，其形成方式为：二级颗粒与一级颗粒同时沉积，随着压实作用的进行而被封闭（图 6–2a）。

当 $R_2<R_{tmin}$ 时，二级颗粒既可在六面体中心，也可在其面上；二级颗粒既可与一级颗粒同时沉积，也可晚于一级颗粒沉积（图 6–2b），并通过面上（或四周）孔隙进入中心。

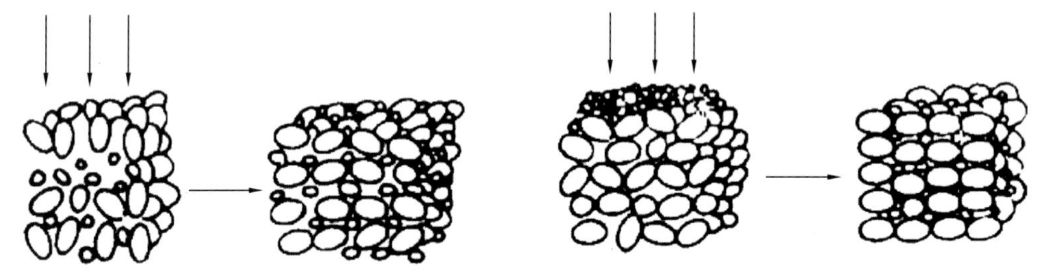

(a) “同沉积”充填方式（$0.7>R_2/R_1>0.4$）　　(b) “后沉积”充填方式（$R_2/R_1<0.4$）

图 6–2　不同大小的二级颗粒充填方式

由此可见，在双模态中，对于不同的充填方式，尽管二级颗粒粒径大小不同，但最大二级颗粒半径（R_2）必须小于六面体中心的孔隙最小半径（R_{pmin}），这是形成双模态时对二级颗粒大小的要求。

在满足二级颗粒大小的基本要求下（$R_2<R_{pmin}$），二级颗粒含量（f_2）的变化将导致双模态形成不同的结构特征。如果二级颗粒的含量比较低（它们可完全充填于一级颗粒之间），只形成一级颗粒基本骨架，二级颗粒“游离”于一级颗粒之间，称为一级颗粒支撑而二级颗粒充填的模态，如砾岩中的“卵砾堆积”（Pebble Packed）（图版 I–2）；相反，如果二级颗粒含量过高，则会使一级颗粒相互不能直接接触，而形成一级颗粒“悬浮”在二级颗粒中的模态特征，如砾岩中的“砂堆积”（Sand Packed）（图版 I–3），因此二级颗粒的相对含量也是控制其模态的重要因素。

一级颗粒基本骨架形成之后，二级颗粒的含量和大小与一级颗粒的大小之间有严格的函数关系。下面以最疏松堆积为例讨论这种函数关系。

当二级颗粒半径 R_2 的范围为 $\left(\sqrt{3}-1\right)R_1\sim\left(\sqrt{2}-1\right)R_1$ 时，六面体中心职能充填一个二级颗粒，假设一级颗粒间全被二级颗粒填满，则每个六面体中充填一个二级颗粒，其体积为

$$V_2 = \frac{4}{3}\pi R_2^3$$

六面体体积为

$$V_T = (2R_1)^3$$

一级颗粒的体积为

$$V_1 = \frac{4}{3}\pi R_1^3$$

则

$$V_0 = V_1 + V_2 = \frac{4}{3}\pi R_1^3\left(1 + B_{21}^3\right) \tag{6-7}$$

$$f_0 = \frac{\pi}{6}\left(1 + B_{21}^3\right)$$

$$f_2 = \frac{\pi}{6}B_{21}^3 \tag{6-8}$$

$$f_2' = \frac{1}{\left(\frac{1}{B_{21}}\right)^3 + 1} \tag{6-9}$$

其中

$$B_{21} = R_2/R_1$$

当 $R_2 < 0.5R_1$ 时，单位六面体内可充填两个二级颗粒，则有

$$f_2 = \frac{\pi}{3}R_{21}^3 \tag{6-10}$$

$$f_2' = \frac{2}{\left(\frac{1}{B_{21}}\right)^3 + 1} \tag{6-11}$$

因此，二级颗粒的含量界限值 f_2 是随其粒径 R_2 变化的，合并式（6–8）、式（6–9）、式（6–10）及式（6–11）得

$$f_2 = \begin{cases} \frac{\pi}{6}B_{21}^3 & 0.732R_1 > R_2 > 0.5R_1 \\ \frac{\pi}{3}B_{21}^3 & 0.5R_1 \geqslant R_2 \end{cases}$$

$$f_2' = \begin{cases} \frac{1}{\left(\frac{1}{B_{21}}\right)^3 + 1} & 0.732R_1 > R_2 > 0.5R \\ \frac{2}{\left(\frac{1}{B_{21}}\right)^3 + 1} & 0.5R_1 \geqslant R_2 \end{cases} \tag{6-12}$$

从上述推导可知，形成双模态时，二级颗粒的粒径 R_2 必须小于 $0.732R_1$；当二级颗粒含量大于界限值 f_2 或 f_2' 时，形成一级颗粒"悬浮"于二级颗粒中的双模态悬浮式结构，反之则形成二级颗粒"游离"于一级颗粒骨架中的双模态充填式结构。

同理可得最紧密堆积和任意堆积角 θ 时的关系式。

$60°\leqslant\theta<67°58'$ 时，二级颗粒半径 R_2 必须小于 $0.414R_1$，二级颗粒含量的界限值 f_2 和 f_2' 的关系式分别为

$$f_2=\begin{cases}\dfrac{\pi}{3\sqrt{2}}B_{21}^3 & 0.414R_1\geqslant R_2>0.25R_1\\ \dfrac{\sqrt{2}\pi}{3}B_{21}^3 & 0.25R_1\geqslant R_2\end{cases} \tag{6-13}$$

任意堆积角时，R_2 必须小于 R_{pmin}，f_2 和 f_2' 的关系式分别为

$$f_2'=\begin{cases}\dfrac{1}{\left(\dfrac{1}{B_{21}}\right)^3+1} & 0.414R_1\geqslant R_2>0.25R_1\\ \dfrac{2}{\left(\dfrac{1}{B_{21}}\right)^3+1} & 0.25R_1\geqslant R_2\end{cases} \tag{6-14}$$

$$f_2'=\frac{1}{\dfrac{1}{N_2\cdot B_{21}^3}+1}\qquad f_2=\frac{N_2\pi B_{21}^3}{6(1+\cos\theta)\sqrt{1+2\cos\theta}}$$

式中 N_2 为二级颗粒的个数，通常可表示为 R_{pmax}/R_{pmin}。

3. 三模态

有三种级别的颗粒共存的孔隙结构称为三模态孔隙结构。

在双模态充填式结构的基础上，当二级颗粒半径 R_2 小于 $0.414R_1$ 时，可在最疏松堆积的六面体内充填 6 个颗粒而形成八面体（图 6–3），八面体孔隙大小分别为 $\frac{2}{\sqrt{3}}(-1)R_2$（面上），$\left(\sqrt{2}-1\right)R_2$（中心）。因此三级颗粒的半径 R_3 必须小于 $\left(\sqrt{2}-1\right)^3R_1$，才能充填于二级颗粒中。此为形成三模态时对二级和三级颗粒大小的要求。

当三种颗粒的含量达到某种比例关系时，会形成一级颗粒内充填二级颗粒、二级颗粒内充填三级颗粒的三模态充填式结构（如砾岩储层中的复模态结构，图版 I–4）；如果二级颗粒含量或三级颗粒含量过高，将出现一级颗粒互不接触而悬浮于二级颗粒中，或悬浮于三级颗粒中（图版 I–5）。通过理论推导可得出这种比例关系的数学表达式。

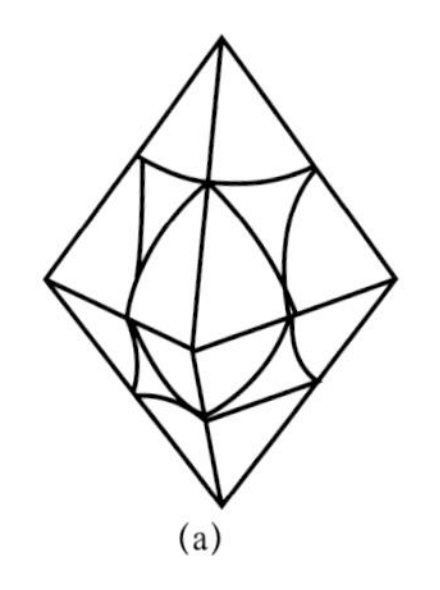
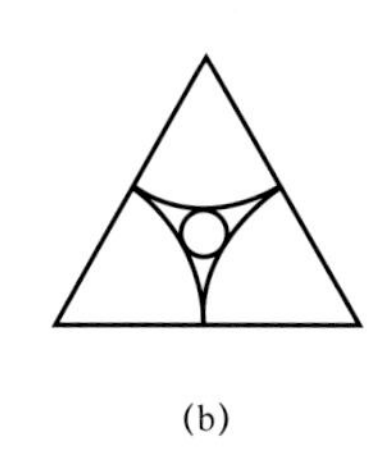
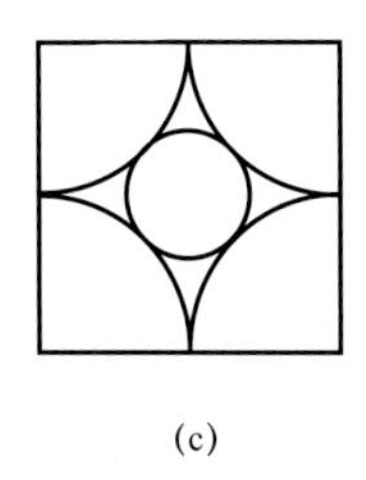
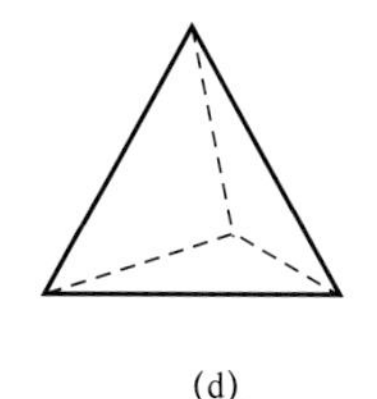

(a) (b) (c) (d)

图 6-3 紧密堆积及其四种不同孔隙

(a) 八面体; (b) 面上孔隙 $\left(R_p=\left(\sqrt{\frac{4}{3}}-1\right)R_1\right)$; (c) 四球中心孔隙 $\left(R_p=\left(\sqrt{2}-1\right)R_1\right)$; (d) 四面体内孔隙 $\left(R_p=\left(\sqrt{\frac{3}{2}}-1\right)R_1\right)$

各级颗粒含量为

$$
\begin{aligned}
f_1&=\frac{\pi}{6} & f_1'&=\frac{1}{1+6B_{21}^3+B_{21}^3\cdot B_{32}^3}\\
f_2&=\pi B_{21}^3 & f_2'&=\frac{6}{\left(\frac{1}{B_{21}}\right)^3+6+B_{32}^3}\\
f_3&=\frac{\pi}{6}B_{21}^3B_{32}^3 & f_3'&=\frac{1}{1+6\left(\frac{1}{B_{32}}\right)^3+\left(\frac{1}{B_{21}\cdot B_{32}}\right)^3}
\end{aligned}
\tag{6-15}
$$

其中

$$B_{32}=\frac{R_3}{R_2}$$

则

$$f_1:f_2:f_3=f_1':f_2':f_3'=R_1^3:6R_2^3:R_3^3 \tag{6-16}$$

由此可知,只有当三中颗粒的含量比达到 $R_1^3:6R_2^3:R_3^3$ 时才有可能形成三模态充填结构。

与双模态充填方式不同,三模态充填方式不仅受颗粒大小及其相对含量的控制,还与颗粒组合有关。有两种不同的组合,一种是二级颗粒完全充填于一级颗粒间,三级颗粒完全充填于二级颗粒形成的孔隙中,即三级颗粒与二级颗粒接触的同时也与一级颗粒接触。本文讨论的三模态充填式指前者,把后者看成是三模态悬浮式结构,因为这时可在局部使二级和三级颗粒含量过高而形成悬浮式。

因此,形成三模态时,必有 $B_{21}<\left(\sqrt{2}-1\right)$ 和 $B_{21}B_{32}<\left(\sqrt{2}-1\right)^2$;当三者相对含量满足 $R_1^3:6R_2^3:R_3^3$ 时,可形成三模态充填式,否则形成三模态悬浮式(图 6-4)。

同理可得最紧密堆积时的基本条件为 $B_{21}<0.225R_1$ 和 $B_{21}B_{32}<0.165R_1$,三者含量比为 $R_1^3:8R_2^3:R_3^3$。

任意角 θ 时，$B_{21}<\frac{1}{2}\left(\sqrt{3-2\cos\theta}-1\right)$，$B_{21}B_{32}<\frac{\sqrt{3}-1}{2}\left(\sqrt{3-2\cos\theta}-1\right)$ 三者的含量比为

$$f_1:f_2:f_3=\begin{cases}R_1^3:8R_2^3:R_3^3 & 60°<\theta<68° \\ R_1^3:6R_2^3:R_3^3 & 68°\leqslant\theta<90°\end{cases} \tag{6-17}$$

三、结构模态的岩石学特征

各种不同孔隙结构模态对应不同的岩石类型，根据岩石中颗粒的粒径比（B_{21} 和 B_{32}）和含量（f_i 和 f_i'），可划分出五种不同的结构模态区（图 6-4）。

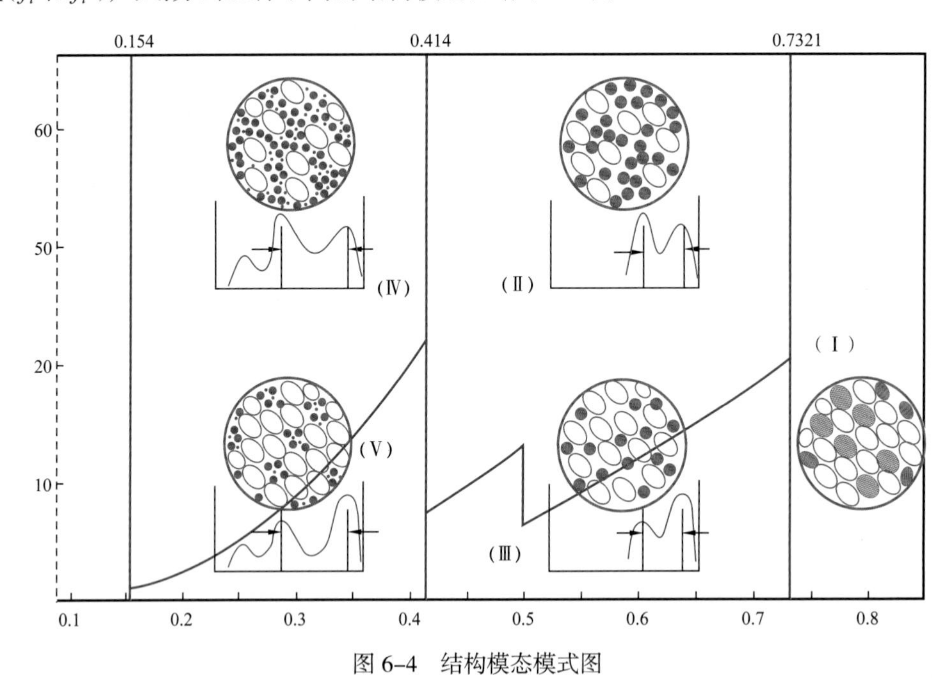

图 6-4　结构模态模式图

（Ⅰ）单模态；（Ⅱ）双模态悬浮式；（Ⅲ）双模态充填式；（Ⅳ）三模态悬浮式；（Ⅴ）三模态充填式

1. 单模态堆积区（Ⅰ区）

仅有一级颗粒存在，其粒径比 B_{21} 为 0.4～0.7，属比较单一的堆积模态，但只有当岩石的分选好时才能满足这一条件。

在砂岩中，粒度命名通常采用 ϕ 函数粒级（$\phi=-\lg_2 D$），ϕ 值增、减一个单位就表示不同的岩性。由于在同一岩性区间内的颗粒粒径比可达 0.5，因此同一岩性区间内的砂岩颗粒可形成单模态孔隙结构，常见的巨砂岩、粗砂岩、中砂岩和细砂岩等单一岩性即属此类。

砾岩则以粒径极差的 10 倍来划分岩性，粒径为 2～10mm 时称细砂岩，10～100mm 为中砂岩，100～1000mm 为粗砾岩，大于 1000mm 为巨砾岩。同一岩性区间内的颗粒最小粒径比为 0.1～0.2，比单模态的粒径比（0.1～0.7）小，因此在砾岩中，即使碎屑的粒径分布在同一岩性区间内也可能满足不了形成单模态的粒径比条件，故在砾岩中单模态属罕见的堆积模态。

2. 双模态悬浮堆积区（Ⅱ区）

其粒径比 B_{21} 区间和二级颗粒的含量 f_2 均随堆积角 θ 而变化。疏松（θ=90°）时 B_{21} 区间为0.732～0.414，f_2 为11.1%～20.5%；紧密（θ=60°）时分别为0.414～0.255和5.25%～2%，故极限区间 B_{21} 为0.732～0.255，f_2 为20.5%～2%。

在砂岩中，当砂屑为两个相邻岩性区间（B_{21} 为0.5～0.25），次要成分的含量为10%以上（f_2>10%）时，就可参加岩石命名。故只要砂岩中的次要成分参加命名，砂岩就分布在该堆积区内，如泥质粉砂岩、粉砂质细砂岩、巨砂质粗砂岩等。由此可见双模态悬浮式为砂岩中常见的孔隙结构模态。

砾岩中同一岩性区间内 B_{21} 可达0.1，它也分布在该堆积区内，如细砾岩、小砾岩等分选较好的岩石，砂质含量较重的砂质砾岩等。因此砾岩中只有分选好的砾岩和砂质砾岩属于双模态悬浮式孔隙结构模态。

3. 双模态充填堆积区（Ⅲ区）

其粒径比 B_{21} 区间与Ⅱ区相同，二级颗粒的含量较低，f_2 为2%～20.5%。其特点是次要成分比主要成分细，如含粉砂细砂岩、含中砂粗砂岩、含砂质砾岩等，故双模态充填型孔隙结构是砂岩、砾岩中较常见的类型。

4. 三模态悬浮堆积区（Ⅳ区）

其粒径比的区间为 B_{21}<0.4～0.255，B_{32}<0.7～0.3，三种颗粒中三级颗粒（最小者）与一级颗粒（最大者）之比 B_{31} 为 B_{21} 与 B_{32} 之积，则 B_{31} 的区间为<0.3～0.09。二级颗粒的含量 f_2 为8.48%～22.23%，单位体积内一级颗粒与二级和三级颗粒之和的颗粒数之比小于1∶9～1∶7。

在砂岩中，只有当砂屑粒径的分布范围跨2～5个岩性区间时才会出现最小砂屑粒径与最大者之比小于0.3～0.09（B_{31} 的区间），此类砂岩为罕见的分选极差的不等粒砂岩。

在砾岩中，同一岩性区间内的粒径比为0.1，分布在0.3～0.09的区间内，粒径分布跨两个岩性区间时为0.01～0.1，远小于 B_{31} 的区间，对于砾岩中跨一至两个岩性区间的岩石，如果细粒物（砂和泥）较多则属于三模态悬浮式孔隙结构，这类岩石是常见的细粒小砾岩、砂质不等粒砾岩和不等粒砾岩等。

5. 三模态充填堆积区（Ⅴ区）

其粒径比的分布区间与Ⅳ区相同，三种不同级别颗粒的含量必须达到 R_1^3∶$6R_2^3$∶R_3^3～R_1^3∶$8R_2^3$∶R_3^3 的比例，且三级颗粒只与二级颗粒接触，不与一级颗粒接触。因而其形成条件苛刻，不管是在砂岩中还是在砾岩中都很难大规模形成，仅能在砾状泥质砂岩的局部可见，故属罕见类型。

四、结构模态的孔隙结构特征

1. 单模态

常见的有砂质结构（图版Ⅰ-1），颗粒分选好，颗径相近，基质含量低，主要以粒间孔为主，其次为粒缘孔和界面孔,可形成较好的连通孔隙网络系统。

2. 双模态悬浮式

通常为含砾结构,砾石含量低,不能单独形成支撑骨架,呈悬浮状分布在砂(或泥)中,基质含量过高,孔隙不发育,量通行差(图版 I–2)。

3. 双模态充填式

常见的有砾(砂)岩结构,主要为细粒小砾岩及部分含砂(砂质)砾岩,由砾(砂)支撑形成骨架,砂泥质充填于其中,孔隙发育特征视其充填物而异、充填砂质较好,而充填泥质较差(图版 I–3)。

4. 三模态悬浮式

这也是常见的类型,由于砂和泥含量太高,砾悬浮于泥砂中,其特征与双模态悬浮式相似,但其细粒的粒径变化更大,形成的孔隙更复杂(图版 I–4),孔隙发育差,偶见些微裂缝,通常为泥质含砾砂岩、泥砂质砾岩等。

5. 三模态充填式

这是罕见的类型,由于粒间的两次充填,使孔隙大大减少,能残留的仅是微毛细管孔隙(图版 I–5),为差储层或非储层。

第三节　各种模态的孔隙度和渗透率特征

一、单模态

单模态时的孔隙度应为单位岩石体积与其颗粒体积之差,即

$$\phi=1-f_0=1-\frac{\pi}{6(1-\cos\theta)\sqrt{1+2\cos\theta}} \tag{6–18}$$

其渗透率的大小可由泊稷叶公式获得,此时的喉道大小应为其面上椭圆的短轴半径 R_{tmin},故

$$K=\frac{R_1^2}{8}G_{\mathrm{p}}\left(\sqrt{2(1-\cos\theta)}-1\right)^2\left(1-\frac{\pi}{6(1-\cos\theta)\sqrt{1+2\cos\theta}}\right) \tag{6–19}$$

式中　G_{p}——卡佳霍夫定义的孔隙结构系数。

渗透率的大小与颗粒大小有关,而孔隙度与之无关,两者均受排列方式(θ)影响,且当堆积角减小时,渗透率的减少量远大于孔隙度的降低量。

二、双模态悬浮式

岩石由一级 、二级颗粒和粒间孔隙组成,即

$$f_1+f_2+\phi=1 \tag{6-20}$$

岩石中无一级颗粒的部分有

$$f_2+\phi_2=1 \tag{6-21}$$

整理式（6–20）和式（6–21）可得

$$\phi=\phi_2-f_1 \tag{6-22}$$

或

$$\phi=\frac{\phi_2-f_1'}{1-f_1'} \tag{6-23}$$

式中 ϕ——双模态悬浮式的孔隙度；

ϕ_2——二级颗粒单模态时的孔隙度。

其渗透率为

$$K=\frac{G_{\mathrm{p}}R_2^2}{8}\left(\sqrt{2\left(1-\cos\theta_2\right)}-1\right)^2\left(\frac{\phi_2-f_1'}{1-f_1'}\right) \tag{6-24}$$

将 $R_2=R_1B_{21}$ 代入（6–24）式得

$$K=\frac{G_{\mathrm{p}}R_1^2B_{21}^2}{8}\left(\sqrt{2\left(1-\cos\theta_2\right)}-1\right)^2\left(\frac{\phi_2-f_1'}{1-f_1'}\right) \tag{6-25}$$

式中 θ_2——二级颗粒堆积角，（°）。

由式（6–23）和式（6–25）可见，双模态悬浮式的孔隙度受二级颗粒的堆积角及一级颗粒的含量影响，二级颗粒排列越紧密、一级颗粒含量越高，其孔隙度越小。渗透率受二级颗粒的大小、堆积方式及一级颗粒的含量三个因素的影响。与单模态比较其孔隙度和渗透率都较差，孔隙度降低仅受一级颗粒的含量影响，而渗透率的降低还受其颗粒大小（B_{21}）的影响。

三、双模态充填式

此时的孔隙度可看成在一级颗粒单模态基础上，二级颗粒的充填减少了孔隙，故

$$\phi=\frac{\phi_1-f_2'}{1-f_2'} \tag{6-26}$$

式中 ϕ_1——一级颗粒单模态孔隙度。

孔隙度受二级颗粒含量影响，含量越高，孔隙度越小，反之则越大。当含量（f_2'）为零时，孔隙结构为单模态。

二级颗粒充填于六面体中心的孔隙，而对面上的喉道大小没有影响，因此仅使流体的渗流通道的迂曲度增加。

设颗粒边缘的路程为 L_1，中心路程为 L_2，则

$$L_1=\pi R_2 \qquad L_2=2R_2$$

$$\frac{L_2}{L_1}=\frac{2}{\pi}$$

由此可得渗透率公式为

$$K=\left(\frac{2}{\pi}\right)^2 G_{\mathrm{p}}\frac{R_1^2}{8}\left(\sqrt{2\left(1-\cos\theta_1\right)}-1\right)^2\left(\frac{\phi_1-f_2'}{1-f_2'}\right) \tag{6-27}$$

由于迂曲度的增加和孔隙度的减小，双模态充填式的渗透率小于单模态时的值，与双模态悬浮式比较，由于其面上的喉道较大，因而其渗透率可能好于后者，当关系式

$$\left(\frac{2}{\pi}\right)^2=B_{21}^2 \tag{6-28}$$

成立，且两种模式堆积方式相同、孔隙度相等时，两者的渗透率相等。但通常 $B_{21}<2/\pi$，故双模态悬浮式渗透率较充填式差。

四、三模态悬浮式

类似于双模态悬浮式，其孔隙度应为

$$\phi=\frac{\phi_2-\left(f_1'+f_3'\right)}{1-\left(f_1'+f_3'\right)} \tag{6-29}$$

式中　f_3'——三级颗粒相对含量。

此时三级颗粒可能充填于二级颗粒间，一级颗粒悬浮于二、三级颗粒中，因此它的孔隙度比双模态悬浮式低。

类似的可得渗透率：

$$K=\frac{R_1^2}{8}G_{\mathrm{p}}B_{21}^2\left(\frac{2}{\pi}\right)^2\left(\sqrt{2\left(1-\cos\theta_2\right)}-1\right)^2\left(\frac{\phi_2-\left(f_1'+f_3'\right)}{1-\left(f_1'+f_3'\right)}\right) \tag{6-30}$$

由于孔隙度的降低、喉道的减小而使渗透率比双模态低。

五、三模态充填式

其孔隙度为

$$\phi=\frac{\phi_1-\left(f_2'+f_3'\right)}{1-\left(f_2'+f_3'\right)} \tag{6-31}$$

其大小受二级颗粒和三级颗粒含量的影响，因为f_3'大于零，且f_2'大于双模态时的值，因此孔隙度极低。

由于增加了渗流通道的迂曲度，而且其喉道也因二级颗粒的充填而减小，故渗透率应为

$$K=\frac{R_1^2G_p}{8}\left(\frac{2}{\pi}\right)^2\left[\sqrt{2\left(1-\cos\theta_1\right)}-\left(1+B_{21}\right)\right]^2\left(\frac{\phi_1-\left(f_2'+f_3'\right)}{1-\left(f_2'+f_3'\right)}\right) \tag{6-32}$$

孔隙度和喉道半径的减小以及迂曲度的增加，使渗透率也极低，形成了极为复杂的孔隙结构特征。由于其形成条件苛刻，在实际中发现较少，即使存在也很难成为储层。

（1）碎屑颗粒粒径的大小及其相对含量是形成不同模态的两个互相制约的重要因素。

（2）常见分选好的砂岩储层易形成单模态，分选较差者可形成双模态，双模态结构较罕见；砾岩形成双模态及双模态较砂岩容易，常形成双模态及双模态悬浮式。

（3）储层物性随模态数的增加而变差，对渗透率的影响远较孔隙度强烈。

本章小结

碎屑岩分选差、粒度粗、粒度分布区间广的砾岩储层，其孔隙结构与分选有着极为密切的关系。对此，克拉克（1979）提出了双模态的结构模式以解释这种储层的特殊性。刘敬奎（1983，1986）还根据克拉玛依油田的特征提出了复模态的砾岩储层结构模态。

在砾岩储层的孔隙结构观察中，既可见到双模态结构，也可见复模态结构，而且还有其他的储层结构。研究储层微观孔隙结构模态的控制因素，将有利于综合评价油藏储层。

在众多的因素中，作者认为沉积环境是控制模态的主要因素，主要表现为碎屑颗粒的粒径比及不同粒径颗粒的相对含量两方面。克拉克提出双模态时已注意到因砂岩颗粒的含量不同而形成的两种不同堆积方式；刘敬奎提出的复模态结构强调了砾、砂、泥三种不同颗粒的含量在复模态形成中的作用。

本章从粒径比和相对含量这两个重要影响因素入手，进行定量研究，确定了形成五种不同碎屑岩模态的数学和地质模型及在不同模态中的孔隙度、渗透率的估算公式，阐述了碎屑岩结构模态的形成机理及对储层物性的影响。

（1）单模态 常见的有砂质结构，颗粒分选好，粒径相近，基质含量低，主要以粒间孔为主，其次为粒缘孔和界面孔，可形成较好的连通孔隙网络系统。

（2）双模态悬浮式 通常为含砾结构，砾石含量低，不能单独形成支撑骨架，呈悬浮状分布在砂（或泥）中，基质含量过高，孔隙不发育，连通行差。

（3）双模态充填式 常见的有砾（砂）岩结构，主要为细粒小砾岩及部分含砂（砂质）砾岩，由砾（砂）支撑形成骨架，砂泥质充填于其中，孔隙发育特征视其充填物而异、充填砂质较好，

而充填泥质较差。

（4）三模态悬浮式　这也是常见的类型，由于砂和泥含量太高，砾悬浮于泥沙中，其特征与双模态悬浮式相似，但其细粒的粒径变化更大，形成的孔隙更复杂，孔隙发育差，偶见些微裂缝，通常为泥质含砾砂岩，泥沙质砾岩等。

（5）三模态充填式　这是罕见的类型，由于粒间的两次充填，使孔隙大大减少，能残留的仅是微毛细管孔隙，为差储层或非储层。

第七章　特低渗透砾岩渗流机理

对低渗透砾岩储层物性和渗流能力有了一定的认识，为了进一步认识低渗透砾岩储层的渗流机理，了解产量递减的原因，明确开发的机理，需要进一步研究储层的非线性渗流规律、应力敏感性，油、水两相渗流规律以及水驱油和渗吸采油的特征。

第一节　特低渗透砾岩油藏渗流规律

一、非线性渗流规律

流体在孔隙和喉道之间流动，主要受喉道控制，不同的喉道需要不同的压力才能开启参与渗流。随驱替压力增加，参与渗流的小喉道逐渐增加，连通的渗流通道同时增加。因此，开展在不同的压力下水测渗透率实验，研究储层渗流能力和驱动压力的关系。共进行 15 块样品的测试（表 7–1）。

表 7–1　实验岩心参数表

井号	岩心号	渗透率（mD）	孔隙度（%）
JW32	7–1/4	0.10	13.05
JW32	8–8/8	0.09	13.37
JW32	14–4/32	0.02	13.25
JW32	5–22/25	0.25	13.11
JW32	9–23/32	0.22	12.46
T85722	29–21/31（6）	0.39	7.90
T85722	5–28/35（5）	1.18	9.38
T85722	7–14/39（5）	0.39	10.74
8619	26–2/13（5）	0.05	8.37
8645	23–2/12（5）	0.13	8.02
8650	26（5）	0.17	11.12
85095	11–22/38（5）	0.56	13.60
85095	1–9/37（4）	0.59	15.13
85095	1–9/37（5）	0.25	14.26
85095	4–24/31（5）	1.01	12.84

整理实验测得岩心的水测渗透率数据(图 7-1),进行比较研究,结果表明:岩心的水测渗透率不是一个定值,而是随着压力梯度变化的一个参数,它随着压力梯度的增加而增大,当压力梯度达到一定值时,水测渗透率逐渐趋于常数,在水测渗透率趋于稳定前存在一个明显的拐点。这是因为流体在孔隙和喉道之间流动,主要是受喉道控制,细小的喉道需要较大压力才能开启并参与渗流。由于压力不断增大,逐步打开不同半径的喉道,随着喉道打开越多,形成的连通渗流通道越多,渗透率随之增加,当主要的渗流通道基本都打开之后,渗透率基本不增加,渗流曲线进入稳定阶段。岩心的渗透率、孔隙结构不同时进入稳定段的拐点不同,渗透率越小,喉道分布越宽,拐点启动压力越低。在实际生产中,油田的生产压差一般都不是很大,一般油田的生产压力梯度小于 0.5MPa/m ,在油田的实际生产中,地下油藏渗透率位于变化的曲线段,储层的有效渗透率不是定值,而是随着生产压差变化的。

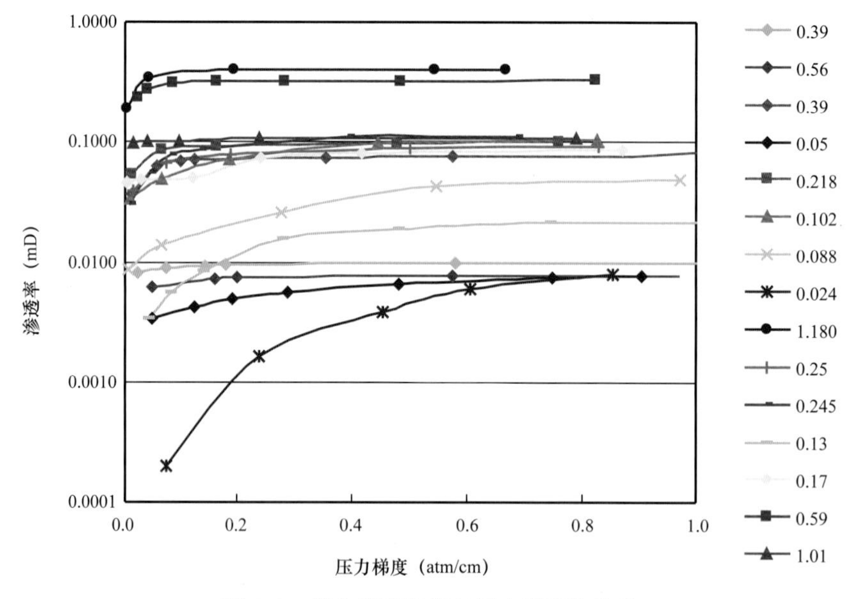

图 7-1 岩心渗流规律与压力梯度的关系

前面的实验表明,储层渗透率不再是常数,而是驱替压力梯度的函数,因此导致了流体的非线性流动,已知达西线性渗流方程为

$$v = \frac{K}{\mu}\nabla p$$

式中渗透率是常数,而对于非线性渗流而言,可以表述成如下形式:

$$v = \frac{K\left(\nabla p\right)}{\mu}\nabla p$$

具有启动压力梯度的渗流方程经变形后可知其渗透率与压力梯度间的关系为

$$v = \frac{K_0}{\mu}(\nabla p - \lambda) \Rightarrow K(\nabla p) = K_0 \frac{(\nabla p - \lambda)}{\nabla p}$$

三种渗流规律如图 7–2 所示，非线性渗流规律介于达西渗流与非达西渗流之间，当压力梯度很小时，非线性渗流与具有启动压力梯度的非达西渗流区别明显，随着压力梯度的增加，前者逐渐向后者接近，二者区别逐渐减小。

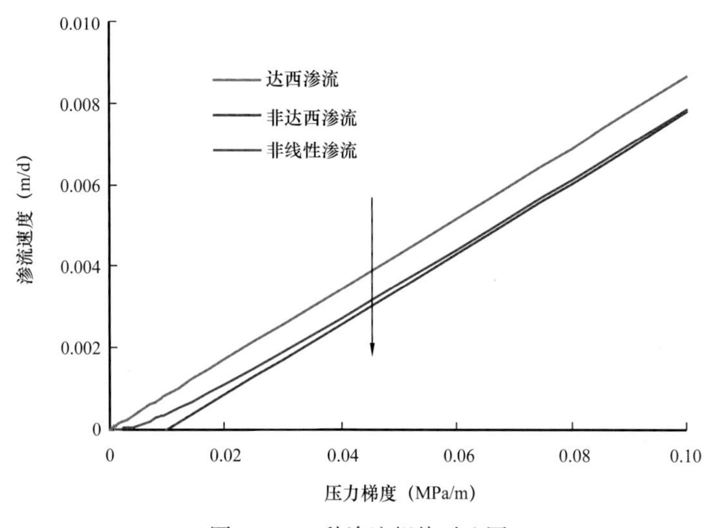

图 7–2 三种渗流规律对比图

二、注入规律

本文研究低渗透砾岩储层的气测渗透率与水测渗透率的关系及水测渗透率与油测渗透率的关系（图 7–3），结果表明：研究区目的层低渗透砾岩储层的不同流体渗流能力损失不大，气水渗透率之比在 10 倍以内，水油渗流能力比值更小，表明储层对流体不太敏感，由注入引起的能量损失不大，属于适合注水开发的储层。同时本文比较研究该区低渗透砾岩储层、大庆部分低渗透储层、长庆部分低渗透储层的气测渗透率与水测渗透率的关系（图 7–4），结果表明：大庆与长庆油田低渗透储层的气测渗透率与水测渗透率的比值都明显大于该地区，其中大庆油田低渗透储层的 K_g/K_w 比值最大，表明其渗透率损失最大，注水开发的难度最大。同时这两个油田的低渗透储层 K_g/K_w 呈现比较明显的相关性，随着气测渗透率变小，K_g/K_w 迅速增大，表明这两个油田的低渗透储层渗透率越低，注水引起的渗透率损失越大。而目的层低渗透砾岩储层不仅 K_g/K_w 比值较小，同时不存在明显的气测渗透率变小，K_g/K_w 迅速增大的趋势，因此，研究区目的层低渗透砾岩储层、大庆部分低渗透储层、长庆部分低渗透储层相比较，具有明显的注水开发的优势，注水的难度相对较小，降低开发的难度。

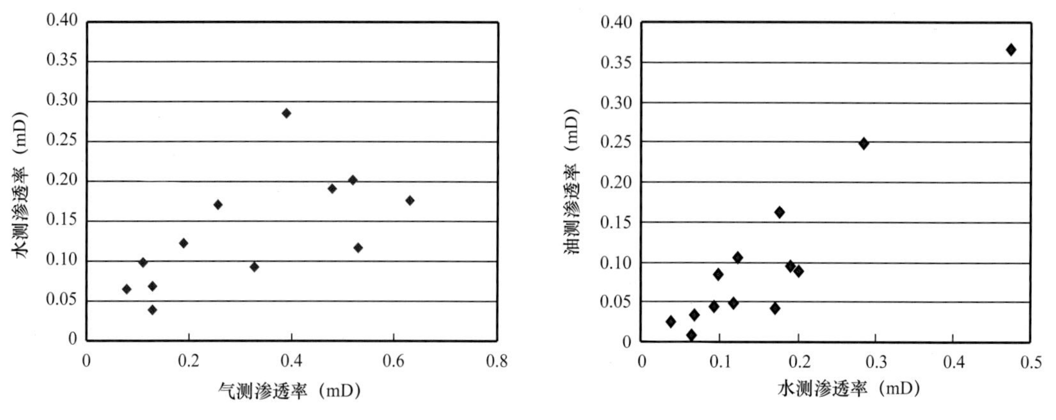

图 7–3　不同流体渗流能力研究

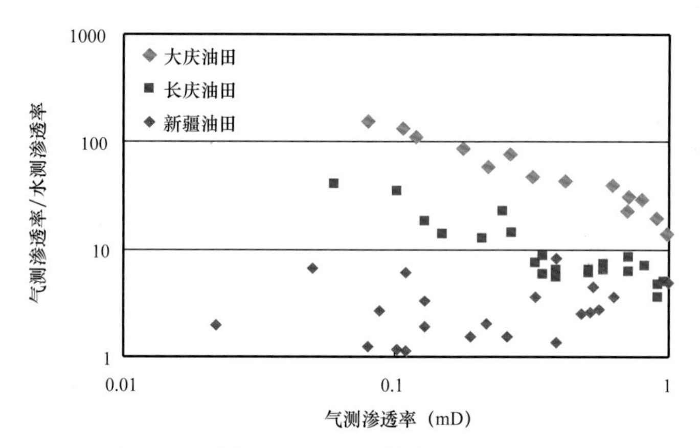

图 7–4　不同油田的不同流体渗流能力比较研究

第二节　地层条件下低渗透砾岩的应力敏感性

储层的受力情况直接影响储层的孔渗特性，储层受到的有效作用力越大，其孔隙空间就越小，渗透性也就越差。特别是对于裂缝性储层或特低渗透储层，有效应力的影响更加明显。大量实验证明岩心渗透率随有效围压增大逐渐较小，而当围压再减小时渗透率却不能恢复到原始值。这说明有效应力的变化对岩心渗透率造成了比较大的影响，包括可逆过程和不可逆过程。渗透率降低的主要原因，一方面是由于孔隙喉道的变化，另一方面是由于岩石颗粒受压后形成细小的微粒，堵塞了孔道，或是黏土受压变形堵塞喉道，而喉道的大小决定渗透率的大小，因此即使压力再恢复到初始时，渗透率也不能恢复到原始值。应力敏感性的研究对于认识储层有重要的意义，尤其是近井地区随着压降漏斗的形成，油藏压力在不断降低，此时，储层渗透率由于有效应力变化而引起的储层伤害程度对油田开发意义很大。

一、应力敏感性实验测试方法

将岩心装入夹持器中，首先给岩心加 5MPa 的围压，测试岩心的气体渗透率，然后依次增加围压到 10MPa、15MPa、20MPa、25MPa、30MPa 测试岩心的气体渗透率，然后开始进行降压，依次将围压降到 25MPa、20MPa、15MPa、10MPa、5MPa 测试岩心的气体渗透率，结束实验。对比升压和降压过程中，在同样围压条件下岩心的渗透率有何变化。绘制围压升、降过程中岩心的渗透率变化曲线，研究有效应力增加对低渗透砾岩储层的伤害程度。表 7–2 是实验样品的基础数据。

表 7–2　应力敏感性测试岩心数据表

井号	岩心号	长度（cm）	直径（cm）	孔隙度（%）	渗透率（mD）
8619	26–2/13（5）	5.28	3.82	8.37	0.05
8619	9–2/10（5）	6.64	3.82	10.36	0.07
8645	23–2/12（5）	6.72	3.82	8.02	0.13
8645	41（5）	6.2	3.82	12.85	0.47
8645	8–14/39（5）	6.64	3.82	13.70	0.11
8650	36（5）	6.6	3.82	11.12	0.17
8650	36（6）	6.43	3.82	11.40	0.34
8650	5–5/37（5）	6.66	3.82	11.37	0.2
85095	11–22/38（5）	6.72	3.82	13.60	0.56
85095	1–9/37（4）	6.48	3.82	15.13	0.59
85095	1–9/37（5）	6.55	3.82	14.26	0.25
85095	4–24/31（5）	6.54	3.82	12.84	1.01
JW32	6–4/17	7.08	3.82	11.85	0.05
JW32	14–4/32（2）	7.08	3.82	13.25	0.024
JW32	2–24/39	6.29	3.82	12.05	0.01
JW32	5–22/25	5.95	3.82	13.11	0.25
JW32	7–1/4（2）	7.28	3.82	13.05	0.102
JW32	8–8/8（2）	6.67	3.82	13.37	0.088
JW32	9–23/32（2）	7.87	3.82	12.46	0.218
T85722	19–1/28（6）	4.8	3.82	9.98	0.11
T85722	29–21/31（6）	6.67	3.82	7.90	0.39
T85722	31–41/45（5）	6.79	3.82	11.86	0.17
T85722	5–28/35（5）	6.97	3.82	9.38	1.18
T85722	7–14/39（5）	6.38	3.82	10.74	0.39

根据渗透率敏感性评价方法对渗透率进行归一化处理，引入了无量纲渗透率的概念。无量纲渗透率是每一个有效应力下的气测渗透率与选定的初始有效应力对应的渗透率比值，无量纲渗透率的引进可以很好地描述岩心在围压发生改变的过程中，储层渗透率相对于原始渗透率的变化程度，可以直接反映出地层压力变化过程中对应的渗透率变化，即无量纲渗透率大小。既可以体现地层压力变化过程中储层渗透率的变化，又能反映出渗透率的伤害程度。

以低有效应力（5MPa）为基点计算了无量纲渗透率进行对比研究（图 7–5），样品基础数据见表 7–2，结果表明随着有效应力的增加，渗透率初始时下降很快，当有效应力达到 15～20MPa 时渗透率下降速度变得较慢，有效应力达到 30MPa 时岩心中渗透率伤害程度很大，下降范围部分集中在原始渗透率的 0.6～0.1。主要原因为：从原始地应力状态下取出的岩心，由于上覆岩层压力的消失使得岩心的骨架应力释放，这种应力状态和大小的变化将使岩心的孔隙结构发生变化，部分小喉道和微裂缝将开启或增大，以低有效应力为基点进行压敏评价时，随着有效应力的增加，岩心的骨架应力会逐渐恢复到原始储层有效应力，在恢复过程中产生的渗透率变化不能体现储层渗透率的应力敏感程度。因此以低有效应力为基点来评价渗透率应力敏感性并不能反映储层的真实情况。

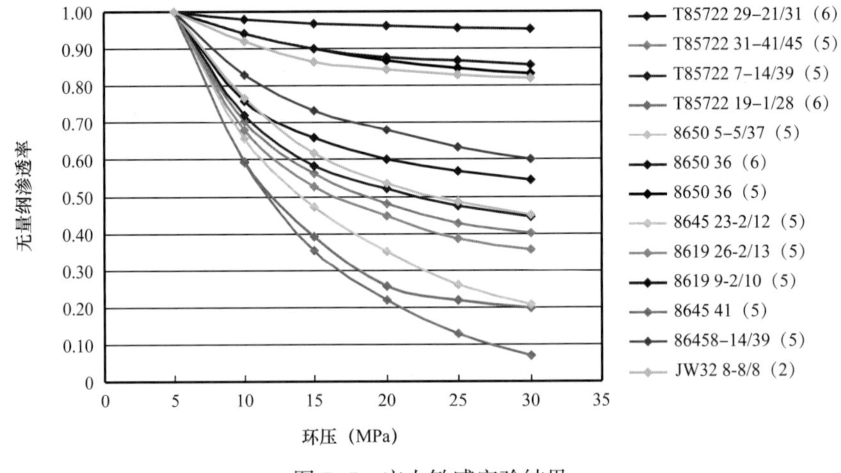

图 7–5　应力敏感实验结果

二、岩心伤害率的计算方法

为了真实地反映储层应力敏感性，以原始储层应力状况作为基点来评价储层渗透率应力敏感程度，根据研究区目的层低渗透砾岩储层的原始地层压力、生产压力和深度等参数可以算出原始储层有效应力大约为 20MPa。油藏压力每下降 1MPa，有效应力便增加 1MPa，当油藏压力下降 10MPa 时，最大有效应力为 30MPa。以 20MPa 为基点计算了无量纲渗透率进行对比研究（图 7–6），结果表明在油藏原始条件下（图 7–7），随着油藏压力下降，渗透率逐渐减小。但渗透率伤害程度明显降低，在最大有效应力时，下降范围部分集中在原始渗透率的 0.8（图 7–8）以内，个别含有明显裂缝的岩心渗透率伤害仍然较大。表明在储层的真实情况下，应力敏感性影响并不是非常严重，而裂缝性储层的应力敏感性相对较强，对于研究区目的层这类微裂缝较为发育的低渗透砾岩储层，应力敏感问题仍然要引起重视。

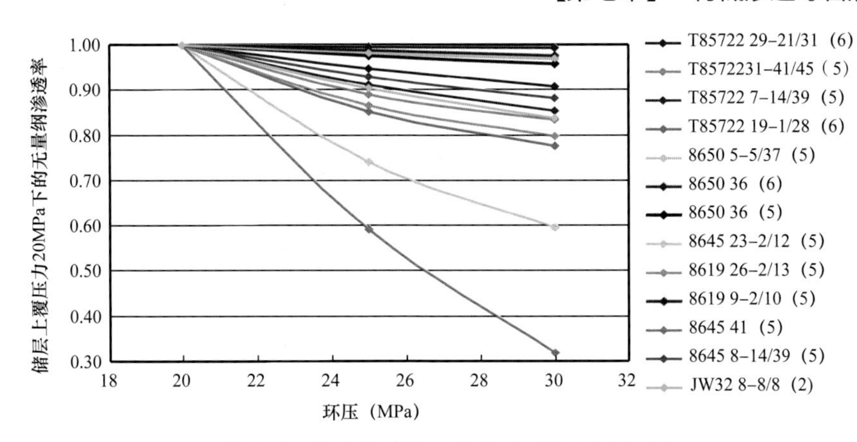

图 7-6 应力敏感实验结果（具有上覆应力）

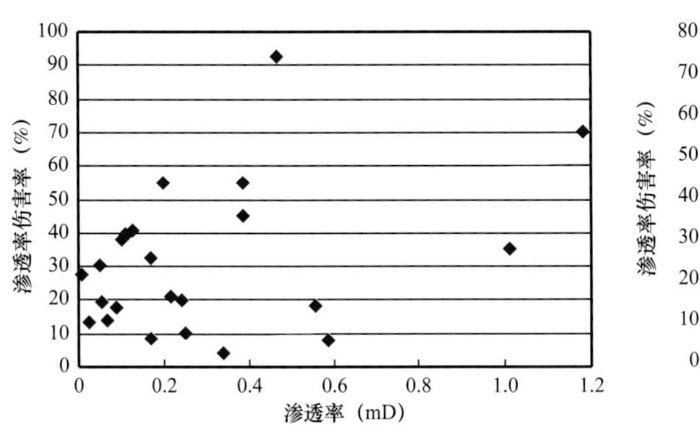

图 7-7 不恢复到地层条件下的渗透率伤害率

图 7-8 恢复到地层条件下的渗透率伤害率

整理上述实验数据，依据渗透率伤害公式计算岩心伤害率（表 7-3）。

表 7-3 渗透率伤害率计算结果

井号	岩心号	孔隙度（%）	渗透率（mD）	渗透率伤害率（%）	
				不恢复到地层条件	恢复到地层条件
8619	26-2/13（5）	8.37	0.05	30.84	20.17
8619	9-2/10（5）	10.36	0.07	14.46	2.44
8645	23-2/12（5）	8.02	0.13	40.94	40.34
8645	41（5）	6.20	0.47	93.00	67.99
8645	8-14/39（5）	13.70	0.11	39.93	11.69
8650	36（5）	11.12	0.17	8.79	4.08
8650	36（6）	11.40	0.34	4.56	0.69
8650	5-5/37（5）	11.37	0.2	54.94	16.06

续表

井号	岩心号	孔隙度（%）	渗透率（mD）	渗透率伤害率（%）	
				不恢复到地层条件	恢复到地层条件
85095	11-22/38（5）	13.60	0.56	18.43	2.05
85095	1-9/37（4）	15.13	0.59	8.25	1.18
85095	1-9/37（5）	14.26	0.25	10.45	1.94
85095	4-24/31（5）	12.84	1.01	35.79	14.16
JW32	6-4/17	11.85	0.05	19.75	4.37
JW32	14-4/32（2）	13.25	0.024	13.56	3.02
JW32	2-24/39	12.05	0.01	27.85	4.92
JW32	5-22/25	13.11	0.25	20.45	5.38
JW32	7-1/4（2）	13.05	0.102	38.36	7.84
JW32	8-8/8（2）	13.37	0.088	18.02	3.00
JW32	9-23/32（2）	12.46	0.218	21.43	6.26
T85722	19-1/28（6）	9.98	0.11	39.27	22.21
T85722	29-21/31（6）	7.90	0.39	45.45	9.09
T85722	31-41/45（5）	11.86	0.17	32.92	16.54
T85722	5-28/35（5）	9.38	1.18	70.25	28.93
T85722	7-14/39（5）	10.74	0.39	55.45	14.55

岩心伤害率的计算方法：

$$K_d = (1 - K_2 / K_1) \times 100$$

式中 K_2——伤害后的渗透率；

K_1——伤害前的渗透率。

该批次岩心最大应力时渗透率伤害率主要集中在20%～60%，伤害情况严重；恢复到地层条件时渗透率伤害率主要集中在20%以下，虽然与通过无量纲渗透率计算的方法不同，但结果一致。

第三节　特低渗透砾岩储层水驱油效率

在束缚水饱和度下，水相的相对渗透率为0，而油相的相对渗透率为1，在该点只有油可以流动，而水是不流动的。随着含水饱和度的增加油相的相对渗透率减小，水相的相对渗透率增加，水逐渐由非连续相转变为连续相。在残余油饱和度处，油相的相对渗透率变为0，而水相的相对渗透率达到其最大值。油水各相的相对渗透率是在某一含水饱和度时，油、水相渗透率对束缚水饱和度条件下油相有效渗透率的比值。

相对渗透率曲线的特征既取决于流体的饱和度，也取决于各相流体在多孔介质中的分布状态。这当然首先与储层的润湿性及孔隙大小和结构有关。

一、水驱油岩心物性参数

运用非稳态法测量岩心的相对渗透率曲线，实验过程执行《岩石中两相流体相对渗透率测定方法》(SY/T 5345-2007)。针对研究区3口井对应的储层渗透率状况，选择了9块岩心进行相对渗透率测试实验，实验岩心基础物性参数见表7-4。

表7-4 储层水驱油岩心物性参数表

井号	岩心号	长度(cm)	直径(cm)	孔隙度(%)	渗透率(mD)
JW32	9-23/32(2)	7.28	3.82	12.46	0.22
JW32	7-1/4(2)	6.29	3.82	13.12	0.10
JW32	8-8/8(2)	6.87	3.82	13.37	0.09
JW32	14-4/32(2)	5.79	3.82	13.25	0.02
85722	7-14 39(5)	6.79	3.82	10.74	0.39
85095	11-22/38(5)	6.49	3.82	13.59	0.56
8650	36(6)	6.43	3.82	11.40	0.34
8619	26-2/13(5)	5.15	3.82	8.35	0.05
8645	8-14/39(5)	6.64	3.82	13.70	0.11

二、非稳态法相对渗透率测定方法及实验流程

(1)测量岩心气测渗透率及岩心尺寸、干重等数据。

(2)将岩心饱和地层水，测量岩心湿重，计算岩心孔隙度。

(3)按照实验流程图安装实验流程。

(4)将实验原油放入中间容器。将岩心放入岩心夹持器中，并加环压。

(5)打开恒温箱，将温度稳定在70℃。

(6)用模拟油驱替岩心，直到没有水采出，计量岩心中的出水量。计算原始含油饱和度和束缚水饱和度。

(7)水驱油过程，测量不同时刻的压力、流量。

在实验中运用Quizix泵驱替实验系统进行定流量驱替实验，压力测量采用精度0.1%传感器进行测量，实验压力直接由计算机数据采集系统采集。

三、水驱油实验结果特征

表7-5是岩心的油水相对渗透率实验测试结果。表中包含了每块岩心的两个端点饱和度、共渗区间饱和度、等渗点饱和度、端点水相渗透率以及无水期驱油效率、98%含水时驱

油效率和最终驱油效率。实验结果基本上反映了低渗透砾岩储层的油水相对渗透率曲线特征(图 7–9)。

表 7–5 相对渗透率测试结果

井号	岩心号	束缚水饱和度（%）	两相流跨度（%）	等渗点饱和度（%）	端点水相渗透率（mD）	无水期驱油效率（%）	含水 98% 驱油效率（%）	最终驱油效率（%）	剩余油饱和度（%）
JW32	9–23/32（2）	40.71	26.23	61.03	0.08	18.17	42.21	44.23	33.06
JW32	7–1/4（2）	49.95	20.45	66.01	0.12	19.23	39.23	40.86	29.60
JW32	8–8/8（2）	42.86	27.09	64.92	0.12	24.08	43.71	47.41	30.05
JW32	14–4/32（2）	30.03	39.53	64.50	0.12	39.83	55.77	56.50	30.44
T85722	7–14 39（5）	55.08	21.80	72.01	0.30	19.67	46.72	48.52	23.12
85095	11–22/38（5）	41.64	28.53	65.00	0.18	24.58	48.30	48.90	29.82
8650	36（6）	41.55	22.71	61.80	0.09	24.47	37.06	38.86	35.74
8619	26–2/13（5）	37.12	30.53	62.45	0.12	32.26	46.16	48.55	32.35
8645	8–14/39（5）	52.98	18.29	66.60	0.06	19.39	36.74	38.88	28.74

本区目的层低渗透砾岩储层束缚水饱和度较高,主要集中在 40%～55%;两相流跨度较小,大体位于 20%～40%,残余油饱和度较大,大体集中在 30% 左右。表明储层的开发难度比较大。

图 7–10 是岩心在无水期、含水 98% 时及含水 100% 时的驱油效率和渗透率关系统计结果。结果表明:研究区目的层低渗透砾岩储层的驱油效率比较低,基本在 40%～50%。三条统计曲线规律性不强,三种状态下的水驱油效率与岩心渗透率关系不明显,这是因为在室内实验中水驱压力可以很大,对于低渗透岩心而言,较高的驱替压力可以带来较高的驱油效率;含水 98% 时及含水 100% 时的驱油效率变化很小,基本上是一个定值,表明高含水状态下的水驱采油的意义已经不大,一旦进入含水 98% 时则需要寻找新的采油方法。

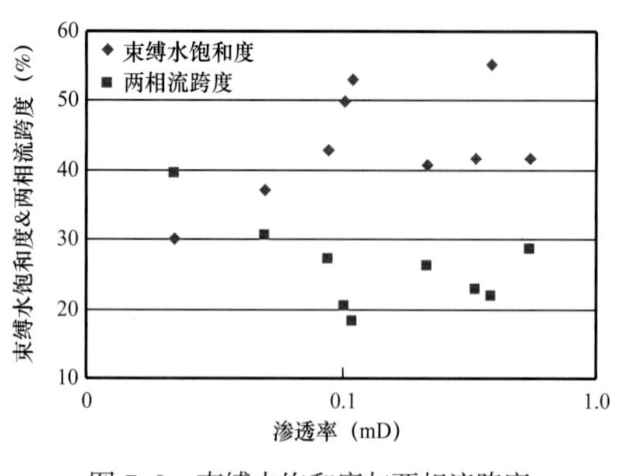

图 7–9 束缚水饱和度与两相流跨度

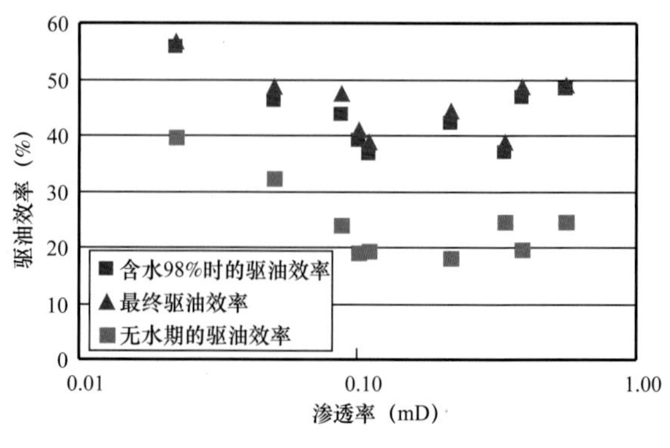

图 7–10 三个阶段的驱油效率

本书还研究了本区低渗透砾岩储层与长庆某低渗透储层的水驱采油特征，结果表明：虽然分属砾岩和砂岩，但渗透率相近的低渗透储层的端点水相渗透率十分接近（图7-11），反映了低渗透储层水相渗透率低、开发困难的特点；研究区目的层低渗透砾岩储层的驱油效率比较低，其无水驱油效率和最终驱油效率在渗透率较低的情况下比长庆低渗透储层较高（图7-12），这是储层微观结果不同的宏观反映，因为对于渗透率比较小的储层，由于本区低渗透砾岩储层存在微观的非均质性、微裂缝发育、储层喉道分布较宽等特点，给低渗透率储层的开发带来可能。

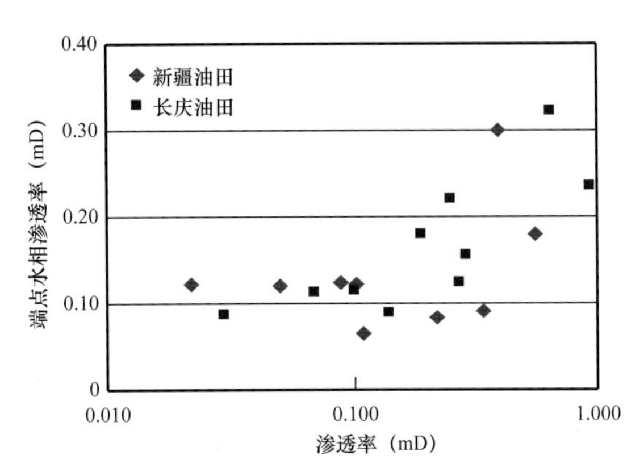

图7-11 不同油田相渗端点水相渗透率

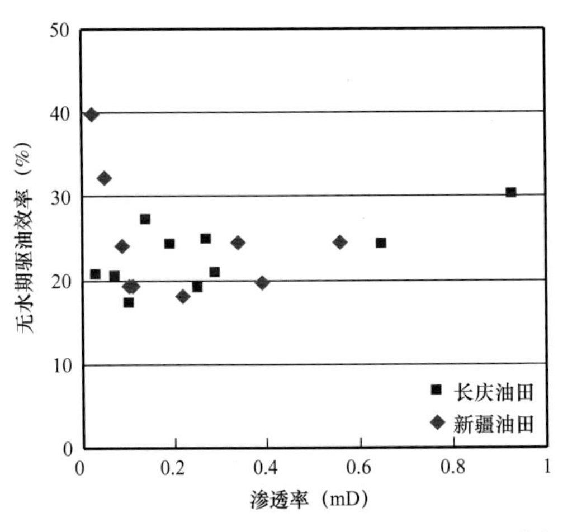

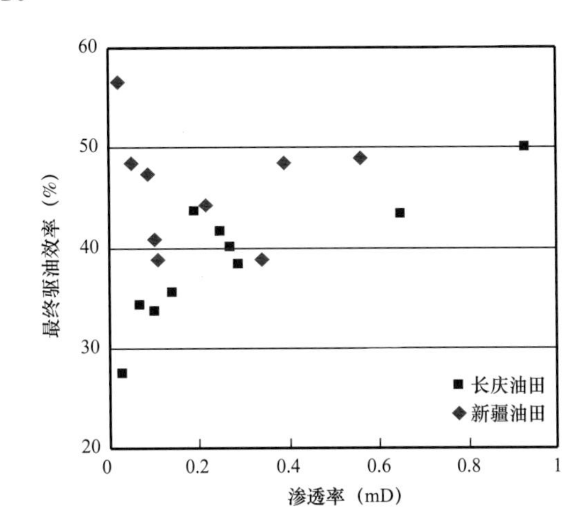

图7-12 不同油田相渗采收率研究

以下是9块岩心的相渗测试结果（图7-13至图7-21）：

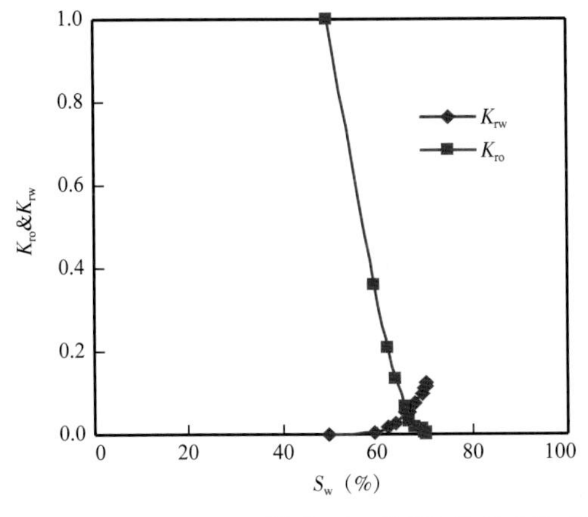

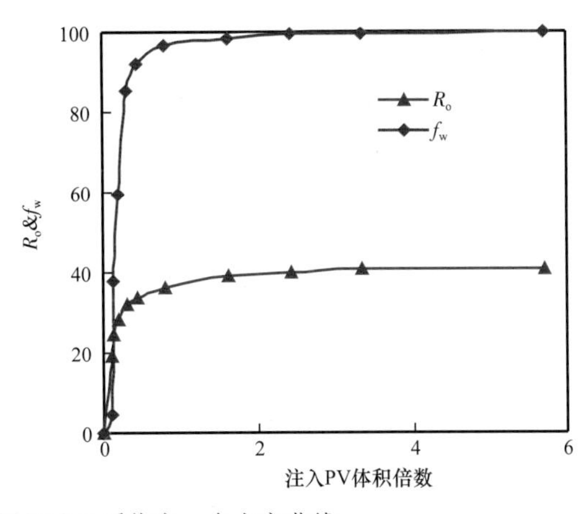

图7-13 JW32井7-1/4（2）岩样相渗及采收率、含水率曲线

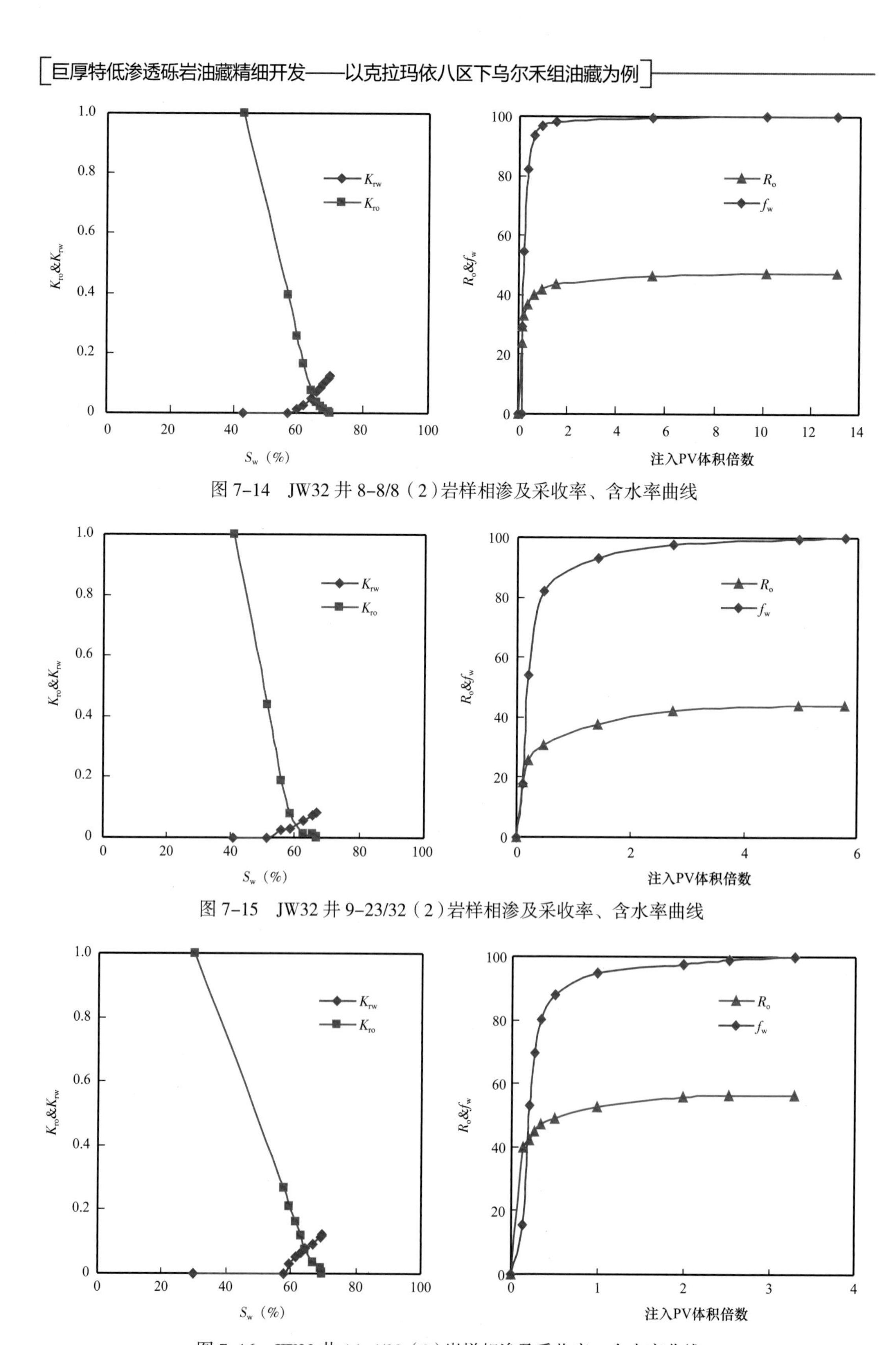

图 7-14　JW32 井 8-8/8（2）岩样相渗及采收率、含水率曲线

图 7-15　JW32 井 9-23/32（2）岩样相渗及采收率、含水率曲线

图 7-16　JW32 井 14-4/32（2）岩样相渗及采收率、含水率曲线

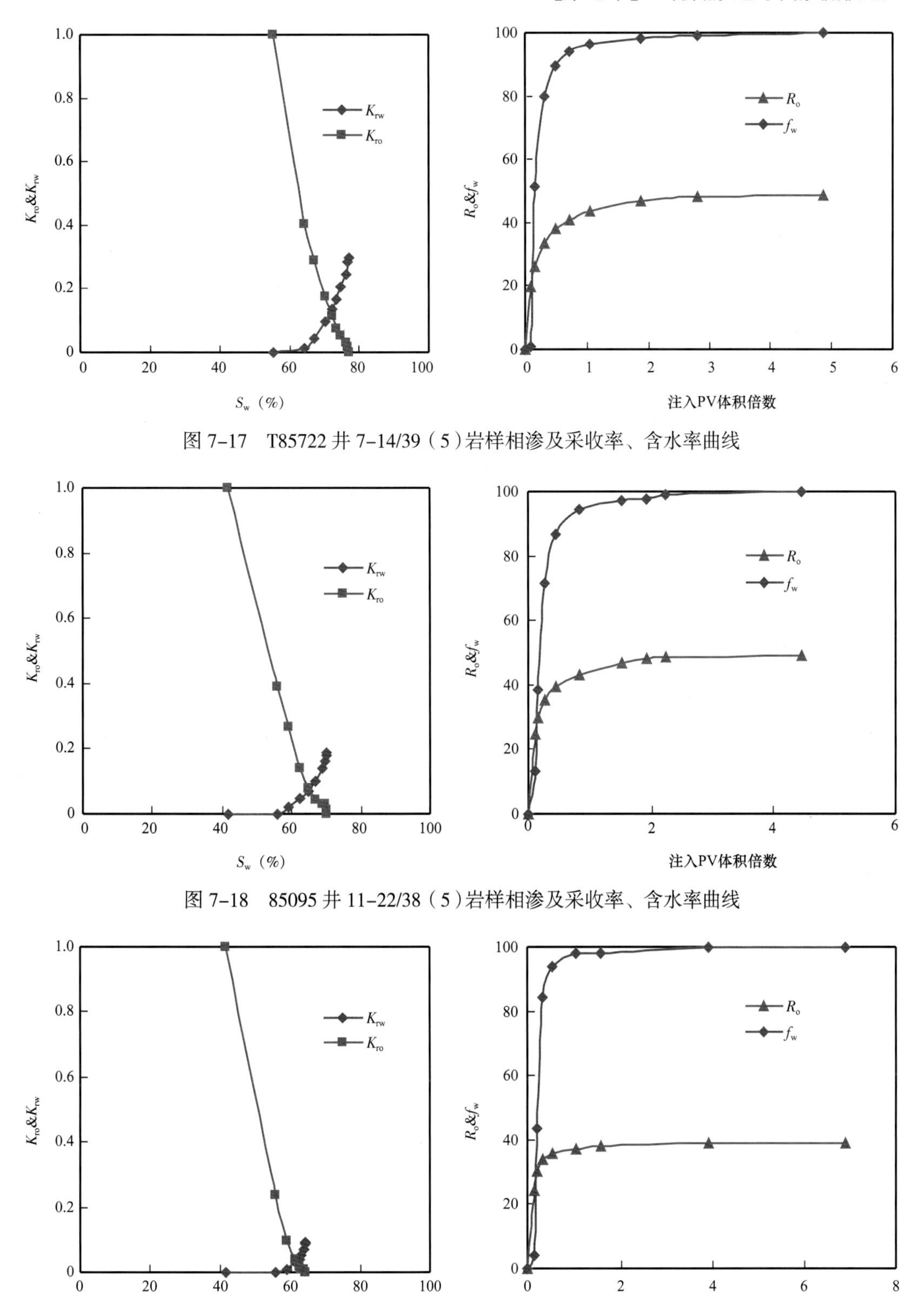

图 7-17 T85722 井 7-14/39（5）岩样相渗及采收率、含水率曲线

图 7-18 85095 井 11-22/38（5）岩样相渗及采收率、含水率曲线

图 7-19 8650 井 36（6）岩样相渗及采收率、含水率曲线

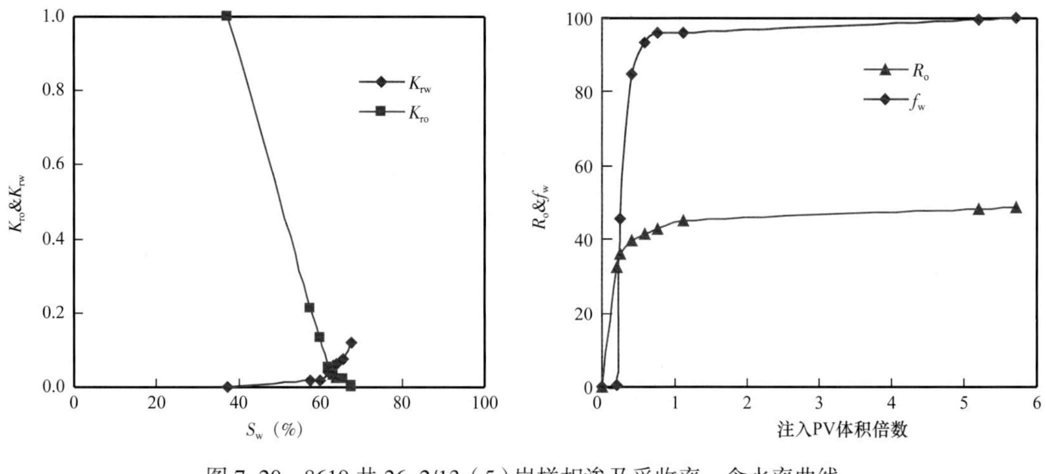

图 7-20　8619 井 26-2/13（5）岩样相渗及采收率、含水率曲线

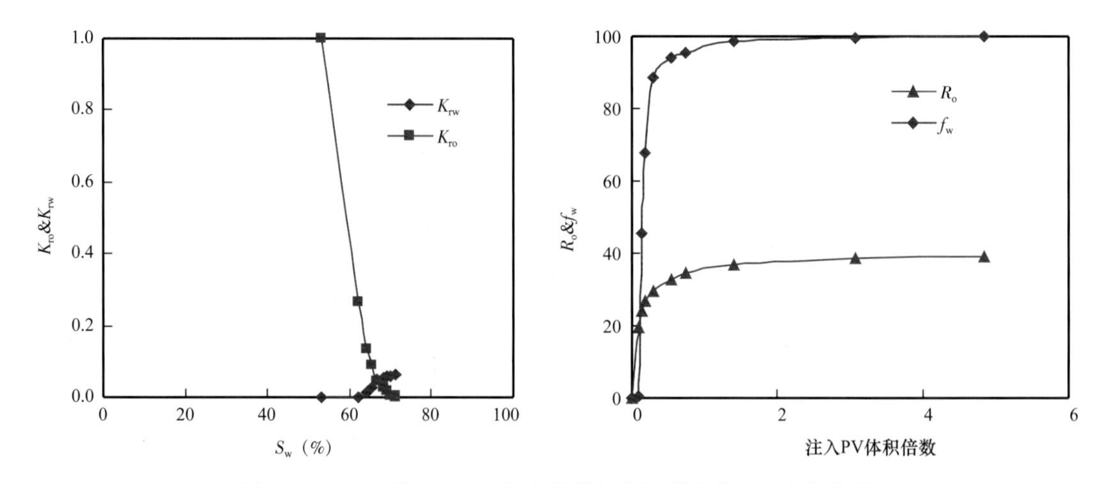

图 7-21　8645 井 8-14/39（5）岩样相渗及采收率、含水率曲线

四、运用核磁共振技术研究岩心驱油效率

由于核磁共振测试的信号是流体中氢元素的信号，地层水中有氢，而一般的原油或模拟油中也有氢，为了区分地层水与模拟油的信号，研究岩心在驱油过程中哪些孔隙饱和了油，哪些孔隙中的油在水驱的作用下首先被采出等水驱油的机理问题，本文选用了不含有氢元素的特殊合成油进行定压水驱实验（油的黏度约为 2mPa·s）。这样被油占据的孔喉，弛豫信号消失，探测到的信号始终是水的信号。以下是实验岩心数据（表 7-6）。

表 7-6　核磁共振技术研究岩心驱油效率数据表

井号	岩心号	孔隙度（%）	渗透率（mD）
JW32	7-1/4（1）	13.05	0.102
JW32	8-8/8（1）	13.37	0.088
JW32	9-23/32（1）	12.46	0.218

每块岩心有 5 条 T_2 谱线，分别为饱和水状态的曲线、饱和合成油状态的曲线、不同水驱压力下的曲线（根据渗透率与采出程度依次选择三个水驱压力）。根据 T_2 弛豫时间的长短，把孔隙分为大孔隙（100～1000ms）、中孔隙（10～100ms）、小孔隙（1～10ms），本文研究了不同类型的孔隙体积、不同类型孔隙饱和油、不同孔隙在水驱作用下动用的难易程度。核磁共振驱油效率试验结果表明：小孔隙占总的孔隙体积的 50% 以上，中孔隙和大孔隙各占 20% 以上，含量比较接近，表明了研究区目的层低渗透砾岩储层的孔隙微小的特性。在驱替压力的作用下，大孔隙内的油提供了主要采出程度贡献，平均占采出程度的 64%；中孔隙内的油提供了采出程度的次要贡献，平均占采出程度的 27%；小孔隙内的油为采出程度的贡献很小，平均占采出程度的 9%。水驱采油主要发生在大孔隙和中孔隙中，小孔隙所做贡献很小（表 7-7 至表 7-9，图 7-22 至图 7-24）。

表 7-7 JW32 井 9-23/32（1）岩样不同压力下水驱油核磁共振测试结果

孔隙分类	孔隙体积（%）	饱和油孔隙体积（%）	采出油所占孔隙体积（%）				不同级别孔隙采出程度（%）	总采出程度（%）
			1（atm）	3（atm）	28（atm）	总计		
小孔隙	51.82	7.90	1.06	0.16	0.37	1.59	20.25	3.54
中孔隙	21.12	11.09	2.20	1.74	0.97	4.91	44.30	10.88
大孔隙	27.06	26.18	6.40	7.92	1.99	16.31	62.29	36.10
合计	100.00	45.16	9.66	9.82	3.33	22.81		50.52

表 7-8 JW32 井 8-8/8（1）岩样不同压力下水驱油核磁共振测试结果

孔隙分类	孔隙体积（%）	饱和油孔隙体积（%）	采出油所占孔隙体积（%）				不同级别孔隙采出程度（%）	总采出程度（%）
			10（atm）	30（atm）	120（atm）	总计		
小孔隙	55.64	12.33	1.03	0.09	0.90	2.02	16.34	4.00
中孔隙	20.92	15.13	5.27	1.12	0.26	6.65	43.93	13.19
大孔隙	23.44	22.93	7.38	1.91	0.86	10.15	44.30	20.15
合计	100.00	50.39	13.68	3.12	2.02	18.82		37.34

表 7-9 JW32 井 7-1/4（1）岩样不同压力下水驱油核磁共振测试结果

孔隙分类	孔隙体积（%）	饱和油孔隙体积（%）	采出油所占孔隙体积（%）				不同级别孔隙采出程度（%）	总采出程度（%）
			3（atm）	10（atm）	80（atm）	总计		
小孔隙	55.21	8.22	0.84	0.07	0.59	1.5	18.19	3.49
中孔隙	20.24	11.44	3.07	1.12	0.37	4.56	39.85	10.65
大孔隙	24.54	23.14	6.67	2.72	2.08	11.47	49.52	26.77
合计	100.00	42.81	10.57	3.90	3.04	17.51		40.91

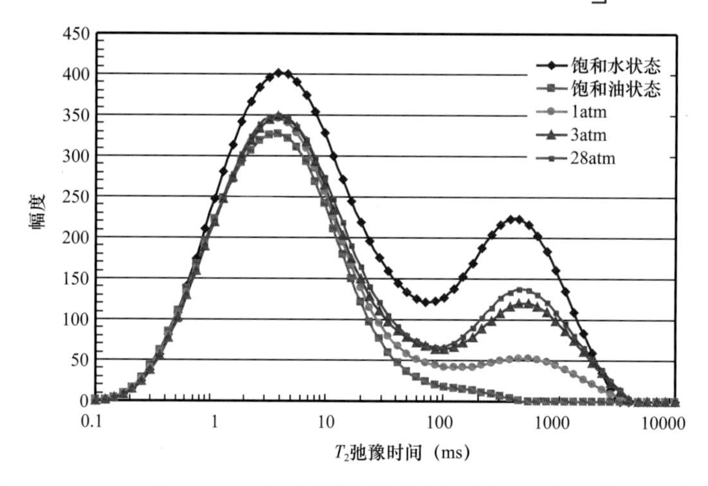

图 7-22　JW32 井 9-23/32（1）岩样不同压力下水驱油核磁共振 T_2 谱线

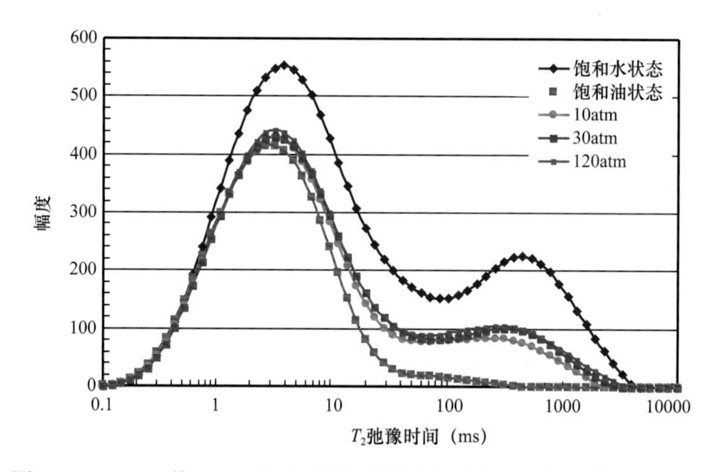

图 7-23　JW32 井 8-8/8（1）岩样不同压力下水驱油核磁共振 T_2 谱线

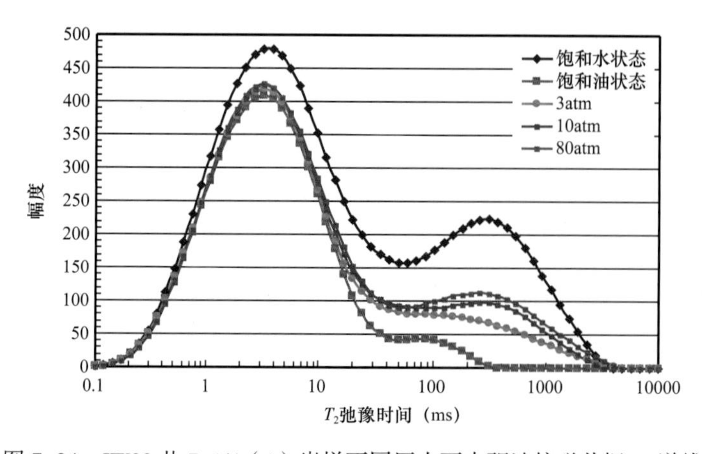

图 7-24　JW32 井 7-1/4（1）岩样不同压力下水驱油核磁共振 T_2 谱线

第四节 特低渗透砾岩储层渗吸能力

多孔介质中的渗吸现象一般发生在非均质介质中,介质中存在毛细管压力差是渗吸作用发生直接动力。渗吸驱油过程是毛细管力、油水重力差等作用力综合作用的结果,如果毛细管力降低至一定程度,重力对渗吸的影响不能再被忽略,渗吸机理则会发生变化。重力和毛细管力的相对重要性反映了渗吸过程中渗吸动力及相应的渗吸机理。是否发生渗吸主要取决于多孔介质的微观结构、多孔介质的润湿性、油水界面接触面积和接触时间。一般来说低渗透岩心的地质物理特征决定了渗吸平衡时间长、原油采收率较低。为了明确本区目的层低渗透砾岩储层的驱油机理,进行了常规渗吸实验研究和运用核磁共振技术的渗吸实验研究。

一、常规渗吸实验研究

建立全自动渗吸测试系统,将实验岩心 360° 浸入地层水中,利用精密天平每 1.5 秒自动记录岩心重量变化,利用重量变化可以计算岩心的渗吸采出程度(表 7–10,图 7–25)。

表 7–10 渗吸研究实验结果

井号	岩心号	孔隙度（%）	气渗透率（mD）	含油饱和度（%）	最终采出程度（%）
T85722	7–14/39（3）	10.24	0.52	48.80	10.25
T85722	7–14/39（4）	11.35	0.48	48.59	0
T85722	19–1/28（1）	10.14	0.13	47.73	0
T85722	5–28/35（3）	11.53	0.08	46.76	0
8645	8–14/39（3）	8.94	0.53	42.61	11.05
8645	41（1）	13.13	0.13	60.74	28.20
8645	41（3）	12.61	0.33	49.07	7.86
8650	26（2）	12.62	0.19	52.56	0.00
8650	26（4）	12.59	0.11	56.88	17.40
85095	11–22/38（1）	15.92	0.39	39.58	40.02
85095	11–22/38（4）	14.22	0.63	52.78	18.42
JW32	7–1/4（1）	13.05	0.10	24.22	16.59
JW32	8–8/8（1）	13.37	0.09	39.29	17.68
JW32	9–23/32（1）	11.54	0.22	31.59	14.84
JW32	14–4/32（1）	13.73	0.02	34.61	6.50

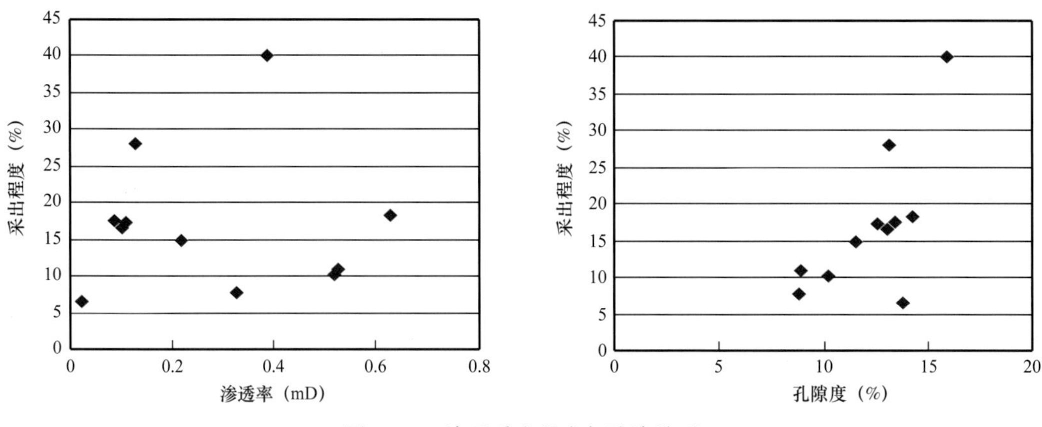

图 7-25　渗吸采出程度与孔渗关系

渗吸实验结果表明：目的层低渗透砾岩储层总体渗吸采收率比较低，大体位于 10% 以下，部分岩心由于渗吸时间、表面微裂缝分布等原因实验中没有观察到渗吸现象，反映了渗吸发生存在一定的条件和难度。渗吸采出程度与渗透率没有相关性，与孔隙度存在一些相关性，这是因为渗吸发生的机理与驱替压力无关，因此与通过有压力的驱替所测试的渗透率关系不明显，而存在裂缝的前提下，裂缝沟通的孔隙多少与采出程度存在一定的相关性。微裂缝越多，孔隙度越大，渗吸发生的可能性越大，采出程度可能也越高。

渗吸曲线随时间的变化呈现出了阶梯式上升特点，它反映了岩心的微观结构特点，微裂缝发育程度越高，渗吸发生的过程越连续，渗吸采油的通道也越多；微裂缝数量过少，可能导致渗吸作用长时间不见效，速度缓慢，甚至停滞（图 7-26）。

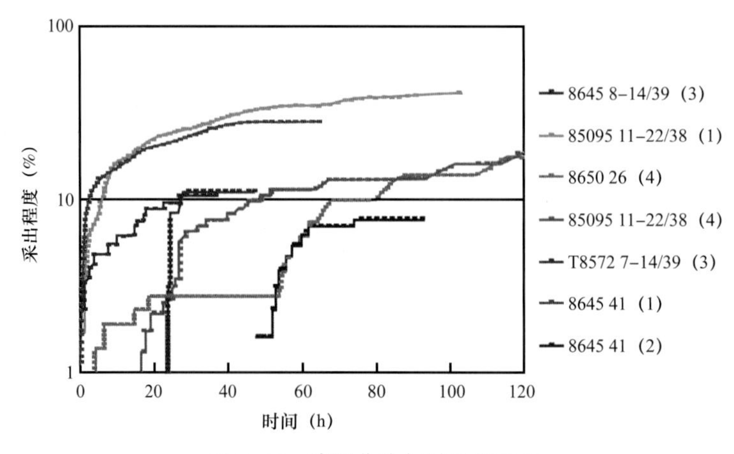

图 7-26　渗吸曲线与时间的关系

二、核磁共振技术研究渗吸特征

为了区分地层水与模拟油的信号，研究岩心在渗吸采油过程中哪些孔隙毛细管力的作用下首先被采出等机理问题，本文选用了不含有氢元素的特殊合成油进行渗吸实验（油的黏度约为 2mPa·s）。这样被油占据的孔喉，弛豫信号消失，探测到的信号始终是水的信号。以下是实验岩心数据表（表 7-11）。

表 7-11 核磁共振渗吸研究实验数据

井号	岩心号	孔隙度（%）	渗透率（mD）
JW32	7-1/4（1）	13.05	0.102
JW32	9-23/32（1）	12.46	0.218
JW32	14-4/32（1）	13.73	0.02

每块岩心有 3 条 T_2 谱线，分别为饱和水状态的曲线、饱和合成油状态的曲线、渗吸后的曲线。根据 T_2 弛豫时间的长短，把孔隙分为大孔隙（100～1000ms）、中孔隙（10～100ms）、小孔隙（1～10ms），研究了不同类型的孔隙体积、不同类型孔隙饱和油、不同孔隙在渗吸作用下动用的难易程度。核磁共振驱油效率试验结果表明：小孔隙占总的孔隙体积的 50% 以上，中孔隙和大孔隙各占 20% 以上，表明了目的层低渗透砾岩储层的孔隙微小的特性。在渗吸作用下，小孔隙内的油提供了主要采出程度贡献，平均占采出程度的 48%；中孔隙内的油提供的采出程度平均占采出程度的 21%；大孔隙内的油提供的采出程度平均占采出程度的 31%。渗吸采油时，小孔隙内的油是主要贡献，与水驱采油的情况明显不同。但渗吸总体采出程度比较低，渗吸速度较慢。因此水驱是本区目的层低渗透砾岩储层采油的主要技术，渗吸作用主要针对小孔隙，是水驱采油的补充（表 7-12 至表 7-14，图 7-27 至图 7-31）。

表 7-12 JW32 井 14-4/32（1）样品渗吸实验核磁共振结果

孔隙分类	孔隙体积（%）	饱和油孔隙体积（%）	渗吸采油所占孔隙体积（%）	总采出程度（%）
小孔隙	71.20	19.71	1.49	4.31
中孔隙	20.20	8.51	0.52	1.51
大孔隙	8.59	6.38	0.24	0.68
合计	100.0	34.61	2.25	6.50

表 7-13 JW32 井 9-23/32（1）样品渗吸实验核磁共振结果

孔隙分类	孔隙体积（%）	饱和油孔隙体积（%）	渗吸采油所占孔隙体积（%）	总采出程度（%）
小孔隙	58.90	6.62	1.96	6.19
中孔隙	20.20	6.69	0.84	2.66
大孔隙	20.89	18.28	1.89	5.99
合计	100.0	31.59	4.69	14.84

表 7-14　JW32 井 7-1/4（1）样品渗吸实验核磁共振结果

孔隙分类	孔隙体积（%）	饱和油孔隙体积（%）	渗吸采油所占孔隙体积（%）	总采出程度（%）
小孔隙	61.37	4.61	1.80	7.45
中孔隙	19.48	6.26	0.90	3.72
大孔隙	19.16	13.34	1.31	5.42
合计	100.0	24.22	4.02	16.59

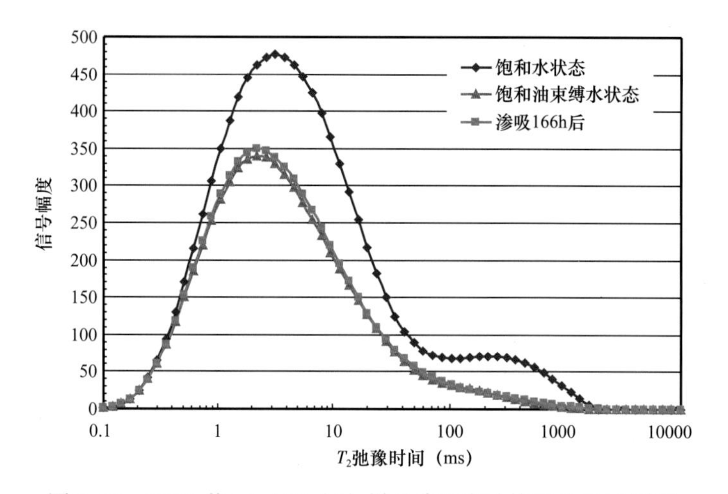

图 7-27　JW32 井 14-4/32（1）样品渗吸实验核磁共振 T_2 谱图

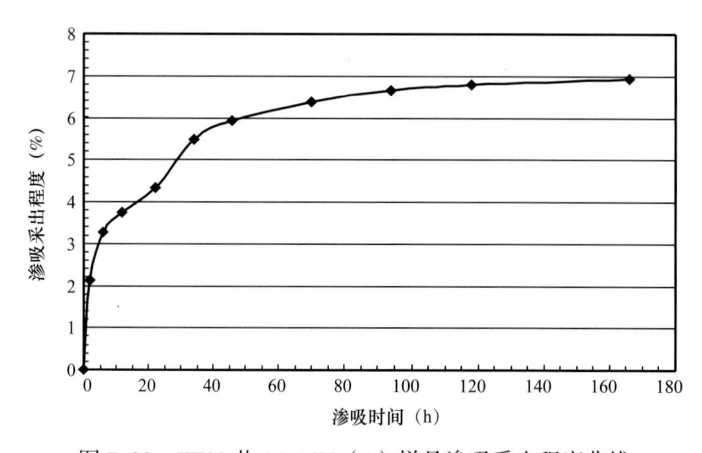

图 7-28　JW32 井 14-4/32（1）样品渗吸采出程度曲线

（1）在储层条件下，水测渗透率是随压力梯度变化的参数，随驱替压力梯度增加，水测渗透率增大；基质应力敏感性不强，在开发的压力下降范围内，应力敏感对储层的渗透率影响小于 20%。相渗曲线共渗区间小、驱油效率在 40%～50%，总体不高。渗吸采出程度大体位于 12.5，比较低（图 7-32）。

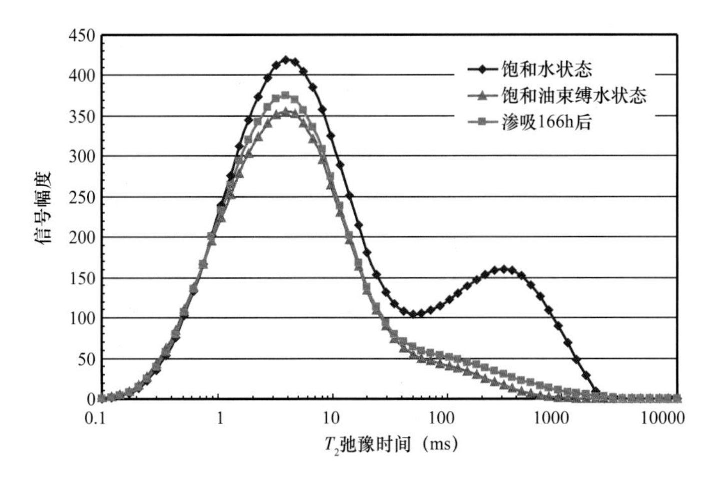

图 7-29 JW32 井 9-23/32（1）样品渗吸实验核磁共振 T_2 谱图

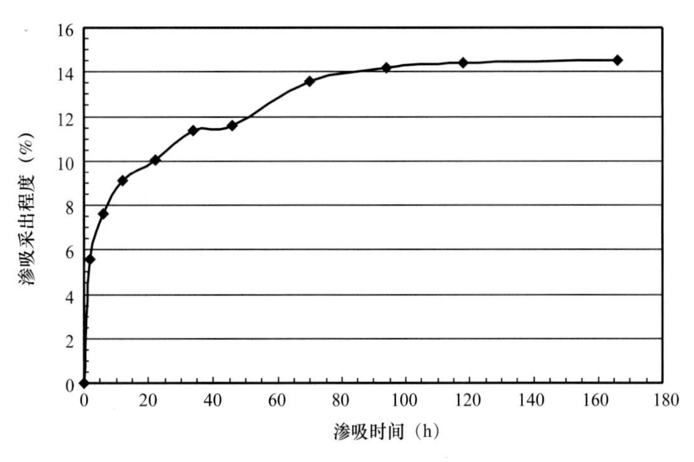

图 7-30 JW32 井 9-23/32（1）样品渗吸采出程度曲线

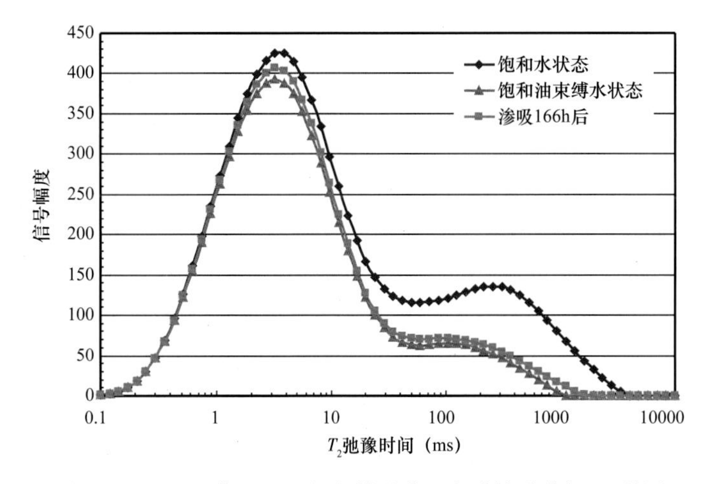

图 7-31 JW32 井 7-1/4（1）样品渗吸实验核磁共振 T_2 谱图

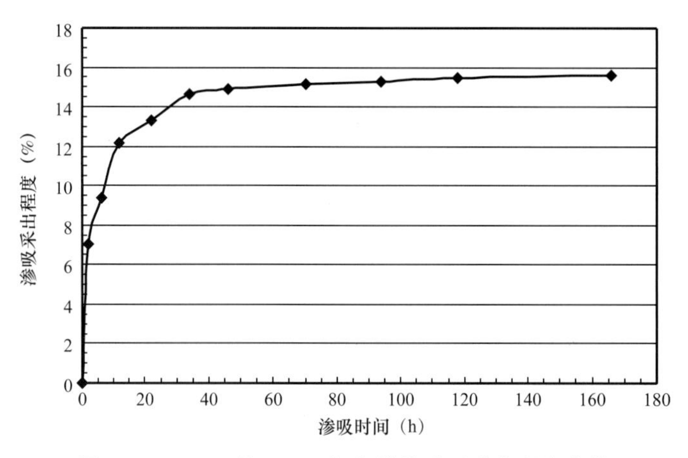

图 7-32　JW32 井 7-1/4（1）样品渗吸采出程度曲线

（2）核磁共振研究结果表明在水驱作用下主要是大孔隙中的油被采出，在渗吸作用下小孔隙中的油被采出。

（3）储层条件下，渗流存在非线性特征，有一定的应力敏感性，随泄油半径的增加，生产压差下降，在非线性和应力敏感的双重作用下，储层的渗流能力迅速下降，这是产量递减的原因之一。

（4）水驱采油主要由大喉道控制的大孔隙贡献，下乌尔禾组砾岩油藏储层喉道展布较宽，开发过程中主要的采油贡献逐步由大喉大孔转为中喉中孔，产量也必然下降。

（5）从储层渗流特征分析，下乌尔禾组砾岩储层适合注水开发，依靠压力驱动是主要开发手段，渗吸只能在开发中起辅助作用。

第五节　双重介质非达西渗流模型深化研究

一、低渗透油藏渗流的非达西特征

低渗透储层粒级细、孔隙半径小、泥质（或钙质）含量高，再加上低渗透储层成岩和后生作用，使得低渗透储层孔隙极不均匀，孔喉细小，结构复杂，渗透率低，表面分子力和毛细管力作用强烈，要有较大的压力梯度，液流才能流动，具有明显不同于中高渗透油藏的渗流规律，呈非达西渗流特征。

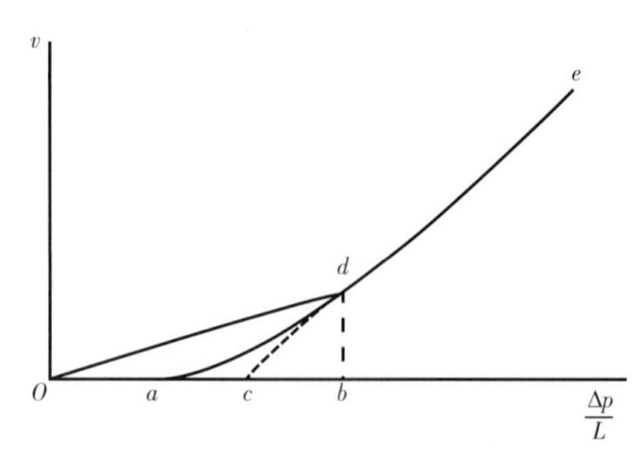

图 7-33　低渗透非线性渗流特征曲线

图 7-33 是典型的低渗透油藏渗流特征曲线，横坐标压力梯度（$\Delta p/L$），纵坐标渗流速度（v）。从图中可以看出低渗透油藏中流体渗流呈现出非线性渗流规律：（1）当驱替压力梯度较低时，流体不能流动，只有当驱替压力梯度大于一定的值（图 7-33 中 a 点），流体才开始流动；（2）驱替压力梯度继续增加，流体渗流速度在 ad 段呈下凹型曲线增加；（3）驱替压力梯度继续增大，渗流速度在 de 段渗流速

度呈直线型增加，满足线性渗流规律。

图 7–33 中 a 点是流体开始流动的点，称之为真实启动压力梯度点。图 7–33 中 d 点是渗流特征线由曲线变为直线的点，称之为临界压力梯度点。图 7–33 中 c 点是直线 de 的反向延伸与压力梯度坐标的交点，称之为拟启动压力梯度点。

二、低渗透油藏的应力敏感性

在油藏生产中，地层压力的下降导致储层骨架变形，从而使孔隙度、渗透率降低，这种现象称为应力敏感性，也称压敏效应，压敏效应明显的油藏称为变形介质油藏。低渗透油藏的储层压敏效应很明显，即便渗透率和孔隙度下降值不是很大，但因原始渗透率和孔隙度就很低，其相对变化幅度对生产的影响仍较大，在产量分析中必须考虑渗透率和孔隙度随压力的变化。

油井投产后，首先排出井眼附近储层孔隙中的流体，但是低渗透油藏天然能量小、传导能力差、短时间难以补充油井能量的消耗，于是出现产量递减、压力下降的现象。而油层压力下降(具体是油层孔隙压力下降，相当于上覆压力增大)，导致储层骨架发生弹—塑性变形而造成孔隙度减少、渗透率降低。

固体受压力作用发生形状变化的现象简称为“压应力变化”，包括弹性、塑性和弹塑性变形。弹性变形是加压后固体发生变形，释放压力一般可以恢复原状。塑性变形，储层结构破坏，为不可逆过程。弹塑性变形介于两者之间。

把单元地层(岩样)里的孔隙度和渗透率随压力的变化绘于图 7–34，可以看到当地层压力初次下降时，作用在单元地层上的附加载荷(p_0–p)增加，将引起这一单元地层形变，随后再提高压力时，该单元地层卸载。在弹—塑性单元地层里的原始孔隙度 ϕ_0 和渗透率 K_0 将部分地得到恢复。在塑性变形的单元地层里，只要把地层压力降到任一个极限数值以下，将会导致孔隙度和渗透率的完全不可逆变化。

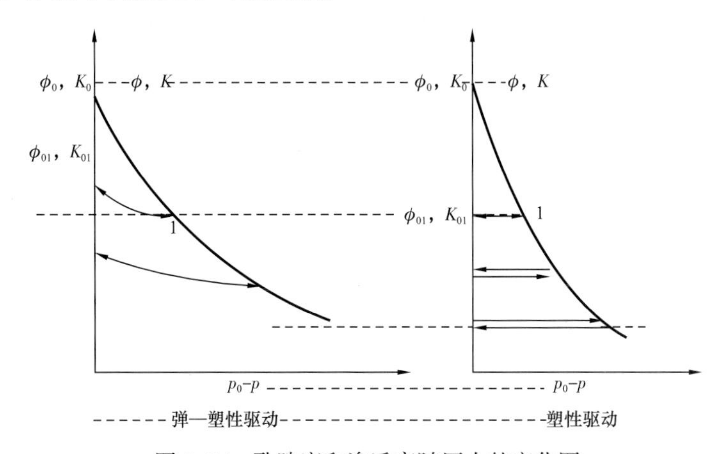

图 7–34 孔隙度和渗透率随压力的变化图

假定一块岩样中发生形变的过程与单元地层中的完全一样。一般情况下，地层中渗透率和孔隙度随压力的变化呈非线性关系。压力恢复的载荷(p_0–p)越大，孔隙度和渗透率的部分不可逆形变也越大，由于在此范围内可能存在着残余形变，孔隙度和渗透率发生了完全或部分的不可逆变化。对有一类含油水岩石，如胶结性差的砂岩、砂子（流沙）和超深层岩石，任何形变都能引起孔隙度和渗透率的完全不可逆变化。

地层的孔隙度和渗透率随流体压力变化可用指数式描述：

$$\downarrow \phi = \phi_0 \exp\left[\beta_{\phi_0}\left(p - p_0\right)\right], \downarrow K = K_0 \exp\left[\alpha_{K_0}\left(p - p_0\right)\right] \tag{7-1}$$

式中 ϕ_0, K_0——原始地层压力下的孔隙度和渗透率；

$\beta_{\phi 0}$——在 p_0 下的孔隙压缩系数；

α_{K_0}——在 p_0 下的渗透率变化系数。

箭头向下表示压力下降过程，而箭头向上表示压力恢复过程。当地层压力初次从原始地层压力降低时，孔隙度和渗透率的变化满足压实曲线，如图 7-34 中没有箭头的实线，计算公式见式（7-1），系数 $\beta_{\phi 0}$ 和 α_{K_0} 均为常数。当地层压力从压实曲线某点恢复时，如图 7-34 中带箭头的实线，孔隙度和渗透率的变化过程也可用式（7-1）来描述，只是初始孔隙度和渗透率以及孔隙度和渗透率下降系数为压力开始恢复时这点压力的函数。对图 7-34 的 1 点写出地层参数与压力的关系式：

$$\downarrow \phi_0 \exp\left[\beta_{\phi_0}\left(p_1 - p_0\right)\right] = \uparrow \phi_{01} \exp\left[\beta_{\phi_1}\left(p_1 - p_0\right)\right] \Rightarrow \phi_{01} = \phi_0 \exp\left[\left(\beta_{\phi_0} - \beta_{\phi_1}\right)\left(p_1 - p_0\right)\right] \tag{7-2}$$

$$\downarrow K_0 \exp\left[\alpha_{K_0}\left(p_1 - p_0\right)\right] = \uparrow K_{01} \exp\left[\alpha_{K_1}\left(p_1 - p_0\right)\right] \Rightarrow K_{01} = K_0 \exp\left[\alpha_{K_0} - \alpha_{K_1}\left(p_1 - p_0\right)\right] \tag{7-3}$$

此外

$$\phi = \phi_{01} \exp\left[\beta_{\phi 1}\left(p - p_0\right)\right] \tag{7-4}$$

$$K = K_{01} \exp\left[\alpha_{K_1}\left(p - p_0\right)\right] \tag{7-5}$$

从式（7-4）和式（7-5）得

$$\phi = \phi_0 \exp\left[\left(\beta_{\phi_0} - \beta_{\phi_1}\right)\left(p_1 - p_0\right)\right] \exp\left[\beta_{\phi_1}\left(p - p_0\right)\right] p_0 \geqslant p \geqslant p_1 \tag{7-6}$$

$$K = K_0 \exp\left[\left(\alpha_{K_0} - \alpha_{K_1}\right)\left(p_1 - p_0\right)\right] \exp\left[\alpha_{K_1}\left(p - p_0\right)\right] p_0 \geqslant p \geqslant p_1 \tag{7-7}$$

系数 $\beta_{\phi 1}$ 和 α_{K_1} 取决于压力开始恢复时的 p_1 值，如果是塑性变化，$\beta_{\phi 1}$=0 和 α_{K_1}=0。

三、低速非达西渗流模型

推导达西定律最简单的模型是用毛细管按某种方式排列而成的模型。借助大家所熟知的毛细管模型来推导出新的非达西渗流模型。

毛细管模型都是以控制稳定流动的 Hagen—Poisseuille 定律为依据的。假设有一根半径为 r 的直圆形毛细管，则 Hagen—Poisseuille 定律可表示为

$$q = \frac{\pi r^4}{8\mu} \nabla p \tag{7-8}$$

和

$$v=\frac{Q_s}{\pi r^2}=\frac{r^2}{8\mu}\nabla p \tag{7-9}$$

式中 q 是总流量，v 是管中平均速度。式（7-9）和达西定律的相似性是显而易见的。在上式中，$\frac{r^2}{8}$ 类似于介质的渗透率 K。考虑启动压力梯度以及非线性渗流段，Hagen—Poisseuille 定律可以调整为

$$q=\frac{\pi(r-\delta)^4}{8\mu}\left(\nabla p-\frac{8\tau_0}{3(r-\delta)}\right) \tag{7-10}$$

油藏岩心相当于一组半径均为 r 的平行毛细管埋置于固体之中。如果与流动方向相垂直的每单位横截面面积上有 N 根这样的毛细管，则通过该多孔介质块的比流量是

$$Q=NA\frac{\pi(r-\delta)^4}{8\mu}\left(\nabla p-\frac{8\tau_0}{3(r-\delta)}\right)=N\frac{\pi r^4}{8\mu}\left(1-\frac{\delta}{r}\right)^4\left(1-\frac{8\tau_0}{3r\left(1-\frac{\delta}{r}\right)\cdot\nabla p}\right)\nabla p \tag{7-11}$$

由于该模型的孔隙度 ϕ 可表示为

$$\phi=N\cdot\pi r^2\cdot L/L=N\cdot\pi r^2 \tag{7-12}$$

由式（7-12）可以得到

$$Q=\frac{K}{\mu}A\left(1-\frac{\delta}{r}\right)^4\left(1-\frac{8\tau_0}{3r\left(1-\frac{\delta}{r}\right)\cdot\nabla p}\right)\nabla p \tag{7-13}$$

其中

$$K=\frac{\phi r^2}{8} \tag{7-14}$$

式（7-14）也类似于达西定律，其中 K 与 ϕ 及 r 二者有关。它们可以看作某种平均孔隙半径。

对于同一根毛细管，压力梯度越大，边界层越薄，即 δ/r 越小，即 δ/r 与压力梯度成反比关系。因此可以假设：

$$\frac{\delta}{r}=\frac{c_1}{\nabla p} \tag{7-15}$$

假设对于同一种流体屈服应力值保持不变，则 $\frac{8\tau_0}{3r}$ 可以看作是常数，令

$$\frac{8\tau_0}{3r}=c_2 \tag{7-16}$$

则式(7-13)变为

$$\begin{aligned}Q&=\frac{K}{\mu}A\left[\begin{array}{l}1-\left(\frac{4c_1}{\nabla p}+\frac{c_2}{\nabla p-c_1}\right)+\left(\frac{6c_1^2}{(\nabla p)^2}+\frac{4c_1c_2}{\nabla p(\nabla p-c_1)}\right)-\left(\frac{4c_1^3}{(\nabla p)^3}+\frac{6c_1^2c_2}{\nabla p^2(\nabla p-c_1)}\right)\\+\left(\frac{c_1^4}{(\nabla p)^4}+\frac{4c_1^3c_2}{\nabla p^3(\nabla p-c_1)}\right)-\frac{c_1^4c_2}{\nabla p^4(\nabla p-c_1)}\end{array}\right]\nabla p\\&=\frac{K}{\mu}A\left[\begin{array}{l}1-\frac{4c_1+c_2}{\nabla p}+\frac{6c_1^2+3c_1c_2}{\nabla p(\nabla p-c_1)}-\left(\frac{4c_1^3}{(\nabla p)^3}+\frac{6c_1^2c_2+6c_1^3}{\nabla p^2(\nabla p-c_1)}\right)\\+\left(\frac{c_1^4}{(\nabla p)^4}+\frac{4c_1^3c_2}{\nabla p^3(\nabla p-c_1)}\right)-\frac{c_1^4c_2}{\nabla p^4(\nabla p-c_1)}\end{array}\right]\nabla p\end{aligned} \tag{7-17}$$

因$\frac{c_1}{\nabla p}=\frac{\delta}{r}<1,\frac{c_2}{\nabla p-c_1}=\frac{8\tau_0}{3r\left(1-\frac{\delta}{r}\right)\cdot\nabla p}<1$,则将式(7-17)忽略掉高阶小项得到

$$Q=\frac{K}{\mu}A\left(1-\frac{4c_1+c_2}{\nabla p}+\frac{6c_1^2+3c_1c_2}{\nabla p(\nabla p-c_1)}\right)\nabla p \tag{7-18}$$

其实,上式中的c_1、c_2并没有具体的值,需要试验加以拟合才能得到。因此可以得到本文要得到的新模型:

$$Q=\frac{K}{\mu}A\left(1-\frac{\xi_1}{\nabla p}+\frac{\xi_3}{\nabla p(\nabla p-\xi_2)}\right)\nabla p \tag{7-19}$$

建立一个新模型引进的参数都应该是独立变量,因此应该分析一下上述引进的三个参数ξ_1、ξ_2、ξ_3是否存在着相关关系。

式(7-19)变形得到

$$Q=\frac{K}{\mu}A\left(\nabla p-\xi_1+\frac{\xi_3}{\nabla p-\xi_2}\right) \tag{7-20}$$

很明显,在驱替压力梯度为0时,流量应该为零,将$\nabla p=0$, $Q=0$代入式(7-20)可得到

$$\xi_3=-\xi_1\xi_2 \tag{7-21}$$

因此得到的新模型就变为

$$Q=\frac{K}{\mu}A\left(1-\frac{\xi_1}{\nabla p}-\frac{\xi_1\xi_2}{\nabla p(\nabla p-\xi_2)}\right)\nabla p \tag{7-22}$$

通过推导过程可以看出，ξ_1 体现出流体存在屈服应力值以及边界层对渗流的影响，ξ_2 主要体现了边界层对渗流的影响。

四、双重介质非达西渗流基本方程

针对低渗透裂缝性油藏的变形双重介质渗流特性，引入了压敏效应、非达西渗流修正系数，建立复合双重变形介质非线性渗流数学模型。

其数学模型的基本假设为：

（1）油藏中的渗流是等温渗流；

（2）油藏中最多只有油、气、水三相；

（3）油藏烃类只含有油、气两个组分，油组分可以完全存在于油相中，气组分则可以以自由气的方式存在于气相内，也可以以溶解气的方式存在于油相中；油藏中气体的溶解和逸出是瞬间完成的；

（4）裂缝中流体的渗流遵循达西定律，基质内及基质流向裂缝时的渗流遵循非达西渗流定律；

（5）裂缝形成基质岩块的边界；

（6）变形双重介质油藏中渗透率随有效应力变化。

1. 运动方程

考虑非达西渗流、压敏效应、重力以及毛细管力等，特低渗透油藏储层的基质裂缝系统的三相运动方程如下。

1）裂缝系统

$$\begin{cases} \vec{v}_{\mathrm{of}} = -\dfrac{K_{\mathrm{f}}\left(\Delta p_{\mathrm{of}}\right)K_{\mathrm{rof}}}{\mu_{\mathrm{of}}}\nabla \Phi_{\mathrm{of}} \\ \vec{v}_{\mathrm{wf}} = -\dfrac{K_{\mathrm{f}}\left(\Delta p_{\mathrm{of}}\right)K_{\mathrm{rwf}}}{\mu_{\mathrm{wf}}}\nabla \Phi_{\mathrm{wf}} \\ \vec{v}_{\mathrm{gf}} = -\dfrac{K_{\mathrm{f}}\left(\Delta p_{\mathrm{of}}\right)K_{\mathrm{rgf}}}{\mu_{\mathrm{gf}}}\nabla \Phi_{\mathrm{gf}} \end{cases} \tag{7-23}$$

2）基质系统

$$\begin{cases} \vec{v}_{\mathrm{om}} = -\dfrac{K_{\mathrm{m}}\left(\Delta p_{\mathrm{om}}\right)K_{\mathrm{rom}}}{\mu_{\mathrm{om}}}\left(1-\dfrac{\xi_{1\mathrm{o,m}}}{\nabla p_{\mathrm{om}}}-\dfrac{\xi_{1\mathrm{o,m}}\xi_{2\mathrm{o,m}}}{\nabla p_{\mathrm{om}}\left(\nabla p_{\mathrm{om}}-\xi_{2\mathrm{o,m}}\right)}\right)\nabla \Phi_{\mathrm{om}} \\ \vec{v}_{\mathrm{wm}} = -\dfrac{K_{\mathrm{m}}\left(\Delta p_{\mathrm{om}}\right)K_{\mathrm{rwm}}}{\mu_{\mathrm{wm}}}\left(1-\dfrac{\xi_{1\mathrm{w,m}}}{\nabla p_{\mathrm{wm}}}-\dfrac{\xi_{1\mathrm{w,m}}\xi_{2\mathrm{w,m}}}{\nabla p_{\mathrm{wm}}\left(\nabla p_{\mathrm{wm}}-\xi_{2\mathrm{w,m}}\right)}\right)\nabla \Phi_{\mathrm{wm}} \\ \vec{v}_{\mathrm{gm}} = -\dfrac{K_{\mathrm{m}}\left(\Delta p_{\mathrm{om}}\right)K_{\mathrm{rgm}}}{\mu_{\mathrm{gm}}}\nabla \Phi_{\mathrm{gm}} \end{cases} \tag{7-24}$$

2. 连续性方程

对于双重介质，基岩和裂缝之间存在着流体的交换，并且主要是在比较平缓的压力变化下发生的，因此，这个过程可以假设是拟稳态的，根据 Barrenblatt 相关研究成果得出窜流方程为

$$u^* = \frac{\sigma}{\mu}\left(p_m - p_f\right) \tag{7-25}$$

在上述分析的基础上，把油藏流体看成油、气、水三个独立组分，考虑气体在油和水中的溶解，建立连续方程。

1）裂缝系统

油组分方程：

$$-\nabla\cdot\left(\rho_{of} v_{of}\right) + \left(\rho_o u_o^*\right)_m + q_o = \frac{\partial\left[\phi_f\left(\Delta p_{of}\right)\rho_{of} S_{of}\right]}{\partial t} \tag{7-26}$$

水组分方程：

$$-\nabla\cdot\left(\rho_{wf} v_{wf}\right) + \left(\rho_w u_w^*\right)_m + q_w = \frac{\partial\left[\phi_f\left(\Delta p_{of}\right)\rho_{wf} S_{wf}\right]}{\partial t} \tag{7-27}$$

气组分方程：

$$\begin{aligned} &-\nabla\cdot\left(\rho_{od} v_{of} + \rho_{wd} v_{wf} + \rho_g v_{gf}\right) + \left(\rho_{od} u_o^* + \rho_{wd} u_w^* + \rho_g u_g^*\right)_m + q_g \\ &= \frac{\partial\left[\phi_f\left(\Delta p_{of}\right)\left(\rho_{od} S_o + \rho_{wd} S_w + \rho_g S_g\right)\right]}{\partial t} \end{aligned} \tag{7-28}$$

2）基质系统

油组分方程：

$$-\nabla\cdot\left(\rho_{om} v_{om}\right) - \left(\rho_o u_o^*\right)_m = \frac{\partial\left[\phi_m\left(\Delta p_{om}\right)\rho_{om} S_{om}\right]}{\partial t} \tag{7-29}$$

水组分方程：

$$-\nabla\cdot\left(\rho_w v_{wm}\right) - \left(\rho_w u_w^*\right)_m = \frac{\partial\left[\phi_m\left(\Delta p_{om}\right)\rho_{wm} S_{wm}\right]}{\partial t} \tag{7-30}$$

气组分方程：

$$\begin{aligned} &-\nabla\cdot\left(\rho_{od} v_{om} + \rho_{wd} v_{wm} + \rho_g v_{gm}\right) - \left(\rho_{od} u_o^* + \rho_{wd} u_w^* + \rho_g u_g^*\right)_m \\ &= \frac{\partial\left[\phi_m\left(\Delta p_{om}\right)\left(\rho_{od} S_o + \rho_{wd} S_w + \rho_g S_g\right)\right]}{\partial t} \end{aligned} \tag{7-31}$$

3. 数学模型

将运动方程代入连续性方程，得到流动方程，再加上定解条件，就构成了完整的数学模型。

1）裂缝系统

油组分方程：

$$\nabla\cdot\left(\rho_{\mathrm{of}}\frac{K_{\mathrm{f}}\left(\Delta p_{\mathrm{of}}\right)K_{\mathrm{rof}}}{\mu_{\mathrm{of}}}\nabla\Phi_{\mathrm{of}}\right)+\sigma_{\mathrm{m}}\left(\frac{K_{\mathrm{ro}}\rho_{\mathrm{o}}}{\mu_{\mathrm{o}}}\right)_{\mathrm{m}}\left(\Phi_{\mathrm{om}}-\Phi_{\mathrm{of}}\right)+q_{\mathrm{o}}=\frac{\partial\left[\phi_{\mathrm{f}}\left(\Delta p_{\mathrm{of}}\right)\rho_{\mathrm{of}}S_{\mathrm{of}}\right]}{\partial t}\tag{7-32}$$

水组分方程：

$$\nabla\cdot\left(\rho_{\mathrm{wf}}\frac{K_{\mathrm{f}}\left(\Delta p_{\mathrm{of}}\right)K_{\mathrm{rwf}}}{\mu_{\mathrm{wf}}}\nabla\Phi_{\mathrm{wf}}\right)+\sigma_{\mathrm{m}}\left(\frac{K_{\mathrm{rw}}\rho_{\mathrm{w}}}{\mu_{\mathrm{w}}}\right)_{\mathrm{m}}\left(\Phi_{\mathrm{wm}}-\Phi_{\mathrm{wf}}\right)+q_{\mathrm{w}}=\frac{\partial\left[\phi_{\mathrm{f}}\left(\Delta p_{\mathrm{of}}\right)\rho_{\mathrm{wf}}S_{\mathrm{wf}}\right]}{\partial t}\tag{7-33}$$

气组分方程：

$$\begin{aligned}&\nabla\cdot\left(\rho_{\mathrm{odf}}\frac{K_{\mathrm{f}}\left(\Delta p_{\mathrm{of}}\right)\rho_{\mathrm{of}}S_{\mathrm{of}}K_{\mathrm{rof}}}{\mu_{\mathrm{of}}}\nabla\Phi_{\mathrm{of}}+\rho_{\mathrm{wdf}}\frac{K_{\mathrm{f}}\left(\Delta p_{\mathrm{of}}\right)K_{\mathrm{rwf}}}{\mu_{\mathrm{wf}}}\nabla\Phi_{\mathrm{wf}}+\rho_{\mathrm{gf}}\frac{K_{\mathrm{f}}\left(\Delta p_{\mathrm{of}}\right)K_{\mathrm{rgf}}}{\mu_{\mathrm{gf}}}\nabla\Phi_{\mathrm{gf}}\right)+\\&\sigma_{\mathrm{m}}\left(\frac{K_{\mathrm{ro}}\rho_{\mathrm{od}}}{\mu_{\mathrm{o}}}\right)_{\mathrm{m}}\left(\Phi_{\mathrm{om}}-\Phi_{\mathrm{of}}\right)+\sigma_{\mathrm{m}}\left(\frac{K_{\mathrm{rw}}\rho_{\mathrm{wd}}}{\mu_{\mathrm{w}}}\right)_{\mathrm{m}}\left(\Phi_{\mathrm{wm}}-\Phi_{\mathrm{wf}}\right)+\sigma_{\mathrm{m}}\left(\frac{K_{\mathrm{rg}}\rho_{\mathrm{g}}}{\mu_{\mathrm{g}}}\right)_{\mathrm{m}}\left(\Phi_{\mathrm{gm}}-\Phi_{\mathrm{gf}}\right)+q_{\mathrm{g}}\\&=\frac{\partial}{\partial t}\left[\phi_{\mathrm{f}}\left(\Delta p_{\mathrm{of}}\right)\left(\rho_{\mathrm{odf}}S_{\mathrm{of}}+\rho_{\mathrm{wdf}}S_{\mathrm{wf}}+\rho_{\mathrm{gf}}S_{\mathrm{gf}}\right)\right]\end{aligned}\tag{7-34}$$

2）基质系统

油组分方程：

$$\begin{aligned}&\nabla\cdot\left(\rho_{\mathrm{om}}\frac{K_{\mathrm{m}}\left(\Delta p_{\mathrm{om}}\right)K_{\mathrm{rom}}}{\mu_{\mathrm{om}}}\left(1-\frac{\xi_{1\mathrm{o,m}}}{\nabla p_{\mathrm{om}}}-\frac{\xi_{1\mathrm{o,m}}\xi_{2\mathrm{o,m}}}{\nabla p_{\mathrm{om}}\left(\nabla p_{\mathrm{om}}-\xi_{2\mathrm{o,m}}\right)}\right)\nabla\Phi_{\mathrm{om}}\right)-\sigma_{\mathrm{m}}\left(\frac{K_{\mathrm{ro}}\rho_{\mathrm{o}}}{\mu_{\mathrm{o}}}\right)_{\mathrm{m}}\left(\Phi_{\mathrm{om}}-\Phi_{\mathrm{of}}\right)\\&=\frac{\partial\left[\phi_{\mathrm{m}}\left(\Delta p_{\mathrm{om}}\right)\rho_{\mathrm{om}}S_{\mathrm{om}}\right]}{\partial t}\end{aligned}\tag{7-35}$$

水组分方程：

$$\begin{aligned}&\nabla\cdot\left(\rho_{\mathrm{wm}}\frac{K_{\mathrm{m}}\left(\Delta p_{\mathrm{wm}}\right)K_{\mathrm{rwm}}}{\mu_{\mathrm{wm}}}\left(1-\frac{\xi_{1\mathrm{w,m}}}{\nabla p_{\mathrm{wm}}}-\frac{\xi_{1\mathrm{w,m}}\xi_{2\mathrm{w,m}}}{\nabla p_{\mathrm{wm}}\left(\nabla p_{\mathrm{wm}}-\xi_{2\mathrm{w,m}}\right)}\right)\nabla\Phi_{\mathrm{wm}}\right)-\\&\sigma_{\mathrm{m}}\left(\frac{K_{\mathrm{rw}}\rho_{\mathrm{w}}}{\mu_{\mathrm{w}}}\right)_{\mathrm{m}}\left(\Phi_{\mathrm{wm}}-\Phi_{\mathrm{wf}}\right)=\frac{\partial\left[\phi_{\mathrm{m}}\left(\Delta p_{\mathrm{om}}\right)\rho_{\mathrm{wm}}S_{\mathrm{wm}}\right]}{\partial t}\end{aligned}\tag{7-36}$$

气组分方程：

$$\nabla\cdot\left(\rho_{\mathrm{odm}}\frac{K_{\mathrm{m}}\left(\Delta p_{\mathrm{om}}\right)K_{\mathrm{rom}}}{\mu_{\mathrm{om}}}\left(1-\frac{\xi_{1\mathrm{o,m}}}{\nabla p_{\mathrm{om}}}-\frac{\xi_{1\mathrm{o,m}}\xi_{2\mathrm{o,m}}}{\nabla p_{\mathrm{om}}\left(\nabla p_{\mathrm{om}}-\xi_{2\mathrm{o,m}}\right)}\right)\nabla\Phi_{\mathrm{om}}\right)+$$
$$\nabla\cdot\left(\rho_{\mathrm{wdm}}\frac{K_{\mathrm{m}}\left(\Delta p_{\mathrm{om}}\right)K_{\mathrm{rwm}}}{\mu_{\mathrm{wm}}}\left(1-\frac{\xi_{1\mathrm{w,m}}}{\nabla p_{\mathrm{wm}}}-\frac{\xi_{1\mathrm{w,m}}\xi_{2\mathrm{w,m}}}{\nabla p_{\mathrm{wm}}\left(\nabla p_{\mathrm{wm}}-\xi_{2\mathrm{w,m}}\right)}\right)\nabla\Phi_{\mathrm{wm}}\right)+$$
$$\nabla\cdot\left(\rho_{\mathrm{gm}}\frac{K_{\mathrm{m}}\left(\Delta p_{\mathrm{om}}\right)K_{\mathrm{rgm}}}{\mu_{\mathrm{gm}}}\nabla\Phi_{\mathrm{gm}}\right)-\sigma_{\mathrm{m}}\left(\frac{K_{\mathrm{ro}}\rho_{\mathrm{od}}}{\mu_{\mathrm{o}}}\right)_{\mathrm{m}}\left(\Phi_{\mathrm{om}}-\Phi_{\mathrm{of}}\right)- \tag{7-37}$$
$$\sigma_{\mathrm{m}}\left(\frac{K_{\mathrm{rw}}\rho_{\mathrm{wd}}}{\mu_{\mathrm{w}}}\right)_{\mathrm{m}}\left(\Phi_{\mathrm{wm}}-\Phi_{\mathrm{wf}}\right)-\sigma_{\mathrm{m}}\left(\frac{K_{\mathrm{rg}}\rho_{\mathrm{g}}}{\mu_{\mathrm{g}}}\right)_{\mathrm{m}}\left(\Phi_{\mathrm{gm}}-\Phi_{\mathrm{gf}}\right)$$
$$=\frac{\partial}{\partial t}\left[\phi_{\mathrm{m}}\left(\Delta p_{\mathrm{om}}\right)\left(\rho_{\mathrm{odm}}S_{\mathrm{om}}+\rho_{\mathrm{wdm}}S_{\mathrm{wm}}+\rho_{\mathrm{gm}}S_{\mathrm{gm}}\right)\right]$$

4. 辅助方程

裂缝中油相流动势：

$$\Phi_{\mathrm{of}}=p_{\mathrm{of}}-\rho_{\mathrm{of}}gD \tag{7-38}$$

裂缝中气相流动势：

$$\Phi_{\mathrm{gf}}=p_{\mathrm{gf}}-\rho_{\mathrm{gf}}gD \tag{7-39}$$

裂缝中水相流动势：

$$\Phi_{\mathrm{wf}}=p_{\mathrm{wf}}-\rho_{\mathrm{wf}}gD \tag{7-40}$$

基质中油相流动势：

$$\Phi_{\mathrm{om}}=p_{\mathrm{om}}-\rho_{\mathrm{om}}gD \tag{7-41}$$

基质中气相流动势：

$$\Phi_{\mathrm{gm}}=p_{\mathrm{gm}}-\rho_{\mathrm{gm}}gD \tag{7-42}$$

基质中水相流动势：

$$\Phi_{\mathrm{wm}}=p_{\mathrm{wm}}-\rho_{\mathrm{wm}}gD \tag{7-43}$$

裂缝中油气毛细管压力方程：

$$p_{\mathrm{cgof}}=p_{\mathrm{gf}}-p_{\mathrm{of}} \tag{7-44}$$

裂缝中油水毛细管压力方程：

$$p_{\mathrm{cowf}}=p_{\mathrm{of}}-p_{\mathrm{wf}} \tag{7-45}$$

裂缝中饱和度方程：

$$S_{\mathrm{of}}+S_{\mathrm{wf}}+S_{\mathrm{gf}}=1 \tag{7-46}$$

基质中油气毛细管压力方程：

$$p_{\mathrm{cgom}}=p_{\mathrm{gm}}-p_{\mathrm{om}} \tag{7-47}$$

基质中油水毛细管压力方程：

$$p_{\mathrm{cowm}}=p_{\mathrm{om}}-p_{\mathrm{wm}} \tag{7-48}$$

基质中饱和度方程：

$$S_{\mathrm{om}}+S_{\mathrm{wm}}+S_{\mathrm{gm}}=1 \tag{7-49}$$

裂缝中流体的密度：

$$\rho_{\mathrm{f}}=\rho_{\mathrm{of}}S_{\mathrm{of}}+\rho_{\mathrm{gf}}S_{\mathrm{gf}}+\rho_{\mathrm{wf}}S_{\mathrm{wf}} \tag{7-50}$$

裂缝储层的初始条件、外边界条件和内边界条件同单重介质，不过要增加一套裂缝系统的变量定义。

求解变量为 Φ_{of}、Φ_{wf}、Φ_{gf}、Φ_{om}、Φ_{wm}、Φ_{gm}、p_{of}、p_{wf}、p_{gf}、p_{om}、p_{wm}、p_{gm} 和 S_{of}、S_{wf}、S_{gf}、S_{om}、S_{wm}、S_{gm} 共 18 个，方程组的方程数也是 18 个，所以该方程系统是封闭的。

式中各符号说明：

下标 m 和 f 分别代表基岩和裂缝；

$\bar{v}_{l\mathrm{f}}$、$\bar{v}_{l\mathrm{m}}$，$l=\mathrm{o}$、w、g——油、气、水三相的渗流速度，cm/s；

q_{o}、q_{w}、q_{g}——油、气、水三相单位时间注入或采出的质量，g/s；

$S_{l\mathrm{f}}$、$S_{l\mathrm{m}}$，$l=\mathrm{o}$、w、g——油、气、水三相的饱和度；

$p_{l\mathrm{f}}$、$p_{l\mathrm{m}}$，$l=\mathrm{o}$、w、g——油、气、水三相的压力，atm；

$\Phi_{l\mathrm{f}}$、$\Phi_{l\mathrm{m}}$，$l=\mathrm{o}$、w、g——油、气、水三相的势，atm；

$\rho_{l\mathrm{f}}$、$\rho_{l\mathrm{m}}$，$l=\mathrm{o}$、w、g——油、气、水三相的密度，$\mathrm{g/cm^3}$；

$B_{l\mathrm{f}}$、$B_{l\mathrm{m}}$，$l=\mathrm{o}$、w、g——油、气、水三相的体积系数；

$\mu_{l\mathrm{f}}$、$\mu_{l\mathrm{m}}$，$l=\mathrm{o}$、w、g——油、水、气、三相的黏度，mPa·s；

$\rho_{l\mathrm{df}}$、$\rho_{l\mathrm{dm}}$，$l=\mathrm{o}$、w、g——溶解气在油相和水相的密度，$\mathrm{g/cm^3}$；

R_{sl}、R_{sl}，$l=\mathrm{o}$、w——溶解气在油相和水相的溶解气油比，$\mathrm{cm^3/cm^3}$；

$K_{rl\mathrm{f}}$、$K_{rl\mathrm{m}}$，$l=\mathrm{o}$、w、g——油、水、气、三相的相对渗透率；

$\xi_{1\mathrm{o}}$、$\xi_{2\mathrm{o}}$、$\xi_{1\mathrm{w}}$、$\xi_{2\mathrm{w}}$——油、水两相的基质非线性渗流参数，atm/cm；

$K_l\ (\Delta p_{\mathrm{o}l})$，$l=\mathrm{m}$，f——考虑压敏效应的岩石或裂缝绝对渗透率，D；

$\phi_l\ (\Delta p_{\mathrm{o}l})$，$l=\mathrm{m}$，f——考虑压敏效应的岩石或裂缝孔隙度；

D——油藏深度，cm；

g——重力加速度，$\mathrm{cm/s^2}$；

σ——基质岩块与裂缝间的窜流因子，$\mathrm{\mu m^2/cm^2}$。

五、双重介质非达西渗流方程求解方法

1. 差分方程

将数学模型按隐式方式差分离散化可得到裂缝性低渗透油藏非达西渗流数值模型。

1）裂缝系统

油组分方程：

$$\Delta \overset{(v+1)}{T_{\mathrm{of}}^{n+1}} \Delta \overset{(v+1)}{\Phi_{\mathrm{of}}^{n+1}} + \overset{(v+1)}{\lambda_{\mathrm{o}}^{n+1}} \left(\overset{(v+1)}{\Phi_{\mathrm{om}}^{n+1}} - \overset{(v+1)}{\Phi_{\mathrm{of}}^{n+1}} \right) + \overset{(v+1)}{Q_{\mathrm{o}}^{n+1}} = \frac{V_{\mathrm{b}}}{\Delta t} \left[\overset{(v)}{\left(\phi_{\mathrm{f}} \rho_{\mathrm{of}} S_{\mathrm{of}} \right)^{n+1}} - \left(\phi_{\mathrm{f}} \rho_{\mathrm{of}} S_{\mathrm{of}} \right)^{n} + \bar{\delta} \left(\phi_{\mathrm{f}} \rho_{\mathrm{of}} S_{\mathrm{of}} \right) \right] \tag{7-51}$$

水组分方程：

$$\Delta \overset{(v+1)}{T_{\mathrm{wf}}^{n+1}} \Delta \overset{(v+1)}{\Phi_{\mathrm{wf}}^{n+1}} + \overset{(v+1)}{\lambda_{\mathrm{w}}^{n+1}} \left(\overset{(v+1)}{\Phi_{\mathrm{wm}}^{n+1}} - \overset{(v+1)}{\Phi_{\mathrm{wf}}^{n+1}} \right) + \overset{(v+1)}{Q_{\mathrm{w}}^{n+1}} = \frac{V_{\mathrm{b}}}{\Delta t} \left[\overset{(v)}{\left(\phi_{\mathrm{f}} \rho_{\mathrm{wf}} S_{\mathrm{wf}} \right)^{n+1}} - \left(\phi_{\mathrm{f}} \rho_{\mathrm{wf}} S_{\mathrm{wf}} \right)^{n} + \bar{\delta} \left(\phi_{\mathrm{f}} \rho_{\mathrm{wf}} S_{\mathrm{wf}} \right) \right] \tag{7-52}$$

气组分方程：

$$\begin{aligned} & \Delta \left(\overset{(v+1)}{T_{\mathrm{of}}^{n+1}} \overset{(v+1)}{R_{\mathrm{sof}}^{n+1}} \Delta \overset{(v+1)}{\Phi_{\mathrm{of}}^{n+1}} \right) + \overset{(v+1)}{\lambda_{\mathrm{o}}^{n+1}} \overset{(v+1)}{R_{\mathrm{som}}^{n+1}} \left(\overset{(v+1)}{\Phi_{\mathrm{om}}^{n+1}} - \overset{(v+1)}{\Phi_{\mathrm{of}}^{n+1}} \right) + \Delta \left(\overset{(v+1)}{T_{\mathrm{wf}}^{n+1}} \overset{(v+1)}{R_{\mathrm{swf}}^{n+1}} \Delta \overset{(v+1)}{\Phi_{\mathrm{wf}}^{n+1}} \right) + \\ & \overset{(v+1)}{\lambda_{\mathrm{w}}^{n+1}} \overset{(v+1)}{R_{\mathrm{swm}}^{n+1}} \left(\overset{(v+1)}{\Phi_{\mathrm{wm}}^{n+1}} - \overset{(v+1)}{\Phi_{\mathrm{wf}}^{n+1}} \right) + \Delta \left(\overset{(v+1)}{T_{\mathrm{gf}}^{n+1}} \Delta \overset{(v+1)}{\Phi_{\mathrm{gf}}^{n+1}} \right) + \overset{(v+1)}{\lambda_{\mathrm{g}}^{n+1}} \left(\overset{(v+1)}{\Phi_{\mathrm{gm}}^{n+1}} - \overset{(v+1)}{\Phi_{\mathrm{gf}}^{n+1}} \right) + \overset{(v+1)}{Q_{\mathrm{g}}^{n+1}} \\ & = \frac{V_{\mathrm{b}}}{\Delta t} \left[\overset{(v)}{\left(\phi_{\mathrm{f}} \rho_{\mathrm{gf}} S_{\mathrm{gf}} + \phi_{\mathrm{f}} \rho_{\mathrm{of}} R_{\mathrm{sof}} S_{\mathrm{of}} + \phi_{\mathrm{f}} \rho_{\mathrm{wf}} R_{\mathrm{swf}} S_{\mathrm{wf}} \right)^{n+1}} - \left(\phi_{\mathrm{f}} \rho_{\mathrm{gf}} S_{\mathrm{gf}} + \phi_{\mathrm{f}} \rho_{\mathrm{of}} R_{\mathrm{sof}} S_{\mathrm{of}} + \phi_{\mathrm{f}} \rho_{\mathrm{wf}} R_{\mathrm{swf}} S_{\mathrm{wf}} \right)^{n} + \right. \\ & \left. \bar{\delta} \left(\phi_{\mathrm{f}} \rho_{\mathrm{gf}} S_{\mathrm{gf}} + \phi_{\mathrm{f}} \rho_{\mathrm{of}} R_{\mathrm{sof}} S_{\mathrm{of}} + \phi_{\mathrm{f}} \rho_{\mathrm{wf}} R_{\mathrm{swf}} S_{\mathrm{wf}} \right) \right] \end{aligned} \tag{7-53}$$

2）基质系统

油组分方程：

$$\Delta \left(\overset{(v+1)}{T_{\mathrm{om}}^{n+1}} \overset{(v+1)}{M_{\mathrm{om}}^{n+1}} \Delta \overset{(v+1)}{\Phi_{\mathrm{om}}^{n+1}} \right) - \overset{(v+1)}{\lambda_{\mathrm{o}}^{n+1}} \left(\overset{(v+1)}{\Phi_{\mathrm{om}}^{n+1}} - \overset{(v+1)}{\Phi_{\mathrm{of}}^{n+1}} \right) = \frac{V_{\mathrm{b}}}{\Delta t} \left[\overset{(v)}{\left(\phi_{\mathrm{m}} \rho_{\mathrm{om}} S_{\mathrm{om}} \right)^{n+1}} - \left(\phi_{\mathrm{m}} \rho_{\mathrm{om}} S_{\mathrm{om}} \right)^{n} + \bar{\delta} \left(\phi_{\mathrm{m}} \rho_{\mathrm{om}} S_{\mathrm{om}} \right) \right] \tag{7-54}$$

水组分方程：

$$\Delta\left(\overset{(v+1)}{T_{\text{wm}}^{n+1}}\overset{(v+1)}{M_{\text{wm}}^{n+1}}\Delta\overset{(v+1)}{\Phi_{\text{wm}}^{n+1}}\right)-\overset{(v+1)}{\lambda_{\text{w}}^{n+1}}\left(\overset{(v+1)}{\Phi_{\text{wm}}^{n+1}}-\overset{(v+1)}{\Phi_{\text{wf}}^{n+1}}\right)$$
$$=\frac{V_{\text{b}}}{\Delta t}\left[\left(\phi_{\text{m}}\rho_{\text{wm}}S_{\text{wm}}\right)^{\overset{(v)}{n+1}}-\left(\phi_{\text{m}}\rho_{\text{wm}}S_{\text{wm}}\right)^{n}+\bar{\delta}\left(\phi_{\text{m}}\rho_{\text{wm}}S_{\text{wm}}\right)\right] \tag{7-55}$$

气组分方程：

$$\Delta\left(\overset{(v+1)}{M_{\text{om}}^{n+1}}\overset{(v+1)}{T_{\text{om}}^{n+1}}\overset{(v+1)}{R_{\text{som}}^{n+1}}\Delta\overset{(v+1)}{\Phi_{\text{om}}^{n+1}}\right)-\overset{(v+1)}{\lambda_{\text{o}}^{n+1}}\overset{(v+1)}{R_{\text{som}}^{n+1}}\left(\overset{(v+1)}{\Phi_{\text{om}}^{n+1}}-\overset{(v+1)}{\Phi_{\text{of}}^{n+1}}\right)+\Delta\left(\overset{(v+1)}{M_{\text{wm}}^{n+1}}\overset{(v+1)}{T_{\text{wm}}^{n+1}}\overset{(v+1)}{R_{\text{swm}}^{n+1}}\Delta\overset{(v+1)}{\Phi_{\text{wm}}^{n+1}}\right)$$
$$-\overset{(v+1)}{\lambda_{\text{w}}^{n+1}}\overset{(v+1)}{R_{\text{swm}}^{n+1}}\left(\overset{(v+1)}{\Phi_{\text{wm}}^{n+1}}-\overset{(v+1)}{\Phi_{\text{wf}}^{n+1}}\right)+\Delta\overset{(v+1)}{T_{\text{gm}}^{n+1}}\Delta\overset{(v+1)}{\Phi_{\text{gm}}^{n+1}}-\overset{(v+1)}{\lambda_{\text{g}}^{n+1}}\left(\overset{(v+1)}{\Phi_{\text{gm}}^{n+1}}-\overset{(v+1)}{\Phi_{\text{gf}}^{n+1}}\right)$$
$$=\frac{V_{\text{b}}}{\Delta t}\left[\left(\phi_{\text{m}}\rho_{\text{gm}}S_{\text{gm}}+\phi_{\text{m}}\rho_{\text{om}}R_{\text{som}}S_{\text{om}}+\phi_{\text{m}}\rho_{\text{wm}}R_{\text{swm}}S_{\text{wm}}\right)^{\overset{(v)}{n+1}}-\begin{pmatrix}\phi_{\text{m}}\rho_{\text{gm}}S_{\text{gm}}+\phi_{\text{m}}\rho_{\text{om}}R_{\text{som}}S_{\text{om}}\\+\phi_{\text{m}}\rho_{\text{wm}}R_{\text{swm}}S_{\text{wm}}\end{pmatrix}^{n}\right.$$
$$\left.+\bar{\delta}\left(\phi_{\text{m}}\rho_{\text{gm}}S_{\text{gm}}+\phi_{\text{m}}\rho_{\text{om}}R_{\text{som}}S_{\text{om}}+\phi_{\text{m}}\rho_{\text{wm}}R_{\text{swm}}S_{\text{wm}}\right)\right] \tag{7-56}$$

其中，$T_{l\text{f}}$ 为裂缝传导系数，$T_{l\text{m}}$ 为基质传导系数，M_{om}、M_{wm} 为基质的非线性修正项，V_{b} 为网格块体积。

$$T_{l\text{f}}=\rho_{l\text{f}}\frac{K_{\text{f}}\left(\Delta p_{\text{of}}\right)K_{\text{r}l\text{f}}A}{\mu_{l\text{f}}L} \tag{7-57}$$

$$T_{l\text{m}}=\rho_{l\text{m}}\frac{K_{\text{m}}\left(\Delta p_{\text{om}}\right)K_{\text{r}l\text{m}}A}{\mu_{l\text{m}}L} \tag{7-58}$$

$$\lambda_{l}=\sigma_{\text{m}l}\left(\frac{K_{\text{r}l}\rho_{l}}{B_{l}\mu_{l}}\right)_{\text{m}} \tag{7-59}$$

油组分方程左端项为

$$\Delta T_{\text{o}}^{l}M_{\text{o}}^{l}\Delta\bar{\delta}\Phi_{\text{o}}^{l}+\Delta\left[T_{\text{o}}^{l}M_{\text{o}}^{l}+M_{\text{o}}^{l}\left(\frac{\partial T_{\text{o}}}{\partial p_{\text{o}}}\right)^{l}\bar{\delta}p_{\text{o}}+\Delta T_{\text{o}}^{l}\left(\frac{\partial M_{\text{o}}}{\partial p_{\text{o}}}\right)^{l}\bar{\delta}p_{\text{o}}+M_{\text{o}}^{l}\left(\frac{\partial T_{\text{o}}}{\partial S_{\text{w}}}\right)^{l}\bar{\delta}S_{\text{w}}\right.$$
$$\left.+M_{\text{o}}^{l}\left(\frac{\partial T_{\text{o}}}{\partial S_{\text{g}}}\right)^{l}\bar{\delta}S_{\text{g}}\right]\Delta\Phi_{\text{o}}^{l}+Q_{\text{vo}}^{l}+\bar{\delta}Q_{\text{vo}} \tag{7-60}$$

水组分方程左端项为

$$\Delta T_{\text{w}}^{l}M_{\text{w}}^{l}\Delta\bar{\delta}\Phi_{\text{w}}^{l}+\Delta\left[T_{\text{w}}^{l}M_{\text{w}}^{l}+M_{\text{w}}^{l}\left(\frac{\partial T_{\text{w}}}{\partial p_{\text{o}}}\right)^{l}\bar{\delta}p_{\text{o}}+\Delta T_{\text{w}}^{l}\left(\frac{\partial M_{\text{w}}}{\partial p_{\text{o}}}\right)^{l}\bar{\delta}p_{\text{o}}+M_{\text{w}}^{l}\left(\frac{\partial T_{\text{w}}}{\partial S_{\text{w}}}\right)^{l}\bar{\delta}S_{\text{w}}\right.$$
$$\left.+M_{\text{w}}^{l}\left(\frac{\partial T_{\text{w}}}{\partial S_{\text{g}}}\right)^{l}\bar{\delta}S_{\text{g}}\right]\Delta\Phi_{\text{w}}^{l}+Q_{\text{vw}}^{l}+\bar{\delta}Q_{\text{vw}} \tag{7-61}$$

气组分方程左端项为

$$\Delta\left[T_{\mathrm{g}}^{l}+\left(\frac{\partial T_{\mathrm{g}}}{\partial p_{\mathrm{o}}}\right)^{l}\bar{\delta} p_{\mathrm{o}}+\left(\frac{\partial T_{\mathrm{g}}}{\partial S_{\mathrm{g}}}\right)^{l}\bar{\delta} S_{\mathrm{g}}\right]\Delta\Phi_{\mathrm{g}}^{l}+\Delta\left[T_{\mathrm{g}}^{l}\Delta\bar{\delta}\Phi_{\mathrm{g}}^{l}\right]+\Delta T_{\mathrm{o}}^{l}R_{\mathrm{so}}^{l}M_{\mathrm{o}}^{l}\Delta\bar{\delta}\Phi_{\mathrm{o}}^{l}+\Delta\left[T_{\mathrm{o}}^{l}R_{\mathrm{so}}^{l}M_{\mathrm{o}}^{l}\right.$$

$$\left.+M_{\mathrm{o}}^{l}\left(\frac{\partial T_{\mathrm{o}}R_{\mathrm{so}}}{\partial p_{\mathrm{o}}}\right)^{l}\bar{\delta} p_{\mathrm{o}}+\Delta T_{\mathrm{o}}^{l}R_{\mathrm{so}}^{l}\left(\frac{\partial M_{\mathrm{o}}}{\partial p_{\mathrm{o}}}\right)^{l}\bar{\delta} p_{\mathrm{o}}+M_{\mathrm{o}}^{l}\left(\frac{\partial T_{\mathrm{o}}R_{\mathrm{so}}}{\partial S_{\mathrm{w}}}\right)^{l}\bar{\delta} S_{\mathrm{w}}+M_{\mathrm{o}}^{l}\left(\frac{\partial T_{\mathrm{o}}R_{\mathrm{so}}}{\partial S_{\mathrm{g}}}\right)^{l}\bar{\delta} S_{\mathrm{g}}\right]\Delta\Phi_{\mathrm{o}}^{l}$$

$$+\Delta R_{\mathrm{sw}}^{l}T_{\mathrm{w}}^{l}M_{\mathrm{w}}^{l}\Delta\bar{\delta}\Phi_{\mathrm{w}}^{l}+\Delta\left[R_{\mathrm{sw}}^{l}T_{\mathrm{w}}^{l}M_{\mathrm{w}}^{l}+M_{\mathrm{R}}^{l}M_{\mathrm{w}}^{l}\left(\frac{\partial T_{\mathrm{w}}R_{\mathrm{sw}}^{l}}{\partial p_{\mathrm{o}}}\right)^{l}\bar{\delta} p_{\mathrm{o}}+\Delta T_{\mathrm{w}}^{l}R_{\mathrm{sw}}^{l}\left(\frac{\partial M_{\mathrm{w}}}{\partial p_{\mathrm{o}}}\right)^{l}\bar{\delta} p_{\mathrm{o}}\right. \tag{7-62}$$

$$\left.+M_{\mathrm{w}}^{l}\left(\frac{\partial T_{\mathrm{w}}R_{\mathrm{sw}}^{l}}{\partial S_{\mathrm{w}}}\right)^{l}\bar{\delta} S_{\mathrm{w}}+M_{\mathrm{w}}^{l}\left(\frac{\partial T_{\mathrm{w}}R_{\mathrm{sw}}^{l}}{\partial S_{\mathrm{g}}}\right)^{l}\bar{\delta} S_{\mathrm{g}}\right]\Delta\Phi_{\mathrm{w}}^{l}+Q_{\mathrm{vg}}^{l}+\bar{\delta} Q_{\mathrm{vg}}$$

其中

$$\Delta\bar{\delta}\Phi_{\mathrm{o}}^{l}=\Delta[\bar{\delta} p_{\mathrm{o}}-\left(\frac{\partial\rho_{\mathrm{o}}}{\partial p_{\mathrm{o}}}\right)^{l}\bar{\delta} p_{\mathrm{o}}gD] \tag{7-63}$$

$$\Delta\bar{\delta}\Phi_{\mathrm{w}}^{l}=\Delta\left[\left(\bar{\delta} p_{\mathrm{o}}-\frac{\partial p_{\mathrm{cow}}}{\partial S_{\mathrm{w}}}\bar{\delta} S_{\mathrm{w}}\right)-\frac{\partial\rho_{\mathrm{w}}}{\partial p_{\mathrm{o}}}\bar{\delta} p_{\mathrm{o}}gD\right] \tag{7-64}$$

$$\Delta\bar{\delta}\Phi_{\mathrm{g}}^{l}=\Delta\left[\left(\bar{\delta} p_{\mathrm{o}}-\frac{\partial p_{\mathrm{cgo}}}{\partial S_{\mathrm{g}}}\bar{\delta} S_{\mathrm{g}}\right)-\frac{\partial\rho_{\mathrm{g}}}{\partial p_{\mathrm{o}}}\bar{\delta} p_{\mathrm{o}}gD\right] \tag{7-65}$$

油组分方程右端项为

$$\frac{V_{\mathrm{b}}}{\Delta t}\left[\left(\frac{\phi S_{\mathrm{o}}}{B_{\mathrm{o}}}\right)^{l}-\left(\frac{\phi S_{\mathrm{o}}}{B_{\mathrm{o}}}\right)^{n}+\bar{\delta}\left(\frac{\phi S_{\mathrm{o}}}{B_{\mathrm{o}}}\right)\right]=C_{\mathrm{o1}}\bar{\delta} p_{\mathrm{o}}+C_{\mathrm{o2}}\bar{\delta} S_{\mathrm{w}}+C_{\mathrm{o3}}\bar{\delta} S_{\mathrm{g}}+C_{\mathrm{o0}} \tag{7-66}$$

其中

$$C_{\mathrm{o0}}=\frac{V_{\mathrm{b}}}{\Delta t}\left[\left(\frac{\phi S_{\mathrm{o}}}{B_{\mathrm{o}}}\right)^{l}-\left(\frac{\phi S_{\mathrm{o}}}{B_{\mathrm{o}}}\right)^{n}\right] \tag{7-67}$$

$$C_{\mathrm{o1}}=\frac{\phi S_{\mathrm{o}}}{B_{\mathrm{o}}}C_{\mathrm{p}}-\frac{\phi S_{\mathrm{o}}}{B_{\mathrm{o}}^{2}}\frac{\mathrm{d}B_{\mathrm{o}}}{\mathrm{d}p_{\mathrm{o}}} \tag{7-68}$$

$$C_{\mathrm{o2}}=-\frac{\phi}{B_{\mathrm{o}}} \tag{7-69}$$

$$C_{\mathrm{o3}}=-\frac{\phi}{B_{\mathrm{o}}} \tag{7-70}$$

水组分方程右端项为

$$\frac{V_{\mathrm{b}}}{\Delta t}\left[\left(\frac{\phi S_{\mathrm{w}}}{B_{\mathrm{w}}}\right)^{l}-\left(\frac{\phi S_{\mathrm{w}}}{B_{\mathrm{w}}}\right)^{n}+\bar{\delta}\left(\frac{\phi S_{\mathrm{w}}}{B_{\mathrm{w}}}\right)\right]=C_{\mathrm{w1}}\bar{\delta}p_{\mathrm{o}}+C_{\mathrm{w2}}\bar{\delta}S_{\mathrm{w}}+C_{\mathrm{w0}} \tag{7-71}$$

其中

$$C_{\mathrm{w0}}=\frac{V_{\mathrm{b}}}{\Delta t}\left[\left(\frac{\phi S_{\mathrm{w}}}{B_{\mathrm{w}}}\right)^{l}-\left(\frac{\phi S_{\mathrm{w}}}{B_{\mathrm{w}}}\right)^{n}\right] \tag{7-72}$$

$$C_{\mathrm{w1}}=\frac{\phi S_{\mathrm{w}}}{B_{\mathrm{w}}}C_{\mathrm{p}}-\frac{\phi S_{\mathrm{w}}}{B_{\mathrm{w}}^{2}}\frac{\mathrm{d}B_{\mathrm{w}}}{\mathrm{d}p_{\mathrm{o}}} \tag{7-73}$$

$$C_{\mathrm{w2}}=\frac{\phi}{B_{\mathrm{w}}} \tag{7-74}$$

气组分方程右端项为

$$\begin{aligned}&\frac{V_{\mathrm{b}}}{\Delta t}\left\{\left[\phi\left(\frac{S_{\mathrm{g}}}{B_{\mathrm{g}}}+\frac{R_{\mathrm{so}}S_{\mathrm{o}}}{B_{\mathrm{o}}}+\frac{R_{\mathrm{sw}}S_{\mathrm{w}}}{B_{\mathrm{w}}}\right)\right]^{l}-\left[\phi\left(\frac{S_{\mathrm{g}}}{B_{\mathrm{g}}}+\frac{R_{\mathrm{so}}S_{\mathrm{o}}}{B_{\mathrm{o}}}+\frac{R_{\mathrm{sw}}S_{\mathrm{w}}}{B_{\mathrm{w}}}\right)\right]^{n}\right.\\&\left.+\bar{\delta}\left[\phi\left(\frac{S_{\mathrm{g}}}{B_{\mathrm{g}}}+\frac{R_{\mathrm{so}}S_{\mathrm{o}}}{B_{\mathrm{o}}}+\frac{R_{\mathrm{sw}}S_{\mathrm{w}}}{B_{\mathrm{w}}}\right)\right]\right\}\\&=C_{\mathrm{g1}}\bar{\delta}p_{\mathrm{o}}+C_{\mathrm{g2}}\bar{\delta}S_{\mathrm{w}}+C_{\mathrm{g3}}\bar{\delta}S_{\mathrm{g}}+C_{\mathrm{g0}}\end{aligned} \tag{7-75}$$

其中

$$C_{\mathrm{g0}}=\frac{V_{\mathrm{b}}}{\Delta t}\left\{\left[\phi\left(\frac{S_{\mathrm{g}}}{B_{\mathrm{g}}}+\frac{R_{\mathrm{so}}S_{\mathrm{o}}}{B_{\mathrm{o}}}+\frac{R_{\mathrm{sw}}S_{\mathrm{w}}}{B_{\mathrm{w}}}\right)\right]^{l}-\left[\phi\left(\frac{S_{\mathrm{g}}}{B_{\mathrm{g}}}+\frac{R_{\mathrm{so}}S_{\mathrm{o}}}{B_{\mathrm{o}}}+\frac{R_{\mathrm{sw}}S_{\mathrm{w}}}{B_{\mathrm{w}}}\right)\right]^{n}\right\} \tag{7-76}$$

$$\begin{aligned}C_{\mathrm{g1}}=&\phi C_{\mathrm{p}}\left(\frac{S_{\mathrm{g}}}{B_{\mathrm{g}}}+\frac{R_{\mathrm{so}}S_{\mathrm{o}}}{B_{\mathrm{o}}}+\frac{R_{\mathrm{sw}}S_{\mathrm{w}}}{B_{\mathrm{w}}}\right)-\phi\left(\frac{S_{\mathrm{g}}}{B_{\mathrm{g}}^{2}}\frac{\mathrm{d}B_{\mathrm{g}}}{\mathrm{d}p_{\mathrm{o}}}+\frac{R_{\mathrm{so}}S_{\mathrm{o}}}{B_{\mathrm{o}}^{2}}\frac{\mathrm{d}B_{\mathrm{o}}}{\mathrm{d}p_{\mathrm{o}}}+\frac{R_{\mathrm{sw}}S_{\mathrm{w}}}{B_{\mathrm{w}}^{2}}\frac{\mathrm{d}B_{\mathrm{w}}}{\mathrm{d}p_{\mathrm{o}}}\right)\\&+\phi\left(\frac{S_{\mathrm{o}}}{B_{\mathrm{o}}}\frac{\mathrm{d}R_{\mathrm{so}}}{\mathrm{d}p_{\mathrm{o}}}+\frac{S_{\mathrm{w}}}{B_{\mathrm{w}}}\frac{\mathrm{d}R_{\mathrm{sw}}}{\mathrm{d}p_{\mathrm{o}}}\right)\end{aligned} \tag{7-77}$$

$$C_{\mathrm{g2}}=\phi\left(\frac{R_{\mathrm{sw}}}{B_{\mathrm{w}}}-\frac{R_{\mathrm{so}}}{B_{\mathrm{o}}}\right) \tag{7-78}$$

$$C_{\mathrm{g3}}=\phi\left(\frac{1}{B_{\mathrm{g}}}-\frac{R_{\mathrm{so}}}{B_{\mathrm{o}}}\right) \tag{7-79}$$

将数学模型按上述处理方法展开,并将产量项表达式代入,即可得到以 δp_{o}, δS_{w}, δS_{g} 为

未知数的块元素矩阵方程，然后就可以对该方程进行求解了。

$$S_g^{n+1}=1-S_o^{n+1}-S_w^{n+1} \tag{7-80}$$

渗透率和孔隙度由下式确定：

$$K^{n+1}=f\left(\Delta p^{n+1},\nabla p^{n+1}\right) \tag{7-81}$$

$$\phi^{n+1}=f\left(\Delta p^{n+1}\right) \tag{7-82}$$

2. 非线性渗流修正系数

从实用性考虑，本模型必须适应油藏非均质的情况，因此，必须求得在交界面处非线性渗流修正系数的值。假设离散网格系统由六面体组成，网格的 x、y、z 方向编号分别为 i、j、k。以 x 方向为例，根据质量守恒原理：

$$Q=T_i\left(p_i-p_{i+1/2}\right)M_i=T_{i+1}\left(p_{i+1/2}-p_{i+1}\right)M_{i+1}=T_{i+1/2}\left(p_{i+1}-p_i\right)M_{i+1/2} \tag{7-83}$$

$$M_i=1-\frac{\xi_{1,i}}{\dfrac{p_i-p_{i+1/2}}{\frac{DX_i}{2}}}-\frac{\xi_{1,i}\xi_{2,i}}{\dfrac{p_i-p_{i+1/2}}{\frac{DX_i}{2}}\left(\dfrac{p_i-p_{i+1/2}}{\frac{DX_i}{2}}-\xi_{2,i}\right)} \tag{7-84}$$

$$M_{i+1}=1-\frac{\xi_{1,i+1}}{\dfrac{p_{i+1/2}-p_{i+1}}{\frac{DX_{i+1}}{2}}}-\frac{\xi_{1,i+1}\xi_{2,i+1}}{\dfrac{p_{i+1/2}-p_{i+1}}{\frac{DX_{i+1}}{2}}\left(\dfrac{p_{i+1/2}-p_{i+1}}{\frac{DX_{i+1}}{2}}-\xi_{2,i+1}\right)} \tag{7-85}$$

可得

$$\xi_{1,i+1/2}=\frac{\xi_{1,i}\cdot\xi_{1,i+1}}{DX_{i+1}\xi_{2,i+1}\cdot\xi_{1,i}+DX_i\xi_{2,i}\cdot\xi_{1,i+1}}\cdot\frac{DX_iKX_iDY_iDZ_i\cdot\xi_{2,i}+DX_{i+1}KX_{i+1}DY_{i+1}DZ_{i+1}\cdot\xi_{2,i+1}}{\dfrac{KX_iDY_iDZ_i\cdot KX_{i+1}DY_{i+1}DZ_{i+1}\left(DX_i+DX_{i+1}\right)}{KX_iDY_iDZ_i\cdot DX_{i+1}KX_{i+1}DY_{i+1}DZ_{i+1}\cdot DX_i}} \tag{7-86}$$

$$\xi_{2,i+1/2}=\frac{K_iDY_iDZ_i\xi_{2,i}\cdot K_{i+1}DY_{i+1}DZ_{i+1}\xi_{2,i+1}}{\left(K_{i+1}DY_{i+1}DZ_{i+1}b_{i+1}\cdot\xi_{1,i}DY_i+K_iDY_iDZ_i\xi_{2,i}\cdot DX_2\xi_{1,i+1}\right)}\cdot\frac{\xi_{1,i}\cdot\xi_{1,i+1}\left(\dfrac{DX_i}{K_i\cdot DY_i\cdot DZ_i}+\dfrac{DX_{i+1}}{K_2\cdot DY_2\cdot DZ_2}\right)^2}{\left(\dfrac{DX_i}{K_i\cdot DY_i\cdot DZ_i}\xi_{1,i+1}+\dfrac{DX_{i+1}}{K_{i+1}\cdot DY_{i+1}\cdot DZ_{i+1}}\xi_{1,i}\right)} \tag{7-87}$$

由式（7-86）和式（7-87）可得交界面处的非线性渗流修正系数：

$$M_{i+1/2}=1-\frac{\xi_{1,i+1/2}}{\dfrac{p_{i+1}-p_i}{\dfrac{DX_i+DX_{i+1}}{2}}}-\frac{\xi_{1,i+1/2}\xi_{2,i+1/2}}{\dfrac{p_{i+1}-p_i}{\dfrac{DX_i+DX_{i+1}}{2}}\left(\dfrac{p_{i+1}-p_i}{\dfrac{DX_i+DX_{i+1}}{2}}-\xi_{2,i+1/2}\right)} \tag{7-88}$$

将 $\xi_{1,\,i+1/2}$，$\xi_{2,\,i+1/2}$，$\xi_{3,\,i+1/2}$ 代入式（7–88）可得到完整的非线性渗流修正系数。

同理可得类似的表达式 $M_{j+1/2}$ 和 $M_{k+1/2}$。

3. 井—网格流动方程

为了保证所建数学模型的适定性，井—网格压力方程中也必须考虑非达西渗流的影响。井所在的网格在数值模拟中处理为等效的平面径向流，考虑一个时间步内井与其所在网格间的稳定渗流，设等效半径为

$$r_{\mathrm{e}}=0.14\sqrt{(DX)^2+(DY)^2} \tag{7-89}$$

圆形油藏内为均匀介质，设该时间步内网格—井间 p 相的稳定流率为 Qp，则任意半径处的流速为

$$r\left(\frac{\mathrm{d}p}{\mathrm{d}r}\right)^2-\frac{\mathrm{d}p}{\mathrm{d}r}\cdot\left[(\xi_1+\xi_2)r+N\right]+N\xi_2=0 \tag{7-90}$$

式中，$N=\dfrac{Q\mu}{2\pi Kh}$，当$\nabla p>0$ 时，对应于汇项，当$\nabla p<0$ 时，对应于源项。由式（7–90）可得

$$\frac{\mathrm{d}p}{\mathrm{d}r}=\frac{\xi_1+\xi_2}{2}+\frac{N}{2r}+\frac{\sqrt{\left[(\xi_1-\xi_2)r+N\right]^2+4\xi_1\xi_2r^2}}{2r} \tag{7-91}$$

对式（7–91）进行积分并求取等效供液半径内的平均势，考虑到近井地带压力梯度一般大于临界启动压力梯度，可取 $\xi_2=0$，$\xi_1=G_{\mathrm{p}}$，并且由于 $r_{\mathrm{w}}\ll r_{\mathrm{e}}$，化简可得

$$\overline{\Phi}_{\mathrm{p}}=\frac{Q_{\mathrm{p}}\mu_{\mathrm{p}}}{2\pi KK_{\mathrm{rp}}h}\left(\ln\left(\frac{r_{\mathrm{e}}}{r_{\mathrm{w}}}-\frac{1}{2}\right)\pm\frac{2G_{\mathrm{p}}r_{\mathrm{e}}}{3}+\overline{\Phi}_{\mathrm{wf}}\right) \tag{7-92}$$

式中，$\overline{\Phi}_{\mathrm{wf}}$——井底流动势。

$\overline{\Phi}_{\mathrm{p}}$ 应该与网格 p 相流体的流动势 $\Phi_{\mathrm{p}i,j}$ 相等，可得

$$Q_{\mathrm{p}}=\begin{cases}\dfrac{2\pi KK_{rl}h}{\mu_1}\dfrac{\left(\phi_{\mathrm{p}i,j}-p_{\mathrm{wf}}\right)\pm\dfrac{2G_{\mathrm{p}}r_{\mathrm{e}}}{3}}{\ln\dfrac{r_{\mathrm{e}}}{r_{\mathrm{w}}}-\dfrac{1}{2}} & \left|\Phi_{\mathrm{p}i,j}-p_{\mathrm{wf}}\right|>\dfrac{2G_{\mathrm{p}}r_{\mathrm{e}}}{3}\\[2ex] 0 & \left|\Phi_{\mathrm{p}i,j}-p_{\mathrm{wf}}\right|<\dfrac{2G_{\mathrm{p}}r_{\mathrm{e}}}{3}\end{cases} \tag{7-93}$$

式（7–93）即为模拟非达西渗流的井—网格方程，其中正负号对生产井取负值，注入井取正值。当用本模型模拟达西渗流时，G_p=0，井—网格方程与达西渗流一致。可以看出，井与网格间存在启动压力差，只有压差达到该值后才会发生流动，因此，低渗透层的实际产出和注入量远低于按照达西流规律所得到的数值。

4. 考虑非达西渗流的窜流因子计算

双重介质模型中考虑非达西渗流的窜流因子计算方法如下。

基于达西模型时窜流因子 σ 通常可由 Kazemi 公式计算：

$$\sigma_{\mathrm{m}} = 4\left(\frac{K_x}{L_x^2} + \frac{K_y}{L_y^2} + \frac{K_z}{L_z^2}\right) \tag{7–94}$$

式中 L_x、L_y、L_z——基质岩块的长、宽、高。

基于非达西渗流新模型的窜流因子 σ 计算公式为

$$\sigma_{\mathrm{m}} = 4\left(\frac{K_x M_{xl}}{L_x^2} + \frac{K_y M_{yl}}{L_y^2} + \frac{K_z M_{zl}}{L_z^2}\right) \tag{7–95}$$

其中

$$M_{xl} = 1 - \frac{\xi_{1l}}{\left(\Phi_{lm} - \Phi_{lf}\right)/\left(L_x/2\right)} - \frac{\xi_{1l}\xi_{2l}}{\left(\Phi_{lm} - \Phi_{lf}\right)/\left(L_x/2\right)\left[\left(\Phi_{lm} - \Phi_{lf}\right)/\left(L_x/2\right) - \xi_{2l}\right]} \tag{7–96}$$

$$\begin{aligned} M_{yl} &= 1 - \frac{\xi_{1l}}{\left(\Phi_{lm} - \Phi_{lf}\right)/\left(L_y/2\right)} - \frac{\xi_{1l}\xi_{2l}}{\left(\Phi_{lm} - \Phi_{lf}\right)/\left(L_y/2\right)\left[\left(\Phi_{lm} - \Phi_{lf}\right)/\left(L_y/2\right) - \xi_{2l}\right]} \\ M_{zl} &= 1 - \frac{\xi_{1l}}{\left(\Phi_{lm} - \Phi_{lf}\right)/\left(L_z/2\right)} - \frac{\xi_{1l}\xi_{2l}}{\left(\Phi_{lm} - \Phi_{lf}\right)/\left(L_z/2\right)\left[\left(\Phi_{lm} - \Phi_{lf}\right)/\left(L_z/2\right) - \xi_{2l}\right]} \end{aligned} \tag{7–97}$$

上述就是用块中心七点有限差分方法建立的数值模型，利用有限差分法将非达西渗流微分方程离散化，建立以压力和饱和度为未知量的非线性方程组，其中绝对渗透率为压力梯度和压力的函数。采用交替迭代求解方程，即在迭代计算中，先对方程中的压力和饱和度赋初值，然后根据赋的初值压力和饱和度使系数线性化，迭代求解方程可得到压力和饱和度值，然后得到各个单元的压力梯度值和压力变化值，引入非达西渗流修正系数以及压敏效应修正因子重新计算传导率（饱和度也取当前值），更新系数矩阵。利用更新后的系数矩阵重新计算压力和饱和度场。循环交替迭代，直至压力和饱和度值趋于稳定并满足计算精度要求，此值即为对应时段的压力和饱和度值，然后进入下一个时段的计算。

六、双重介质非达西数值模拟应用

1. 超破注水数值模拟

1）超破注水现象

该区前期注水中广泛存在超破注水，表现在吸水指数大幅增加及注水压差减小，三次加密后变得更加严重。如 8566 井，随注水量增加，注入压力减小，吸水指数增大（表 7–15），由初期 1991 年 6 月的 37.95［m^3/（d·MPa）］上升到 2002 年 10 月的 1100.00［m^3/（d·MPa）］。吸水指数大幅增加表明裂缝规模扩大，导致注入水突进，见水不见效井增多。同时导致注水压差减小，意味着单位面积裂缝壁的吸水量减小，表明基质孔隙中水推速度降低，不见注水反应井增多。总之，吸水指数大幅增加导致水驱不均，影响邻近油井的产能。

表 7–15　8566 井注水参数变化

测试时间	地层压力（MPa）	流压（MPa）	压差（MPa）	日注水（m^3）	吸水指数［m^3/(d·MPa)］
1991/6/30	31.00	35.00	4.00	151.8	37.95
1991/10/18	33.46	35.50	2.04	191.1	93.68
1992/6/29	35.26	36.82	1.56	200.2	128.33
1992/10/5	36.00	38.23	2.23	175.9	78.88
2002/10/22	39.85	39.92	0.07	77.0	1100.00
2005/5/30	38.36	38.44	0.08	40.0	500.00
2005/8/23	38.32	38.48	0.16	39.0	243.75
2006/5/9	31.15	38.45	7.30	45.4	6.22
2006/9/5	33.86	34.76	0.90	59.7	66.33

2）超破注水实现

超破注水时由于注水量大，水井地层压力上升，导致裂缝规模进一步扩大。根据已有的超破注水研究资料，考虑压敏效应的作用，利用低渗透非达西数值模拟软件建立能够表征裂缝开启的模型。

用裂缝等效区域刻画注水井附近的裂缝系统，对裂缝方向进行约束；通过统计现场资料，确定裂缝的开启和闭合的规律，对裂缝孔隙度和渗透率等参数进行修正，用“压敏”的思想对裂缝进行动态描述，进而揭示超破注水现象。

（1）压敏效应数学描述。

$$\phi=\phi_0\exp\left[\left(\alpha_{\phi_0}-\alpha_{\phi_1}\right)\left(p_1-p_0\right)\right]\exp\left[\alpha_{\phi_1}\left(p-p_0\right)\right] \tag{7–98}$$

$$K=K_0\exp\left[\left(\alpha_{K_0}-\alpha_{K_1}\right)\left(p_1-p_0\right)\right]\exp\left[\alpha_{K_1}\left(p-p_0\right)\right] \tag{7–99}$$

式中　p_0——原始地层压力；

K_0、ϕ_0——原始压力 p_0 下的渗透率和孔隙度；

K、ϕ——压力为 p 时对应的渗透率和孔隙度；

α_{K_0}、α_{ϕ_0}——地层压力下降过程中渗透率、孔隙度的变形指数；

α_{K_1}、α_{ϕ_1}——压力恢复过程中渗透率、孔隙度的变形指数。

（2）超破注水实现思想。

在裂缝等效区域，采用类似于双重介质的处理方式，裂缝沿区域分布，随着注入压力提高，地层“超破”，裂缝发育方向传导能力变强，其变化规律随压力变化呈现一定规律（统计可得），把规律应用到数模可以模拟超破注水现象。

当注水压力较大时，诱导井周围裂缝开启，在裂缝方向上水线内形成高压，造成超破。在裂缝等效区域考虑渗透率、孔隙度等参数随压力的变化规律，特别是对天然裂缝的方向性进行约束（沿裂缝发育方向）。

3）超破注水数值模拟

（1）地质模型建立。

地质模型网格划分采取块中心网格，X 方向划分 41 个网格，Y 方向划分 41 网格，纵向上划分为 1 层，网格节点数为 $41\times41\times1=1681$ 个。从测井研究、地质研究和生产动态分析结果可知，八区下乌尔禾组储层人工裂缝和天然裂缝的方向基本一致，裂缝方向以近东西向为主，建模 X 方向与裂缝方向一致（表 7–16）。数值模拟模型用裂缝介质中设置小的渗透率以等效地层中隐裂缝或显裂缝。

表 7–16　井网及注采参数表

井网形式	井距（m×m）	单井日注水量（m^3）	单井日产液量（m^3）		
			边井	非裂缝等效区角井	裂缝等效区角井
反九点法	135×195	60	10	5	27

（2）数值模拟结果。

由表 7–17 及图 7–35 至图 7–36 可以看出，注水井注水反应表现在吸水指数大幅增加及注水压差减小，与实际区块的生产特征一致，说明考虑压敏效应，利用低渗透非达西软件可以真实反映出该地区超破注水现象。

表 7–17　模拟数据表

时间	地层压力（MPa）	井底流压（MPa）	日注水量（m^3）	压力系数	吸水指数［m^3/（d·MPa）］	注水压差（MPa）
2010/1/31	16.17	16.69	60.00	0.58	115.41	0.52
2010/3/2	19.37	19.77	60.00	0.69	149.85	0.40
2010/4/1	18.05	18.49	60.00	0.64	134.56	0.45
2010/5/1	20.72	21.07	60.00	0.74	166.94	0.36
2010/5/31	26.89	27.11	60.00	0.96	275.99	0.22

续表

时间	地层压力（MPa）	井底流压（MPa）	日注水量（m^3）	压力系数	吸水指数［m^3/（d·MPa）］	注水压差（MPa）
2010/6/30	34.43	34.55	60.00	1.23	510.64	0.12
2010/11/27	41.94	42.00	54.10	1.50	942.42	0.06
2010/12/27	41.94	42.00	54.08	1.50	942.21	0.06
2011/6/25	41.94	42.00	54.06	1.50	941.76	0.06
2011/7/25	41.94	42.00	54.06	1.50	941.73	0.06
2011/8/24	41.94	42.00	54.05	1.50	941.69	0.06
2011/9/23	41.94	42.00	54.05	1.50	941.66	0.06
2011/10/23	41.94	42.00	54.05	1.50	941.63	0.06
2011/11/22	41.94	42.00	54.05	1.50	941.61	0.06

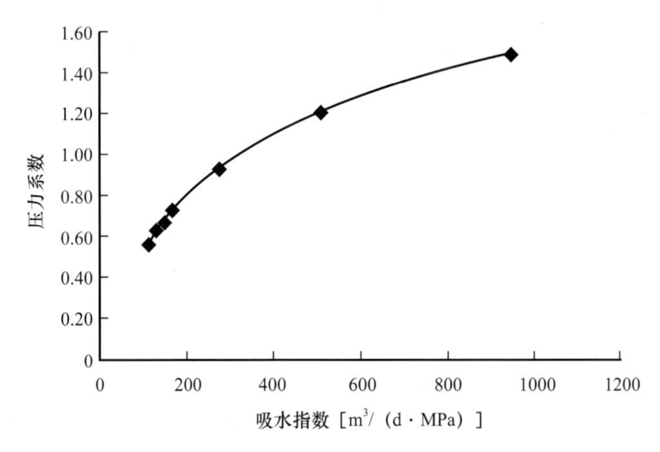

图 7-35　吸水指数与压力关系曲线

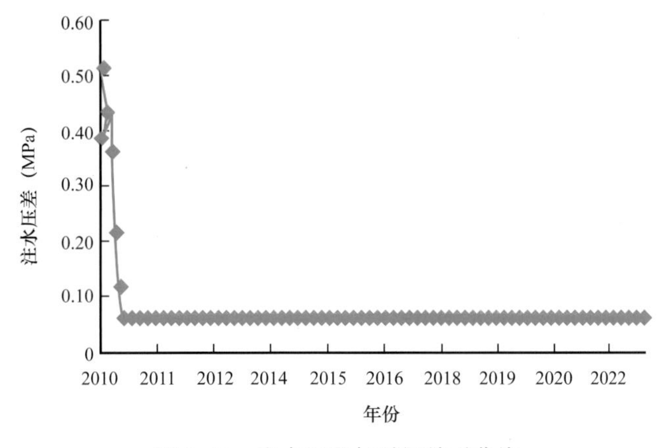

图 7-36　注水压差与时间关系曲线

注水井地层压力系数随吸水指数增加而增加。可以看出，如果将地层压力系数限制在一个区间之下，就能够控制地层超破注水（此概念模型模拟出的限制压力系数区间为1.4～1.5之间）。

模拟结果中存在见水不见效井与不见注水反应井并存、高压与低压并存的现象。这与实际地层中超破注水现象一致（图7-37至图7-44）。

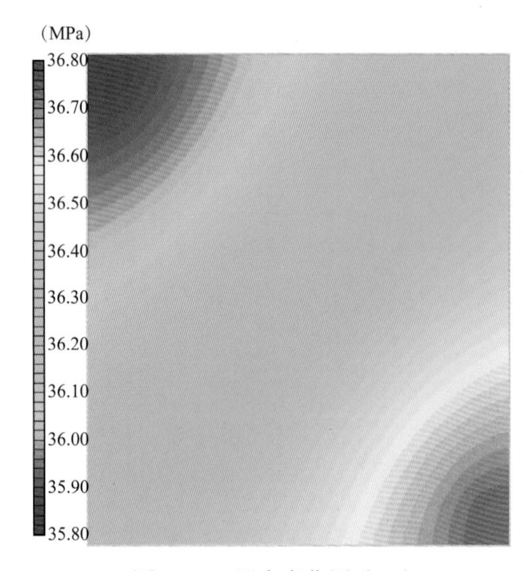

图7-37　压力变化图（0d）

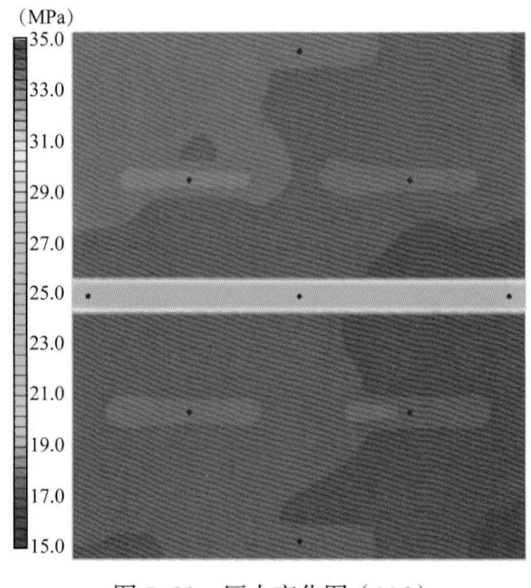

图7-38　压力变化图（30d）

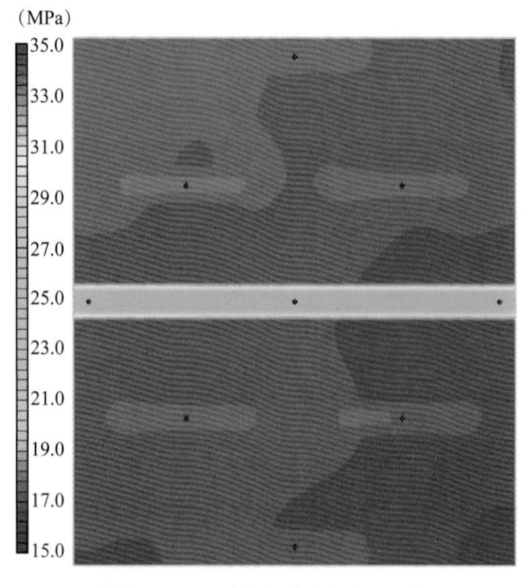

图7-39　压力变化图（120d）

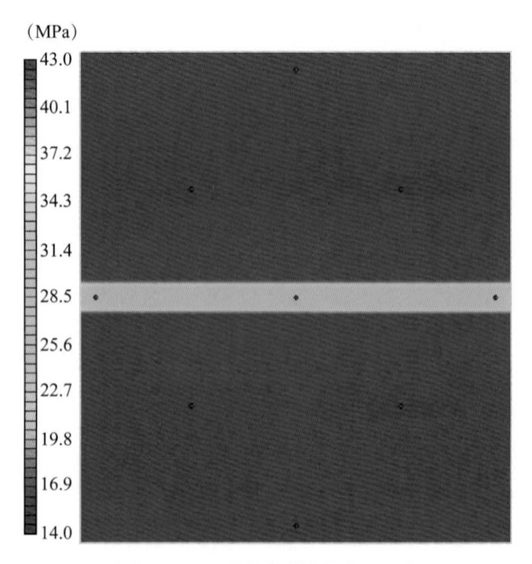

图7-40　压力变化图（720d）

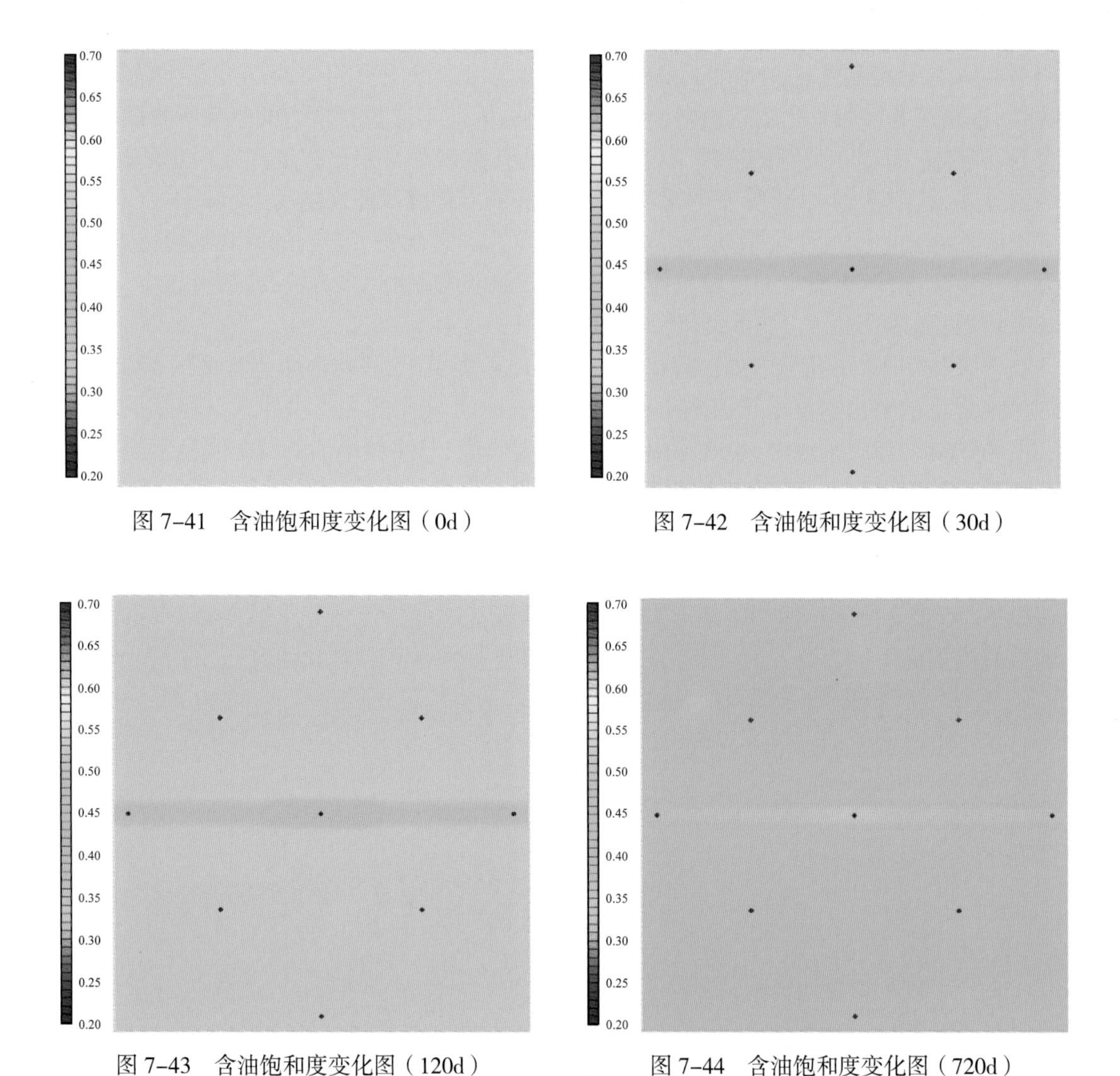

图 7–41 含油饱和度变化图（0d）

图 7–42 含油饱和度变化图（30d）

图 7–43 含油饱和度变化图（120d）

图 7–44 含油饱和度变化图（720d）

本章小结

特低渗透砾岩渗流属于非线性渗流，非线性渗流规律介于达西渗流与非达西渗流之间，当压力梯度很小时，非线性渗流与具有启动压力梯度的非达西渗流区别明显，随着压力梯度的增加，前者逐渐向后者接近，二者区别逐渐减小。

核磁共振驱油效率试验结果表明：小孔隙占总的孔隙体积的 50% 以上，中孔隙和大孔隙各占 20% 以上，表明了研究区目的层低渗透砾岩储层的孔隙微小的特性。在驱替压力的作用下，大孔隙内的油提供了主要采出程度贡献，平均占采出程度的 64%；中孔隙内的油提供了采出程度的次要贡献，平均占采出程度的 27%；小孔隙内的油为采出程度的贡献很小，平均占采出程度的 9%。水驱采油主要发生在大孔隙和中孔隙中，小孔隙所做贡献很小。

渗吸实验结果表明：本区目的层低渗透砾岩储层总体渗吸采收率比较低，大体位于 10%

以下，部分岩心由于渗吸时间，表面微裂缝分布等原因实验中没有观察到渗吸现象，反映了渗吸发生存在一定的条件和难度。渗吸采出程度与渗透率没有相关性，与孔隙度存在一些相关性，这是因为渗吸发生的机理与驱替压力无关，因此与通过有压力的驱替所测试的渗透率关系不明显，而存在裂缝的前提下，裂缝沟通的孔隙多少与采出程度存在一定的相关性。微裂缝越多，孔隙度越大，渗吸发生的可能性越大，采出程度可能也越高。

渗吸曲线随时间的变化呈现出了阶梯式上升特点，它反映了岩心的微观结构特点，微裂缝发育程度越高，渗吸发生的过程越连续，渗吸采油的通道也越多，微裂缝数量过少，可能导致渗吸作用长时间不见效，速度缓慢，甚至停滞。

在渗吸作用下，小孔隙内的油提供了主要采出程度贡献，平均占采出程度的48%；中孔隙内的油提供的采出程度平均占采出程度的21%；大孔隙内的油提供的采出程度平均占采出程度的31%。渗吸采油时，小孔隙内的油是主要贡献，与水驱采油的情况明显不同。但渗吸总体采出程度比较低，渗吸速度较慢。因此水驱是该区低渗透砾岩储层采油的主要技术，渗吸作用主要针对小孔隙，是水驱采油的补充。

本章还从低渗透油藏渗流呈现非达西特征、低渗透油藏存在应力敏感性、低速非达西渗流模型、双重介质非达西渗流基本方程、双重介质非达西渗流方程求解方法、双重介质非达西数值模拟应用等六个方面，进行了双重介质非达西渗流模型深化研究。

第八章　油层精细划分

第一节　储层分级研究

一、储层分级的必要性

克拉玛依油田八区下乌尔禾组油藏是一个埋藏深、低孔隙度、特低渗透率、微裂缝发育、非均质性严重、原油性质好、地质储量大、储量丰度高的巨厚砾岩油藏。从1965年5月发现至今，共经历了试验开发、一次加密扩边调整、二次加密调整全面开发和三次加密调整治理四个开发阶段。前人对本区储层分类做了很多的工作，但是大多数人是根据孔隙类型和毛细管压力特征对本区储层进行分类评价的，如1987年罗平对本区储层分类(表5–1)，先将毛细管压力曲线分类，再结合试井资料将储层分为四类。

表8–1　储层分类综合指标（据罗平，1987）

方法	类别/指标		Ⅰ类	Ⅱ类	Ⅲ类	Ⅳ类
毛细管压力曲线分析	最小注入饱和度（%）		≥70	≥45	≥25	<25
	孔隙组合		溶为主；溶＋粗，溶＋粗＋细	粗为主；粗＋细；粗＋溶；粗＋溶＋细	细为主；细＋粗	少量细
	各孔喉半径控制累计进汞量界限		≥0.5μm 或≥30%	≥0.5μm 或<31%	≥0.1μm 或在20%～40%	≥0.1μm 或<20%
			≥0.1μm 或≥60%	≥0.1μm 或≥40%		
	大岩样物性	渗透率（mD）	≥2	0.5～2	0.1～0.5	0.1
		孔隙度	≥10	≥7	≥7	<7
试井分析	地层平均渗透率（mD）		3	0.5～3	<0.5	无产能
	弹性容积系数		0.4～0.7	0.3～0.8	<0.3	
	窜流系数		10^{-7}～10^{-6}	10^{-6}～10^{-5}	>10^{-5}	
评价结论			好	中	差	干层

注：溶代表溶蚀孔隙，粗代表粗微孔隙群，细代表细微孔隙群。

根据分层试油的资料可以定出一个地区储层的孔隙度下限，即岩石的孔隙度低于下限值时，就可列为无效层段。利用近几年前人一直采用的油层厚度图版所确定的油层孔隙度下限(8.2%)区分有效油层，将此油层厚度图版中的每个射孔段上的测井数据进行统计，利用前人建立的本区孔隙度解释模型$\phi = 0.7172\Delta t - 37.325$，将声波时差转换为孔隙度，建立RT—孔隙度交会图。

从RT—孔隙度交会图(图8-1)中可以看出,油层的孔隙度范围大致为8%～16%,差油层的孔隙度范围为8%～14%,而水层的孔隙度分布范围比较广泛,从6%～16%均有分布,这说明利用前人建立的孔隙度解释模型解释出来的孔隙度在对油层、差油层和水层的孔隙度的区分上并没有起到明显的作用。

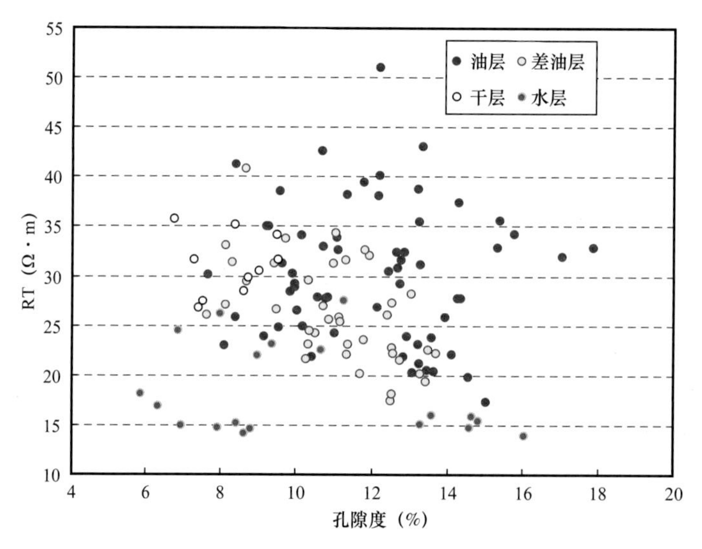

图8-1　RT—孔隙度交会图

选取部分具有代表性的井,作为油层识别研究的基础井,它们具有以下特点:射孔厚度都不超过10m;投产时间相差不大,在2003—2005年间;有完整的测井资料,可以获得核磁共振测井数据;具有不同的初期含水特征;具有不同的产液量。统计每个射孔段上的测井数据进行,做出开采初期不同的含水率的RT—孔隙度的交会图(图8-2),可以看出不同的生产初期不同的含水率的孔隙度分布基本都在8%～16%之间,并没有很明显的分类,说明开

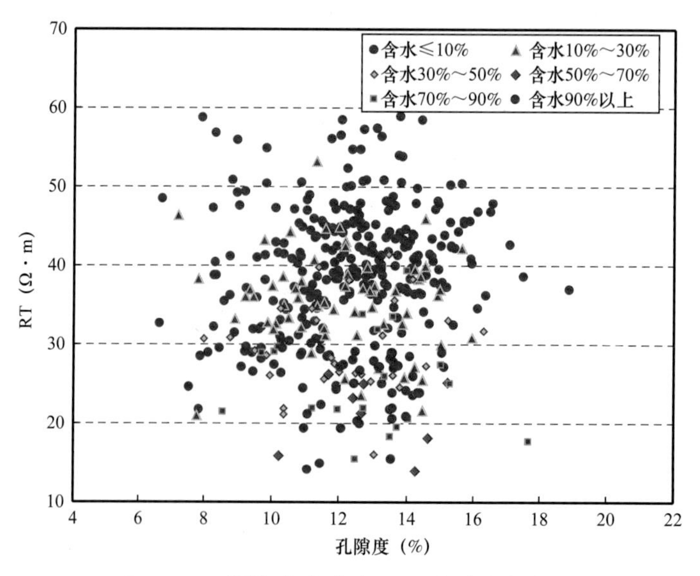

图8-2　不同初期含水率RT—孔隙度交会图

采初期的含水率与常规测井解释的孔隙度并没有相关关系。再通过不同单井每米采油指数的 RT—孔隙度的交会图(图 8-3),可以发现不同单井的产量的孔隙度分布比较广泛,说明利用常规测井得出的孔隙度与单井的产量与初期含水率大小没有明显的关系。进一步说明以常规的手段解释出的孔隙并不能很好地反映出产量的大小。

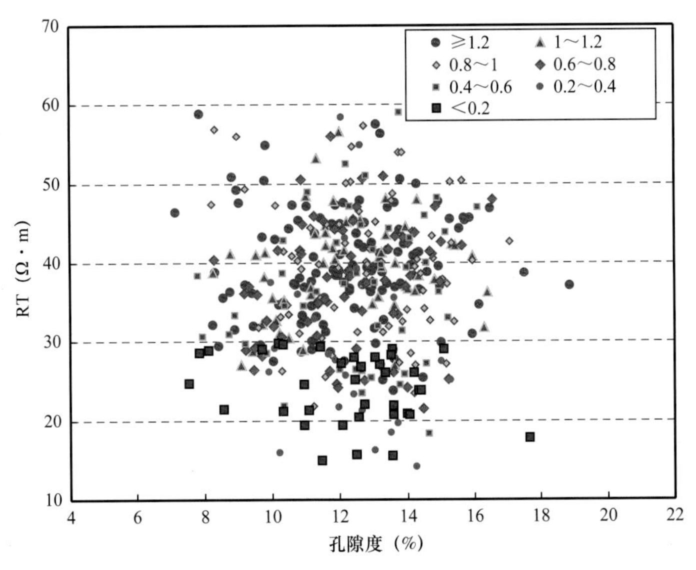

图 8-3 不同每米采油指数的 RT—孔隙度交会图

从以上两个储层分类的方法上来看,储层分类的主要目的是区分储层的孔隙大小及孔隙连通性,确定有利的储集油气的空间。但是八区下乌尔禾组油藏是注水开发多年的老油藏,在开采过程中曾进行过多次重大调整,开发效果差异较大。尤其近几年三次加密调整效果有待进一步评价。故开展储层分级及储量评价研究是当前指明生产区块所需,而利用常规测井分类方法并不能很好解释油藏开发过程中表现出来的非均质特征,有以下几点原因:

(1)本区属于巨厚的砾岩油气藏储层,储层非均质性强,在储层厚度很大的情况下,以单纯的寻找有利于油气储集的大孔隙为目的的储层分类评价,对于把握有利的储层没有直接的指导意义。

(2)本区储层空间类型主要为孔隙,利用实验室常规压汞获得的毛细管压力曲线的方法只能将孔隙大小进行分类,但是并不能反映储层中不同大小孔隙的分布特征,对于生产的指导意义不大。

(3)本区已有 55 年的开发历史,经过长期的注水开发,孔隙类型及结构特征也随着发生变化,更重要的是孔隙中的流体也在改变,所以不能很直观地反映出油藏的有利区块。

(4)根据前人建立油层有效厚度而采用的射孔段上的测井数据,利用孔隙度模型统计的孔隙度并不能反映油气在孔隙中的分布情况,对第四次加密调整方案中选取有利的区块与层位并没有起作用。

因此,针对本区存在的上述情况,要找出储层中有利于油气储集的大孔隙的分布,还要考虑找出影响产量大小的孔隙。利用常规测井虽然可以求取有效孔隙度、渗透率等参数，但孔隙度只反映储层孔隙体积，不能直观描述孔隙结构的变化。因此应用常规测井进行储层分类有一定局限性。

二、储层分级依据

1. 核磁共振实验原理简介

氢原子核特征：带一个正电荷且具有自旋特性。由于氢核的自旋性及带电性，这样每一个氢核可以看作是一个带有磁性的“小磁针”（图 8–4）。

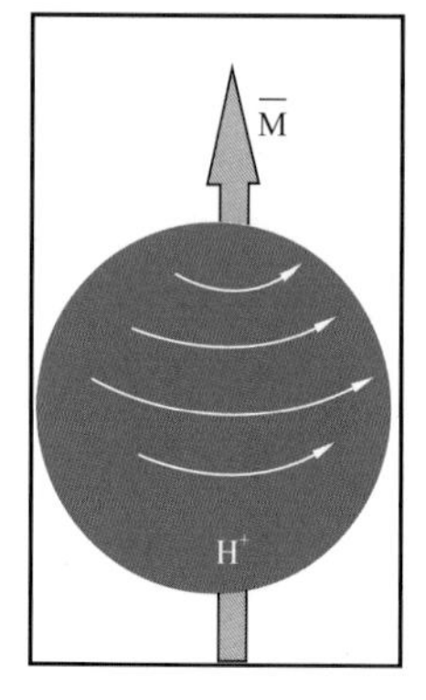

图 8–4　氢原子核特征

当岩心抽真空、饱和单相流体盐水后，岩心孔隙内盐水的 T_2 弛豫时间大小主要取决于水分子受到孔隙固体表面作用力的强弱。当水分子受到孔隙固体表面的作用力较强时，这部分水处于束缚或不可流动状态，称之为束缚水或束缚流体，这部分水在核磁共振上表现为 T_2 弛豫时间较小。反之，当水分子受到孔隙固体表面的作用力较弱时，这部分水的 T_2 弛豫时间较大，处于自由或可流动状态，称之为可动水或可动流体。岩心孔隙内的束缚流体和可动流体在核磁共振 T_2 弛豫时间上有明显区别，因此利用核磁共振 T_2 谱可对岩心孔隙内盐水的赋存（可动或束缚）状态进行分析，定量给出可动流体饱和度及束缚流体饱和度（图 8–5）。

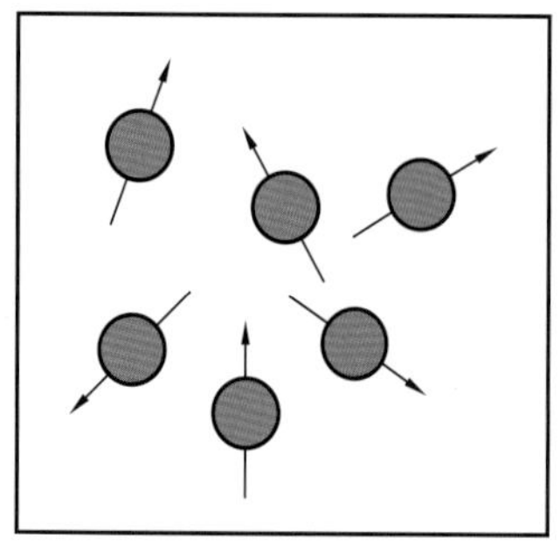

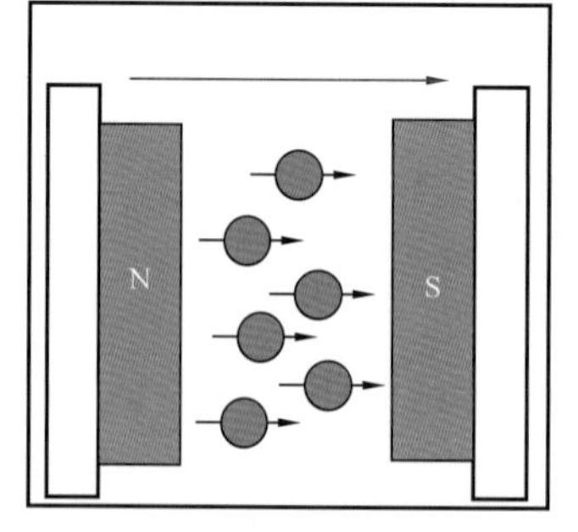

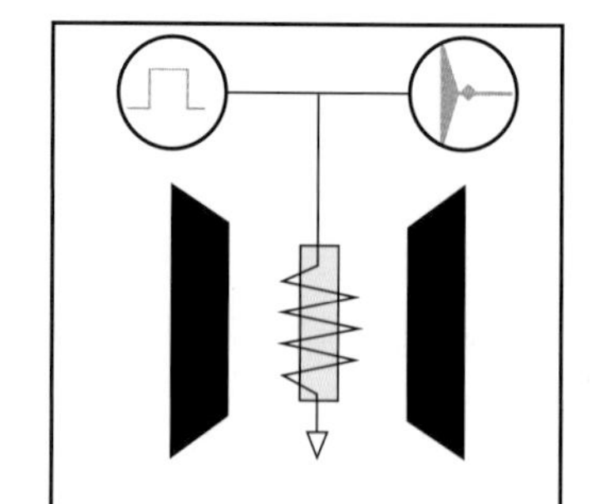

图 8–5　核磁共振基本原理

施加射频脉冲，氢核从平衡状态旋转到另一个状态。脉冲消失后，氢核向平衡状态恢复，这一过程叫作弛豫过程。弛豫时间的快慢用弛豫时间 T_2 表示。

1）核磁共振成果曲线（T_2 曲线）

用弛豫时间 T_2 与信号强度 F 可获得核磁共振成果曲线，通常简称 T_2 曲线。横坐标（弛豫时间 T_2）通常用对数坐标，纵坐标（信号强度 F）通常用算术坐标（图 8–6）。

对于常见的以原生粒间孔隙为主的孔隙性储层，这种 T_2 曲线通常表现出双峰特征，两峰之间有一个凹值区间。

核磁共振的曲线特征不仅与储层孔隙结构特征相关，而且与孔隙中流体性质密切相关。

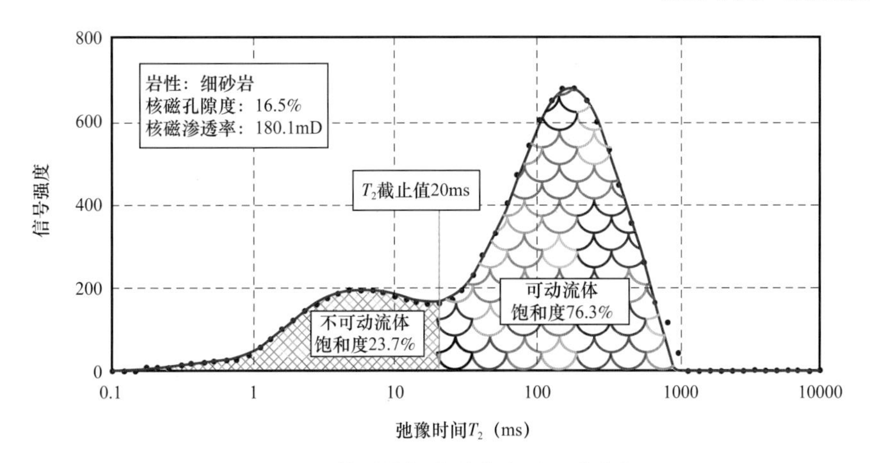

图 8-6 核磁共振成果曲线（T_2 曲线）

2）利用核磁共振成果曲线研究储层

由于核磁共振成果曲线反映了储层中的不同大小孔隙的分布特征，因此，利用这些成果曲线研究储层特征越来越受到重视。

核磁共振成果用于研究储层主要有两种不同的方式：直接应用核磁共振成果曲线进行储层相关参数计算，建立与其他物性参数（如孔隙度和渗透率）之间的关系特征；另一种应用是将它与人们熟知的毛细管压力曲线建立联系，然后，将研究毛细管压力的方法应用到此项研究中。

（1）核磁共振成果曲线研究储层机理。

孔隙度：弛豫时间 T_2 谱面积的大小与岩石中所含流体的多少成正比，只要对弛豫时间 T_2 谱进行适当的刻度，可获得岩石的孔隙度：

$$\phi_{\mathrm{NMI}} = A_{\mathrm{t}} \cdot S_{\mathrm{p}} / S_{\mathrm{T}} \quad (8\text{-}1)$$

式中 ϕ_{NMI}——核磁解释孔隙度；

A_{t}——校正系数，与核磁共振实验时饱和的流体有关；

S_{p}——弛豫时间 T_2 谱面积，ms；

S_{T}——弛豫时间 T_2 有效范围内的总面积，ms。

渗透率：弛豫时间 T_2 谱代表了岩石孔径分布，而岩石渗透率又与孔径有关，因此可以从弛豫时间 T_2 谱中计算出储层渗透率。

以下是部分经验公式：

$$K_1 = (\phi/C_1)^4 \times (\mathrm{BVM/BVI})^2 \quad (8\text{-}2)$$

$$K_2 = C_2 \times \phi_4 \times \mathrm{T}_{2\mathrm{g}}^{\ 2} \quad (8\text{-}3)$$

$$K_3 = C_3 \times \phi_2 \times \mathrm{T}_{2\mathrm{g}}^{\ 2} \quad (8\text{-}4)$$

$$K_4 = (\phi/C_4)m \times (\mathrm{BVM/BVI})n \quad (8\text{-}5)$$

式中 BVM——可动流体百分数；

BVI——束缚流体百分数；

ϕ——核磁孔隙度；

T_{2g}——T_2 几何平均值，ms；

C_1、C_2、C_3——校正系数，需要通过室内岩心分析确定。C_1 一般在 5～10 之间；

m、n——校正系数。

在计算核磁渗透率时，K_1 适用大多数碎屑岩储层岩石，K_3 适用于较低渗透储层。K_4 是 K_1 的改进型。

用 T_2 划分孔隙类型，因为 T_2 的大小与孔隙大小成正比，所以可以根据 T_2 大小直接划分孔隙类型，以下是一种划分方案（表 8-2）。

表 8-2　核磁孔隙类型划分

孔隙类型	T_2 时间（ms）	孔隙类型	T_2 时间（ms）
超大孔	＞300	小孔	10～30
大孔	100～300	微孔	3～10
中孔	30～100	黏土孔	＜3

注：试验时储层岩石饱和水。

（2）核磁共振成果曲线研究储层。

由以上核磁共振实验原理可知，核磁共振信号强度与测量体中的流体（水或烃）的氢原子含量成正比。而信号强度又与弛豫时间成正比，所以对于100%饱和单相流体的岩石而言，弛豫时间与孔隙大小成正比，孔隙越小，弛豫时间越短，孔隙越大，弛豫时间越长。而常规压汞也能很好地反映出孔隙结构的信息。与核磁共振不同的是，常规压汞使用水银（非润湿相）进行孔隙结构测试，核磁共振使用盐水（润湿相）进行孔隙结构测试。所以常规压汞反映的是连通性好的孔隙，核磁共振既能反映连通好的孔隙，也能反映连通不好的孔隙。因此当岩心中大量发育连通性好的孔隙时，毛细管压力就应该与 T_2 之间存在某种关联。

通过大量的研究，最终得到如图 8-7 所示的关系。

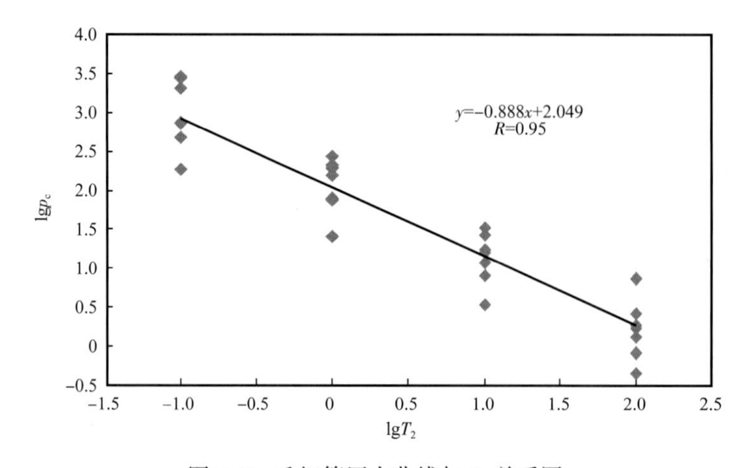

图 8-7　毛细管压力曲线与 T_2 关系图

当毛细管压力和横向弛豫时间均取对数时，两者呈很好的反比关系。添加趋势线后，由趋势线的公式（8-6）可知：

$$\lg p_c=-0.888\times\lg T_2+2.049 \quad (8-6)$$

将式(8–6)进行转换可得式(8–7):

$$p_c=111.94\times(T_2)^{-0.888} \quad (8-7)$$

通过式(8–7)可以把核磁共振的横向弛豫时间 T_2 转换为相应的毛细管压力曲线(图8–8)。

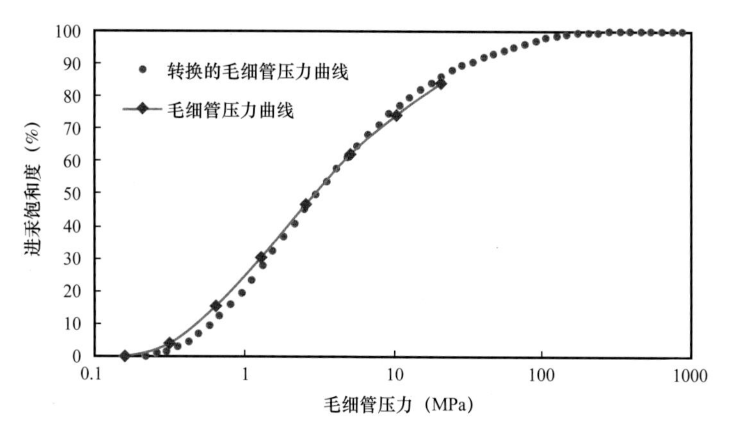

图 8–8 T_2 转换毛细管压力曲线实例

2. 核磁共振测井简介

MRIL–P 型核磁测井仪是测井公司从哈里伯顿公司引进的先进的核磁共振测井仪器。MRIL–P 核磁仪在井中利用永久磁体产生梯度磁场代替地磁场,探测地层中流体的氢核含量。它采用多频探测方式(9 个频率),以自旋回波技术为基础,提高了信噪比,探测深度较深(从井中心约 22.8cm),而且受井眼等条件影响小;它不仅可以提供储层的总孔隙度、有效孔隙度、毛细管束缚水孔隙度、泥质束缚水孔隙度及渗透率等参数,还可以进行油气检测,在储层流体性质识别方面有其独特优势。

储层流体的核磁特性是随着各种因素变化的,不同流体信号分布在 T_2 谱上的位置不同,根据它的位置往往可以预测和识别流体的性质。在油气识别方面,最常用的油气识别方法有两种:谱位移法(DSM)和谱差分法(TDA),谱位移法应用于识别稠油,而谱差分法应用于识别轻烃。综合应用这两种方法,效果更好。

1)谱位移法

采用双 TE 的测量模式,主要是利用水与油的扩散系数的差异来识别油气的方法。测井时,让等待时间足够长,使恢复时间达到 3~5 倍的轻烃纵向弛豫时间,使纵向弛豫达到完全恢复,利用两个不同的回波间隔测量两组回波串。由于水、气与中等以上黏度的原油扩散系数不一样,改变 TE,则它们在 T_2 分布上的位置将发生不同程度的变化,所以自由水的 T_2 将比中等—高黏度油以更快的速度减小,从而实现对油、气、水的识别。它是一种扩散系数加权的方法。

2)谱差分法(TDA)

所谓的差谱法即谱差分法,是根据不同流体具有不同的极化速率,不同的纵向弛豫时间等性质来判别油气的一种方法。通常，轻烃与孔隙水完全极化所需要的时间很不相同；对孔隙中的水，极短的极化时间就足以使其完全极化；而轻质油与天然气则需要较长的极化时间才能完全极化，所以如果有轻烃存在，长、短极化时间得到的 T_2 分布就会有明显差异。理论上讲，这两个 T_2 分布谱相减，水的信号可以相互抵消，而油与气的信号则余留在差谱中，由此识别油气。

利用以上方法识别油气时，首先进行核磁共振测前设计，根据预先已知的地区参数确定测量模式。

资料处理过程中要进行 T_2 谱搜索，油气在 T_2 谱上有一定的显示。

核磁共振处理结果提供了渗透率、总孔隙度、有效孔隙度和自由流体孔隙度以及泥质束缚水体积，同时提供了油、气、水的相对体积。

三、利用常规测井资料预测不同大小孔隙含量

受作业成本的限制，测量核磁共振的井数有限（研究区仅 30 口井），要实现油藏范围内不同大小孔隙含量的预测，需要用核磁共振解释成果标定常规测井资料，进而达到全区多数井不同大小孔隙含量的准确预测。

1. 模型参数选择

模型参数的选择是建立可靠模型的关键。本次研究以核磁共振解释成果为基础，利用常规测井资料，通过逐步回归的方法选择模型参数。

模型参数的类型取决于常规测井资料，研究区主要包括自然电位（SP）、自然伽马（GR）、深侧向电阻率（RT）、浅侧向电阻率（RI）、冲洗带电阻率（RXO）、中子（CNL）、密度（DEN）、声波时差（AC）等，不同曲线类型反映了不同的岩石物理性质。除上述曲线外，本次研究还利用电阻率曲线组合新增了几条特征曲线，如（RT−RI）/RT、（RT−RXO）/RT 和（RI−RXO）/RI，它们均反映了岩石的孔隙结构。

利用多元线性回归技术，在充分考虑各参数物理意义（参数必须反映岩石的孔隙结构）的基础上，选择的模型参数如下：中子（CNL）、密度（DEN）、声波时差（AC）、深侧向电阻率（RT）、浅侧向电阻率（RI）、冲洗带电阻率（RXO）、自然伽马（GR）、（RT−RI）/RT、（RT−RXO）/RT、（RI−RXO）/RI 和（$\Delta\phi_d-\phi_a$）/ϕ_d 等。

2. 模型建立

利用多元线性回归技术，充分考虑各测井参数物理意义，尊重回归所得到的数学模型，建立了研究区不同层位不同大小孔隙含量的解释模型，其基本模型如下：

$$
\begin{aligned}
\phi = & B_0 + B_1\mathrm{CNL} + B_2\mathrm{DEN} + B_3\mathrm{AC} + B_4\mathrm{RT} + B_5\mathrm{RI} \\
& + B_6\mathrm{RXO} + B_7\mathrm{GR} + B_8(\mathrm{RT}-\mathrm{RI})/\mathrm{RT} + B_9(\mathrm{RT}-\mathrm{RXO})/\mathrm{RT} \\
& + B_{10}(\mathrm{RI}-\mathrm{RXO})/\mathrm{RI} + B_{11}(\Delta\phi_d-\phi_a)/\phi_d
\end{aligned}
$$

式中 ϕ——不同大小孔隙的含量；

B_0、B_1、B_2、B_3、B_4、B_5、B_6、B_7、B_8、B_9、B_{10}、B_{11}——回归系数；

CNL——中子测井值，%；

DEN——密度测井值，g/cm^3；

AC——声波时差测井值，μs/m；

RT——深侧向电阻率测井值，Ω·m；

RI——浅侧向电阻率测井值，Ω·m；

RXO——冲洗带电阻率测井值，Ω·m；

GR——自然伽马测井值，API；

（RT-RXO）/RT、（RI-RXO）/RI、（RI-RXO）/RI——电阻率组合值；

$(\Delta\phi_d-\phi_a)/\phi_d$——常规测井解释总孔隙度组合值。

不同的大小孔隙含量模型具有不同的 B_0、B_1、B_2、B_3、B_4、B_5、B_6、B_7、B_8、B_9、B_{10}、B_{11} 回归系数，下面以 $P_2w_4{}^1$ 层位为例，说明不同大小孔隙含量的常规测井解释模型。

（1）双等待模式核磁总孔隙度（MSIGTA）的常规测井解释模型。

$$\phi=-9.3802+0.2675\cdot CNL-2.3529\cdot DEN+0.0937\cdot AC+0.2098\cdot RT-0.1770\cdot RI \\ -0.0186\cdot RXO+0.0029\cdot GR-8.4629\cdot(RT-RI)/RT-2.0713\cdot(RT-RXO)/RT \\ +1.5029\cdot(RI-RXO)/RI-0.0148\cdot B_{11}(\Delta\phi_d-\phi_a)/\phi_d$$

（2）TDA 计算油含量（BOIL）的常规测井解释模型。

$$\phi=-13.5953+0.5224\cdot CNL-2.6327\cdot DEN+0.0767\cdot AC+0.4748\cdot RT-0.3668\cdot RI \\ -0.0346\cdot RXO-0.0045\cdot GR-19.9370\cdot(RT-RI)/RT-3.1909\cdot(RT-RXO)/RT \\ +2.1139\cdot(RI-RXO)/RI-0.0213\cdot B_{11}(\Delta\phi_d-\phi_a)/\phi_d$$

（3）TDA 计算水含量（BWTR）的常规测井解释模型。

$$\phi=-6.9941+0.3064\cdot CNL-1.5856\cdot DEN+0.0491\cdot AC+0.1924\cdot RT-0.1167\cdot RI \\ -0.0323\cdot RXO-0.0111\cdot GR-12.1990\cdot(RT-RI)/RT-1.7657\cdot(RT-RXO)/RT \\ +0.8023\cdot(RI-RXO)/RI-0.0173\cdot B_{11}(\Delta\phi_d-\phi_a)/\phi_d$$

（4）A 组回波串毛管束缚水含量（MBVITA）的常规测井解释模型。

$$\phi=-0.6195+0.1640\cdot CNL-2.6957\cdot DEN+0.0378\cdot AC+0.0706\cdot RT-0.0412\cdot RI \\ -0.0050\cdot RXO-0.0070\cdot GR-6.2787\cdot(RT-RI)/RT-0.3620\cdot(RT-RXO)/RT \\ +0.1664\cdot(RI-RXO)/RI-0.0097\cdot B_{11}(\Delta\phi_d-\phi_a)/\phi_d$$

（5）储层束缚孔隙（Ms-Bo）的常规测井解释模型。

$$\phi=4.2151-0.2549\cdot CNL+0.2798\cdot DEN+0.0169\cdot AC-0.2650\cdot RT+0.1898\cdot RI \\ +0.0160\cdot RXO+0.0073\cdot GR+11.4741\cdot(RT-RI)/RT+1.1195\cdot(RT-RXO)/RT \\ -0.6110\cdot(RI-RXO)/RI+0.0065\cdot B_{11}(\Delta\phi_d-\phi_a)/\phi_d$$

（6）储层最大孔隙（Bo-Bw）的常规测井解释模型。

$$\phi=-6.6013+0.2160\cdot CNL-1.0471\cdot DEN+0.0276\cdot AC+0.2824\cdot RT-0.2501\cdot RI \\ -0.0023\cdot RXO-0.0066\cdot GR-7.7380\cdot(RT-RI)/RT-1.4251\cdot(RT-RXO)/RT \\ +1.3116\cdot(RI-RXO)/RI-0.0040\cdot B_{11}(\Delta\phi_d-\phi_a)/\phi_d$$

（7）储层较大孔隙（Bw-Mbv）的常规测井解释模型。

$$\phi=-6.3746+0.1424\cdot CNL-1.1101\cdot DEN+0.0113\cdot AC+0.1218\cdot RT-0.0755\cdot RI \\ -0.0273\cdot RXO-0.0041\cdot GR-5.9204\cdot(RT-RI)/RT-1.4037\cdot(RT-RXO)/RT \\ +0.6359\cdot(RI-RXO)/RI-0.0075\cdot B_{11}(\Delta\phi_d-\phi_a)/\phi_d$$

3. 模型验证

以上述不同孔隙含量的解释模型为基础，选取研究区有核磁共振资料的井位，利用其常规测井资料，开展不同大小孔隙含量的解释工作，以验证模型的准确性。

如图 8-9 所示的 $P_2w_4^1$ 层段核磁解释结果与常规测井解释结果统计表明，两者具有较好的相关性，相关系数达 0.7 以上；如图 8-10 至图 8-12 所示的 $P_2w_2^1$、$P_2w_2^2$、和 $P_2w_2^3$ 层段的统计表明，核磁解释结果与常规测井解释结果之间具有较好的相关性，各相关系数达 0.8 以上。

这说明所建立的不同大小孔隙的常规测井解释模型精度较高，模型可靠，可用于本区非核磁共振井的不同孔隙含量解释。

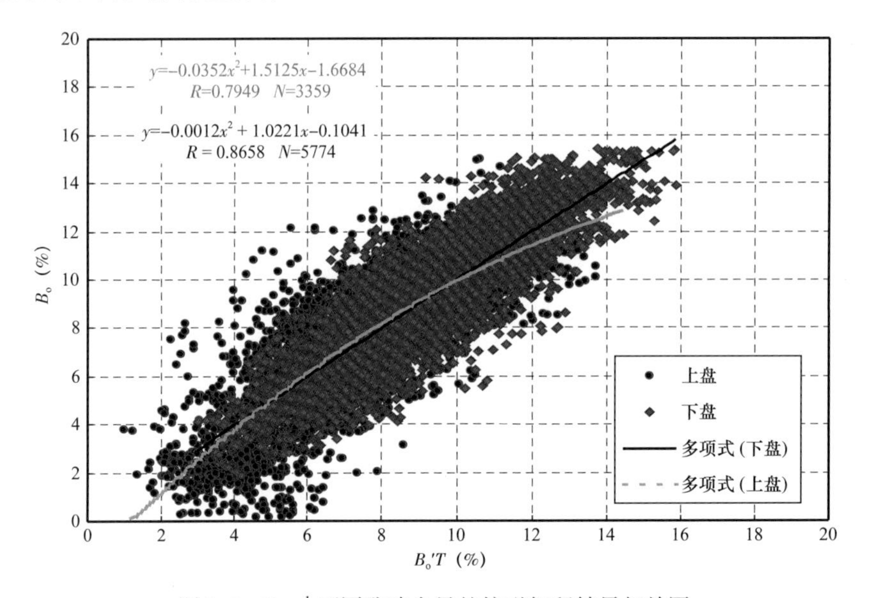

图 8-9 $P_2w_4^1$ 不同孔隙含量的核磁解释结果相关图

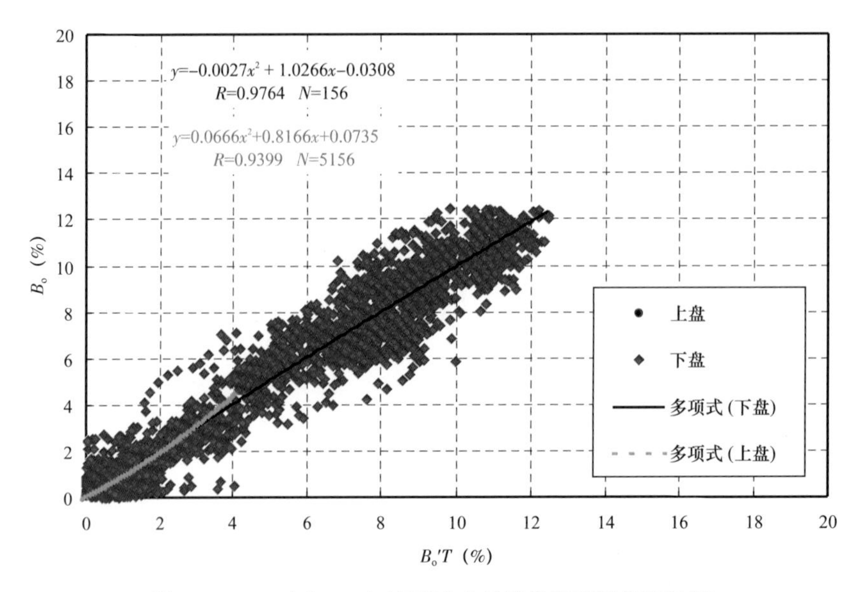

图 8-10 $P_2w_2^1$（TDA）计算油含量核磁解释结果相关图

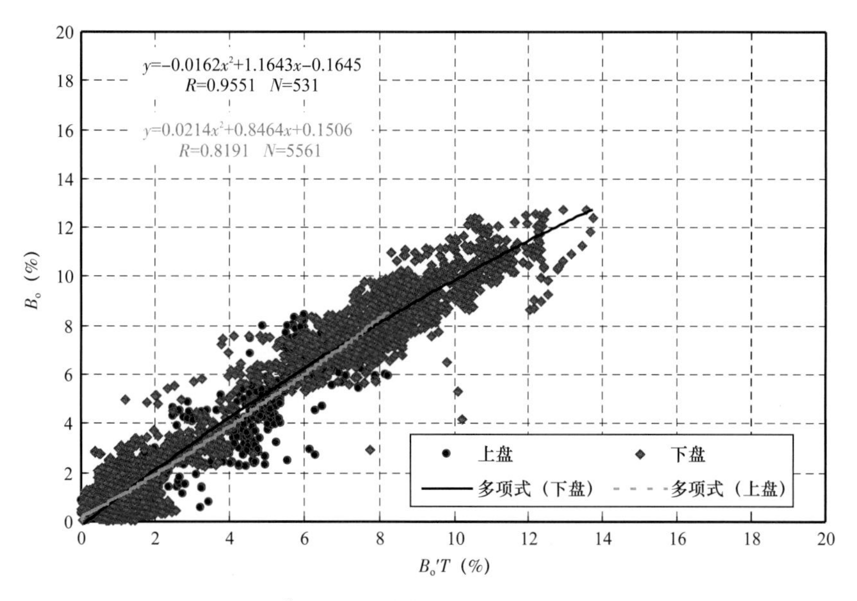

图 8-11 $P_2w_2^2$（TDA）计算油含量核磁解释结果相关图

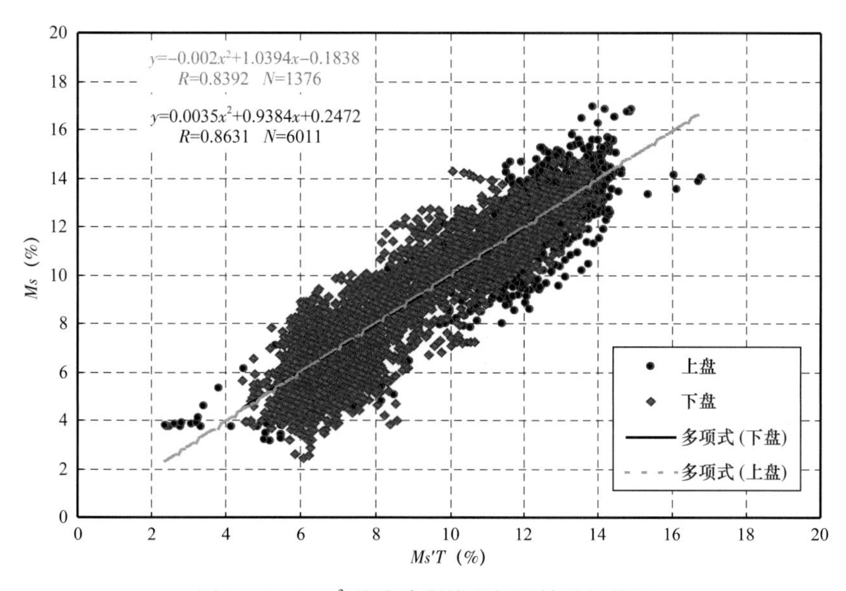

图 8-12 $P_2w_2^3$ 总孔隙度核磁解释结果相关图

4. 预测结果统计

利用上述可靠性较强的不同孔隙常规测井解释模型，对本区非核磁共振井目的层进行了不同孔隙的含量解释，图 8-13 至图 8-16 的统计结果表明，储层不同大小孔隙具有不同的分布特征；最大孔隙（0.91～3.14μm）主要分布在 0.5%～4% 间，峰值范围在 1%～3% 间；较大孔隙（0.14～0.91μm）主要分布在 0.5%～2.5% 间，峰值范围在 1%～1.5% 间；较小孔隙（0.02～0.14μm）主要分布在 2%～6% 间，峰值范围在 3%～5% 间；束缚孔隙（小于 0.02μm）主要分布在 1%～6% 间，峰值范围在 2%～4.5% 间。

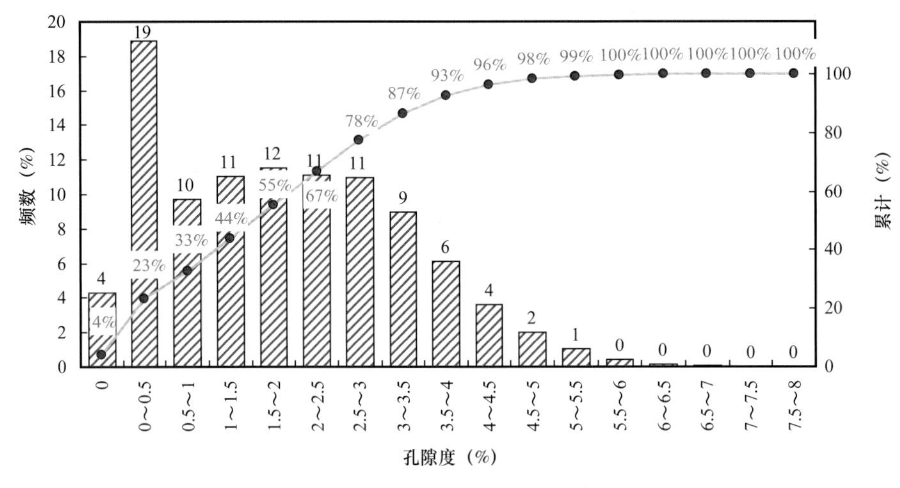

图 8-13　最大孔隙孔隙度分布直方图

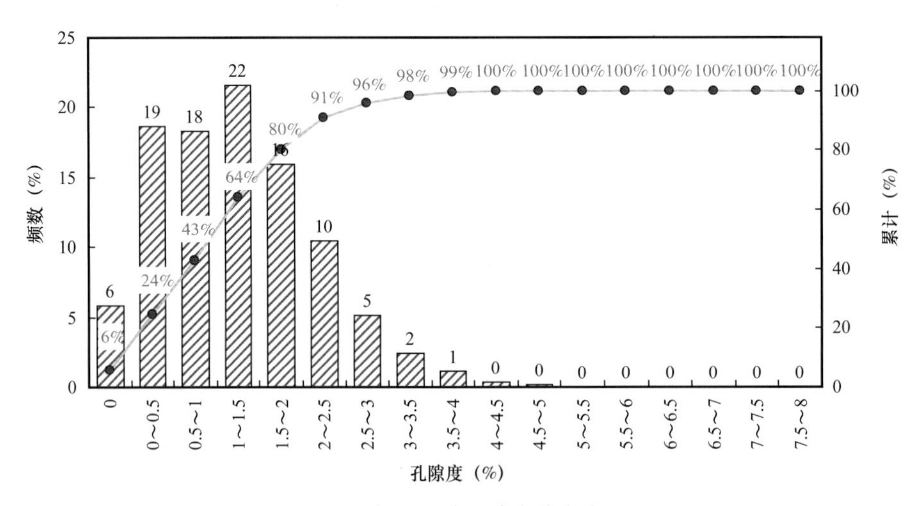

图 8-14　较大孔隙孔隙度分布直方图

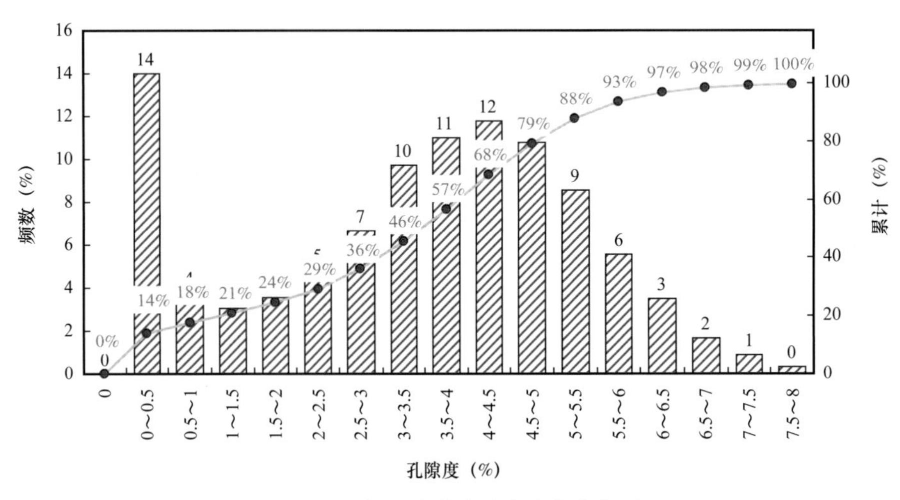

图 8-15　较小孔隙孔隙度分布直方图

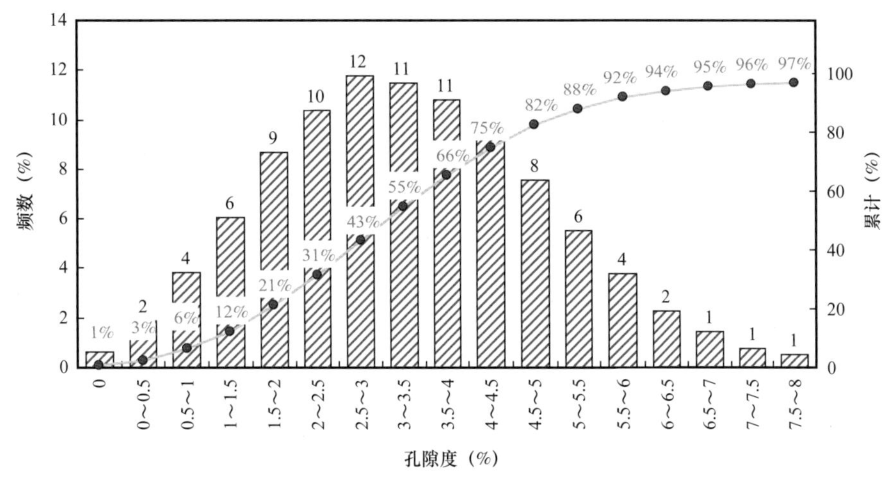

图 8–16 束缚孔隙孔隙度分布直方图

四、利用不同大小孔隙含量(核磁共振解释资料)研究储层分级

利用核磁共振测井提供的 TDA 流体体积数据,可以得到以下几个关键的数据(表 8–3)。

表 8–3 核磁共振测井数据

英文简写	引用简写	中文注解
MBVITA	Mbv	A 组回波串的毛管束缚水含量
BWTR	Bw	TDA 计算水的含量
BOIL	Bo	TDA 计算油的含量
MSIGTA	Ms	双等待时间模式核磁总孔隙度

因为这几个数据也是通过不同的弛豫时间 T_2 根据核磁共振测井提供的解释数据,可以定义以下参数:

Ms 储层总孔隙

Bw—Mbv 储层较大孔隙 T_2: 32～256ms

Bo—Bw 储层最大孔隙 T_2: 256～1024ms

Bo—Mbv 储层主要孔隙 T_2: 32～1024m

Mbv 储层较小孔隙 T_2: 4～32ms

Ms—Bo 储层束缚孔隙 T_2: <4ms

以下将储层较大孔隙的孔隙度简称为较大孔隙度,以此类推。

利用选取井的测井数据进行统计,将核磁共振数据算出的最大孔隙度与 RT 做交会图(图 8–17),可以看出油层的最大孔隙度分布在 2%～4.5% 之间,差油层的最大孔隙度分布在 2%～3% 之间,油层与差油层在最大孔隙度上有了明显的分布区域。说明最大孔隙度对于油层的分选有重要意义。

每米采油指数也称“比采油指数”,指单位生产压差、单位厚度下的测试产能,是衡量油藏产能大小的主要指标。建立不同单井每米采油指数的 RT—主要孔隙度的交会图(图

8–18),可以很明显地看出来每米采油指数小于0.2的储层的孔隙度主要分布在2%～3.5%之间,每米采油指数大于0.2以上的生产层的主要孔隙度基本都大于4%。主要孔隙度也可以很明显地反映出影响产量的孔隙大小分布。

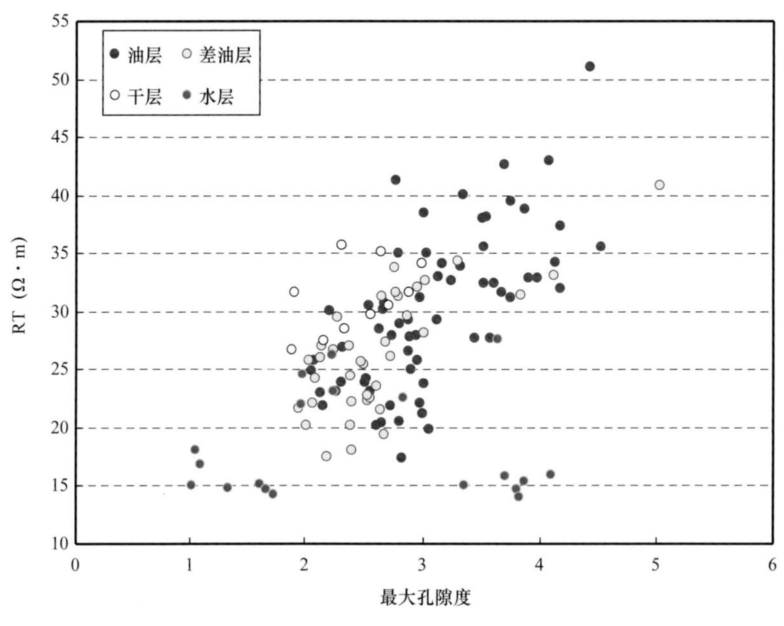

图8–17 RT—最大孔隙度交会图

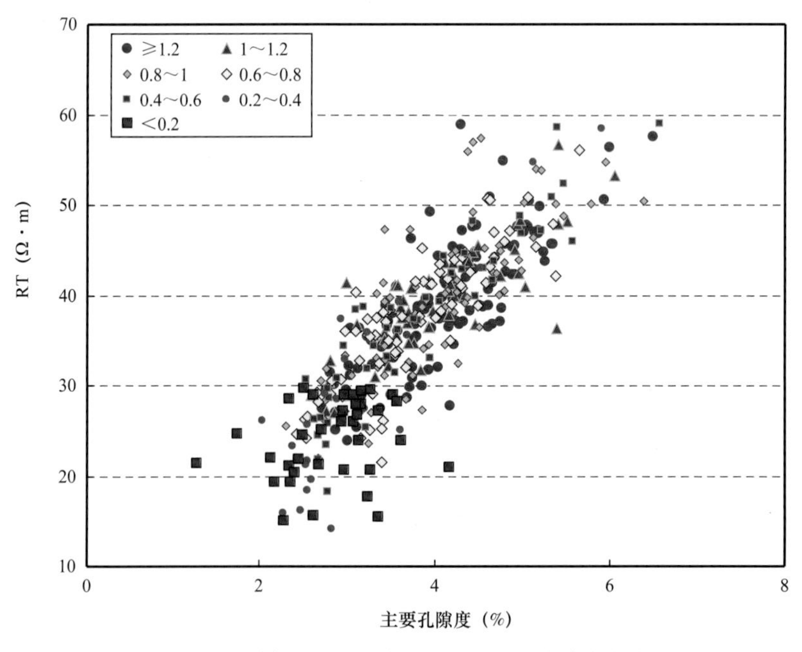

图8–18 不同每米采油指数的RT—主要孔隙度交会图

根据本区地质上的特点,为了提高驱替效率和油井产能,本区采用了长期注水开发技术,但是油井生产一定时间之后必将见水,且油井含水率也会不断上升[54]。为了体现原始的储层孔隙的产量特点，采用油层厚度图中每个射孔段的不同开采初期含水率与核磁共振测井解释出的各种孔隙度与 RT 交会图来进行储层分类。

首先通过不同初期含水率的主要孔隙度—RT 交会图（图 8-19），从图中可以很明显地看出生产初期含水率与主要孔隙度具有负相关关系；当主要孔隙度大于 4.5% 时，开采初期含水率的分布全都小于 30%；当主要孔隙度在 3%～4.5% 之间，开采初期含水率的分布比较广，分布基本还是以小于 30% 的低含水为主，其次为 30%～50% 的中等含水；当主要孔隙度小于 2%，基本只存在 70% 的高含水。从此特征可以说明主要孔隙度越大，初期含水率越低。说明储层的主要孔隙越大，开采初期含水率也就越低，对产量的贡献就越大。

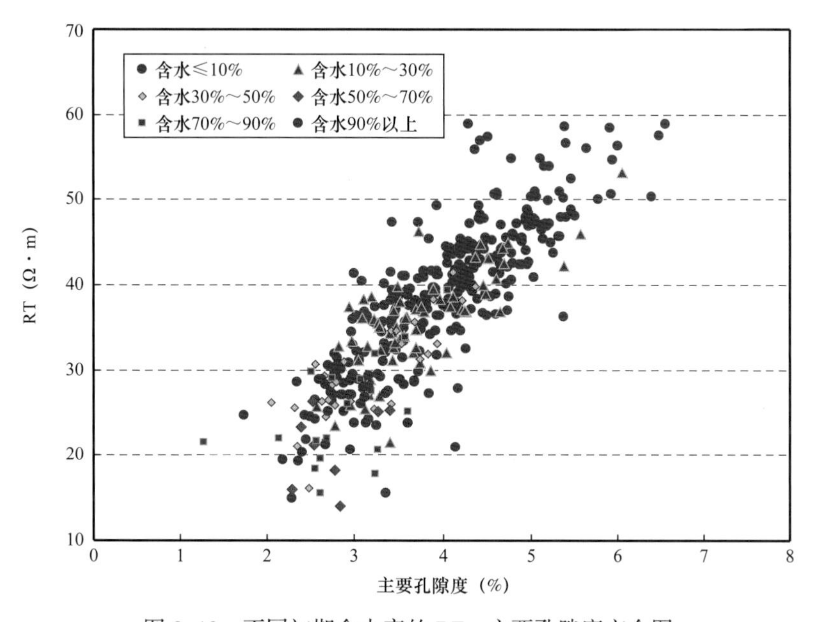

图 8-19　不同初期含水率的 RT—主要孔隙度交会图

统计不同初期含水率的最大孔隙度的数据与 RT 作交会图（图 8-20），从核磁共振测井解释的储层最大孔隙度与 RT 建立的不同初期含水率的分布图中，可以看出初期含水率与最大孔隙度之间的负相关关系很明显，初期含水率小于 30% 的射孔井段的最大孔隙度都大于 4%，在最大孔隙度为 2.5%～4% 的范围内的初期含水率大多小于 30%，其次为 30%～50% 的中含水，在最大孔隙度为 1.5%～2.5% 时，高、中、低含水均有分布，在孔隙度小于 1.5% 内基本只存在高含水。

同样利用核磁共振测井解释的储层较大孔隙度与 RT 建立不同初期含水率的分布图（图 8-21），从图中可以看出较大孔隙度大于 2.2% 的时候，初期含水率基本小于 30%，为低含水与不含水；较大孔隙度为 1.4%～2.2%，初期含水率以低含水为主，其次为 30%～50% 的中含水；较大孔隙为 0.9%～1.4%，初期含水率就包括高、中、低含水率平均分布；较大孔隙度小于 0.9% 时，初期含水率为高含水，基本都在 70% 以上分布。

比较最大孔隙度的初期含水率与 RT 的关系可以发现，较大孔隙度与初期含水率之间的关系没有最大孔隙度与初期含水率之间的关系那么好，但是也能看出初期含水率与较小孔隙度的负相关性。

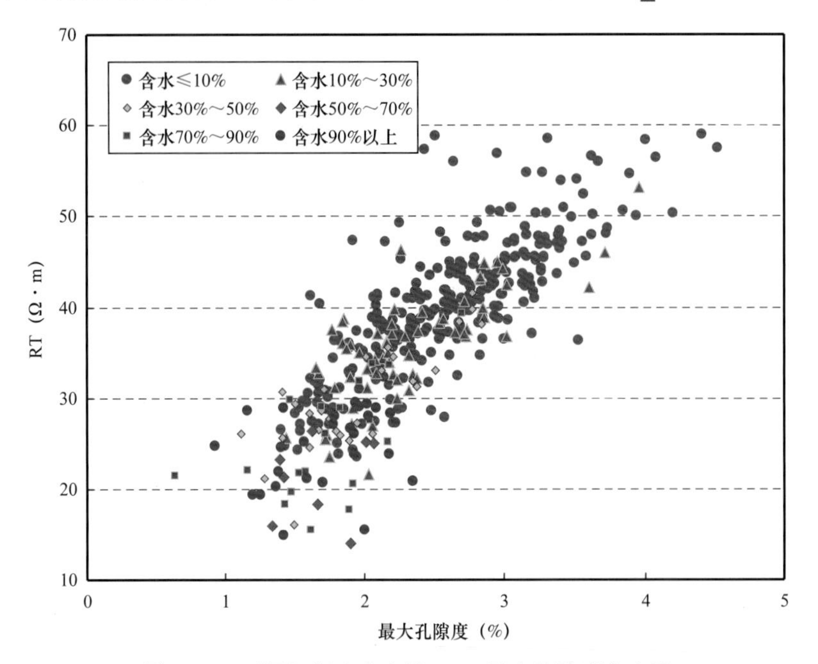

图 8-20　不同初期含水率的 RT—最大孔隙度交会图

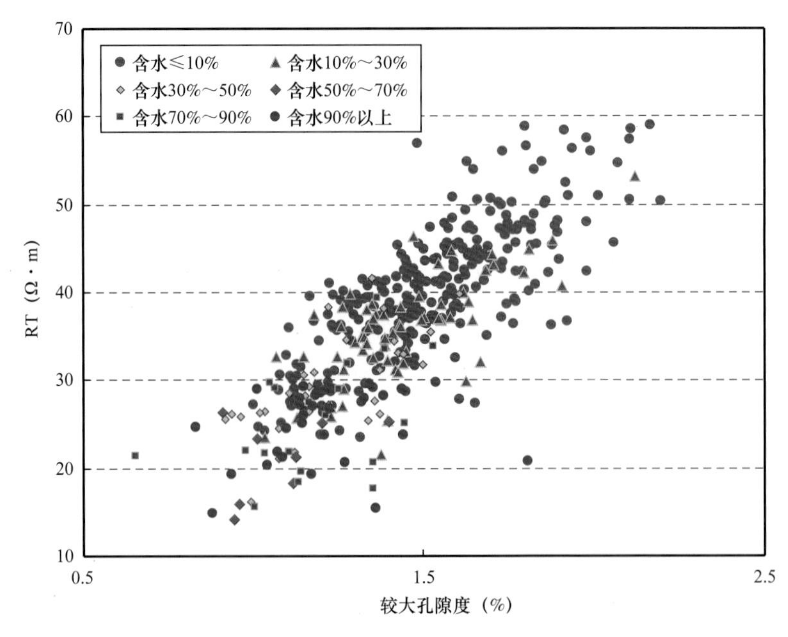

图 8-21　不同初期含水率的 RT—较大孔隙度交会图

最后同样利用核磁共振测井解释的储层较小孔隙度与 RT 建立不同初期含水率的分布图（图 8-22），从图中可以发现不同的初期含水率的射孔井段的较小孔隙分布比较不均匀，但是大体上也可以看出，初期含水率越小的射孔井段，较小孔隙度越大，但是相关性比主要、最大、较大孔隙度都要差。说明储层较小的孔隙对产量大小的反映没有大孔隙的好。因为束缚孔隙度对产量的贡献率极为有限，故这里不进行讨论。

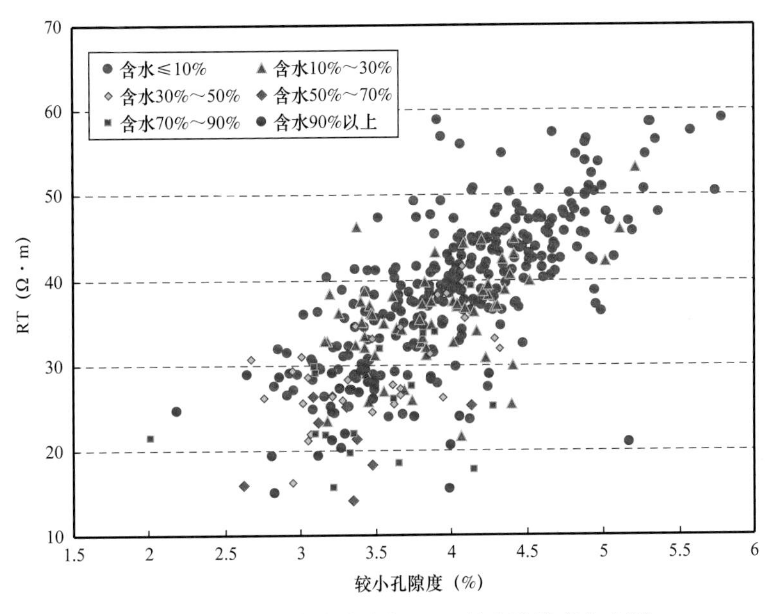

图 8-22 不同初期含水率的 RT—较小孔隙度交会图

根据本区 30 口井的核磁共振资料解释出来的各种孔隙度资料与生产资料建立的关系中，可以发现初期含水率低的射孔井段的各种孔隙度都比较大，初期含水率高的射孔井段的各种孔隙度都比较小，它们之间存在着负相关关系，以主要孔隙度的相关性最强，最大孔隙度次之，较大孔隙度也可以很明显地看出相关性，较小孔隙度与初期含水率的关系就仅仅能够看出负相关，但是具体分布不明显。

以上的规律说明了本区储层的含油性和产油水特征与储层中的大孔隙发育特征密切相关，即大孔隙含量高时，储层含油性好，产油性好，含水低，反之亦然。大孔隙对产量的影响比较大，对于有产量的储层来说，在油藏的有效厚度中寻找相对较大的孔隙才能进一步地找到产量的来源。所以依据核磁共振解释的各种孔隙度与初期含水率之间的关系，选取主要孔隙度、最大孔隙度与较大孔隙度，分别统计与初期含水率的关系，参照不同含水率对应的孔隙大小，将核磁共振解释的孔隙大小归结为五类，利用此分类划分储层类型（表 8-4）。其中按照前人所定的油层的孔隙度下限为 8.2%，第五类为非油层。

表 8-4 储层分级表

类型	主要孔隙度（%）	最大孔隙度（%）	较大孔隙度（%）	总孔隙度（%）
	Bo-Mbv	Bo-Bw	Bw-Mbv	Ms
	ϕ_{t1+t2}	ϕ_{t1}	ϕ_{t2}	ϕ_{T}
Ⅰ	≥4.5	≥4	≥2.2	≥8.2
Ⅱ	3～4.5	2.5～4	2.2～1.4	≥8.2
Ⅲ	2～3	1.5～2.5	0.9～1.4	≥8.2
Ⅳ	<2	<1.5	<0.9	≥8.2
Ⅴ	<2	<1.5	<0.9	<8.2

这五类由核磁共振测井解释出来的孔隙分类是反映储层质量的重要参数,它主要体现储层孔隙影响产量的那一部分,可以反映出油层有效厚度内的产量大小的分布。所以说此分类与前人所做的分类方式有所不同,为了区别前人所做的储层分类工作,这里称为储层分级。此次分级对于第四次加密调整方案中选取有利的区块与层位起到关键的指导作用。

五、各级储层综合特征

利用上述分级标准,完成本区储层的分类评价,进而分别对各级储层的岩性、沉积相、孔隙类型和裂缝类型进行了特征分析。

1. 各级储层岩性特征

研究区各级储层岩性统计结果表明(图 8-23),Ⅰ类储层的岩性主要包括不等粒砾岩、砾状砂岩和含砾砂岩,Ⅱ类储层主要为砂质小砾岩、砂质砾岩和中—细砂岩,Ⅲ类储层的岩性主要为钙质砂岩和砾状砂岩,Ⅳ类储层主要包括的岩性有泥质砂岩—粉砂岩、砂质砾岩和砂质小砾岩,Ⅴ类储层主要岩性包括泥质砂岩—粉砂岩、钙质砂岩、含砾砂岩和砂质砾岩。

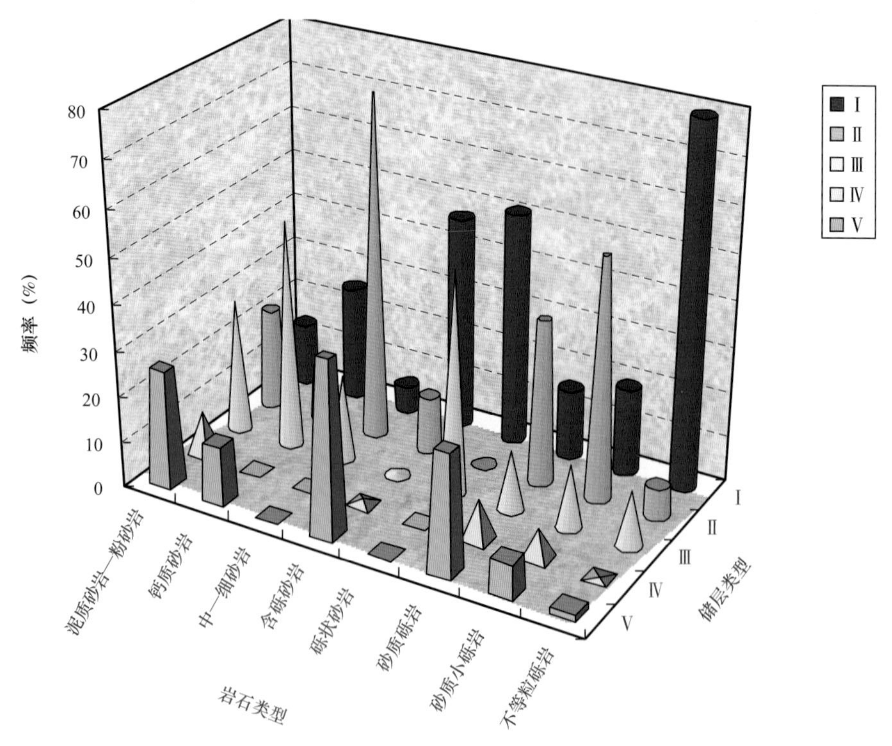

图 8-23 分类储层岩性分布特征

2. 各级储层沉积相特征

研究区各级储层沉积相统计结果表明(图 8-24),第Ⅰ和第Ⅱ类储层主要分布在水下分流河道微相中,Ⅲ类储层主要为碎屑流沉积,第Ⅳ类和第Ⅴ类储层主要分布于漫流沉积和辫状河道微相中,其次为碎屑流沉积微相。

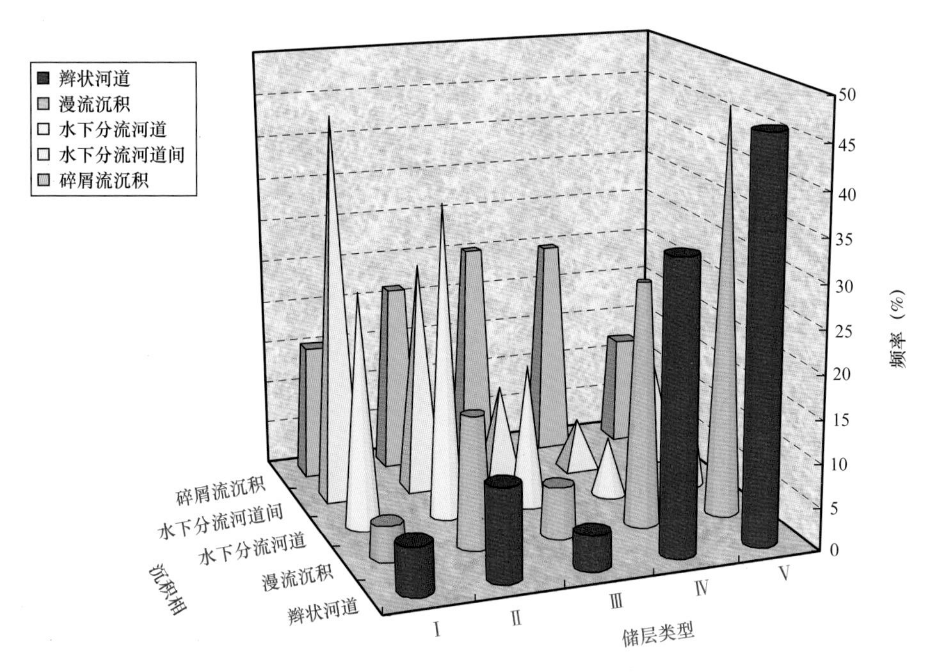

图 8-24　分类储层沉积相分布特征

3. 各级储层孔隙类型特征

研究区各级储层孔隙类型统计结果表明(图 8-25),第Ⅰ和第Ⅱ类储层的孔隙类型主要为剩余粒间孔,其次为方沸石晶内溶孔和粒内孔;而第Ⅲ、Ⅳ、Ⅴ类储层主要为粒内溶孔。

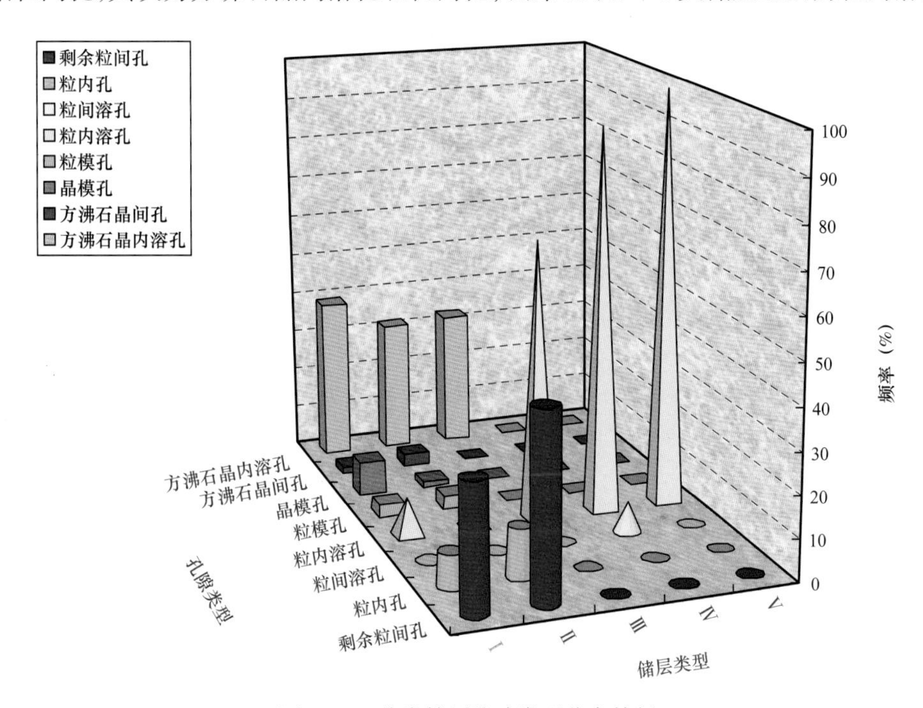

图 8-25　分类储层孔隙类型分布特征

4. 各级储层裂缝类型特征

各级储层裂缝特征统计结果表明(图 8-26),第Ⅰ和第Ⅱ类储层主要发育雁状裂缝,第Ⅲ和第Ⅳ类储层主要发育直劈缝,而第Ⅴ类储层主要发育充填—半充填裂缝和雁状裂缝。

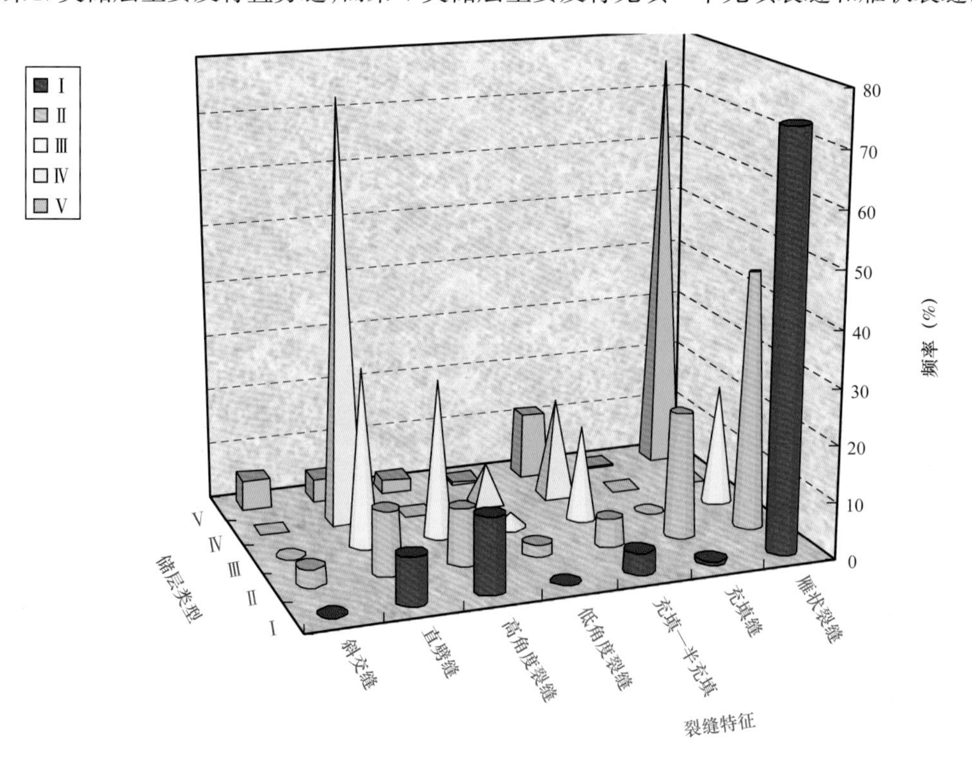

图 8-26 分类储层裂缝分布特征

5. 各级储层产量特征

通过对不同储层级别的每米采油指数分类结果进行分析(图 8-27),建立不同储层级别的每米采油指数的直方分布图。可以看出不同的储层类型,每米采油指数分布具有明显的特征,Ⅰ类储层与Ⅱ类储层的每米采油指数大于 1.2t/(d·m)的分布最多,几乎占了所有储层类型中的全部。Ⅲ类储层的每米采油指数分布基本在小于 1t/(d·m),Ⅳ～Ⅴ类储层的每米采油指数基本都小于 0.2t/(d·m)。总体来说储层级别越高,每米采油指数分布就越好。

在不同储层级别的开采初期含水率的分布特征图中(图 8-28),总体来看,从Ⅰ类储层到Ⅴ类储层含水率逐渐增加,其中Ⅰ类储层的含水率只分布在小于 30% 内,Ⅱ类储层的初期含水率分布比较广,但是初期含水率小于 10% 的分布频率最高。Ⅲ类储层随着含水率的增加分布类型也在增加,Ⅳ类与Ⅴ类储层初期含水率基本分布在 70% 以上,属于高含水。

通过对不同的储层级别与每米采油指数与初期含水率之间的关系特征的统计发现,利用核磁共振测井解释出的不同孔隙度的分类,对于储层分级具有重要的意义,分级结果与产量的关系明显,分级的级别越高,产量就越大。说明此分级结果对于本区第四次加密寻找有利的层位与区块有重要的指导意义。

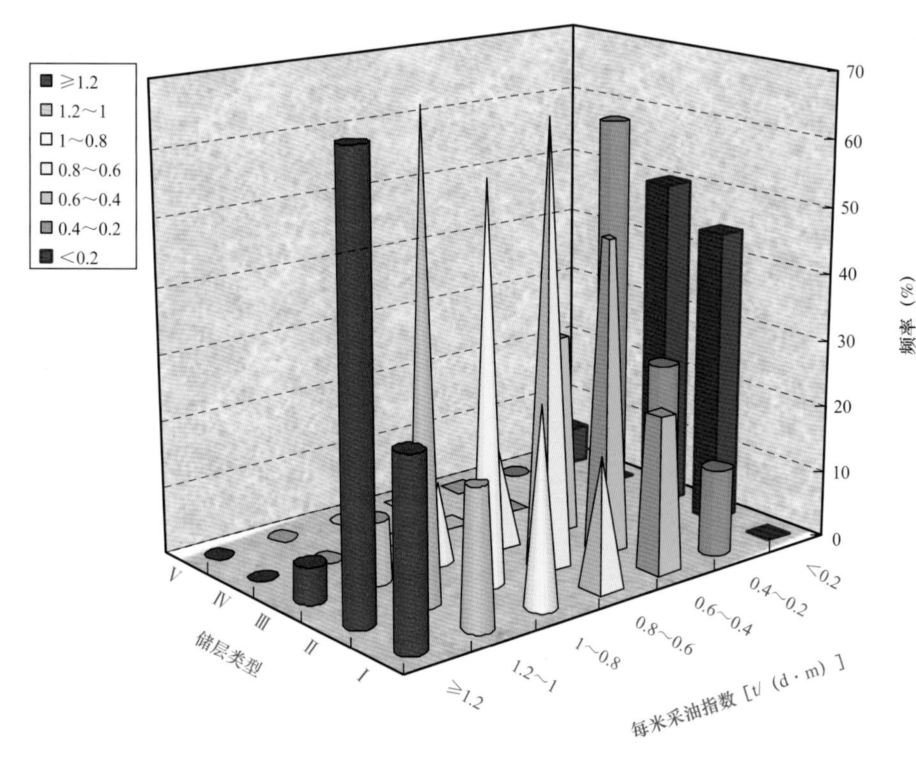

图 8-27 分类储层每米采油指数分布图

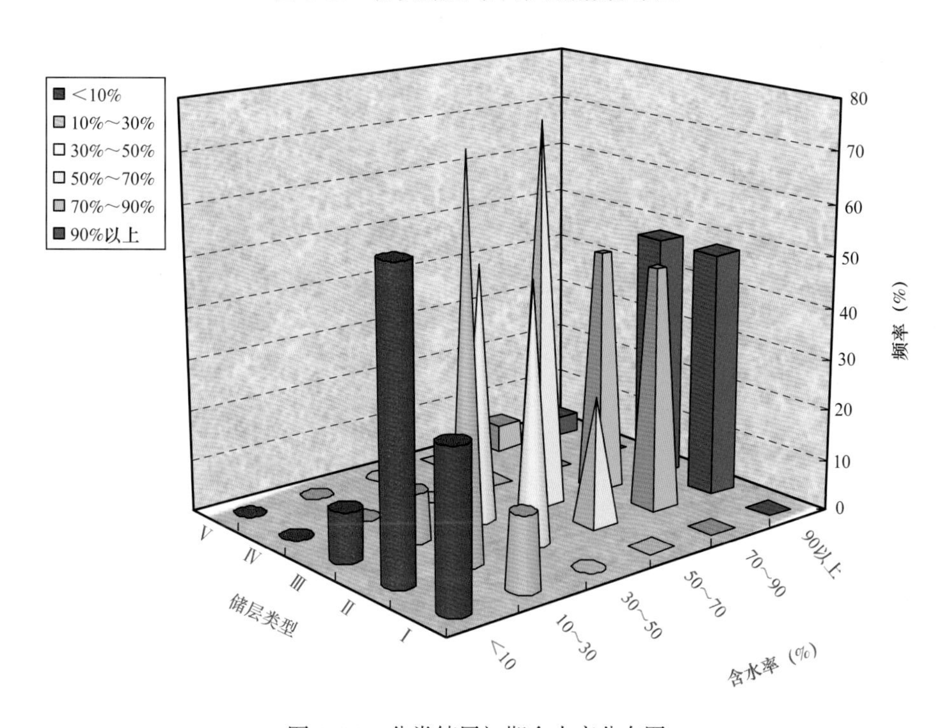

图 8-28 分类储层初期含水率分布图

第二节　油层分类研究（储量分级研究）

一、油井初期产量特征

1. 单井平均日产量特征

对本区的 777 口生产井的平均每日产量进行统计（截止到 2009 年 10 月），可以看出本区单井的平均日产油量分布很不均匀（图 8-29），但是主要集中在 2～10t 之间，峰值位置在 4～5t 之间；单井日产液量分布也不均匀（图 8-30），主要集中在 5～20t 之间，峰值位置在 10～14t 之间，个别井大于 30t，说明本区的单井产量差异很大。

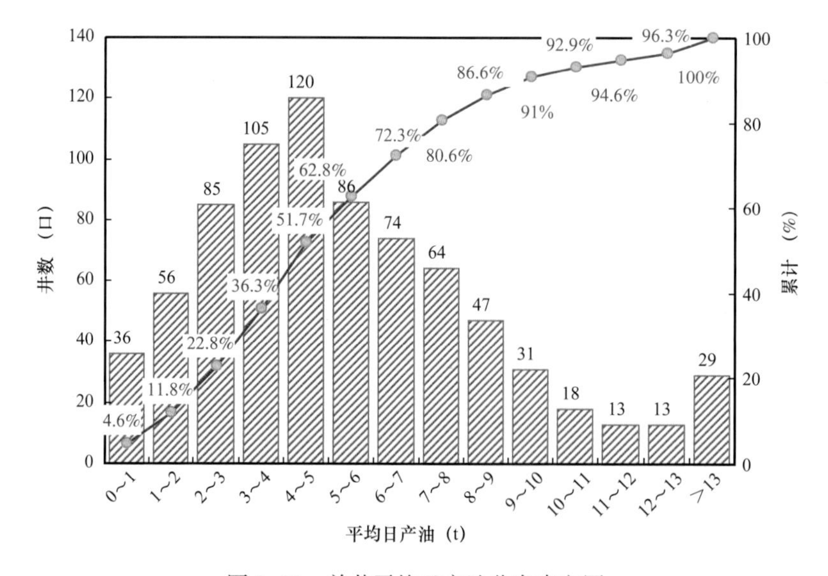

图 8-29　单井平均日产油分布直方图

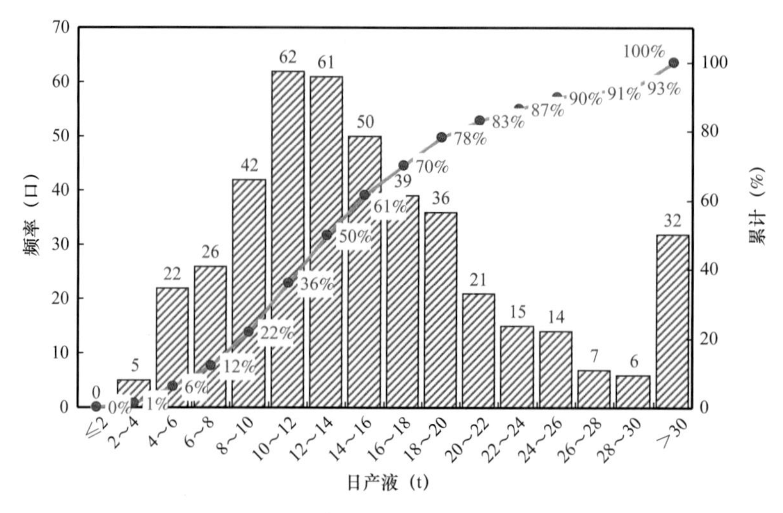

图 8-30　单井日产液量分布直方图

2. 单井每米平均日产量特征

从单井每米采油指数的分布来看(图 8-31),每米平均日产油量主要分布在 0.1～0.4t 之间,并且大于 0.4t 的产油量的井数比较分散,说明本区单井产油量分布很不均匀。

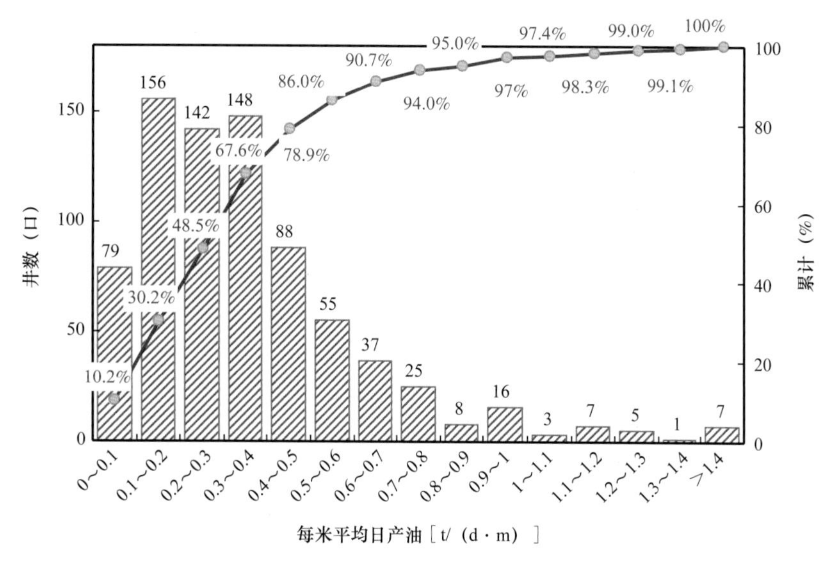

图 8-31 单井每米平均日产油分布直方图

二、影响初期产量因素研究

1. 常规储层物性特征影响

常规储层物性往往影响油藏的初期产量,多数情况下,储层物性越好,初期产量越高。

然而,就研究区下乌尔禾组砂砾岩油藏而言,这一规律并不适用。如图 8-32 和图 8-33 所示,常规储层孔隙度的高低,并不影响单井每米采油指数和含水率的高低,即常规储层物性不影响初期产量。

因此,有必要研究不同孔隙含量对初期产量的影响情况。

2. 不同大小孔隙含量影响

不同大小孔隙含量对初期产量影响较大。

当储层较大孔隙(Bo-Mbv)含量较高时,单井的含水率较低,反之,当储层较大孔隙(Bo-Mbv)含量较低时,单井的含水率较高。如图 8-34 所示,当较大孔隙含量大于 2.2 时,含水率小于 10%;当较大孔隙含量介于 1.4～2.2 之间时,开采初期含水率的分布比较广,分布基本还是以小于 30% 的低含水为主,其次为 30%～50% 的中等含水;当较大孔隙含量小于 1.4 时,开采初期含水率的分布更广,分布基本还是以大于 70% 的高含水为主。

同样,当大孔隙含量较高时,单井每米采油指数较高,即产量高,而当大孔隙含量较低时,单井每米采油指数较低,即产量低。如图 8-35 所示的大孔隙含量统计表明,当大孔隙含量大于 4.5 时,每米采油指数以大于 0.8 为主;当较大孔隙含量介于 3～4.5 之间时,开采初期每米采油指数的数值分布范围比较广，但还是以大于 0.4 为主；当大孔隙含量小于 3 时，每米采油指数以小于 0.4 为主。

由此可见，大孔隙含量的高低直接影响了初期产量，大孔隙含量越高，含水率越低，初期产量越大。

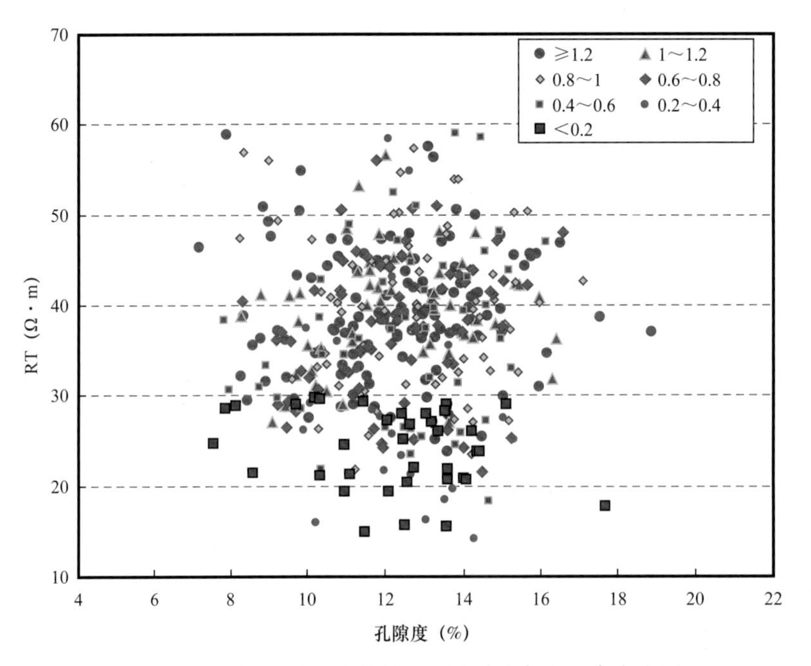

图 8-32　不同比采油指数情况下孔隙度与电阻率交会图

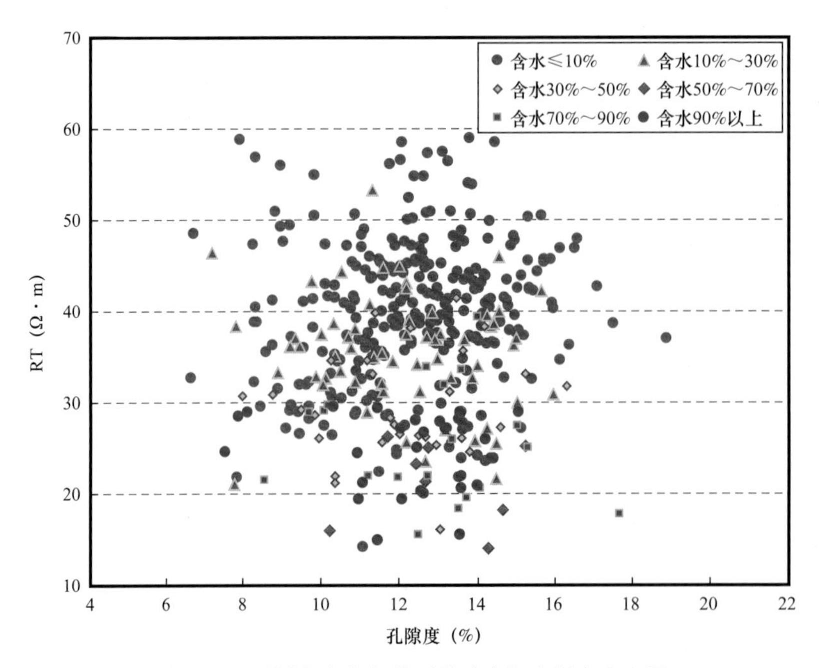

图 8-33　不同含水率条件下孔隙度与电阻率交会图

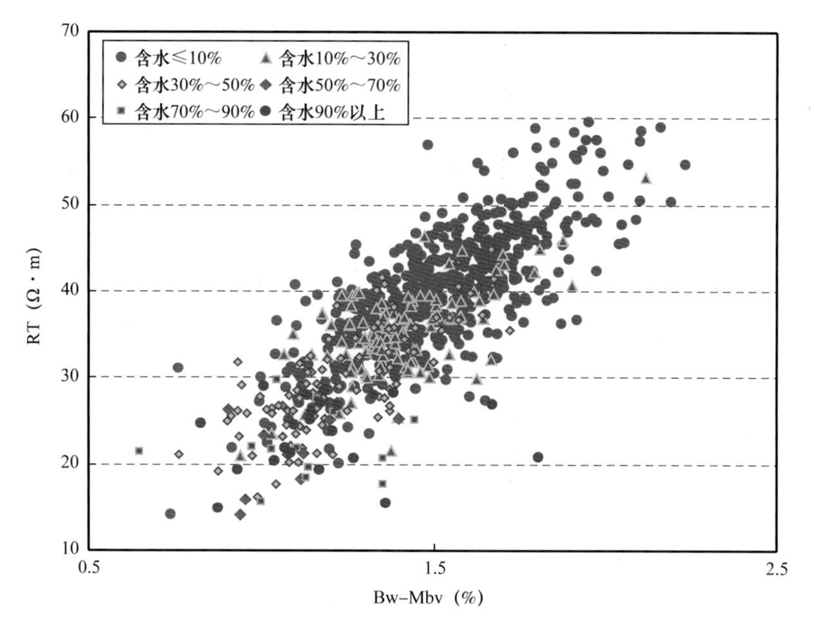

图 8-34 不同含水率情况下较大孔隙含量与电阻率交会图

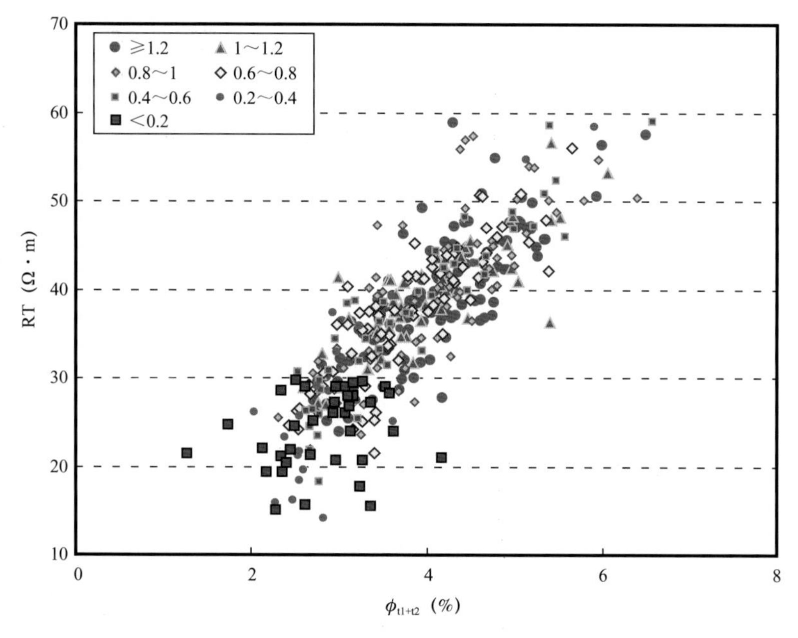

图 8-35 不同每米采油指数情况下大孔隙含量与电阻率交会图

3. 初期产量与累计产量关系特征

本区平均日产油量与累计产油量统计关系表明，它们之间有良好的指数关系，相关系数达 0.8657，如图 8-36 所示，当平均日产油小于 5t 时，随着单井日产油量的增加，累计产油量会迅速增加，当平均日产油量大于 5t 时，随着单井日产油量的增加，累计产油量也会增加，但增加速度变缓。

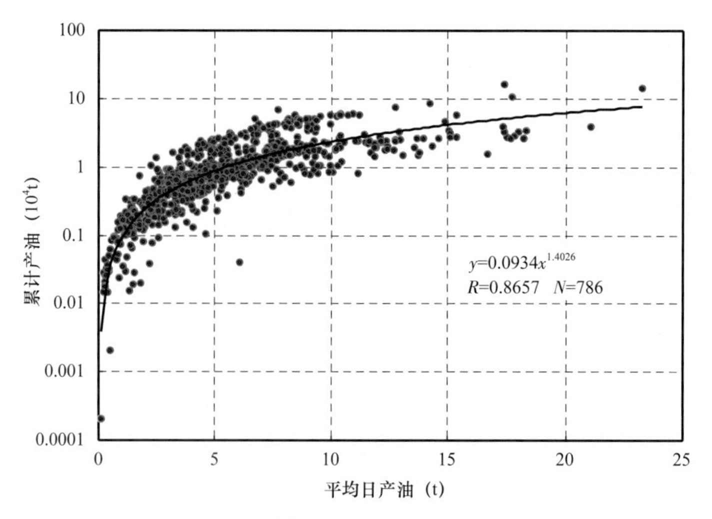

图 8-36　累计产油量与平均日产油关系图

三、油层识别研究

1. 常规方法识别

常规的油层识别方法为根据试油资料及其所对应的电阻率和常规储层孔隙度(声波时差)的关系,结合“J”函数关系图及含油产状法综合制定的。

就研究区而言,根据 26 口试油井资料,建立了 75 个样本层,如图 8-37 和图 8-38 所示的声波时差(AC)、孔隙度与电阻率(RT)交会图表明,水层、油层、干层不同结果层,在 RT 与孔隙度、AC 等关系不明显,因此,研究区难以应用常规方法识别油层。

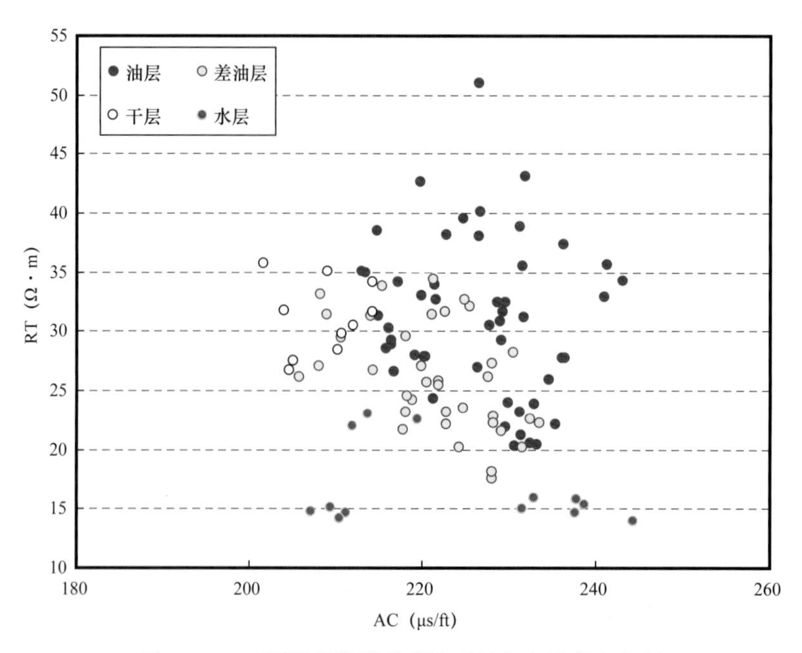

图 8-37　不同油层类型的声波时差与电阻率交会图

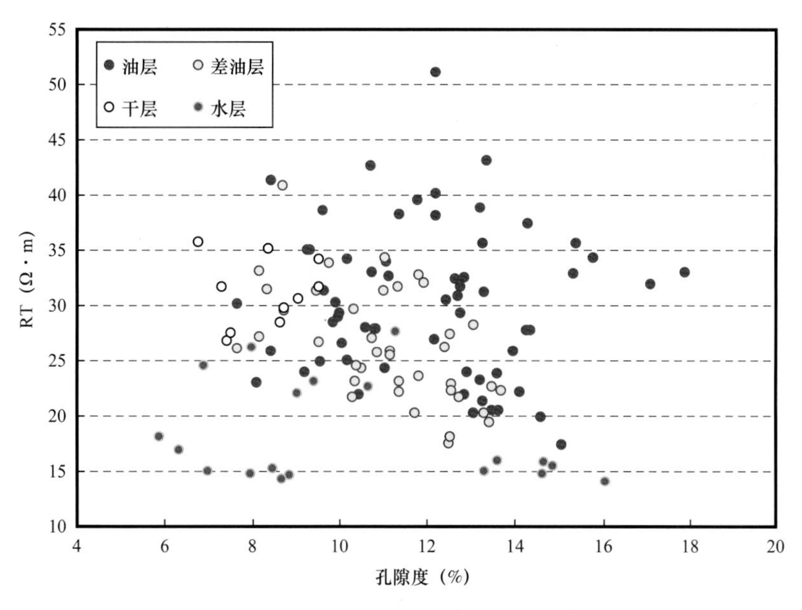

图 8-38 不同油层类型的孔隙度与电阻率交会图

2. 不同大小孔隙含量法识别

由前面分析知，常规测井参数及其解释成果难以识别油层类型，为此，根据 26 口试油井资料，建立了 75 个样本层，利用核磁共振资料不同大小孔隙含量的解释成果，开展了油层识别研究。

结果表明，不同油层类型的核磁解释孔隙度和 RT 关系十分明显。如图 8-39 所示，就油层而言，其最大孔隙度分布在 2%～4.5% 之间，较大孔隙度分布在 1.4%～2.2% 之间，较小孔隙度分布在 3.7%～5% 之间，束缚孔隙度分布在 2%～2.7% 之间，大孔隙的孔隙度分布

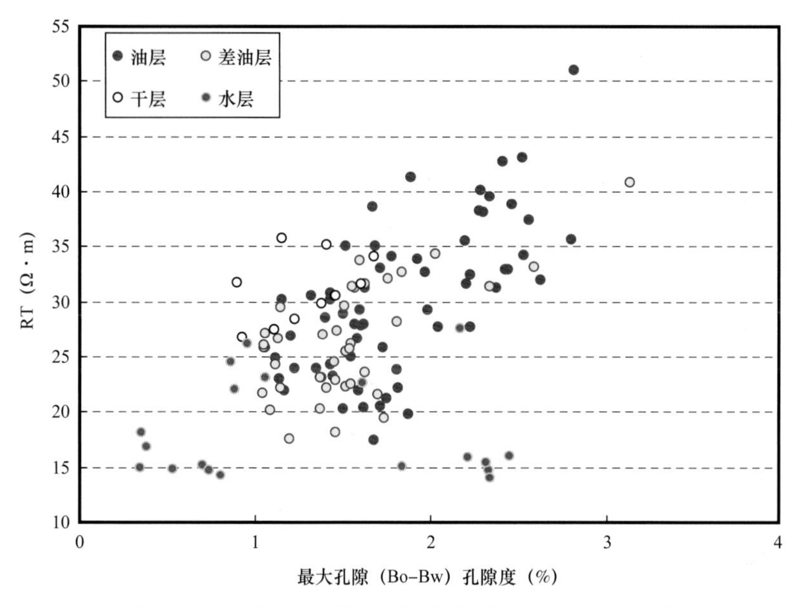

图 8-39 不同油层条件下不同大小孔隙的油层识别图版

在 3%～5% 之间；就差油层而言，其最大孔隙度分布在 1%～2% 之间，较大孔隙度分布在 0.9%～1.4% 之间，较小孔隙分布在 2.8%～3.7% 之间，束缚孔隙分布在 2.7%～4.3% 之间，大孔隙的孔隙度分布在 2%～3% 之间。

这表明油层与差油层在不同大小孔隙含量上有了明显的分布区域，即不同大小孔隙含量能较好地反映油层特征，其对生产特征具有明显的控制作用，因此可将其作为油层分类（储量分级）的识别依据。

四、油层分类（储量分级）

1. 油层分类依据

由于不同大小孔隙含量能反映油层特征，因此，可将其作为油层分类的依据，为此，选择部分具有代表性的井，作为油层识别研究的基础井，选井标准如下：射孔井段厚度不大，小于 10m；投产时间相差不大，在 2003—2005 年间；有完整测井资料井，可以获得核磁解释参数；具有不同含水特征，0.6%～99%；具有不同的产液量，2.7～86.9t/d。依据上述标准，共选择出了 435 口井，开展了不同大小孔隙含量与含水、产量关系的研究。

1）不同大小孔隙含量与含水关系特征

根据 435 口井的不同含水特征资料，统计了常规测井解释孔隙度与电阻率的关系、核磁共振资料解释不同大小孔隙含量与电阻率的关系，结果表明，不同含水层测井资料，RT 与孔隙度关系不明显（图 8-40）；然而，不同含水层测井资料，在核磁解释的不同孔隙的孔隙度与 RT 关系十分明显。

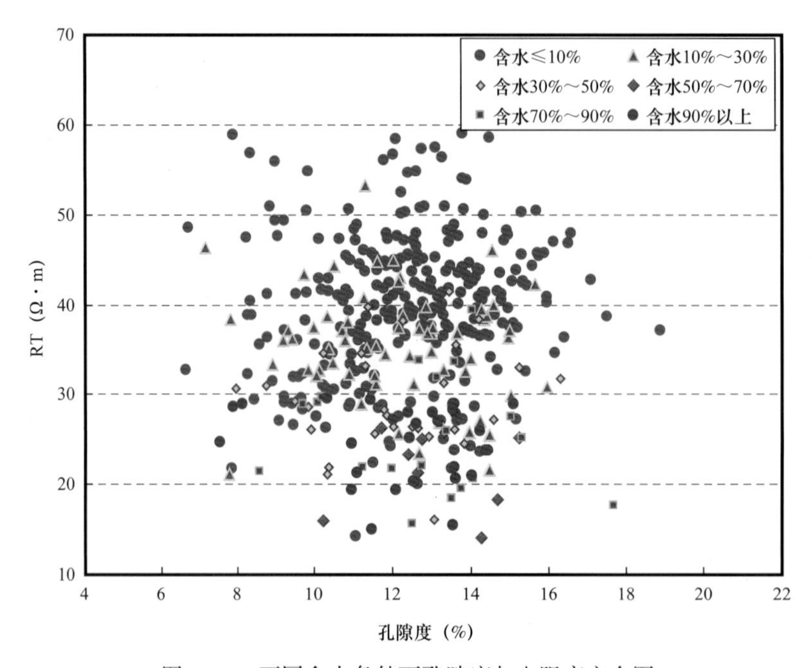

图 8-40　不同含水条件下孔隙度与电阻率交会图

如图 8-41a 所示，就最大孔隙度而言，当最大孔隙含量大于 3% 时，含水率小于 10%；当最大孔隙含量介于 2%～3% 之间时，开采初期含水率的分布比较广，分布基本还是以小于 30% 的低含水为主，其次为 30%～50% 的中等含水；当较大孔隙含量小于 2% 时，开采初期含水率的分布更广，分布基本还是以大于 70% 的高含水为主。

如图 8-41b 所示，就束缚孔隙度而言，当束缚孔隙含量小于 2.5% 时，含水率小于 10%；当束缚孔隙含量介于 2.5%～3.5% 之间时，开采初期含水率的分布比较广，分布基本还是以小于 30% 的低含水为主，其次为 30%～50% 的中等含水；当较大孔隙含量大于 3.5% 时，开采初期含水率的分布更广，分布基本还是以大于 70% 的高含水为主。

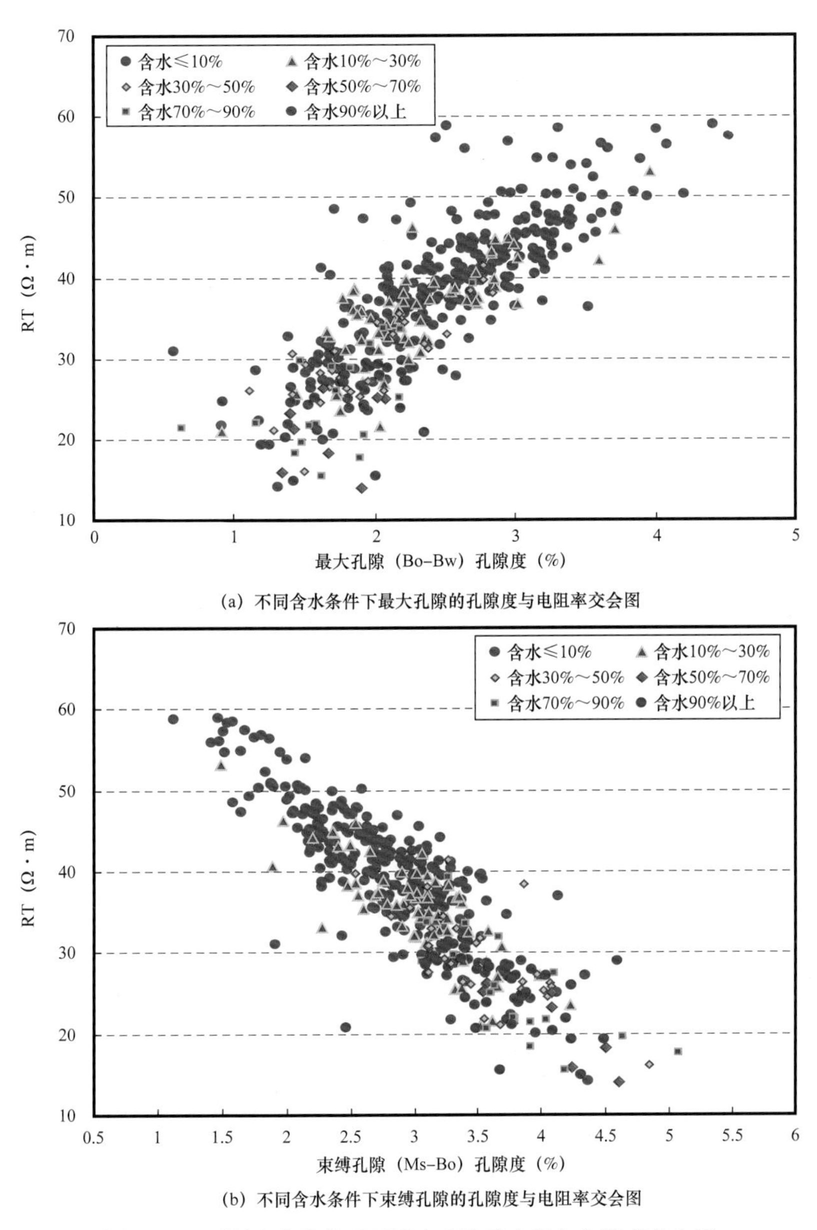

图 8-41 不同含水条件下不同大小孔隙含量与电阻率交会图

由此可见，最大孔隙和较大孔隙含量高（大孔隙含量高，图 8–42）、束缚孔隙含量低时，储层含油性好，含水率低，这再次表明，这些不同大小的孔隙对于生产特征具有明显控制作用。

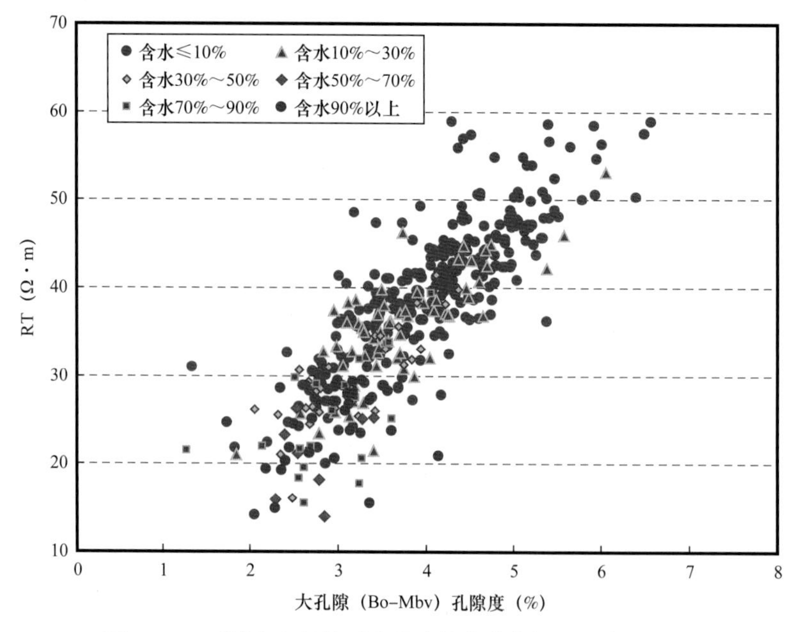

图 8–42　不同含水条件下大孔隙的孔隙度与电阻率交会图

2）不同大小孔隙含量与产量关系特征

同样利用 435 口井的不同产量特征资料，统计了常规测井解释孔隙度与电阻率的关系、核磁共振资料解释不同大小孔隙含量与电阻率的关系，结果表明，不同产量条件下，电阻率（RT）与常规测井资料解释孔隙度关系不明显（图 8–43），而与核磁解释的大孔隙含量关系十分明显。

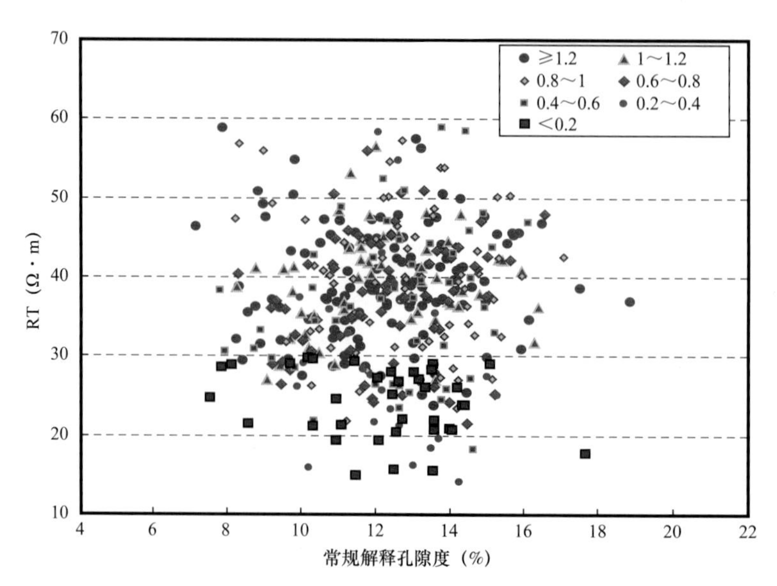

图 8–43　不同产量条件下常规解释孔隙度与电阻率交会图

如图 8-44 所示，当大孔隙含量大于 4.5% 时，每米采油指数以大于 0.8 为主；当较大孔隙含量介于 3%～4.5% 之间时，开采初期每米采油指数的数值分布范围比较广，但还是以大于 0.4 为主；当大孔隙含量小于 3% 时，每米采油指数以小于 0.4 为主。

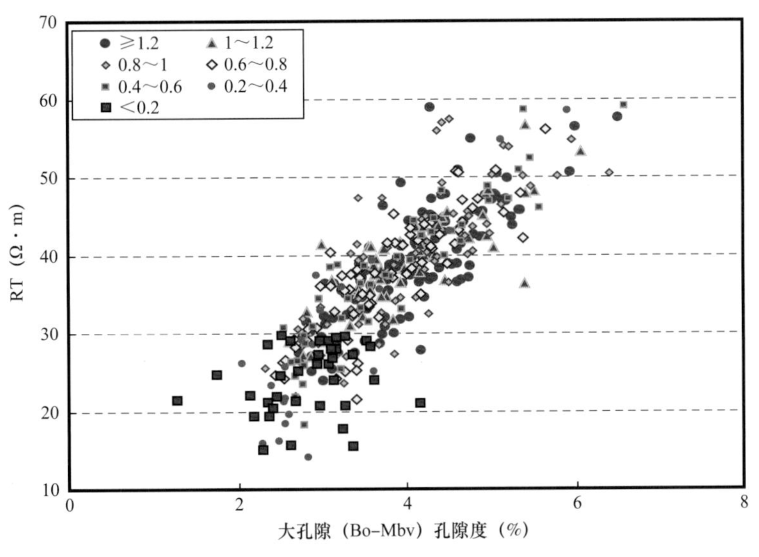

图 8-44　不同产量条件下大孔隙的孔隙度与电阻率交会图

因此，大孔隙含量越高，储层含油性越好，产油量越高，这表明不同大小的孔隙对于生产特征具有明显控制作用。

2. 油层分类结果

依据上述不同大小孔隙含量与含水、产量间的关系，可以将研究区油层分为四种类型。Ⅰ类油层主要孔隙度不小于 4.5%，最大孔隙度不小于 4%，较大孔隙度不小于 2.2%，总孔隙度不小于 8.2%；Ⅱ类油层主要孔隙度介于 3%～4.5%，最大孔隙度介于 2.5%～4%，较大孔隙度介于 1.4%～2.2%，总孔隙度不小于 8.2%；Ⅲ类油层主要孔隙度介于 2%～3%，最大孔隙度介于 1.5%～2.5%，较大孔隙度介于 0.9%～1.4%，总孔隙度不小于 8.2%；Ⅳ类油层主要孔隙度小于 2%，最大孔隙度小于 1.5%，较大孔隙度小于 1.5%，较大孔隙度小于 0.9%，总孔隙度不小于 8.2%（表 8-5）。

表 8-5　克拉玛依油田八区下乌尔禾组油藏油层分类标准

类型	主要孔隙度（%）	最大孔隙度（%）	较大孔隙度（%）	总孔隙度（%）
	Bo-Mbv	Bo-Bw	Bw-Mbv	Ms
	ϕ_{t1+t2}	ϕ_{t1}	ϕ_{t2}	ϕ_T
Ⅰ	≥4.5	≥4	≥2.2	≥8.2
Ⅱ	3～4.5	2.5～4	2.2～1.4	≥8.2
Ⅲ	2～3	1.5～2.5	0.9～1.4	≥8.2
Ⅳ	<2	<1.5	<0.9	≥8.2

五、各类油层综合特征

1. 各类油层基本地质特征

根据油层分级结果,结合岩心资料,统计了各类油层的岩性(图 8-45)、沉积微相(图 8-46)和孔隙类型(图 8-47)等基本地质特征。

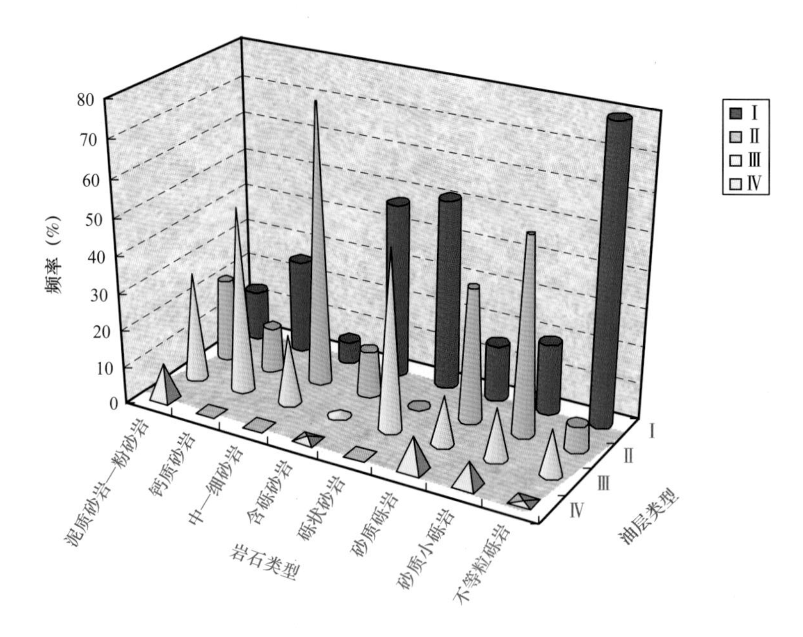

图 8-45　分类油层岩石类型分布特征

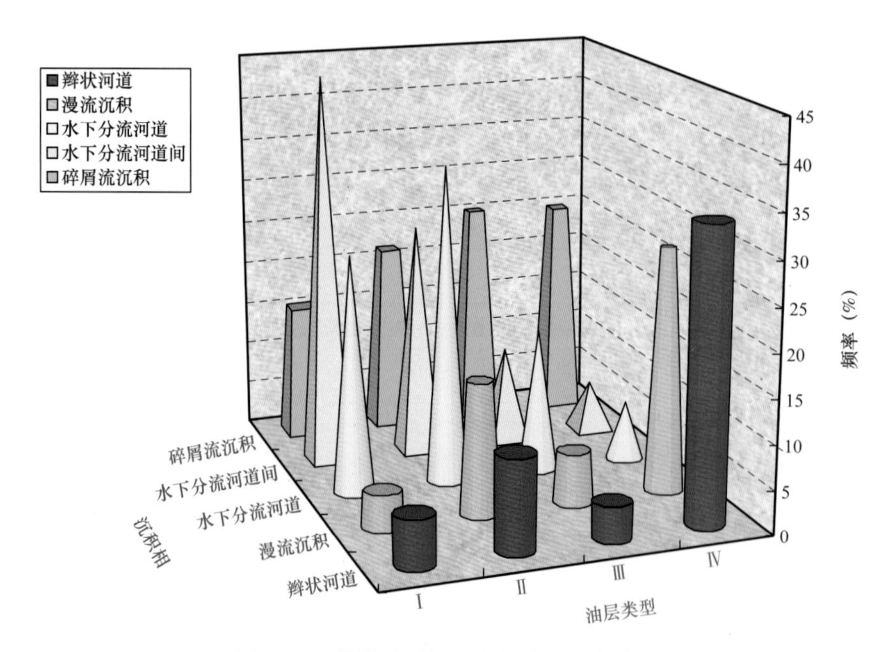

图 8-46　分类油层沉积微相类型分布特征

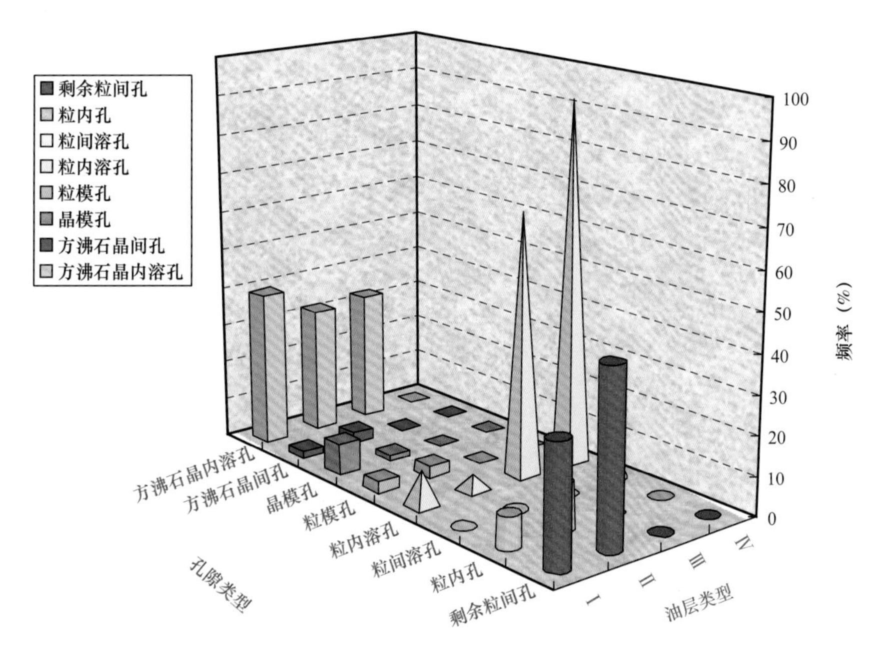

图 8-47 分类油层孔隙类型分布特征

第Ⅰ类油层岩性主要包括不等粒砾岩、砾状砂岩和含砾砂岩；微相类型主要为水下分流河道；孔隙类型多为方沸石晶内溶孔、剩余粒间孔、粒内孔、粒内溶孔、晶模孔。

第Ⅱ类油层岩性主要包括砂质砾岩、砂质小砾岩、含砾砂岩；微相类型主要为水下分流河道和碎屑流沉积；孔隙类型多为剩余粒间孔、方沸石晶内溶孔、粒内孔、粒内溶孔、粒模孔、方沸石晶间孔。

第Ⅲ类油层岩性主要包括砂质砾岩、砂质小砾岩、砾状砂岩；微相类型主要为碎屑流沉积；孔隙类型多为粒内溶孔、方沸石晶内溶孔。

第Ⅳ类油层岩性主要包括砂质砾岩、砂质小砾岩；微相类型主要为碎屑流沉积、漫洪沉积、辫状河道等，孔隙类型多为粒内溶孔、粒间溶孔。

2. 各类油层含油显示特征

以油层分级结果为出发点，结合岩心资料，统计了各类油层的含油显示特征（图 8–48），结果表明，第Ⅰ类油层岩心含油显示好，主要是油浸、油斑、富含油；第Ⅱ类油层岩心含油显示较好，主要是油浸、油斑、富含油、荧光、油迹；第Ⅲ类油层岩心含油显示较差，主要是油斑、油浸、油迹；第Ⅳ类油层岩心含油显示差，主要是油迹。

3. 各类油层每米平均日产量特征

利用油层分级结果，结合初期产能，统计了各类油层每米平均日产量特征，如图 8–49 所示，第Ⅰ类油层初期产量高，每米采油指数大于 0.8；第Ⅱ类油层初期产量较高或者中等，每米采油指数大于 0.4；第Ⅲ类油层初期产量中等或者较低，每米采油指数小于 0.4；第Ⅳ类油层初期产量低，每米采油指数小于 0.2。

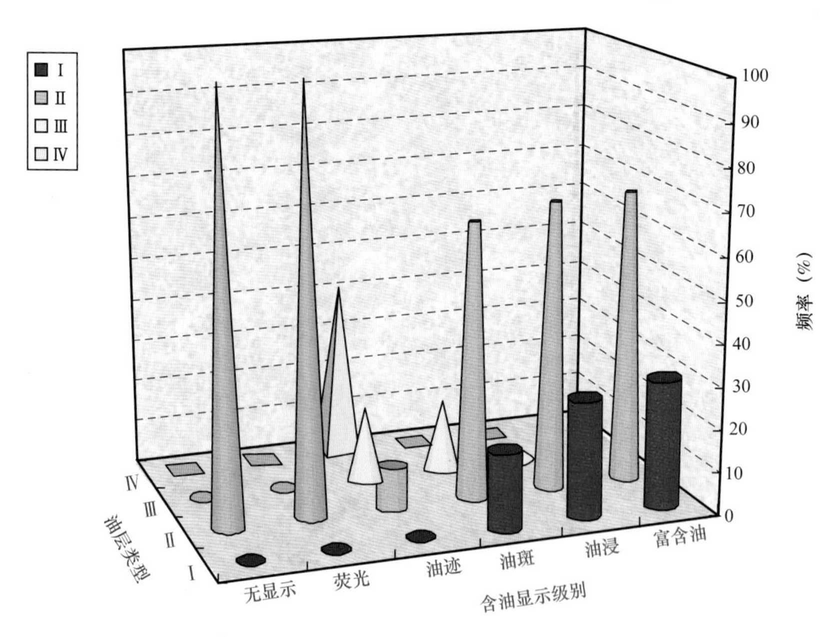

图 8-48　分类油层含油显示级别分布特征

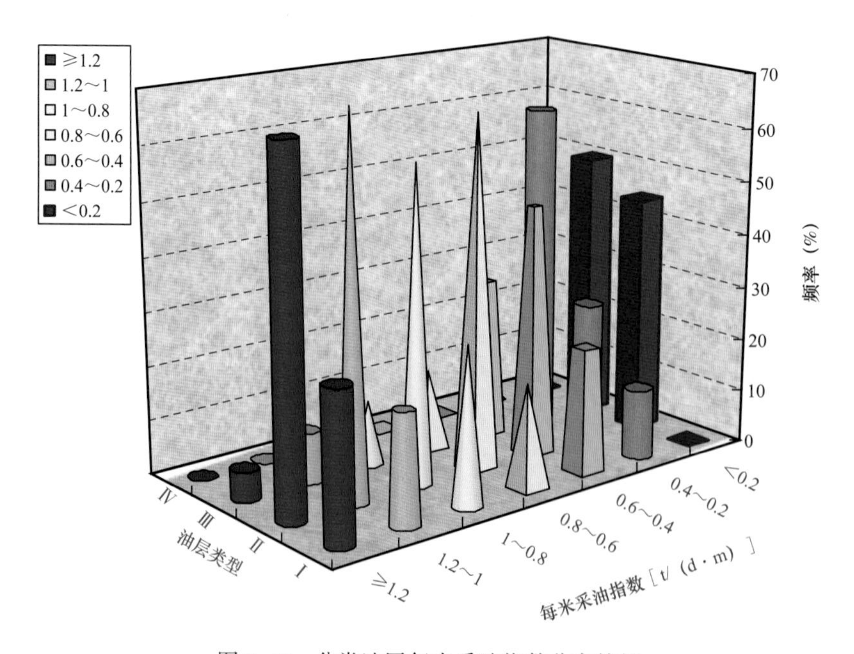

图 8-49　分类油层每米采油指数分布特征

4. 各类油层含水特征

依据油层分级结果，结合单井含水量，统计了各类油层的含水特征，如图 8-50 所示，第Ⅰ类油层初期一般不含水；第Ⅱ类油层初期一般为不含水或者低含水；第Ⅲ类油层初期一般为低含水或者中含水；第Ⅳ类油层初期一般为中含水或者高含水。

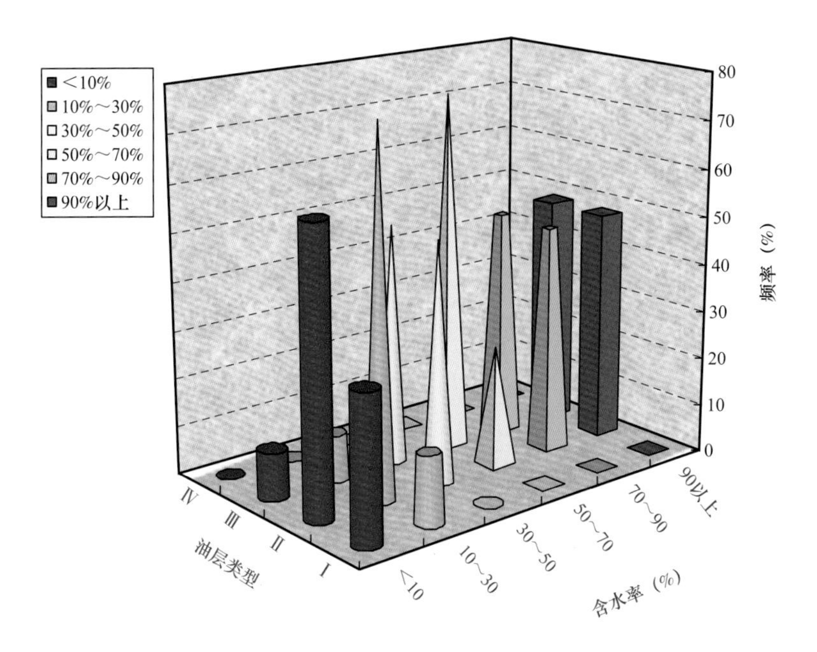

图 8-50　分类油层含水率分布特征

第三节　不同类型储层展布特征

一、不同类型储层平面展布特征

不同类型储层的划分有助于了解不同质量储层在平面上的分布状况，以及从平面上分析分布规律。本区总共有 12 个小层，通过对不同储层在平面上的分布可以看出，Ⅰ类储层在每个层段中分布范围都极为有限，并且厚度较小，只是在 $P_2w_3^1$ 段的东北部分布较好，最大的厚度可达 30m，说明极好的储层类型在本区比较少。Ⅱ类储层的分布随着深度的增加由少变多再变少，在 $P_2w_3^1$—$P_2w_4^1$ 段中分布较好且厚度很大。Ⅲ类储层分布区域随着深度的增加逐渐从中部向西南部移动，厚度由薄到厚再变薄。Ⅳ类储层分布较少，在整个层位中都零星分布。下面以其中的 P_2w_3 段与 P_2w_4 段为典型进行分析。

1. P_2w_3 段不同类型储层平面展布特征

八区下乌尔禾组 $P_2w_3^1$ 段不同储层类型展布图中的Ⅰ类储层只有在东北部发育较好（图 8-51），在 85264 井—85278 井—T86571 井一线厚度大于 30m。Ⅱ类储层在东北部以及中部发育很好（图 8-52），厚度很大，最大厚度达到 70m，在东南部也有分布并逐渐向南边延伸。Ⅲ类储层大部分都发育在中部并且区域较大（图 8-53），最大厚度在 40m 以上。Ⅳ类储层向西部展布（图 8-54），厚度依然很薄，在 10m 左右。

八区下乌尔禾组 $P_2w_3^2$ 段不同储层类型展布图中的Ⅰ类储层在东北部发育较好（图 8-55），在 T86074 井—T86074 井—85276 井一线平均厚度在 40m 左右。Ⅱ类储层分布比较广并且厚度较大（图 8-56），除了西南部没有分布以外其他区域基本全都分布并且厚度较大并且均匀，最大厚度为50m。Ⅲ类储层分布在工区的中部并且厚度在20m左右（图8-57）。Ⅳ类储层分布依然比较少并且厚度较薄，在工区中部零星分布（图8-58）。

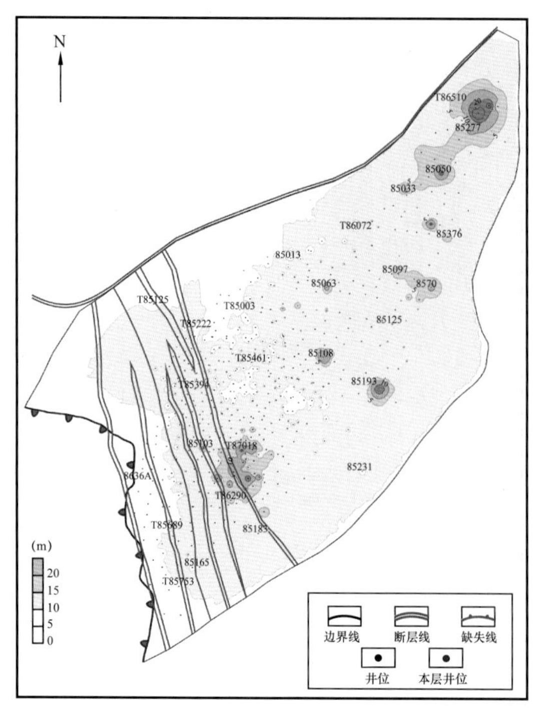

图8-51　$P_2w_3^1$段Ⅰ类油层平面分布图

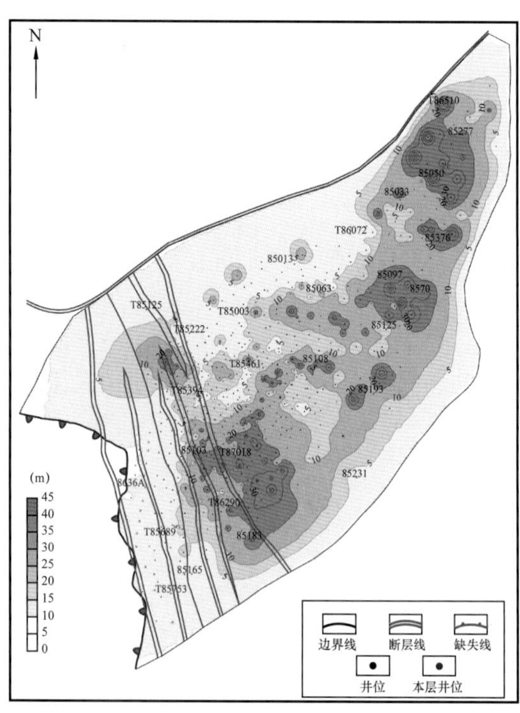

图8-52　$P_2w_3^1$段Ⅱ类油层平面分布图

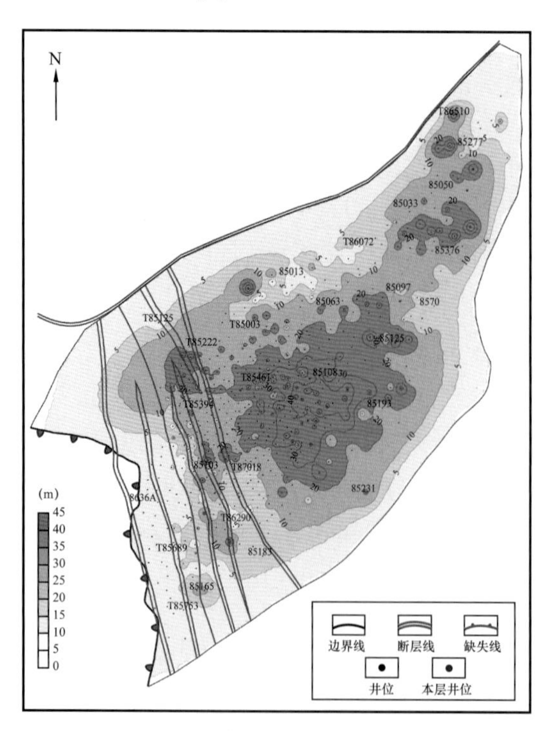

图8-53　$P_2w_3^1$段Ⅲ类油层平面分布图

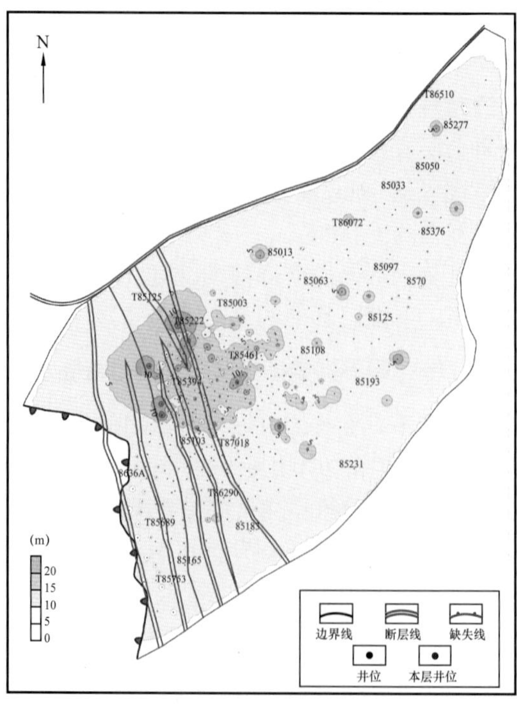

图8-54　$P_2w_3^1$段Ⅳ类油层平面分布图

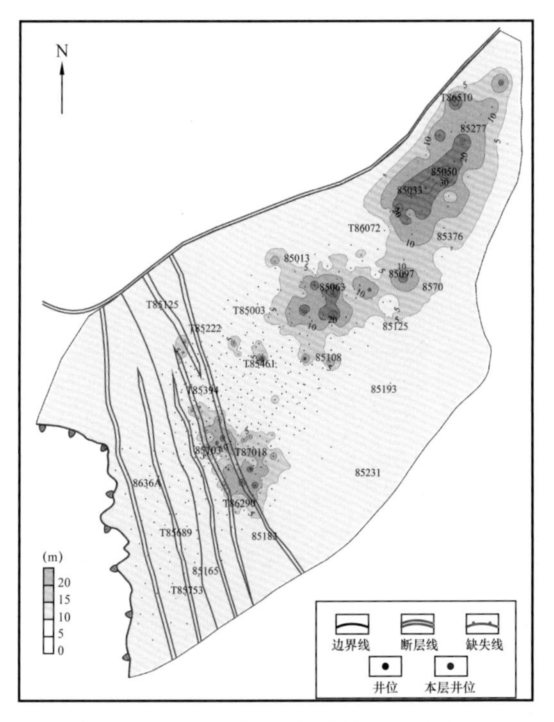

图 8-55 $P_2w_3^2$ 段Ⅰ类油层平面分布图

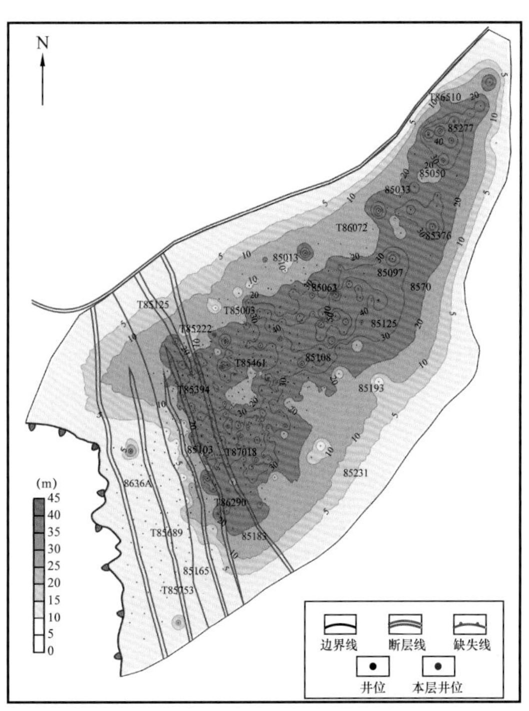

图 8-56 $P_2w_3^2$ 段Ⅱ类油层平面分布图

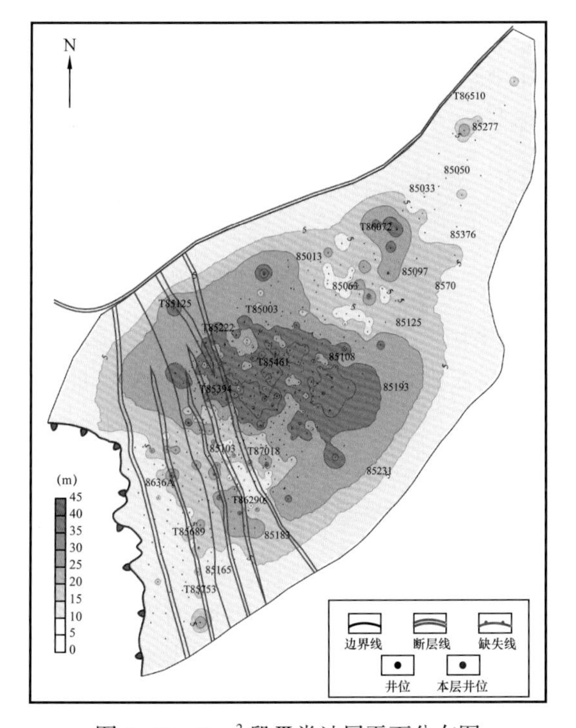

图 8-57 $P_2w_3^2$ 段Ⅲ类油层平面分布图

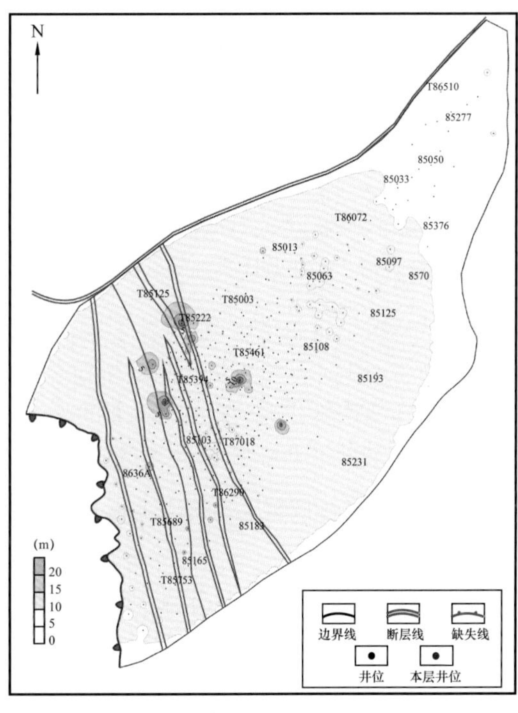

图 8-58 $P_2w_3^2$ 段Ⅳ类油层平面分布图

从八区下乌尔禾组 P_2w_3 段不同储层类型的展布图中可以看出，Ⅰ类储层在东北部发育较好，Ⅱ类储层的发育较好并且厚度较大。

2. P_2w_4 段不同类型储层平面展布特征

从八区下乌尔禾组 $P_2w_4^1$ 段不同储层类型展布图中可以看出，Ⅰ类储层零星分布在北部，但是厚度比较薄(图 8-59)。Ⅱ类储层主要分布在中部(图 8-60)，范围很大并且平均厚度比较大。Ⅲ类储层分布就逐渐减少(图 8-61)，在中西部零散分布。Ⅳ类储层基本没有分布(图 8-62)。

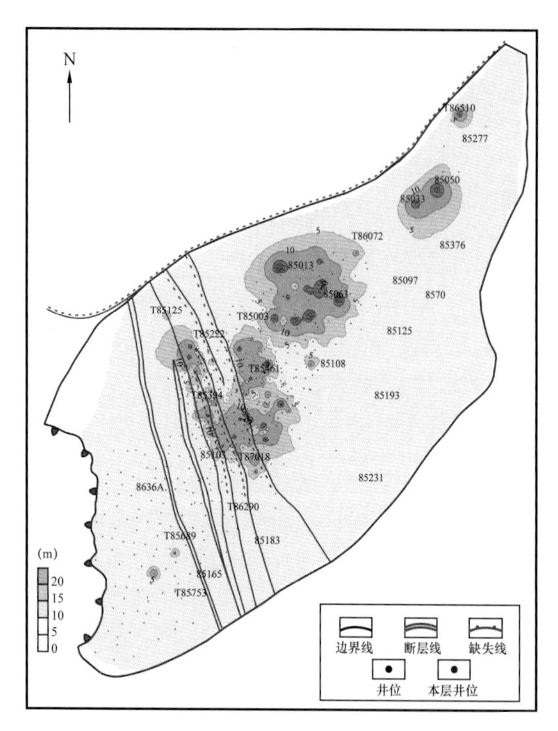

图 8-59　$P_2w_4^1$ 段Ⅰ类油层平面分布图

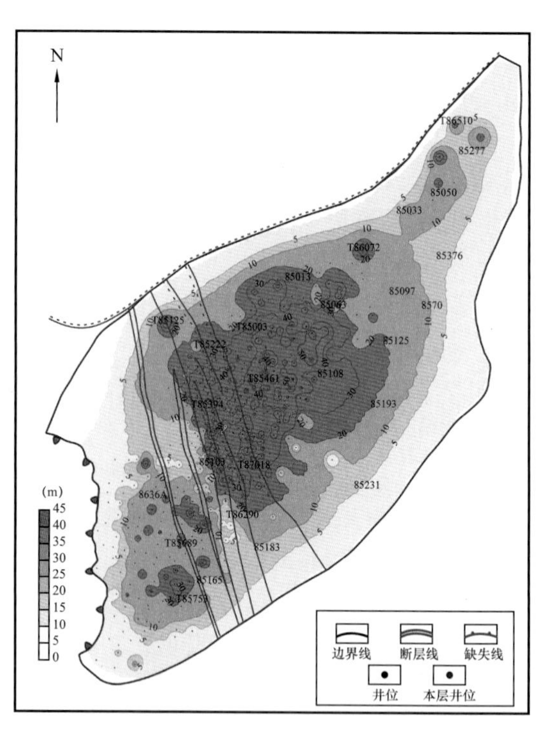

图 8-60　$P_2w_4^1$ 段Ⅱ类油层平面分布图

从八区下乌尔禾组 $P_2w_4^2$ 段不同储层类型展布图中可以看出，Ⅰ类储层在中部零散分布(图 8-63)，厚度不大。Ⅱ类储层主要分布在中部与西部(图 8-64)，并且厚度较大。Ⅲ类储层逐渐在西南部出现(图 8-65)，厚度分布在 20m 左右。Ⅳ类储层基本没有分布(图 8-66)。八区下乌尔禾组 P_2w_4 段的Ⅱ类储层分布比较好，厚度较大，平均厚度都在 30m 以上。

3. 不同类型储层平面展布特征小结

从本区四类储层平面展布规律来看，这几类储层的分布随着深度的增加，逐渐由东北方向向西南方向移动，厚度由薄变厚再变薄(图 8-67至图 8-72)。相对于其他层位，$P_2w_3^2$ 段与 $P_2w_4^1$ 段中的Ⅰ类与Ⅱ类储层分布区域最大，并且连续性较好，主要在工区的中部与东北部，说明 $P_2w_3^2$ 段与 $P_2w_4^1$ 段的中部与东北部有继续开发的价值(图 8-73至图 8-77)，可为有利的加密区块，为四次加密的部署工作提供地质依据。

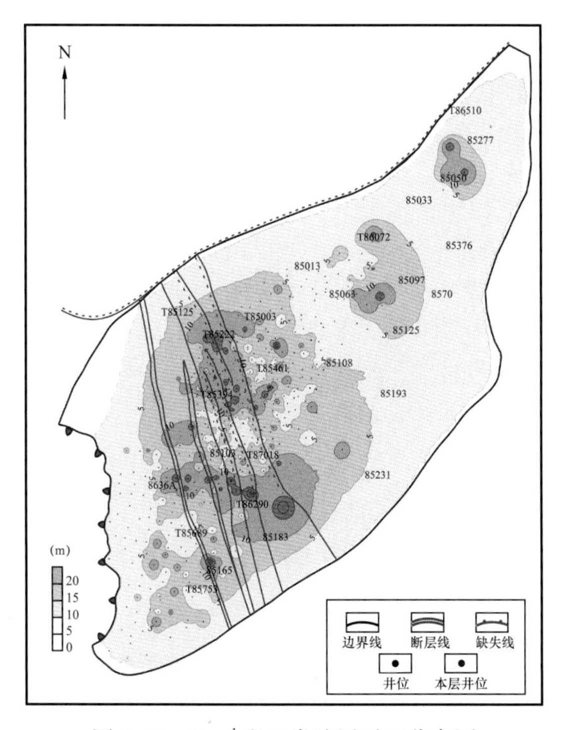

图 8-61 $P_2w_4^1$ 段Ⅲ类油层平面分布图

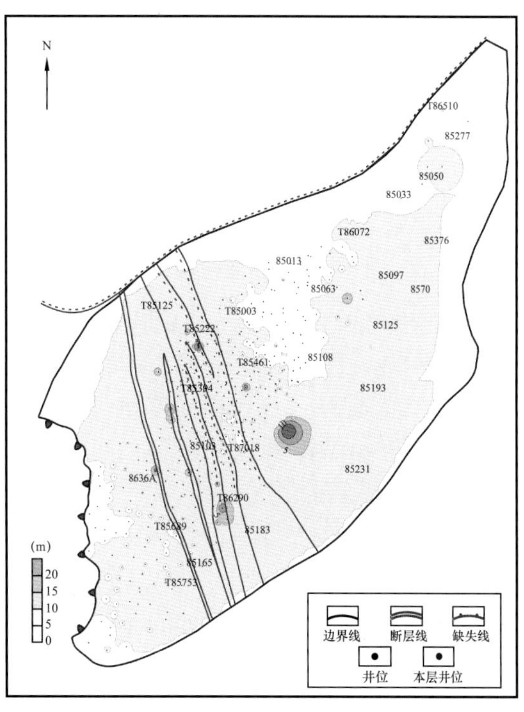

图 8-62 $P_2w_4^1$ 段Ⅳ类油层平面分布图

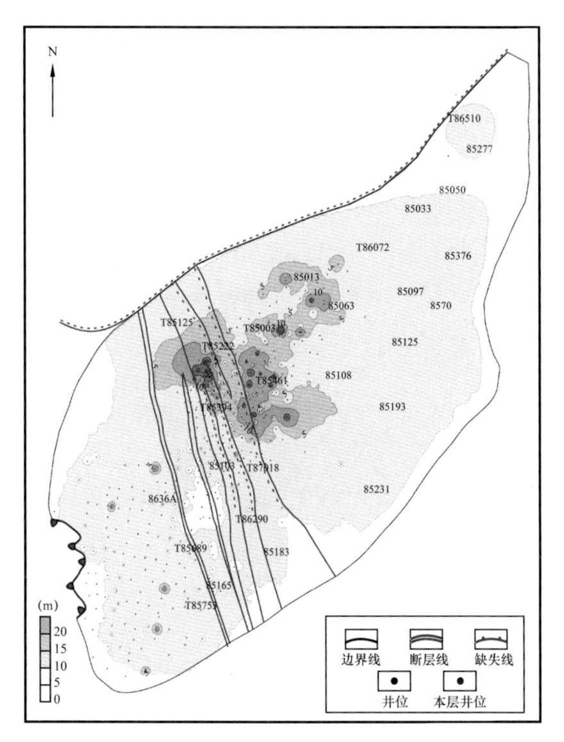

图 8-63 $P_2w_4^1$ 段Ⅰ类油层平面分布图

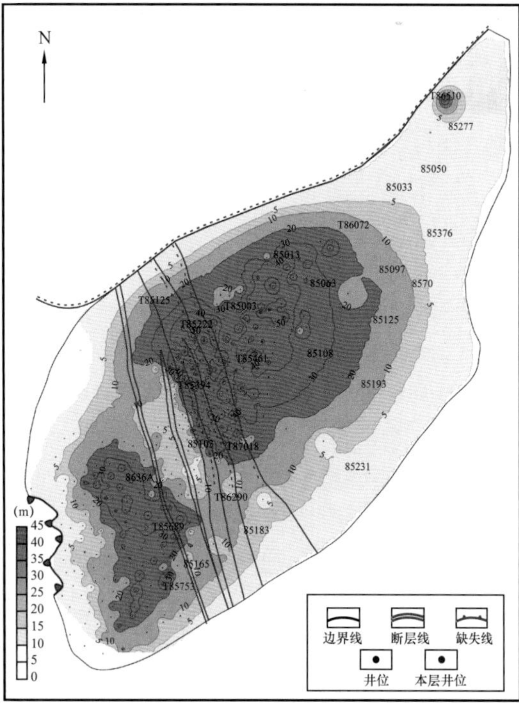

图 8-64 $P_2w_4^2$ 段Ⅱ类油层平面分布图

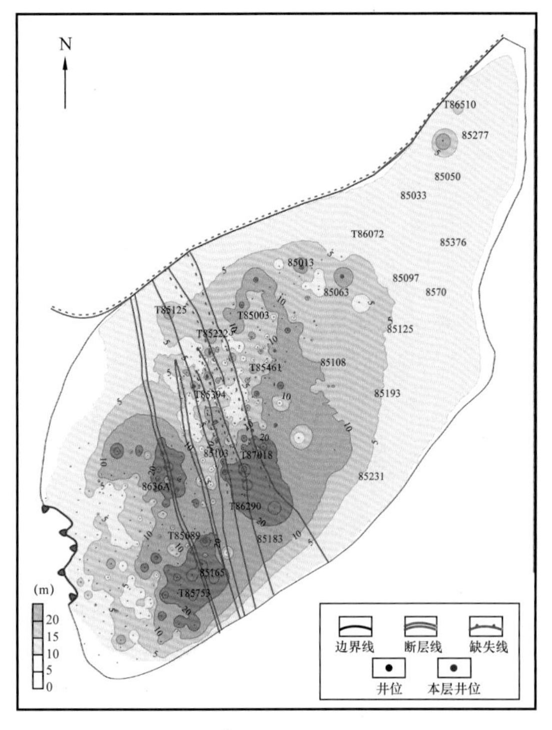

图 8-65　$P_2w_4^2$ 段Ⅲ类油层平面分布图

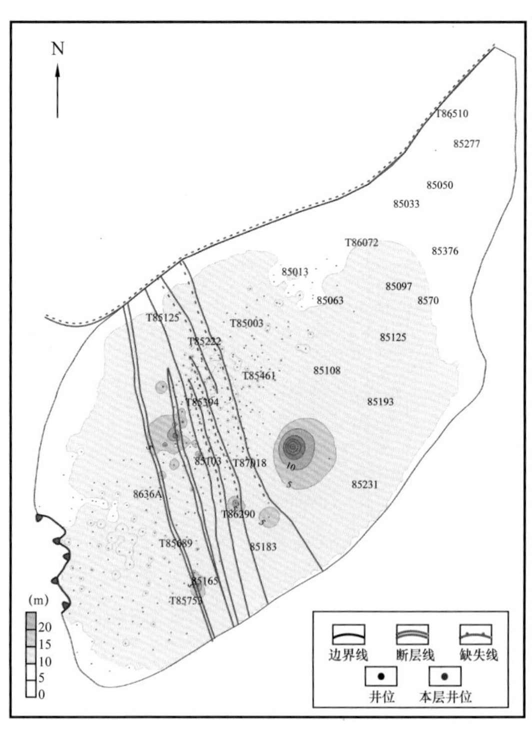

图 8-66　$P_2w_4^2$ 段Ⅳ类油层平面分布图

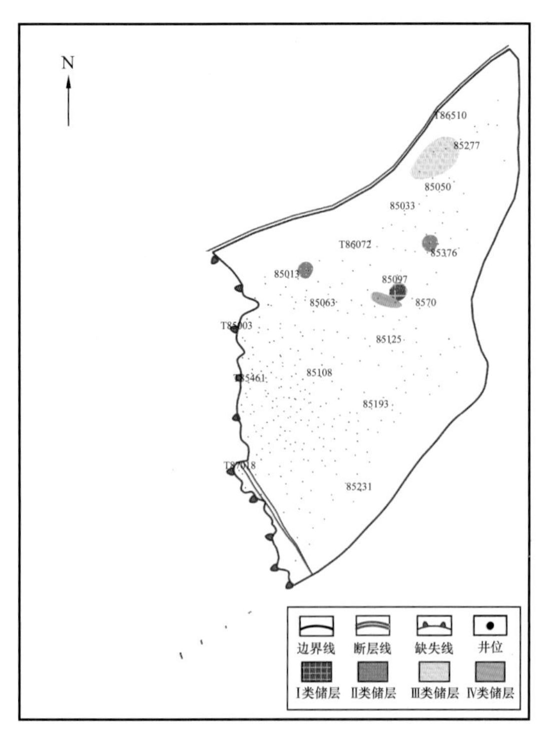

图 8-67　$P_2w_1^1$ 段各类储层平面分布图

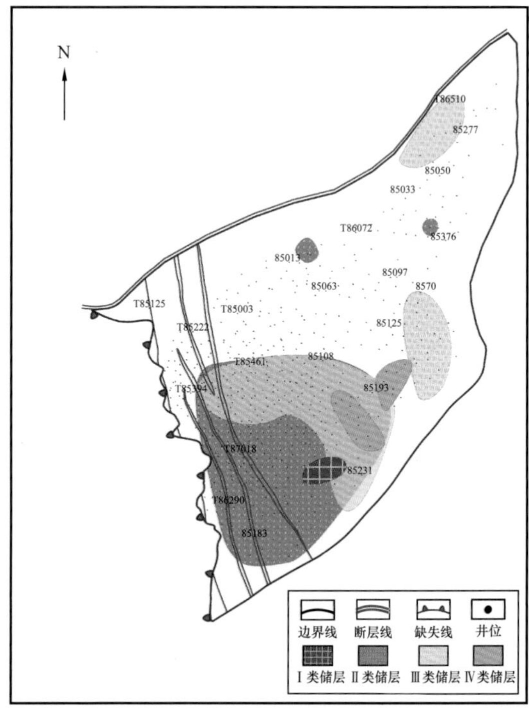

图 8-68　$P_2w_2^1$ 段各类储层平面分布图

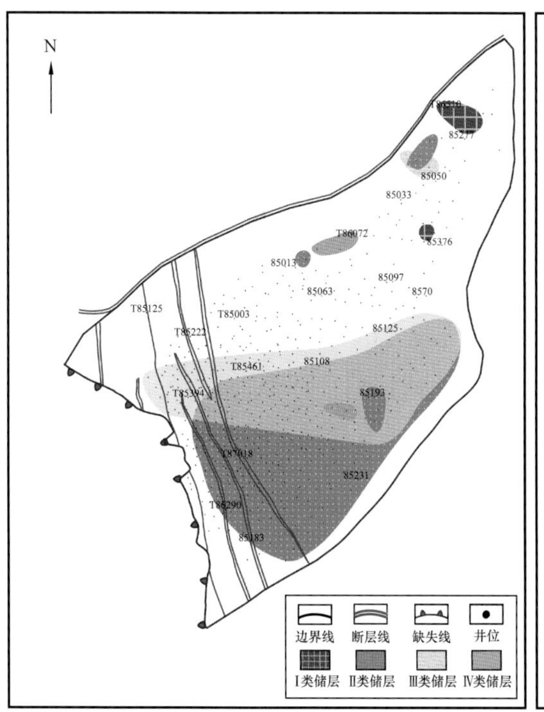

图 8-69 $P_2w_2^2$ 段各类储层平面分布图

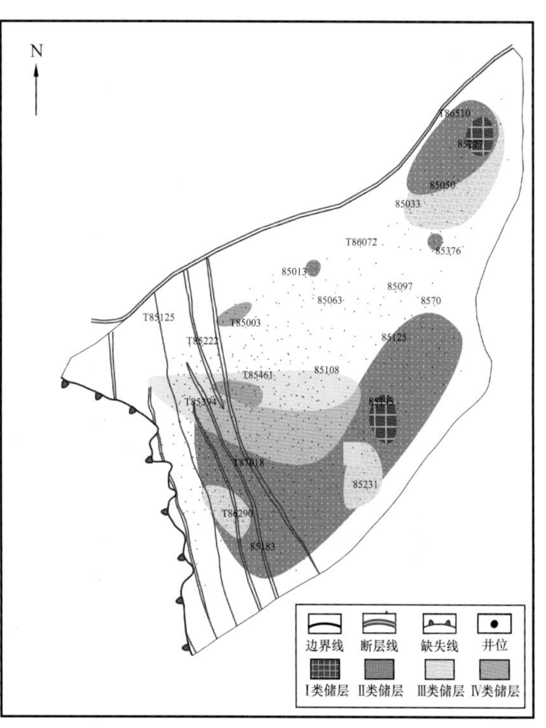

图 8-70 $P_2w_2^3$ 段各类储层平面分布图

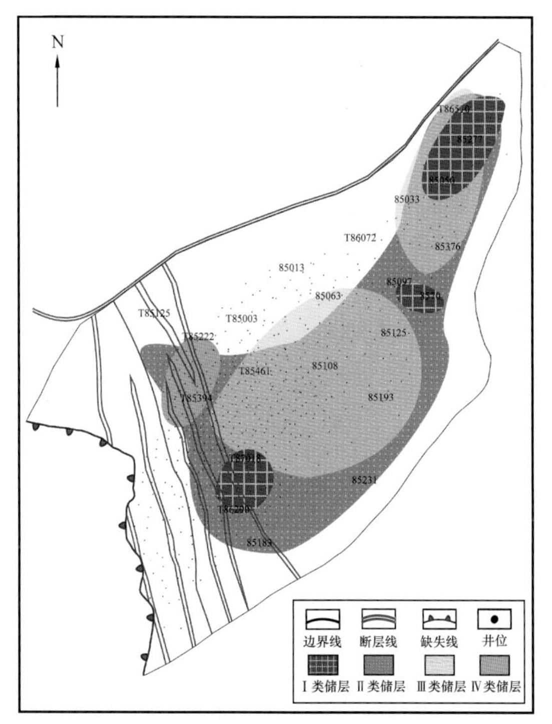

图 8-71 $P_2w_3^1$ 段各类储层平面分布图

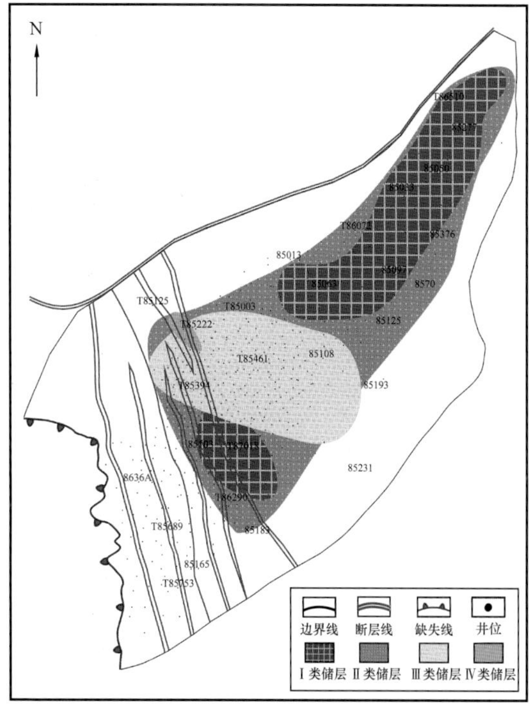

图 8-72 $P_2w_3^2$ 段各类储层平面分布图

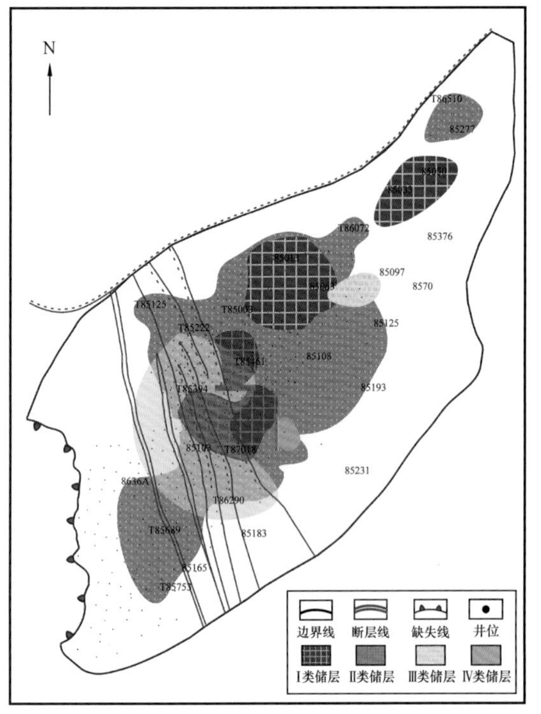

图 8-73　$P_2w_4^{\,1}$ 段各类储层平面分布图

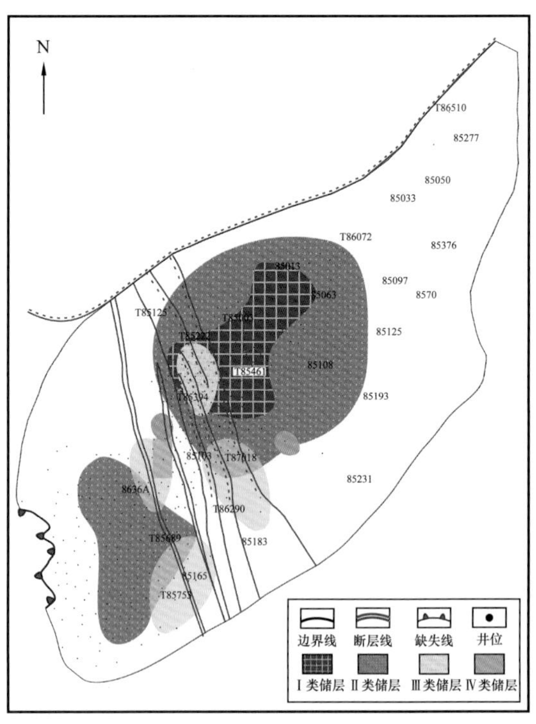

图 8-74　$P_2w_4^{\,2}$ 段各类储层平面分布图

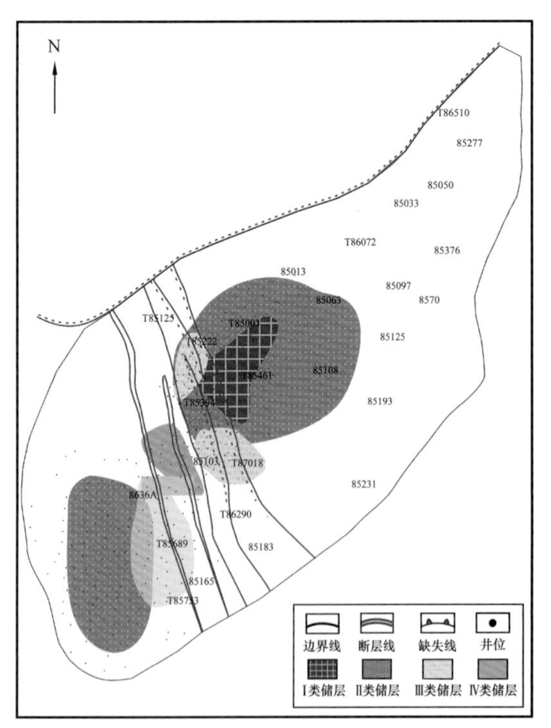

图 8-75　$P_2w_5^{\,1}$ 段各类储层平面分布图

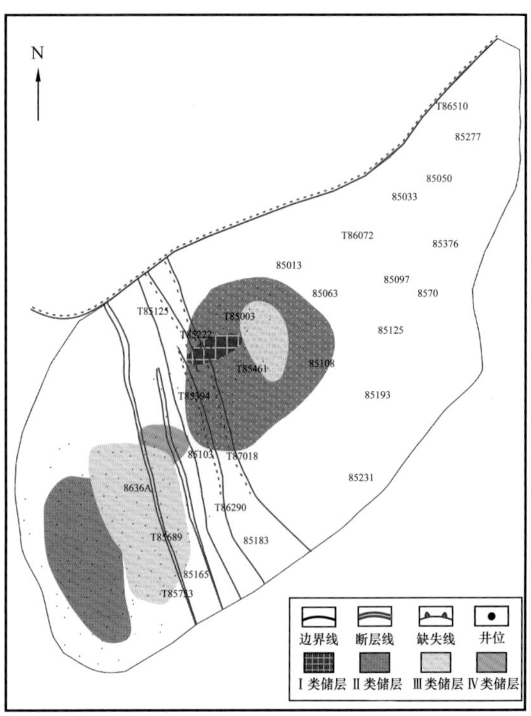

图 8-76　$P_2w_5^{\,2}$ 段各类储层平面分布图

二、不同类型储层剖面展布特征

从八区下乌尔禾组T85220井—85229井储层剖面图上看(图8-78),储层主要还是分布在剖面的中下部,总体来说分布在横向上的连续性较好,延伸一般较远。但是在纵向上绝大部分储层的分布不连续,非均质性严重。其中Ⅰ类储层主要分布在$P_2w_4^1$段与$P_2w_4^2$段的西北部,横向连续性较好,Ⅱ类储层主要分布在$P_2w_3^1$段以下,横向连续性较好,并且在$P_2w_4^1$段厚度较大。Ⅲ类储层主要发育在$P_2w_3^2$段以上,横向连续性较好,在$P_2w_3^1$段的厚度较大。Ⅳ类储层发育较少,主要在$P_2w_3^1$段中,横向连续性好,厚度较薄。

从八区下乌尔禾组T85567井—T85571井—85111井储层剖面图上看(图8-79),储层在横向上连续性较好,储层在$P_2w_2^1$段以上基本没有发育,并且在85102井中周围发

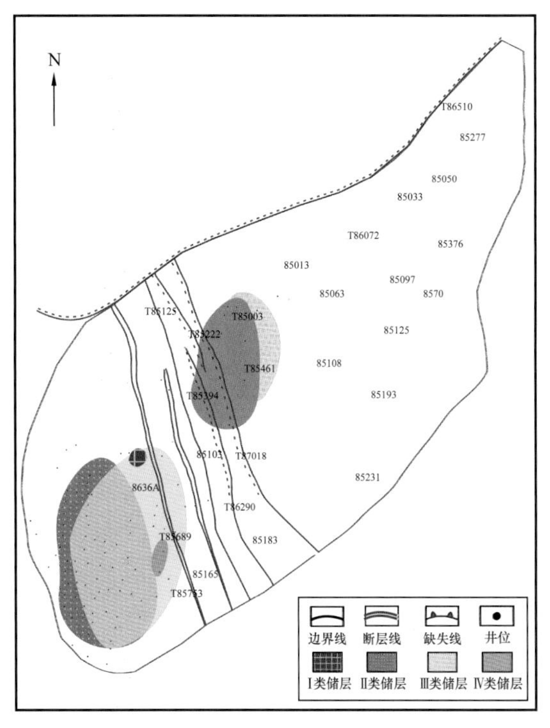

图8-77 $P_2w_5^3$段各类储层平面分布图

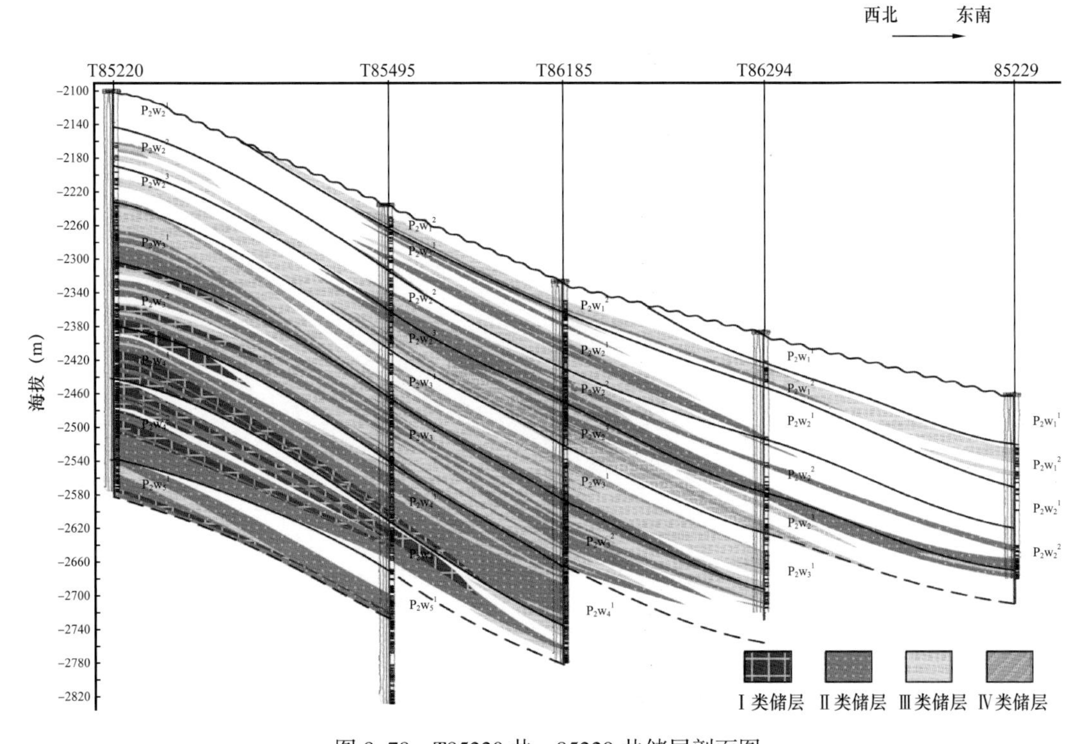

图8-78 T85220井—85229井储层剖面图

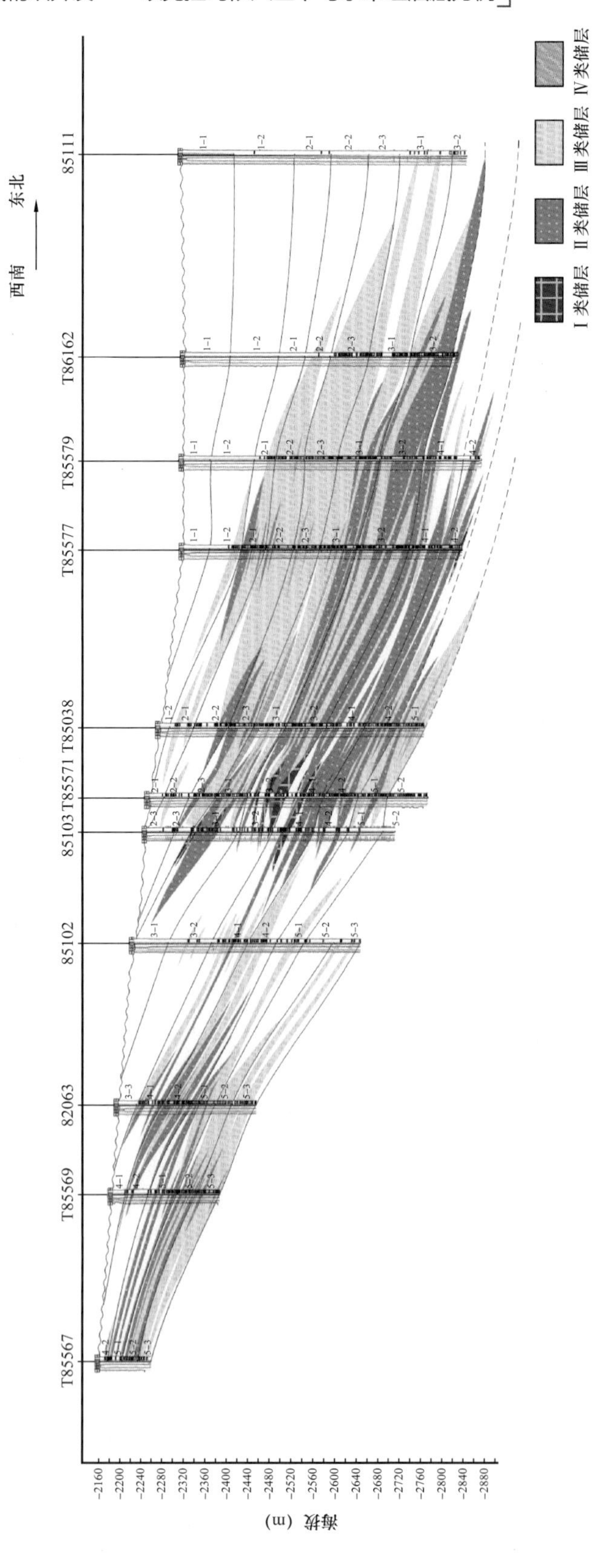

图 8-79　T85567 井—T85571 井—85111 井储层剖面图

育较少。其中Ⅰ类储层发育较少，主要在剖面的部。Ⅱ类储层主要分布在下部，并且横向连续性较好，纵向上与Ⅲ类储层互层分布。Ⅲ类储层主要分布在中上部，横向上与纵向上的分布比较均匀，延伸远，厚度大。Ⅳ类储层仅在中部发育并且厚度较小。

从这两个储层剖面上可以看出，本区主要发育Ⅱ类、Ⅲ类储层，Ⅰ类储层在剖面上分布较少，厚度较薄。储层在横向上连续性较好，纵向上的分布非均质性比较严重。

本章小结

克拉玛依油田八区下乌尔禾组油藏是一个埋藏深、低孔隙度、特低渗透、微裂缝发育、非均质严重、原油性质好、地质储量大、储量丰度高的巨厚砾岩油藏。1978 年 12 月编制开发试验方案，到 2012 年共经历的六个开发阶段。

针对本区油藏特点，要找出储层中有利于油气储集的大孔隙的分布，还要考虑找出影响产量大小的孔隙。利用常规测井虽然可以求取有效孔隙度、渗透率等参数，但孔隙度只反映储层孔隙体积，不能直观描述孔隙结构的变化。由于核磁共振成果曲线反映了储层中的不同大小孔隙的分布特征，因此，利用这些成果曲线研究储层特征越来越受到重视。

常规测井同样可以提供储层的孔隙度、渗透率的信息，但常规测井依赖于骨架参数的选取，而核磁测井的优势在于不依赖骨架参数。

核磁共振测井的可动孔隙度的划分依赖于 T_2 截止值的选取，核磁测井的总孔隙度和有效孔隙度是相当准确的，但是核磁测井提供的渗透率和 T_2 截止值有关，所以，在没有岩心核磁实验的 T_2 截止值情况下，核磁的渗透率也具有相对的意义。

核磁共振成果研究储层主要有两种不同的方式：直接应用核磁共振成果曲线进行储层相关参数计算，建立与其他物性参数（如孔隙度和渗透率）之间的关系特征；另一种应用是将它与人们熟知的毛细管压力曲线建立联系，然后，将研究毛细管压力的方法应用到此项研究中。

将核磁共振数据算出的最大孔隙度与 RT 做交会图，可以看出油层的最大孔隙度分布在 2%～4.5% 之间，差油层的最大孔隙度分布在 2%～3% 之间，油层与差油层在最大孔隙度上有了明显地分布区域。说明最大孔隙度对于油层的分选有重要意义。

每米采油指数也称“比采油指数”，指单位生产压差、单位厚度下的测试产能，是衡量油藏产能大小的主要指标。建立不同单井每米采油指数的 RT—主要孔隙度的交会图，可以很明显地看出来每米采油指数小于 0.2 的储层的孔隙度主要分布在 2%～3.5% 之间，每米采油指数大于 0.2 以上的生产层的主要孔隙度基本都大于 4%。主要孔隙度也可以很明显地反映出影响产量的孔隙大小分布。

不等粒砾岩、砾状砂岩和含砾砂岩主要为第Ⅰ类储层；第Ⅰ和第Ⅱ类主要为剩余粒间孔隙；第Ⅰ和第Ⅱ类主要分布在水下分流河道微相中；第Ⅰ和第Ⅱ类主要分布在剩余粒间孔中；而Ⅲ、Ⅳ、Ⅴ类主要分布在粒内溶孔中；富含油、油浸和油斑主要出现在第Ⅰ和第Ⅱ类中；而Ⅳ、Ⅴ类主要出现油迹 。

根据储层分级，结合岩心含油特征、初期产能特征，可以将储量分为四种类型。特征为：

第Ⅰ类主要为不等粒砾岩、砾状砂岩和含砾砂岩；方沸石晶内溶孔、剩余粒间孔、粒内孔、粒内溶孔、晶模孔；岩心含油显示好，主要是油浸、油斑、富含油；大孔隙和较大孔隙为主；初期一般不含水；初期产量高。

第Ⅱ类主要为砂质砾岩、砂质小砾岩、含砾砂岩；剩余粒间孔、方沸石晶内溶孔、粒内孔、粒内溶孔、粒模孔、方沸石晶间孔；岩心含油显示较好，主要是油浸、油斑、富含油、荧光、油迹；大孔隙和较大孔隙较发育；初期一般为不含水或者低含水；初期产量较高或者中等。

第Ⅲ类主要为砂质砾岩、砂质小砾岩、砾状砂岩；粒内溶孔、方沸石晶内溶孔；岩心含油显示较差，主要是油斑、油浸、油迹；较大孔隙发育；初期一般为低含水或者中含水；初期产量中等或者较低。

第Ⅳ类主要为砂质砾岩、砂质小砾岩；粒内溶孔、粒间溶孔；岩心含油显示差，主要是油迹；大孔隙不发育；初期一般为中含水或者高含水；初期产量低。

在储层和储量分级研究方面，获得如下主要认识：根据储层岩石特征、孔隙特征、孔隙结构特征、储层物性特征等，利用核磁共振获得的不同大小孔隙孔隙度，可以将储层分为五种不同类型储层；通过对五种不同类型储层的岩性、物性、含油性进一步分析，这种分类是合理的，能反映不同的储层综合特征；根据储层分级，结合岩心含油特征、初期产能特征，可以将储量分为四种类型。

第九章　油藏精细开发

八区下乌尔禾组1996年储量复算含油面积为41.6km^2,地质储量为8958×10^4t,反算有效厚度为62m,储量丰度为215.3×10^4t/km^2,单储系数为3.5×10^4t/km^2·m,标定采收率为18%,可采储量为1612.4×10^4t(表9–1)。三次加密调整过程中在油藏西部进行了扩边,2005年新增探明石油地质储量125.6×10^4t,本书采用的石油地质储量为9083.6×10^4t,该区2012年标定采收率为27.4%,可采储量2488.9×10^4t。

表9–1　八区下乌尔禾油藏1996年储量复算结果表

分层	含油面积(km^2)	有效厚度(m)	地质储量(10^4t)
P_2w_2	15.2	65.0	3542
P_2w_3	18.9	35.1	2019
P_2w_4	20.2	37.1	2352
P_2w_5	12.6	24.1	1045
合计	41.6	62.2	8958

第一节　油藏开发历程

一、开发历程

八区下乌尔禾组油藏于1965年5月因JY–1井出油而发现,1978年12月编制开发试验方案,至2012年共经历了六个开发阶段:开发试验、一次加密扩边调整、二次加密调整及全面注水开发、综合治理控制递减、三次分层系加密调整、四次加密调整(图9–1)。

(1)开发试验阶段(1979—1983年)。

1978年初优选20km^2含油面积,采用550m×780m井距反九点面积井网投入试验开发。1979年投产井数达到71口,申报动用Ⅰ类储量6489×10^4t。1979年底油藏东部8517井开始注水试验。阶段末油水井总数61口,其中采油井60口,注水井1口,日产液535t,日产油497t,含水7%,日注水80m^3,采油速度0.27%,采出程度1.93%,亏空263.3×$10^4 m^3$,地层压力24.62MPa,总压降11.04MPa。主要为弹性—溶解气驱动。

(2)一次加密扩边调整阶段(1984—1990年)。

1983年4月完成了《八区下乌尔禾组油藏加密井网注水开发方案》,至1985年完成了第一次井网加密(仍为反九点法面积注水井网),将550m×780m井距加密调整到

385m×550m，加密钻井95口，投产总井数157口。1984—1985年在东部选择8个井组进行反九点法面积注水开采试验，在原试注井8517井西部增加7口注水井，形成8口注水井、37口采油井的注水开发试验区。1986—1987年在高产区外围扩边，钻井30口，调整后油藏动用面积由20km^{2}增加到27.6km^2。

1986年年产油量达到60.58×10^{4}t，油井仍表现为初产高，递减大。1987—1990年年产油量下降29.6×10^{4}t，平均每年递减油量7.4×10^{4}t。1989—1990年先后转注26口井。阶段末油井153口（抽油井达到43口），注水井34口，日产液1028t，日产油783t，含水23.8%，日注水平5226m^3，采油速度0.32%，采出程度5.37%，累计亏空341.2×10^{4}m^3，地层压力24.65MPa。开采方式由自喷向抽油开采转变，部分井组驱动方式从溶解气驱向注水驱转变。

（3）二次加密调整及全面注水开发阶段（1991—1995年）。

1991年底被总公司列为"八五"期间阵地仗区块并编制了阵地仗总体规划，1992年8月完成整体治理阵地仗方案，进行以加密扩边、投转注为主的阵地仗整体治理工作。井距由380m×550m加密为275m×380m，共钻新井206口（加密井143口，扩边井63口），新增动用含油面积8.0km^2，新增动用储量1127×10^{4}t，增加可采储量203×10^{4}t，建产能66.7×10^{4}t。转抽204口，投转注67口，实现了全面注水开发，1994年年产油量达到68.8×10^{4}t。阶段末油井数达到246口（其中抽油井189口），注水井90口，日产液3071t，日产油1920t，含水37.5%，日注水平6301m^3，采油速度0.87%，采出程度8.43%，累计亏空111.2×10^{4}m^3，地层压力26.90MPa。

（4）综合治理控制递减阶段（1996—2002年）。

1996年以来，通过细化油藏开发单元、调整注采结构优化注水，结合各类增产增效措施，开始了以提高注水效益和油藏地层压力、减缓递减为目标的综合治理措施。投转注8口，注水井调配223井次，补返21口，压裂21口，转抽27口，油水井大修28口，更新5口。采油速度保持在0.7%左右，年产油量综合递减由8.8%减缓到5.1%，自然递减由14.8%减缓到6.5%，水平综合递减由18.7%减缓到10.1%。

1997年805井区滚动扩边钻井11口，新增含油面积0.5km^2，地质储量121×10^{4}t。

2000年后，开展了三次加密调整前期试验研究，加密试验区选在油藏北部8506、8618等10个井组，2000年实施4口，2001年实施16口，2002年实施19口，共钻加密井39口，平均单井初期日产油13.9t。

（5）三次分层系加密调整阶段（2003—2007年）。

2003—2007年，开展了分层系的三次加密调整，将以前的一套开发层系细化为两套（P_2w_{2+3}、P_2w_{4+5}），注采井距由275m加密到195m，五年共完钻调整井690口，其中油井585口，新建产能151.4×10^{4}t。

三次加密调整后，该区储量动用程度及开采速度明显提高，区块年产油量由调整前的43×10^{4}t上升到高峰期2005年的107.1×10^{4}t。油藏递减较大，由调整前的10%上升到

22%，区块年产油量逐年下降，2009 年下降到 55.5×10^4t。三次加密细分了开发层系，缩小了注采井距，但从油井地层压力及见水见效情况来看，油水井间仍未能建立有效水压驱动体系。三次加密后油藏新增注水 $3181.1\times10^4\text{m}^3$，注采比上升到 2 左右，累计注采比达 1.34，但见水未见效井由 25.2% 升到 40.3%，见效井由 16.5% 降到 9.8%，未见注水反应井由 43.7% 降到 39.3%。

与全区形成鲜明对比的是 2004 年开展的小井距试验。在采取层系细分、平行裂缝方向注水、缩小注采井距等措施后，试验区水驱动用程度明显提高，压力保持程度、见效程度、采油速度都明显高于油藏其他部位，预测采收率可达 35.5%，与采用三次加密井网的区域相比提高采收率 8.5%。

（6）四次加密阶段（2009—2012 年）。

2009 年在小井距试验效果的基础上，推广四次加密，2010 年 3 月编制了《克拉玛依油田八区下乌尔禾组油藏第四次加密调整地质油藏工程方案》，2011 年 2 月编制了《克拉玛依油田八区下乌尔禾组油藏第四次加密调整地质油藏工程补充方案》，优选 256 井井断裂下盘南部 P_2w_2、北部 P_2w_4 及 256 井井断裂上盘 P_2w_{4+5} 三个区域实施 135m × 195m 反九点井网加密，共部署油井 250 口，水井 18 口。截至 2012 年共钻新井 209 口，转注 33 口。四次加密在上盘基本形成了五点井网，在下盘基本形成了反九点井网。

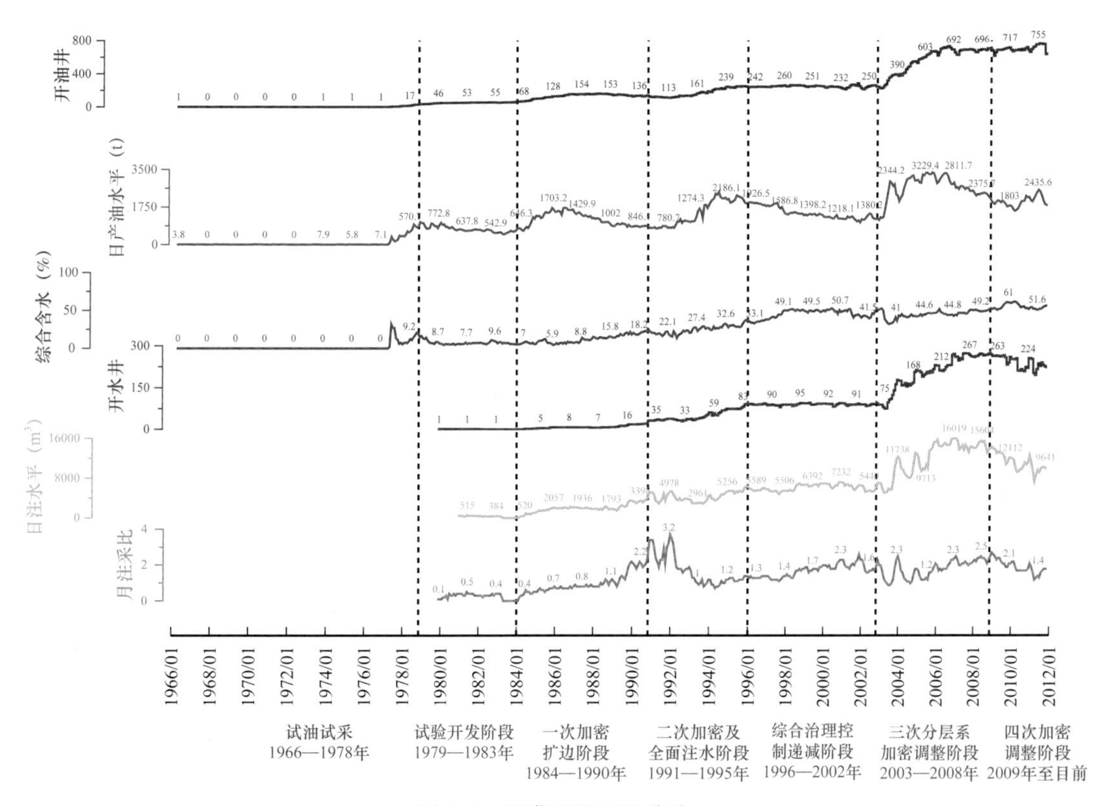

图 9-1 油藏开发历程曲线

二、开发现状

八区下乌尔禾组油藏历次井网加密主要为反九点角井与中心水井的注采井间加密油井，原角井转注形成新的反九点井网形式（图 9–2），截至 2012 年全区以 195m × 275m 三次加密反九点井网为主，多种形式井网并存，在上盘除行列注水试验区形成排距为 190m 的排状注水井网外，基本形成 135m × 195m 的四次加密反九点井网与注采井距为 135m 的五点井网；在下盘乌 2 段和乌 4 段形成了 135m × 195m 的四次加密反九点井网；在小井距试验区形成了 135m 的五点井网，并在南部乌 2 段加密区开展了五次加密试验井组，开展 95m 正对排状注水井网先导试验（图 9–3）。

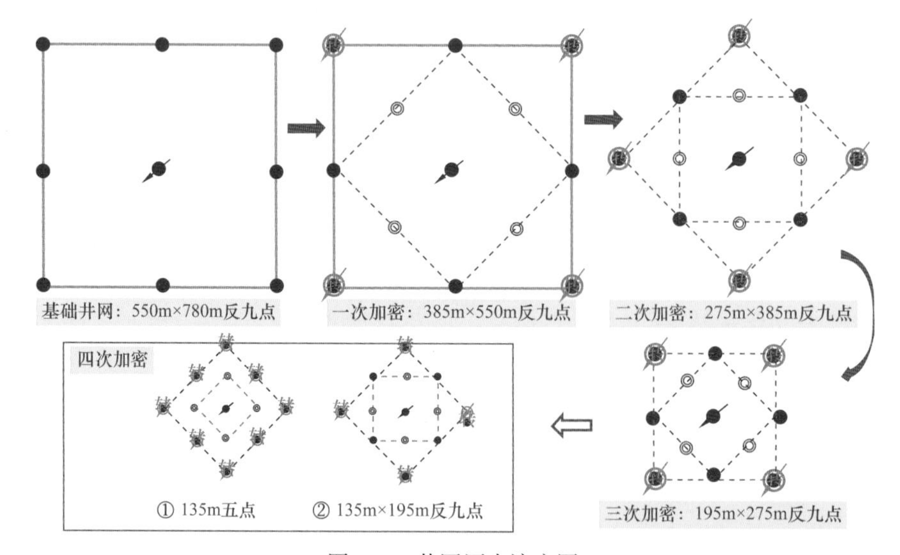

图 9–2　井网历史演变图

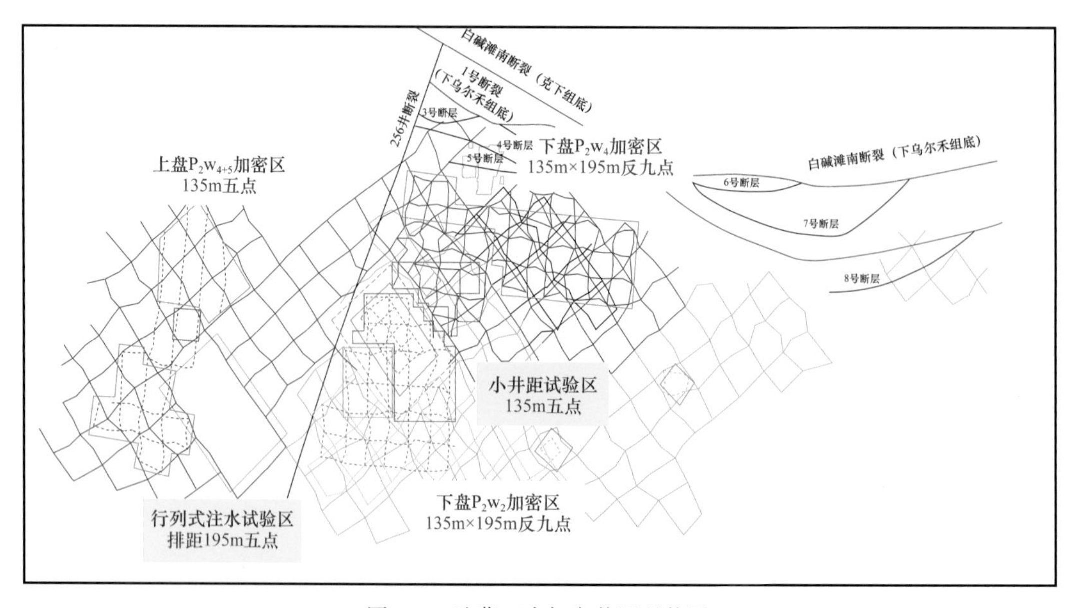

图 9–3　油藏四次加密井网现状图

截至 2013 年 3 月，八区下乌尔禾油藏开油井 755 口，平均单井日产油量为 2.8t，含水率为 61.6%，平均动液面为 1680m，注水井 229 口，平均单井日注水量为 $44m^3$。单元累计产油 1746×10^4t，累计注水量为 $7260\times10^4m^3$，平均采油速度为 0.88%，采出程度为 22.1%；月注采比 1.5（地面注采比 2.0），累计注采比 1.7（地面注采比 2.3）。整体上截至 2012 年仍为中低含水开发阶段，单井产量低、采油速度低、采出程度较低。

第二节　四次加密区开发技术政策研究

针对四次加密区注采参数不合理，导致平面、纵向动用不均问题，从油藏动态分析、数值模拟研究两个方面优化合理注采参数，制定了四次加密区现阶段开发技术政策界限。

一、基于动态分析的合理注采参数界定

在见水见效特征分析、注采井网有效性评价中认识到，各四次加密区井网完善区油井见效比例高，开发效果好，因此以各加密区的井网完善、见效区生产参数为主要参考依据，并结合小井距试验区成功经验，制定各加密区合理的油水井压力保持水平、注采比、合理油井液量及水井配注等注采参数。

1. 注水井地层压力界限

八区下乌尔禾组为特低渗透的砾岩油藏，与很多的低渗透油藏不同，该区注水很少有注不进的情况。注水井吸水指数高，地层中存在裂缝及超破注水是其主要原因。

对投产时间长、累计注水量大的 8566 井进行详细分析有助于理解这一过程。该井于 1990 年 11 月投注，截至 2012 年 5 月累计注水 $47.5\times10^4m^3$。由该井注水曲线（图 9-4）可以看出，在 1991 年 8 月，当注水到第 10 个月时，日注水量由上月的 $150m^3$ 提升到 $200m^3$，而相应的油压却下降了 0.4MPa，套压下降 0.5MPa，反映出地层吸水能力加强，推测原来闭合的人工裂缝可能张开或规模有所扩大，其吸水指数也从 1991 年 6 月的 $37.95m^3/(d\cdot MPa)$ 上升

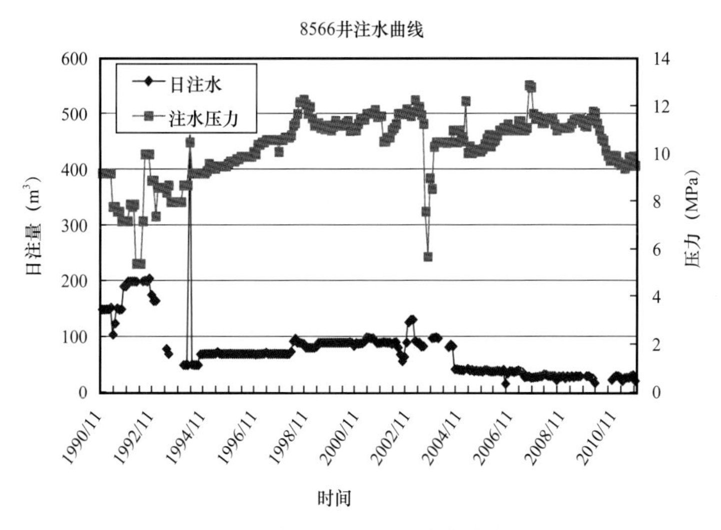

图 9-4　8566 井注水动态曲线

到 10 月的 93.68m³/（d·MPa）。其后吸水指数持续升高，裂缝规模继续扩大（表 9–2）。由吸水指数与注水压差关系可以看出，当吸水指数在 200～1000m³/（d·MPa）时，注水压差仅有 0.1MPa 左右（图 9–5），注水裂缝扩大导致吸水指数增大并减小了注水压差。

表 9–2 8566 井注水参数变化

测试时间	地层压力（MPa）	流压（MPa）	压差（MPa）	日注水（m^3）	吸水指数［m^3/（d·MPa）］
1991/6/30	31.00	35.00	4.00	151.8	37.95
1991/10/18	33.46	35.50	2.04	191.1	93.68
1992/6/29	35.26	36.82	1.56	200.2	128.33
1992/10/5	36.00	38.23	2.23	175.9	78.88
2002/10/22	39.85	39.92	0.07	77.0	1100.00
2005/5/30	38.36	38.44	0.08	40.0	500.00
2005/8/23	38.32	38.48	0.16	39.0	243.75
2006/5/9	31.15	38.45	7.30	45.4	6.22
2006/9/5	33.86	34.76	0.90	59.7	66.33

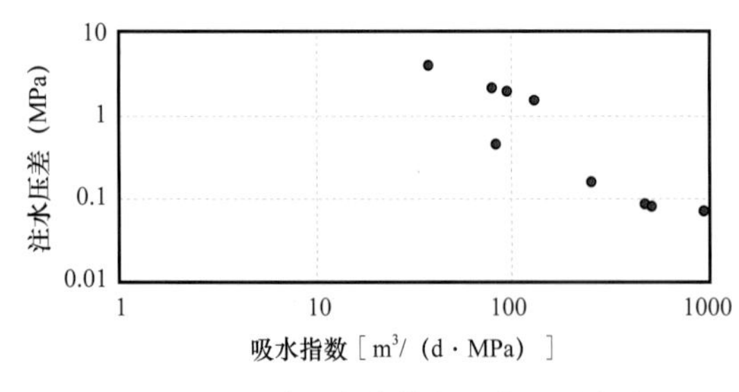

图 9–5 8566 井吸水指数与生产压差交会图

根据测井水淹层解释，8566 井的水淹体高度达到 150m，平面长达 750m，远超过压裂缝的规模，这也是注水导致裂缝扩张的表现。

三次加密调整后，减小了单井注水量，但注采比大幅上升，八区下乌尔禾组的吸水指数大幅度增加（图 9–6），2009 年全区平均达到 700［m³/（d·MPa）］以上，超破注水加剧。

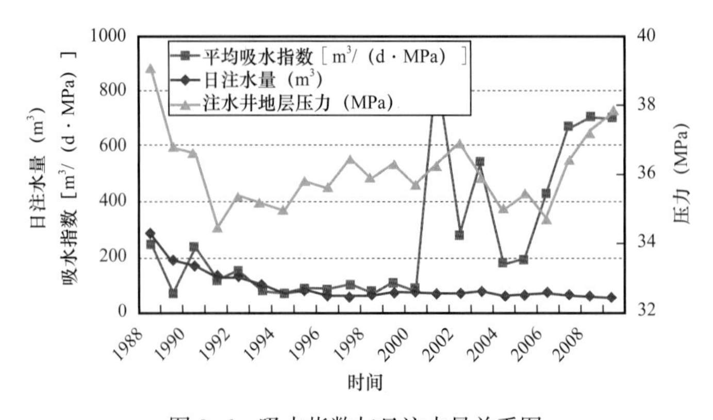

图 9–6 吸水指数与日注水量关系图

从前面的油水井动态上分析看，加密区也普遍存在超破注水、裂缝水窜现象。如上盘加密区 8783 井，从 2003 年 9 月到 2006 年 10 月日注水量从 49.8m³ 上升到 82.4m³，地层压力系数从 0.71 上升到 1.39，注水压差从 10.4MPa 下降到 0.02MPa，吸水指数从 4.8[m³/(d·MPa)]蹿升到 4120 [m³/(d·MPa)](表 9-3)，超破注水现象严重。

表 9-3　上盘加密区 8783 井吸水指数变化表

时间	日注水（m³）	油层中压（MPa）	地层压力（MPa）	注水压差（MPa）	吸水指数[m³/(d·MPa)]
2003/09	49.8	18.80	0.71	10.4	4.8
2006/06	79.0	33.04	1.24	0.67	117.9
2006/10	82.4	36.98	1.39	0.02	4120.0
2007/05	82.0	36.85	1.39	0.73	112.3
2008/10	51.9	36.79	1.38	0.42	123.6
2009/04	58.3	36.15	1.36	0.01	5830.0
2009/09	60.1	37.45	1.41	0.52	115.6
2010/05	24.7	37.07	1.39	0.26	95.0
2010/09	18.4	37.35	1.40	0.02	920.0
2011/05	14.9	36.12	1.36	2.34	6.4
2012/05	53.3	34.66	1.30	1.97	27.1

通过进一步统计分析，可以得到以下两点认识。

(1)从注水井的吸水指数变化看，随着注水量增大、地层压力上升，发生裂缝扩张，表现为注水压差减小，吸水指数大幅提高现象(图 9-7)，从而导致对应油井出现暴性水淹。

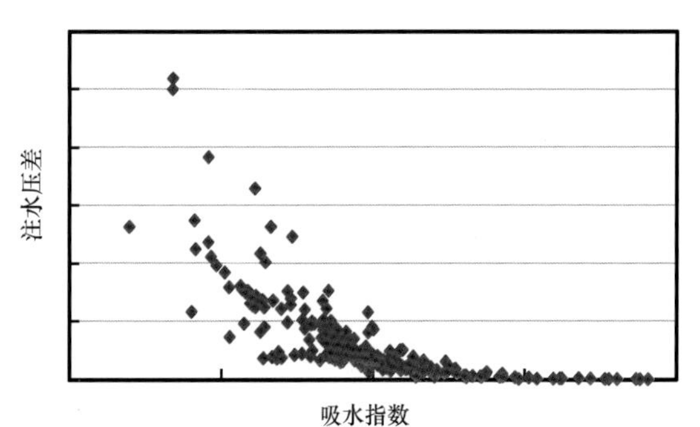

图 9-7　上盘加密区注水压差与吸水指数关系

(2)从水井测压资料统计规律看，注水井压力有上限，反映该地层最大承压能力，近似等于破裂压力梯度。从图 9-8 至图 9-11 看出，各加密区水井地层压力系数与吸水指数呈较好的相关性，地层压力系数越高，吸水指数越大，但各加密区地层压力系数存在一个极大值，即上限值，反映的是该地层最大承压能力，近似等于破裂压力，当注水井地层压力系数小于上限压力系数时，随着注水量的增加，地层压力系数升高，到达注水井压力上限时，储层破裂，裂缝延伸，地层吸水能力迅速增强，压力不再增加。

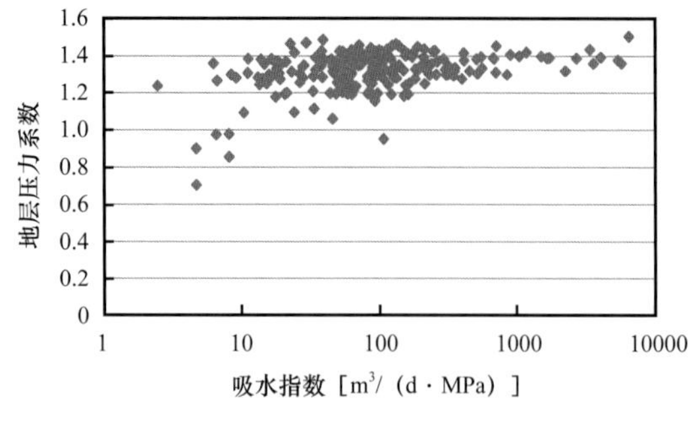

图 9-8　上盘加密区压力系数与吸水指数关系

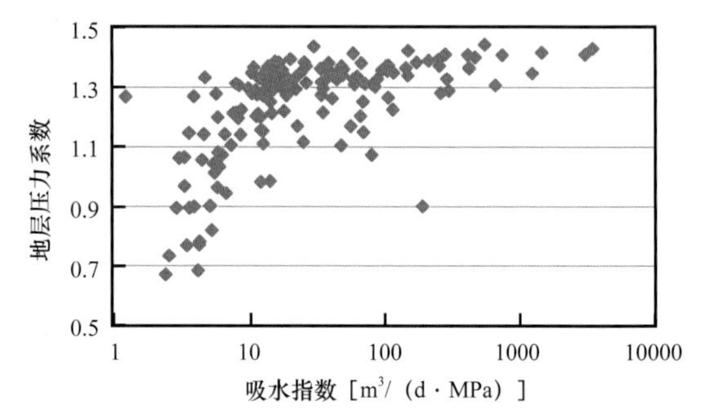

图 9-9　小井距试验区压力系数与吸水指数关系

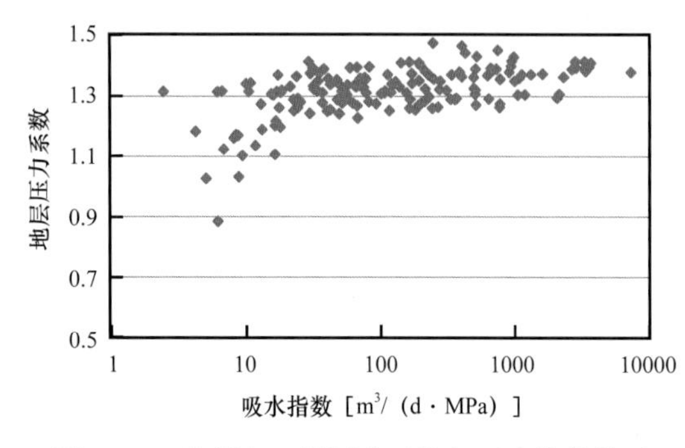

图 9-10　北部乌 4 段压力系数与吸水指数关系

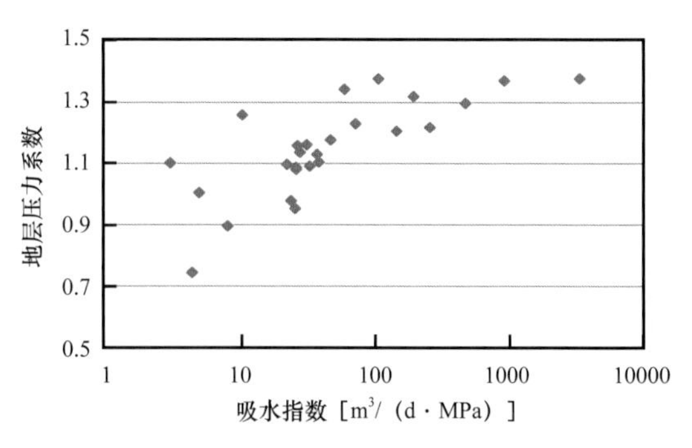

图 9-11　南部乌 2 段压力系数与吸水指数关系

根据各加密区吸水指数与水井地层压力系数关系图可以看出，不同加密区、目的层的储层沉积条件不同，储层物性、裂缝发育非均质性，岩石的强度不均匀，地层的压力系数上限各不相同。对于一个加密区，地层存在一个易破裂、超破注水的压力区间，统计表明，小井距试验区易超破地层的压力系数区间为 1.3～1.4；256 井井断裂上盘 P_2w_{4+5} 加密区压力上限最高，易超破地层的压力系数区间为 1.3～1.45；256 井断裂下盘北部 P_2w_4 加密区易超破地层压力系数区间为 1.25～1.45；256 井断裂下盘南部乌 2 段加密区数据点少，规律性不强，考虑其区域位置靠近小井距试验区，参考小井距试验区的参数，并考虑到乌 2 段裂缝发育规模小的特点，确定南部乌 2 段加密区的易超破地层压力系数区间为 1.3～1.4。

为了最大限度避免裂缝扩张导致水窜，以各加密区的易超破地层压力系数区间下限为合理注水井压力保持水平。据此原则，确定 256 井井断裂下盘的小井距试验区、北部 P_2w_4 加密区、南部 P_2w_2 加密区注水井合理压力系数界限为 1.3，256 井井断裂上盘 P_2w_{4+5} 加密区注水井合理压力系数界限为 1.25。

以各加密区注水井合理压力系数为界限，统计对比低于界限值、超过界限值以及平均情况下的压力系数、注水压差、吸水指数等指标，区分效果明显（图 9-12至图 9-15），高于合理压力界限的注水井注采压差小，吸水指数大，低于合理压力界限的注水井注采压差大（正常），吸水指数小。

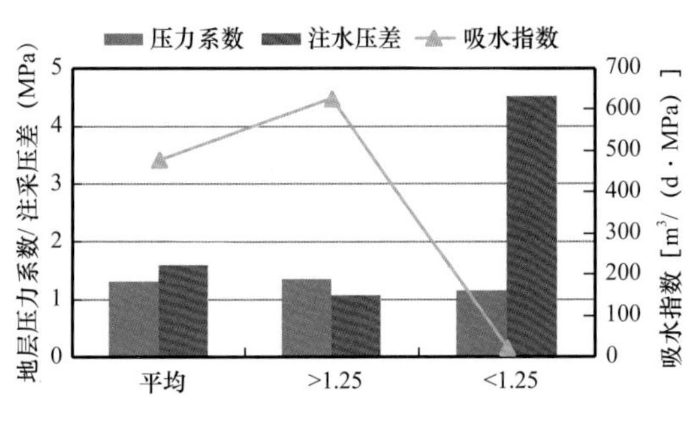

图 9-12　上盘加密区地层压力系数界限对比

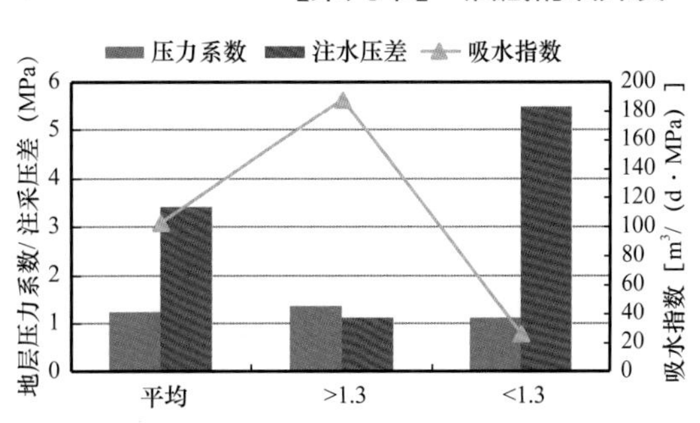

图 9-13　小井距试验区地层压力系数界限对比

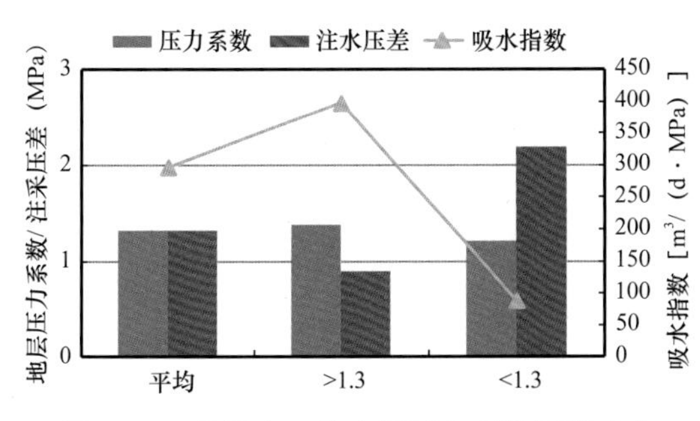

图 9-14　北部乌 4 段地层压力系数界限对比

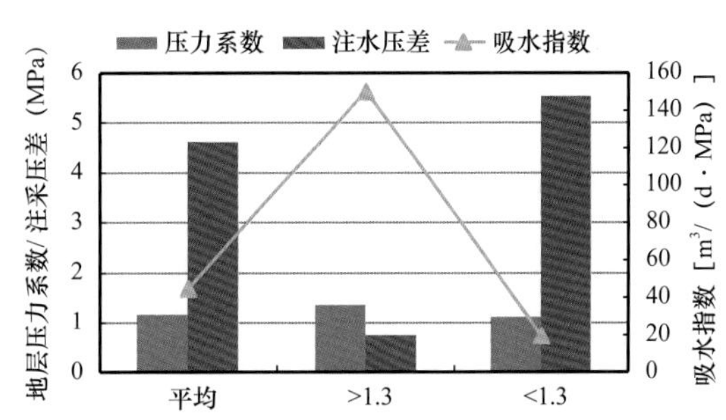

图 9-15　南部乌 2 段地层压力系数界限对比

根据各加密区的目的层即射孔层位不同，构造深度不同，统计了各加密区的目的层的射孔范围，结合不同加密区的注水井合理压力系数界限，计算不同深度下的合理压力保持水平，建立了分区注水井合理压力保持水平图版（图 9-16），便于矿场操作。

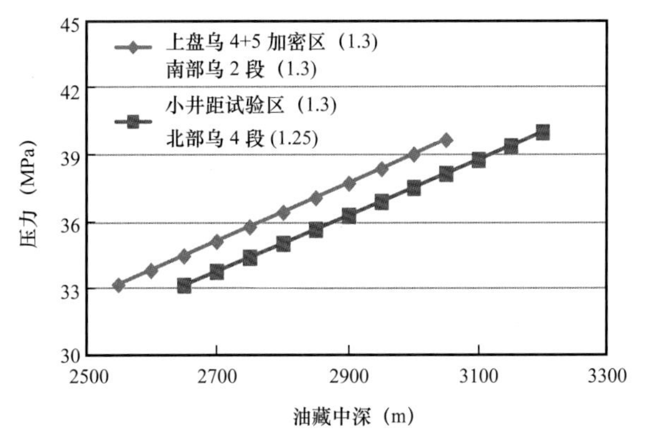

图 9-16　注水井合理压力水平图版

2. 油井地层压力界限

1）理论经验方法

矿场实践经验表明，油井的地层压力保持在饱和压力之上，可以有效避免油层脱气导致的产能下降及压力下降。统计表明，八区下乌尔禾组油藏的平均饱和压力为 27.57MPa（表 9-4）。开发过程中，当本区地层压力系数低于 0.82 时，油藏大幅度脱气，原油黏度增大，性质变差，流动能力减弱，水油流度比升高，开发效果变差，中低含水阶段合理的地层压力系数应大于 0.8，另外，八区下乌尔禾组油藏属于异常高压、高饱和油藏，气油比高，平均气油比为 156，地层原油体积系数大，平均为 1.42，开发过程中要求保持较高的地层压力，减缓脱气、压敏等对生产的影响。综合以上经验方法确定合理的地层压力系数为 0.8 以上。

表 9-4　八区下乌尔禾组油藏储层及流体参数表

项目	原始地层压力（MPa）	原始饱和压力（MPa）	压力系数	原始气油比（m^3/m^3）	地层原油体积系数
分布范围	25.11～36.98	21.74～33.4		116～181	1.32～1.56
平均值	34.2	27.57	1.35	156	1.42

2）*矿场统计方法*

小井距试验区四次加密试验阶段见效比例高，开发效果好，试验区 2006 年井网完善后，试验区油井地层压力恢复到 0.8 以上（图 9-17、图 9-18），从分类油井地层压力情况对比表明，未见效井压力系数在 0.6 以下，水淹水窜井压力系数在 1.3 左右，而见水见效井压力保持在 0.9 左右，表明其合理压力保持水平也在 0.8 以上。

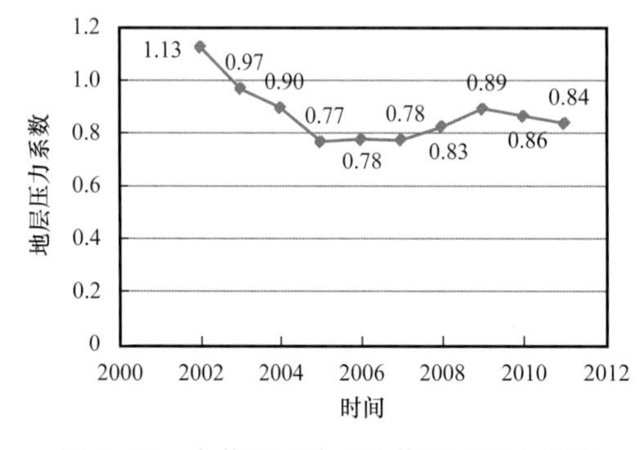

图 9-17　小井距试验区油井地层压力变化

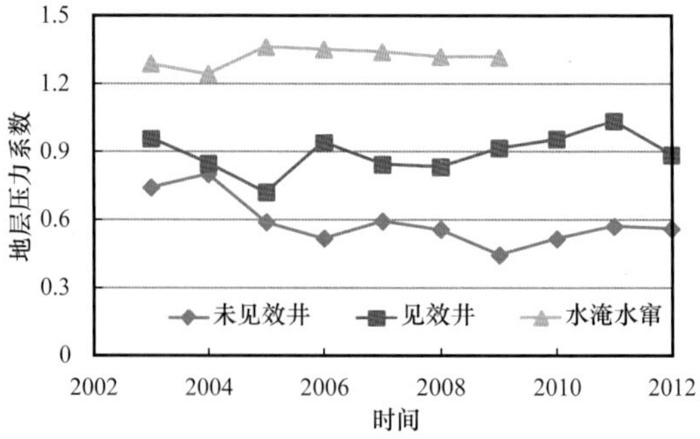

图 9-18　小井距试验区分类油井地层压力变化

对比其他加密区全区及见水见效井（不包括四次加密井）的地层压力保持状况（图 9-19 至图 9-21），得到相同的结论与认识。油井的地层压力水平以及见效井的地层压力保持情况中，见效井的压力保持水平应更接近合理压力保持水平。四次加密后，256 井断裂上盘 P_2w_{4+5} 加密区压力恢复水平高，全区的油井地层压力系数由 2006 年的 0.73 恢复到 0.87，其中见效井的地层压力系数由 2006 年的 0.67 恢复到 0.9 以上。256 井断裂下盘北部 P_2w_4 加密区四次加密阶段水井转注实施程度低，仅完成 41%，总体油井压力下降，全区的地层压力

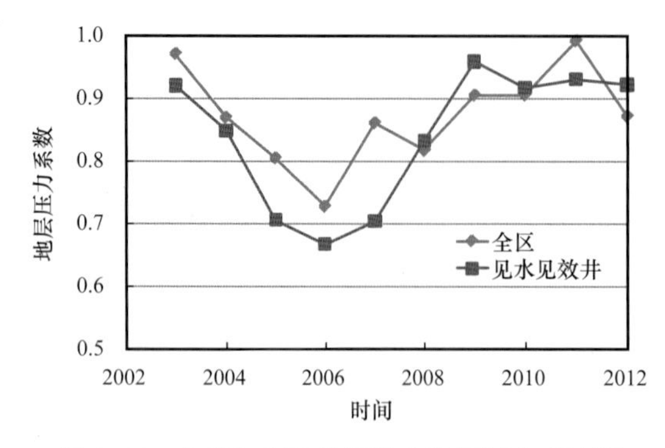

图 9-19　上盘加密区分类油井地层压力对比图

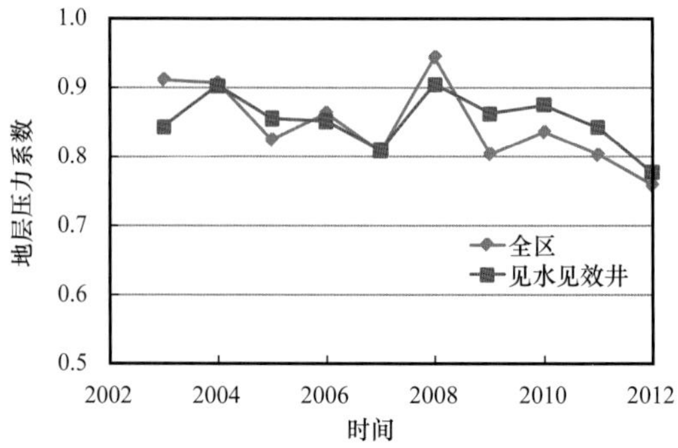

图 9-20　北部乌 4 段分类油井地层压力对比

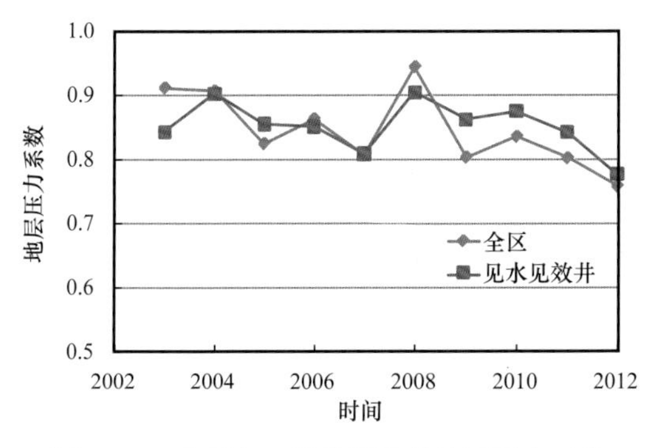

图 9-21 北部乌 3 段分类油井地层压力对比

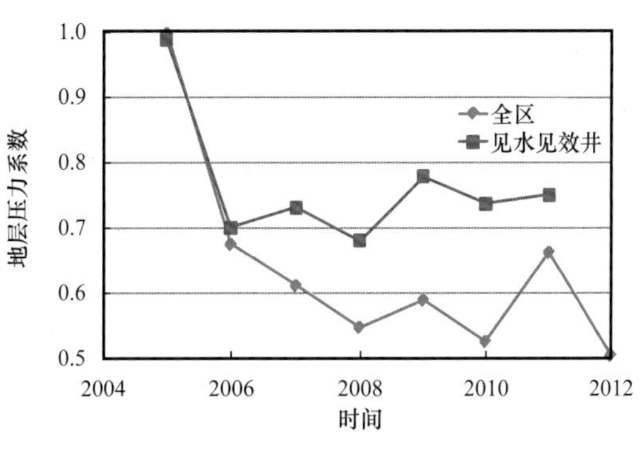

图 9-22 南部乌 2 段分类油井地层压力对比

系数从 2006 年的 0.86 下降到目前的 0.76，见效井的地层压力系数整体维持在 0.8 以上。256 井断裂下盘南部 P_2w_2 加密区整体转注时间短，压力水平低，全区的油井地层压力系数为 0.51，见效井比例低。见效井地层压力系数约为 0.75，反映地层压力下降大，影响油井见效。综合以上统计数据，油井地层压力系数界限在 0.8 以上，与经验规律确定的压力系数相吻合。

从前面的加密区井点压力分布也可以看出，井网完善区（见效井比例高）地层压力保持水平高于其他区域。

3. 合理注采比

分析对比目标区注采比及相关开发指标，得到以下几点认识。

（1）全区注水量大，注采比高，但油井地层压力保持水平低。

截至 2013 年 3 月，八区下乌尔禾组油藏注水量大，累计注水 $6924\times10^4m^3$，累积注采比高，地下注采比 1.7，地面注采比 2.3，2011 年全区注水井地层压力高达 36.9MPa，压力系数为 1.3，油井地层压力仅 24.7MPa，压力系数 0.66。主要原因有以下几个方面：一是储层孔隙度小，渗透率极低，压力传导慢，水井周围憋压，地层压力系数高，油井周围亏空大，亏空得不到有效补充，地层压力系数低；二是裂缝垂向扩张导致无效注水，该区大量注入水沿垂直裂缝向下进入底部甚至其他层系，顺层推进的注入水少，表现为单井累计注水量大，周围生产井见效差，统计发现该区最高单井累计注水 $152\times10^4m^3$，单井累计注水量大于 $30\times10^4m^3$ 有 80 口，占注水井总数的 19.2%，但注水量占全区注水量的 57%；三是裂缝水窜后导致注入水无效循环，注入水沿着裂缝推进，沟通相邻的生产井，形成无效循环。典型如 8566 井，从 T85493—T86215 过井剖面看，水体规模大，相互连通，生产井水淹严重，水窜现象明显（图 9-23）。

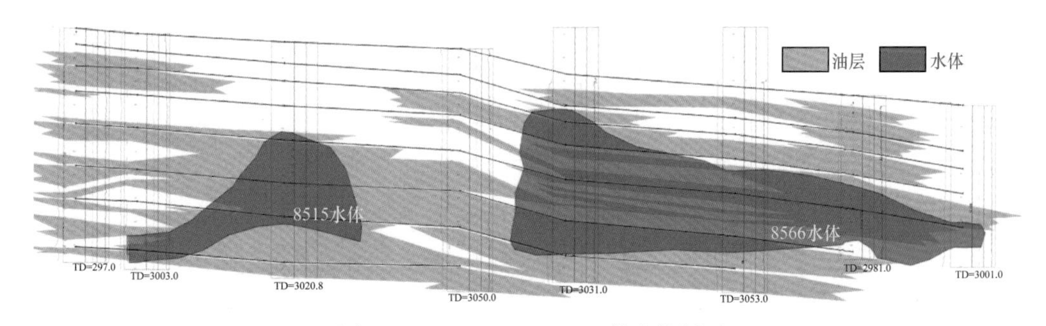

图 9-23 T85493—T86215 井水体剖面

（2）平面注采不均衡，注采比差异大。

以256井断裂上盘P_2w_{4+5}加密区为例（图9-24至图9-26），加密区整体累积注采比为1.38，加密区北部四次加密尚未完善，井网以三次加密井网为主，单井注水量大，8口注水井累计注水$226\times10^4m^3$，占全区注水量的41%，从注采比看，月注采比高，最高月注采比高达20以上，累积注采比高达1.8。而加密区南部四次加密区月注采比不超过3.5，累计注采比为1.1。

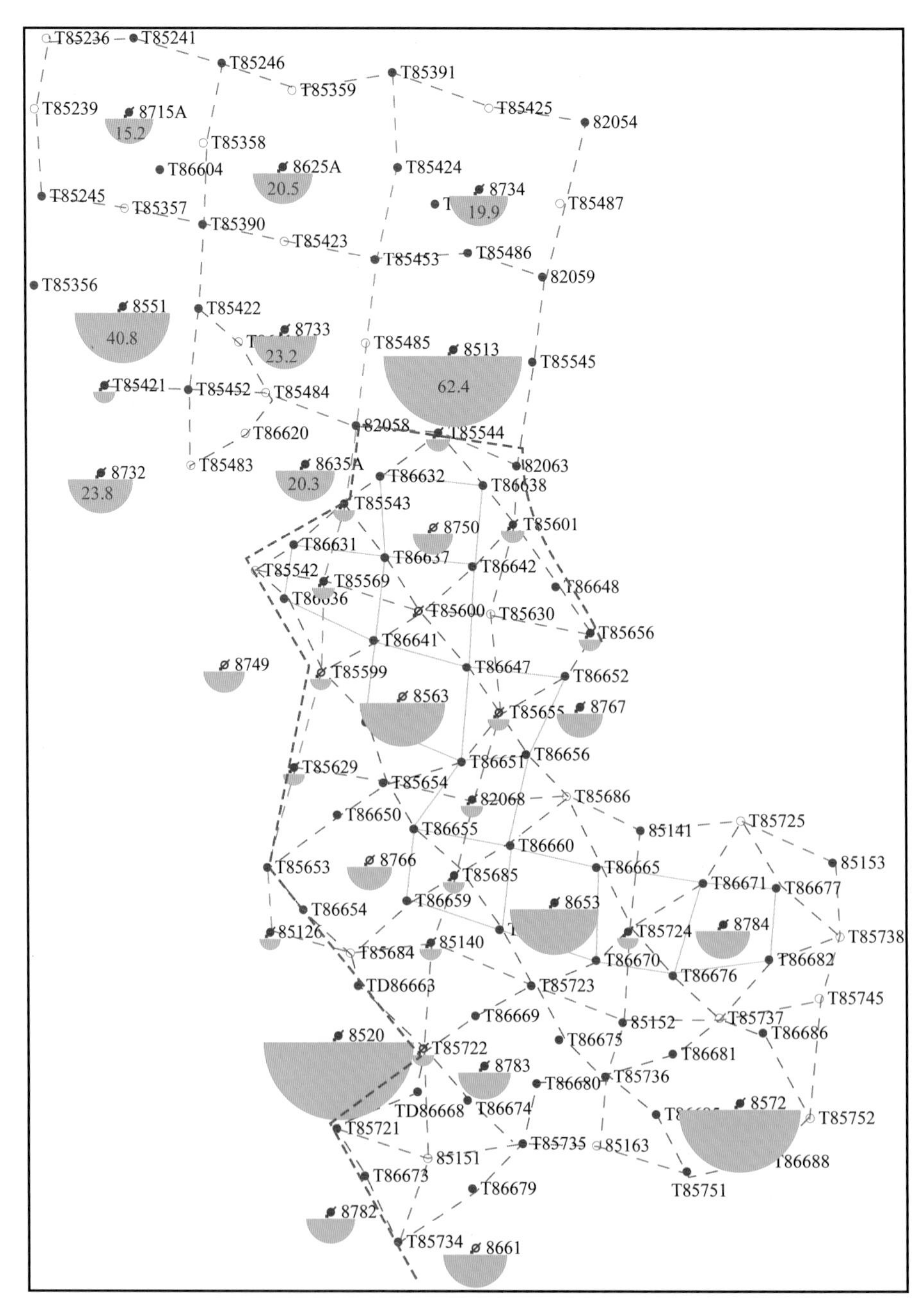

图9-24　上盘加密区水井累计注入图

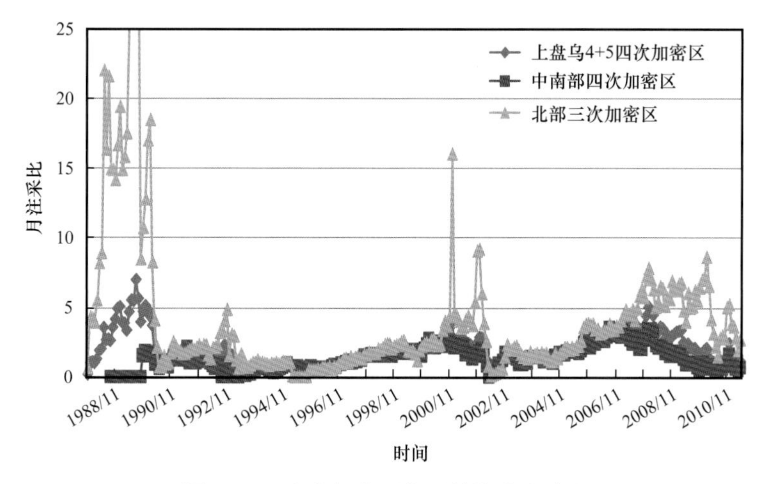

图 9–25　上盘加密区分区月注采比对比

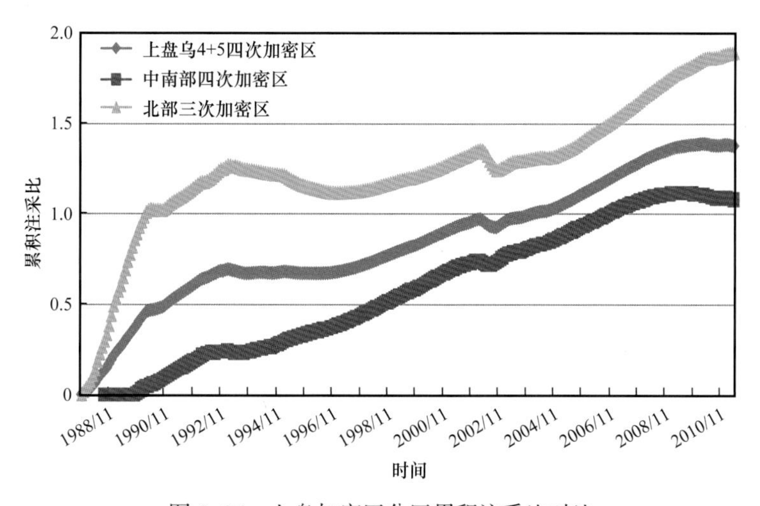

图 9–26　上盘加密区分区累积注采比对比

（3）不同注采比下，油水井注采动态差异大。

进一步解剖分析，根据注水量及注采比的不同，上盘加密区一、二次加密阶段转注井可划分为北部高注采比井组和南部低注采比井组。

北部高注采比井组，主要是北部 3 口及西南角 1 口共 4 口早期转注井，平均单井累计注入量为 $58\times10^4m^3$，井组注采比高，根据注水量、水井地层压力系数随时间变化曲线（图 9–27）可以看出，水井平均累计注入量在 $20\times10^4m^3$、$35\times10^4m^3$、$50\times10^4m^3$ 时，而地层压力系数出现下降，表现为裂缝扩张，吸水能力增强。而低注水量、低注采比井平均累计注入量为 $37\times10^4m^3$，地层压力系数整体呈上升趋势，裂缝扩张、吸水增强特征不明显（图 9–28）。

而全区三次加密阶段转注井累计注水量均低于 $20\times10^4m^3$，水井地层压力总体仍处在持续上升阶段（图 9–29）。

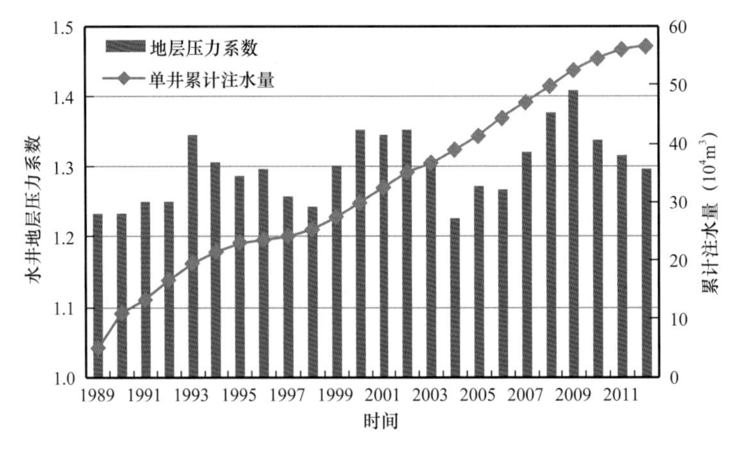

图 9-27　上盘北部高注采比早期转注井注水指标

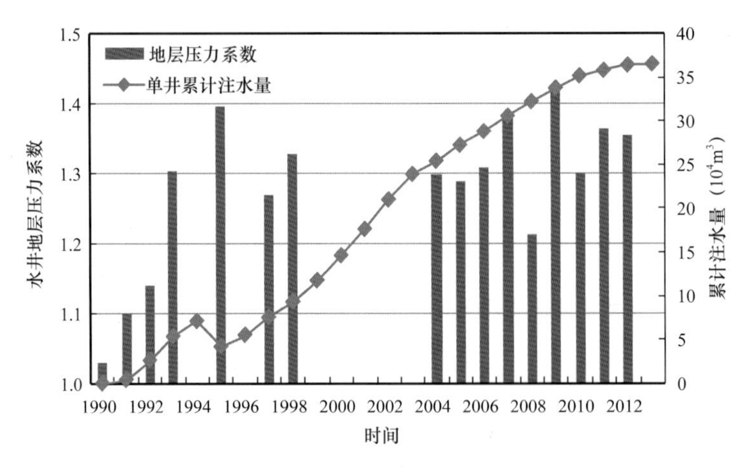

图 9-28　上盘南部低注采比早期转注井注水指标

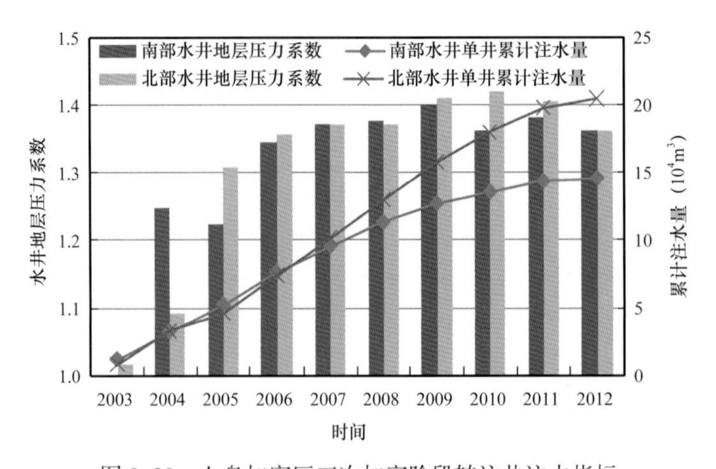

图 9-29　上盘加密区三次加密阶段转注井注水指标

从油井的动态指标看，考虑四次加密井生产时间短、规律性差的干扰，一、二次加密井均已转为注水井，这里以三次加密井为分析对比对象。根据注采见效特征分析（图 9-30、

图 9-31)，表明 256 井井断裂上盘 P_2w_{4+5} 加密区北部高注采比下水淹水窜井占 26.2%、见水见效井 11.9%，低能调(捣)开井 47.6%。表现为方向性水淹水窜严重，注入水无效循环，油井见效比例低、油井低能生产现象普遍。油井压力持续下降，保持水平低。而南部井网完善区水淹水窜井占 17.4%、见水见效井 50.0%，低能调(捣)开井 23.9%，见水见效比例高，自三次加密井网完善后压力持续回升。

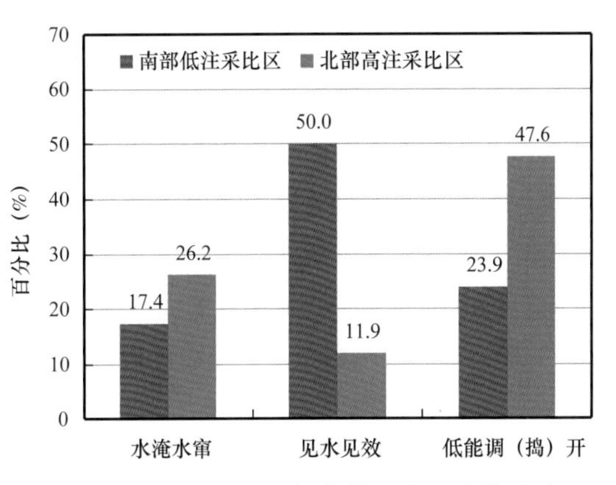

图 9-30 不同井区三次加密井注采见效情况对比

同样，256 井井断裂下盘北部 P_2w_4 加密区、南部 P_2w_2 加密区油水井规律类似。

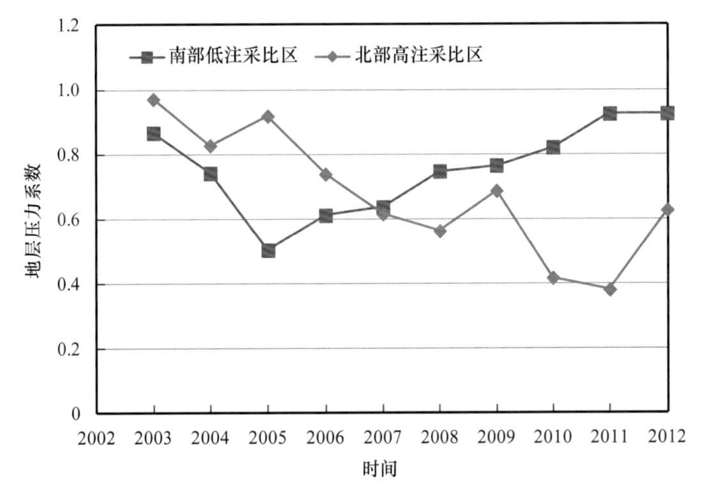

图 9-31 不同井区三次加密井油井压力系数对比

(4)小井距试验区开发效果好，注采比对其他加密区有一定的借鉴意义。

小井距试验区四次加密井网完善后，井网完善区月注采比显著提高，四次加密阶段注采比为 1.8，使井网完善区累积注采比从 1 以下提高到截至目前累注采比为 1.3 左右(图 9-32)。也就是在小井距试验阶段井网完善区累积注采比为 1.2～1.3 条件下，其开发效果明显好于其他区块，油水井地层压力保持在合理水平，油井的地层压力系数为 0.83，水井的地层压力系数为 1.25，油井见效比例高，裂缝水窜井比例低，分别占 56% 和 12%，油井液量高，单井日产液 10.5t，采油速度高，年采油速度 1.2%，递减率小，近三年平均递减率 4.3%，因此，小井距的注采比对其他加密区有一定的借鉴意义，考虑到裂缝水窜井存在无效注水循环，确定小井距合理注采比为 1.1～1.2，控制及稳定注水，保持目前地层压力。

从上面分析也可以看出，低渗透储层月注采比的变化短时间内很难在油井动态上有反映，油水井压力、见效情况与累积注采比更紧密，因此有借鉴意义的是累积注采比，而不是月注采比。

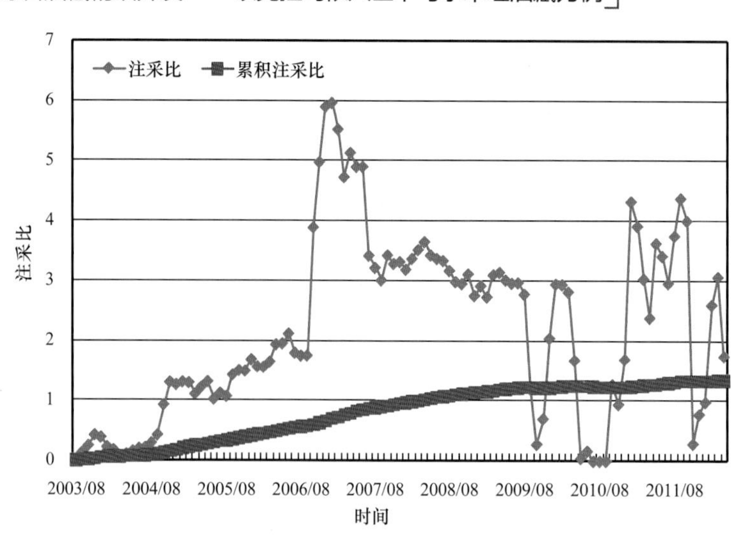

图 9-32　小井距试验区完善区注采比

基于上述认识，综合不同加密区的注采比和开发效果，制定了加密区目前井网下合理注采比的界定原则。

① 参考小井距试验区成功经验，合理累积注采比在 1.2 左右，目前井网密度下，保持较低月注采比有利于减缓裂缝水窜，有效恢复地层压力。

② 考虑目前油水井压力、见效比例、裂缝水窜程度影响；对于地层压力低、见效比例低、裂缝水窜井比例高的区块适当提高注采比，反之则减小注采比。

③ 考虑加密区井网形式、油水井数比差异。五点井网注采井数比为 1，注水井点多、多向对应率高，宜较低注采比，反九点井网则相反。

④参考小井距试验区注采比，四次加密井注采井距小，高注采比加剧水淹水窜。

⑤对于裂缝性油藏，较低注采比有利于减缓裂缝水窜。

根据以上原则与方法，确定了现阶段各加密区合理注采比。

256 井断裂上盘 P_2w_{4+5} 加密区南部完善井网区四次加密阶段注采比为 1.1，累积注采比为 1.08(图 9-33)。阶段内油井压力持续恢复，2013 年 3 月油井地层压力系数已恢复至 0.92，保持水平高；水井地层压力系数高，10 口测压井压力系数均高于 1.3；三次加密油井见效比例高，水淹水窜井比例低，分别占 50% 和 11.9%，目前注采井数比为 2.1，完全转注后，形成五点井网，应控制注水。结合现阶段的开发动态，确定上盘加密区合理注采比为 1.1～1.2，控制注水，保持地层压力。

256 井断裂下盘北部 P_2w_4 加密区纵向含油层段多，P_2w_{2+3}、P_2w_{3+4}、P_2w_{4+5} 层系井网叠合，合注、合采比例高，导致平面井网注采关系复杂。计算西南部完善区所有打开目的层油水井动态，注采比高。加密区四次加密阶段注采比为 1.9，累积注采比为 1.79（图 9-34a），但层系内油水井注采比低，加密区西南部井网完善区四次加密阶段注采比只有 0.8，累积注采比为 1.14（图 9-34b），而目前油水井的压力保持水平高，地层压力系数分别为 0.91 和 1.3，注采比与压力保持水平并不匹配。因此对于北部乌 4 段加密区建议在理清开发层系、完善井网基础上，控制注采比。合理注采比 1.1～1.2，保持地层压力。

图 9-33 上盘加密区南部完善区注采比

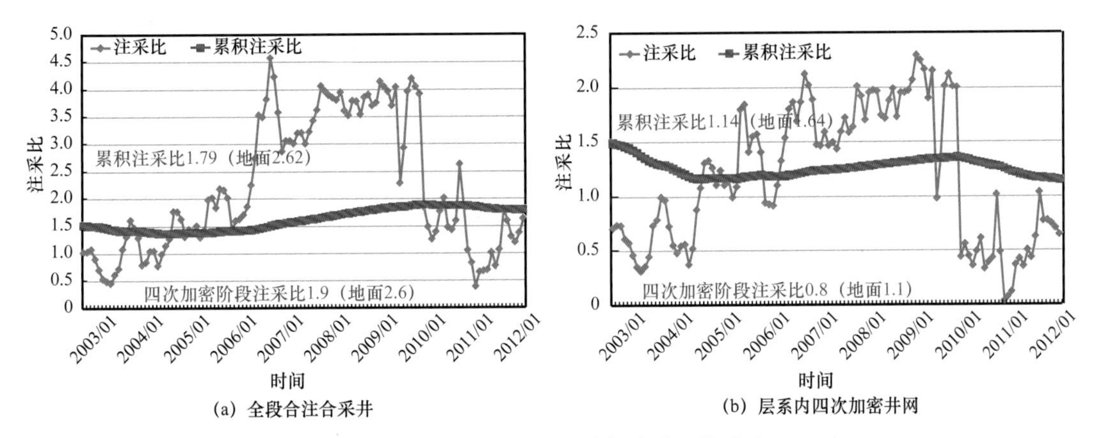

图 9-34 北部乌 4 段西南部完善区注采比

256 井断裂下盘南部 P_2w_2 加密区四次加密阶段注采比为 1.0，累积注采比 1.38（图 9-35）。四次加密前零散注采井影响，拉高注采比，但基本注采不对应，油井不见效；四次加密阶段注采比小、新井多，油井压力持续下降。目前注采比下存在的问题有：油水井地层压力水平低，地层压力系数分别只有 0.74 和 1.22，油井压力持续下降；油井见效比例，仅有 28%，且水淹水窜井少，仅有 3 口；采液速度低，加密区年采油速度只有 0.6%；全区新井多，递减高，单井年平均递减率高达 32%；加密区北部转注井实施进度慢，注采不完善，基于此确定南部乌 2 段加密区的合理注采比为 1.2～1.3，加强注水，恢复地层能量。

4. 油井合理液量

（1）加密完善区见效井压力保持水平合理、液量稳定。

井网加密及注采参数优化的目的之一就是最大限度地提高油井见效比例，改善开发效果，因此，油井合理液量应参考加密完善区见效井见效情况下的液量。从生产动态看，加密完善区见效井压力保持水平合理、液量稳定。以小井距试验区内部井网完善区为例，从油井采液指数对比来看（图 9-36），水淹水窜井的采液指数为 2.7t/（d·MPa），而见效井和未见效

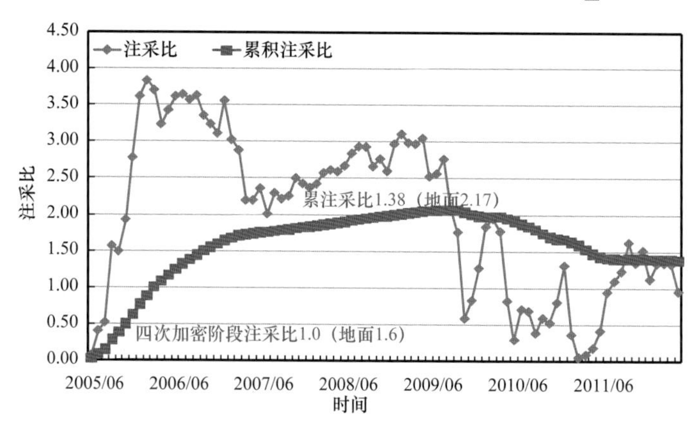

图 9-35　南部乌 2 段南不完善区注采比

井的采液指数只有 0.5t/（d·MPa）；从油井压力保持水平来看（图 9-18），水淹水窜井地层压力最高，压力系数为 1.3，未见效井的地层压力最低，压力系数仅有 0.6，而见效井的压力保持水平合理，压力系数为 0.9；从日产液来看，水淹水窜井日产液最高，日产液 16t，未见效井的日产液量只有 5t，而见效井的液量则稳定在 9t 左右，可以看出，沿裂缝水淹水窜井“三高”特征明显，分别是采液指数高、地层压力系数高、液量高；井网完善后，见效井与未见效井采液指数相近，但见效井地层压力系数保持合理（0.9），液量稳定在 9t/d 左右（图 9-37）。

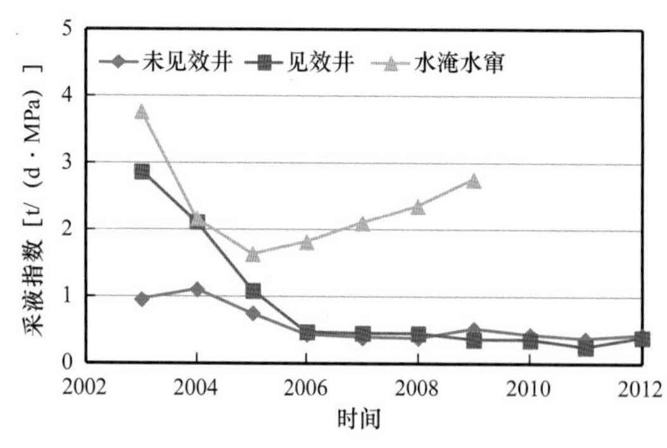

图 9-36　小井距试验区完善区分类油井采液指数对比

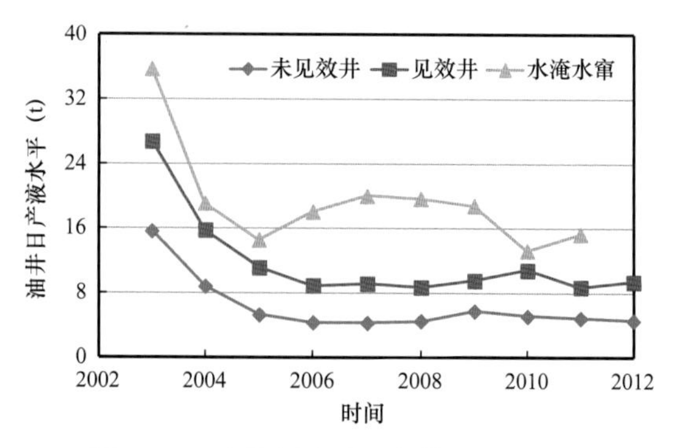

图 9-37　小井距试验区完善区分类油井日产液水平对比

（2）现阶段三次、四次加密见效井产液有差异。

四次加密后，各加密区一、二次加密阶段油井均转注，油井主要是以三、四次加密阶段投产井为主，其中小井距试验区油井均为三次加密时期油井，256 井裂下盘南部 P_2w_2 加密区油井以四次加密阶段油井为主，256 井井裂上盘 P_2w_{4+5} 加密区、256 井断裂下盘北部 P_2w_4 加密区油井中三次、四次加密油井各占一定比例，而开发阶段不同，现阶段三次、四次加密见效井产液有差异。其三次加密井液量为缓慢递减甚至呈现恢复趋势，256 井断裂上盘 P_2w_{4+5} 加密区三次加密见效井液量近三年年递减率为 18%（图 9-38），256 井断裂下盘北部 P_2w_4 加密区三次加密见效井液量近三年年递减率为 8%（图 9-39）；四次加密井生产时间短，递减较大，256 井断裂上盘 P_2w_{4+50} 加密区与 256 井断裂下盘北部 P_2w_4 加密区四次加密见效井近三年年递减率分别为 13% 与 16%。

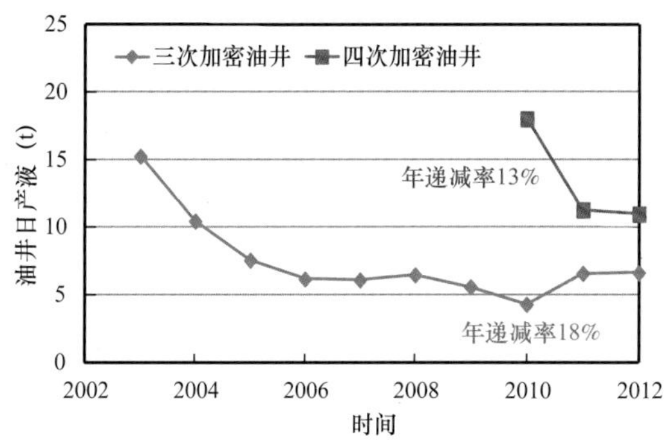

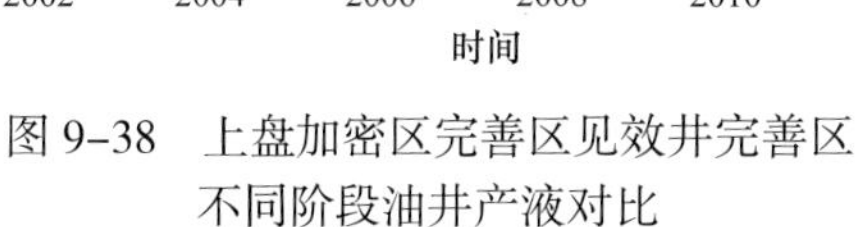

图 9-38　上盘加密区完善区见效井完善区不同阶段油井产液对比

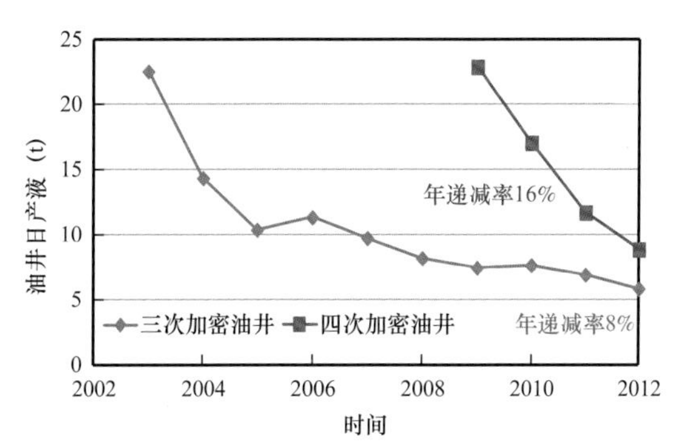

图 9-39　北部乌 4 段加密区完善区见效井不同阶段油井产液对比

256 井断裂下盘南部 P_2w_2 加密区油井以四次加密井为主，见效井和未见效井均出现产液量降低、压力降低的现象，但是见效井的产液量为 8.9t，而为未效井的日产液量只有 4.8t，见效井的压力系数为 0.8，而未见效井的压力系数只有 0.5（图 9-40）。

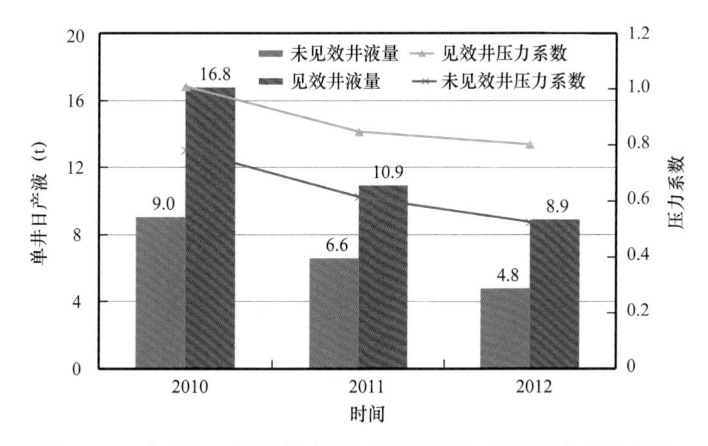

图 9-40　南部乌 2 段井网完善区油井液量 / 地层压力系数变化

同时，考虑目前各加密区为中低含水阶段，油井合理液量参考油井见效后的稳定液量，界定原则为：

① 三次加密井参考同加密区完善区见效井液量；

② 四次加密井考虑新井初产液量较高以及递减因素。

根据上述原则，确定现阶段不同加密区油井见效后的合理液量（表 9-5）。

表 9-5　不同加密区油井见效后合理液量表

加密区	三次加密油井（t/d）	四次加密油井（t/d）
上盘 P_2w_{4+5} 加密区	6	8
下盘 P_2w_4 加密区	7	9
下盘 P_2w_2 加密区	8	
小井距试验区	9	

5. 水井合理配注量

根据以上界定的注采比及合理液量，结合加密区井网形式、注采井数比等参数，可以确定各加密区四次加密实施完毕、井网完善条件下的水井合理配注水平(表 9–6)。

表 9–6 现阶段不同加密区注水井合理注水量（理论）

加密区	井网形式	注采井数比	合理 注采比	合理液量 （三次 / 四次）	综合含水 （%）	合理注水量 （m^3）
上盘 P_2w_{4+5} 加密区	五点	1：1	1.1～1.2	6/8	60	15
下盘 P_2w_4 加密区	反九点	1：3	1.1～1.2	7/9	60	35
下盘 P_2w_2 加密区	反九点	1：3	1.2～1.3	8	50	40
小井距试验区	五点	1：1	1.1～1.2	9	60	15

根据目前各加密区实际产液、含水情况，研究了现井网条件下的推荐注水量(表 9–7)。其中 256 井断裂下盘南部 P_2w_2 加密区南部完善区目前见效井少，油井液量低，理论注水量下注采比高，现阶段适当降注，建议从 40m^3 下调到 25m^3，防止水淹水窜。

表 9–7 现阶段不同加密区注水井合理注水量（推荐）

加密区	日产液 （t）	注水井数 （口）	理论注水量 （m^3）	理论注水量 下注采比	推荐注水量 （m^3）	实际 注采比
上盘 P_2w_{4+5} 加密区	355	30	15	0.94	20	1.25
下盘 P_2w_4 加密区	758	30	35	1.02	35	1.02
下盘 P_2w_2 加密区（完善区）	316	25	40	2.18	25	1.36
小井距试验区	273	26	15	1.11	15	1.11

二、基于数值模拟的注采参数优化

利用双重介质非达西渗流模型建立各加密区特征井组模型，结合油藏开发动态分析，开展了基于数值模拟的注采参数优化。

1. 开发动态分析中的问题

（1）由于实际加密区四周是非封闭边界，是个开启体系，故不能完全照搬由物质守恒方法的原则导出的方法来对比解释，注入水不是全部在研究体系中存储，导致注采比统计上的误差。

（2）注采比统计偏高的一个重要原因是八区下乌尔禾油组饱和压力高，各加密区压力保持水平低于饱和压力，从生产过程来看，长期存在高气油比开采阶段，地层中的自由气也是压力保持的一个重要因素，而现实注采比没有考虑这个因素。

（3）前期研究成果中，没有考虑地下自由气的流动性，也导致目前数模方法评价的指标很脱离实际。

2. 特征井组筛选及基本情况

根据四个加密区的地质特征和开发动态，选取代表性的井组，抽象其地质特征模式，建立特征模型，开展数值模拟研究，用以确定合理的开发参数。油藏特征模型是指能够反映油藏的主要储层特征、井网特征、生产特征、渗流特征和剩余油分布特征的模型，核心是反映油藏的储层特征。根据特征模型的主要特点，典型的井组的筛选原则如下。

（1）井组地质特点典型。

井组所在的区域能够反映区块的构造特征、储层特征和流体分布特征，其中最重要的是储层特征即储层的非均质变化特征。

（2）井网、井距的代表性强。

典型井组应反映由于层系调整以及井网加密等引起的井网变化和生产动态变化。截至2012年5月，八区下乌尔禾油藏经历了六次开发调整，井网进行了四次加密，不同区块加密方式不同，井网方式存在差异，井距也不相同。典型井组应经历主要的开发阶段，井网、井距的变化与区块的开发调整同步。

（3）井网完善，注采对应性高。

不同加密区的四次加密部署实施情况差异较大，南部乌2段加密区接近完成，上盘加密区进度最慢，井网完善区和不完善区的生产动态差异大，总的趋势是，井网完善区基本建立有效的注采系统，开发状况得以改善，各种开发指标优于不完善区，开发效果能反映四次加密的预期效果。典型井组应选取井网完善、注采对应程度高的井组。

（4）井组开发状况具有代表性。

井组的水驱动用程度、采出程度、含水率和水淹状况、压力指标、产油、产液能力等指标与对应加密区整体水平接近。

根据这些筛选原则，结合加密区的开发现状，在小井距试验区、256井断裂上盘 P_2w_{4+5} 加密区、256井断裂下盘北部 P_2w_4 加密区和256井断裂下盘南部 P_2w_2 加密区分别选取8515井组、8563井组、T85396井组和T87043井组作为特征井组（图9-41至图9-44）。

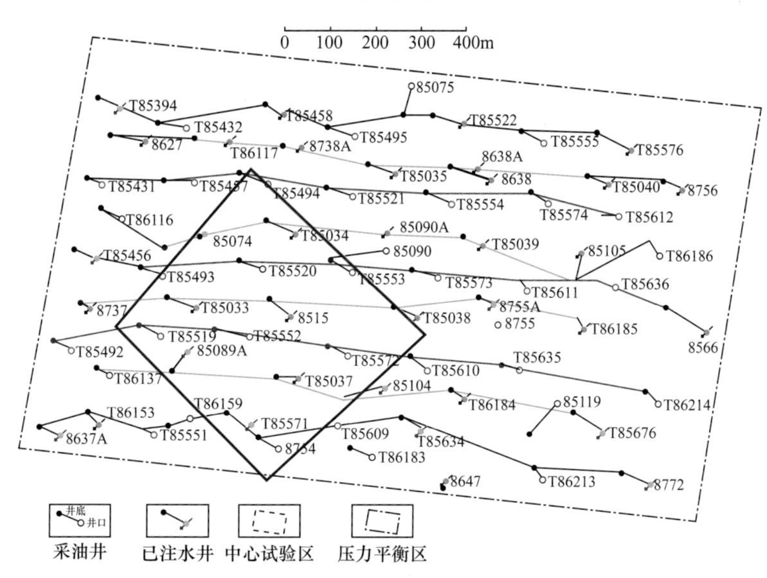

图9-41 小井距试验区8515井组

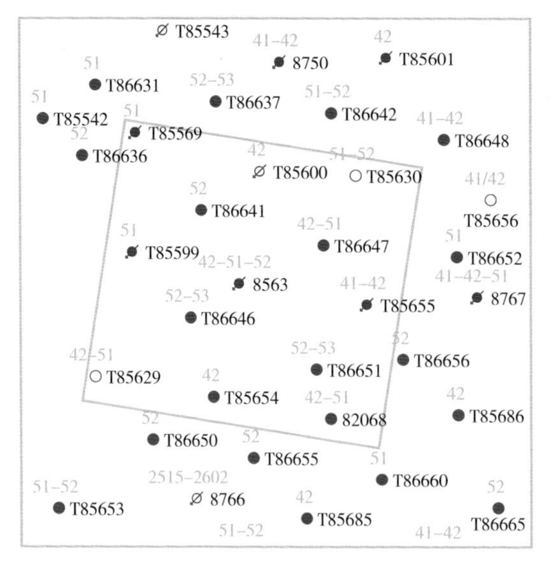

图 9-42 上盘乌 4+5 段加密区 8563 井组

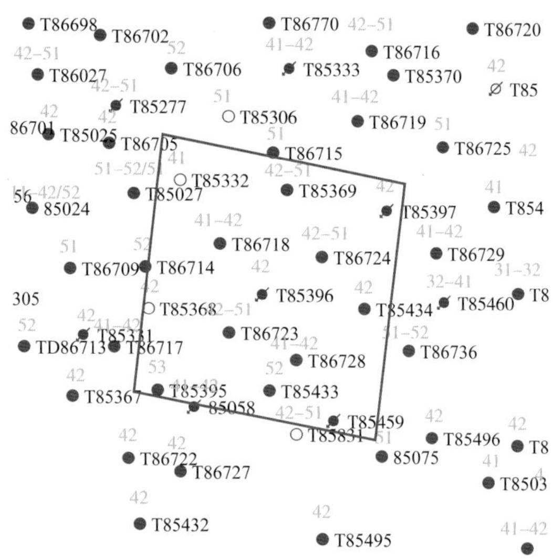

图 9-43 北部 P_2w_4 加密区 T85396 井组

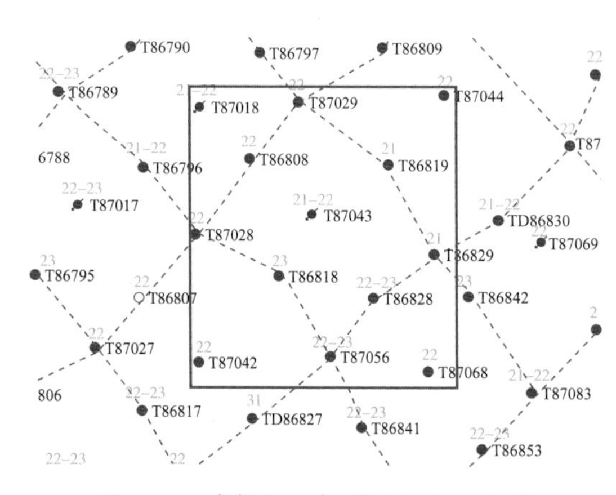

图 9-44 南部 P_2w_2 加密区 T85043 井组

截至 2012 年 5 月，小井距试验区 8515 井组采油井 9 口，注水井 8 口。平均单井日产液 14.7t，平均单井日产油 5.9t，含水 59.0%，井组累计产油 18.0×10^4t，平均单井日注水 26.8m^3，注水压力 12.2MPa；256 井断裂上盘 P_2w_{4+5} 加密区 8563 井组共有三次加密及以前井 9 口，四次加密井 4 口，其中采油井 6 口，注水井 7 口，平均单井日产液 8.3t，平均单井日产油 4.0t，含水 51.8%，井组累计产油 16.6×10^4t，平均单井日注水 28.3m^3，注水压力 12.3MPa；256 井断裂下盘北部 P_2w_4 加密区 T85396 井组采油井 10 口，注水井 3 口，平均单井日产液 8.0t，平均单井日产油 3.3t，含水 58.8%，井组累计产油 10.7×10^4t，平均单井日注水 30m^3，注水压力 11.4MPa；256 井断裂下盘南部 P_2w_2 加密区 T87043 井组油井 8 口，注水井 5 口，日产液 7.3t，日产油 3.8t，含水率 47.9%，井组累计产油 2.8×10^4t，单井日注水 38m^3，注水压力 6.88MPa。

3. 特征井组模型建立

1）8563 井组特征模型的建立

（1）地质模型。

井组面积为 0.15km^2，地层厚度为 110m，顶面深度为 2478m，纵向上分成两个模拟层，平面网格大小 10m × 10m，网格方向为东西向，裂缝走向与网格方向一致，利用等效导流能力模拟人工裂缝，裂缝的导流能力为 60000mD·mm，采用三维三相非线性数值模拟器，非线性参数 a 和 b 的值分别为 1 和 18，等效拟启动压力梯度为 0.055MPa/m。

相对渗透率对低渗透油藏的影响很大，该区域采用的油水相渗曲线束缚水饱和度为 0.338，残余油饱和度为 0.311，气液相渗曲线的临界液相饱和度为 0.40，临界含气饱和度为 0.05（图 9-45、图 9-46）。

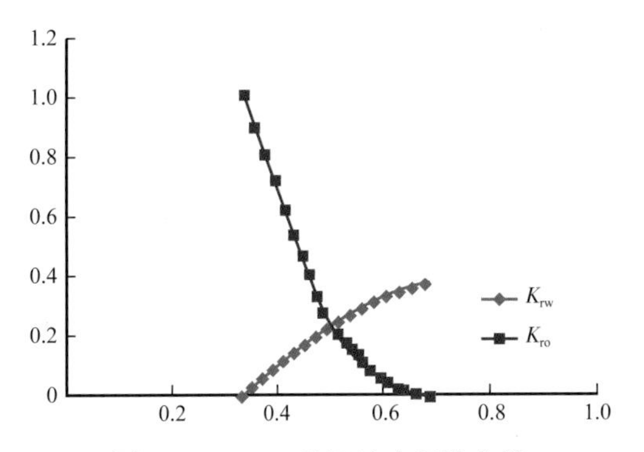

图 9-45　8563 井组油水相渗曲线

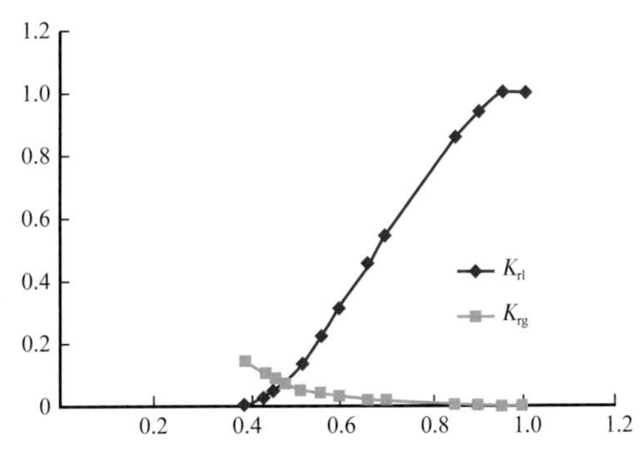

图 9-46　8563 井组气液相渗曲线

（2）历史拟合。

① 储量拟合。

由于缺乏 8563 井组的地质储量数据，储量拟合以储量丰度拟合为准。上盘加密区储量为 1526×10^4t，含油面积为 3.67km^2，储量丰度为 415×10^4t/km^2，模型计算储量丰度为 402×10^4t/km^2，误差为 3.1%。

② 总体指标拟合。

压力拟合初期差别较大，后期较好，整体误差较小；气油比能反映整个开发阶段的变化规律，后期拟合程度高；含水率与采出程度趋势拟合较好(图 9-47 至图 9-49)。

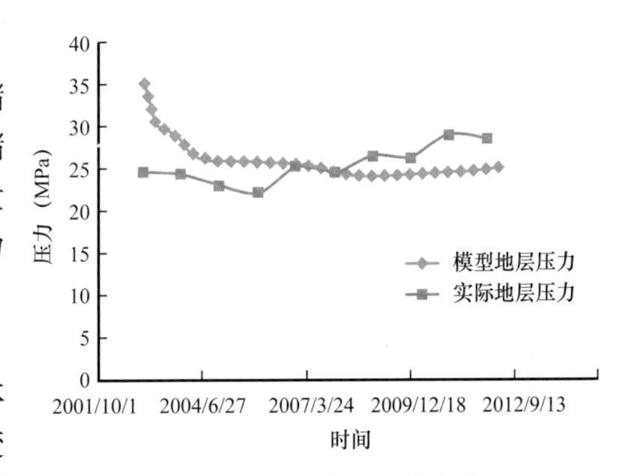

图 9-47　8563 井组压力拟合

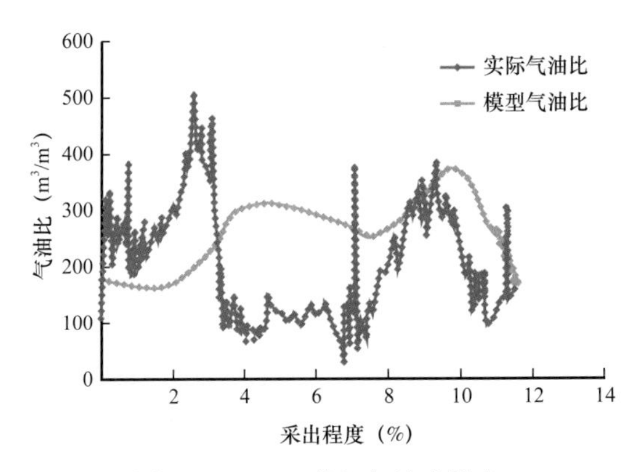

图 9-48　8563 井组气油比拟合

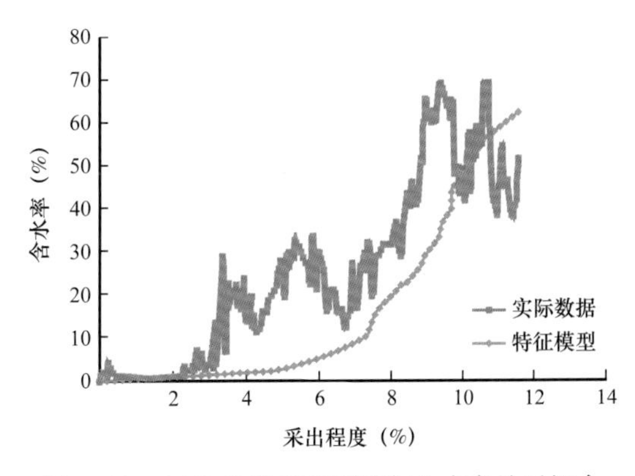

图 9-49　8563 井组采出程度与含水率关系拟合

2）8515 井组特征模型的建立

（1）地质模型。

井组面积为 0.3km²，地层厚度为 50m，顶面深度为 2840m，纵向上分成两个模拟层，平面网格大小 10m×10m，网格方向为东西向，裂缝走向与网格方向一致，利用等效导流能力模拟人工裂缝，裂缝的导流能力为 90000mD·mm，采用三维三相非线性数值模拟器，非线性参数 a 和 b 的值分别为 1 和 100，等效拟启动压力梯度为 0.01MPa/m。

该区域采用的油水相渗曲线束缚水饱和度为 0.338，残余油饱和度为 0.311，气液相渗曲线的临界液相饱和度为 0.42，临界含气饱和度为 0.07（图 9-50、图 9-51）。

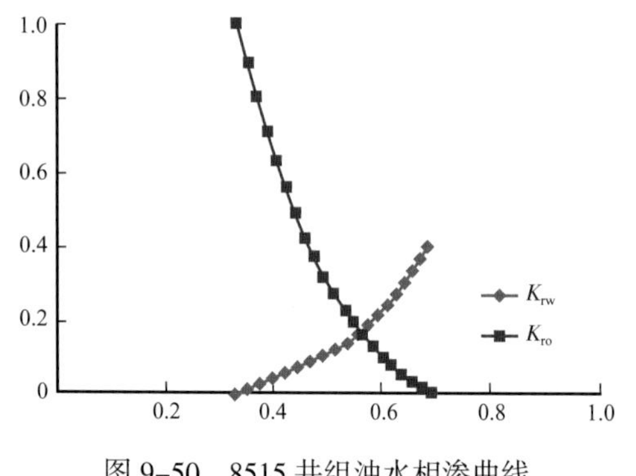

图 9-50　8515 井组油水相渗曲线

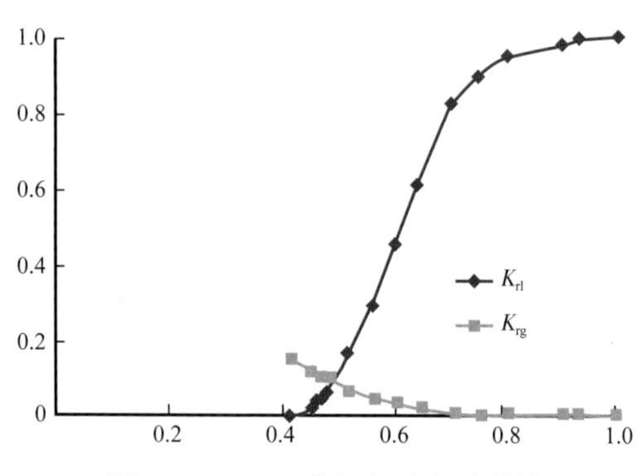

图 9-51　8515 井组气液相渗曲线

（2）历史拟合。

① 储量拟合。

由于缺乏 8515 井组的地质储量数据，储量拟合以储量丰度拟合为准。小井距实验区储量为 320×10^4t，含油面积为 1.5km²，储量丰度为 213×10^4t/km²，模型计算储量丰度为 220×10^4t/km²，误差为 3.2%。

② 总体指标拟合。

压力总体拟合程度较好，能反映地层压力的变化趋势；气油比前期与实际数据有较大差距，但中后期拟合程度较好，可以体现出开发中后期气油比相对较为稳定的特点；小井距实验区含水率与采出程度关系拟合较好，可以很好地体现出整个开发过程中含水率的变化特点（图 9-52 至图 9-54）。

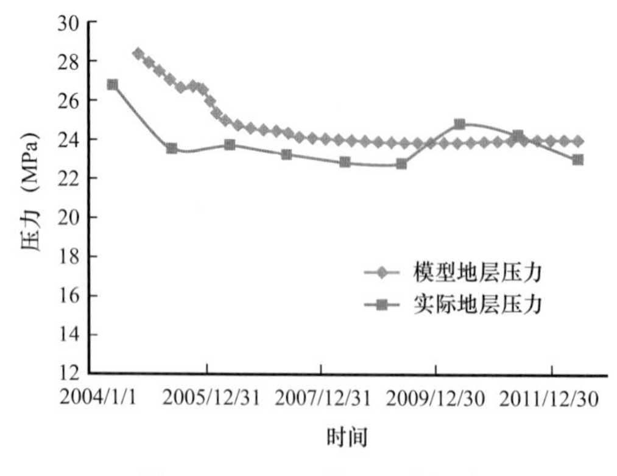

图 9-52　8515 井组压力拟合

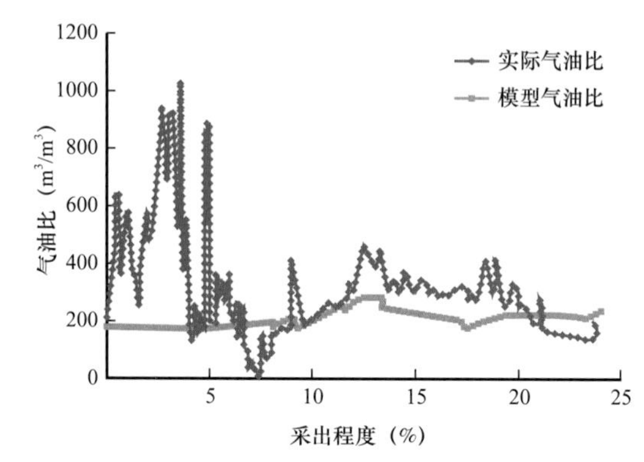

图 9-53　8515 井组气油比拟合

3）T87043 井组特征模型的建立

（1）地质模型。

井组面积为 $0.15km^2$，地层厚度为 72.9m，顶面深度为 2660m，纵向上分成两个模拟层，平面网格大小 10m × 10m，网格方向为东西向，裂缝走向与网格方向一致，利用等效导流能力模拟人工裂缝，裂缝的导流能力为 60000mD·mm，采用三维三相非线性数值模拟器，非线性参数 a 和 b 的值分别为 1 和 16.6，等效拟启动压力梯度 0.06MPa/m。

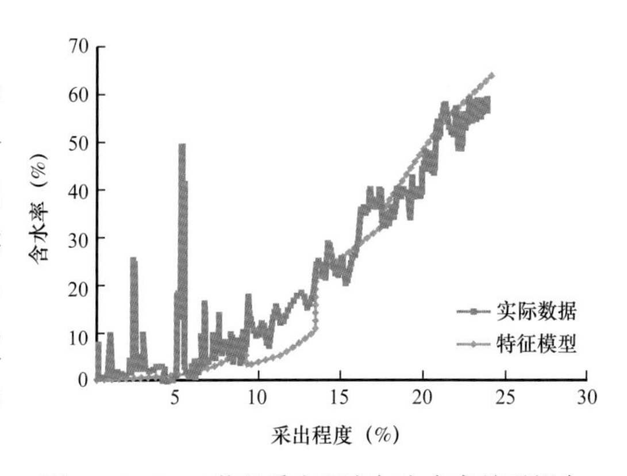

图 9-54　8515 井组采出程度与含水率关系拟合

该区域采用的油水相渗曲线束缚水饱和度为 0.338，残余油饱和度为 0.311，气液相渗曲线的临界液相饱和度为 0.44，临界含气饱和度为 0.05（图 9-55、图 9-56）。

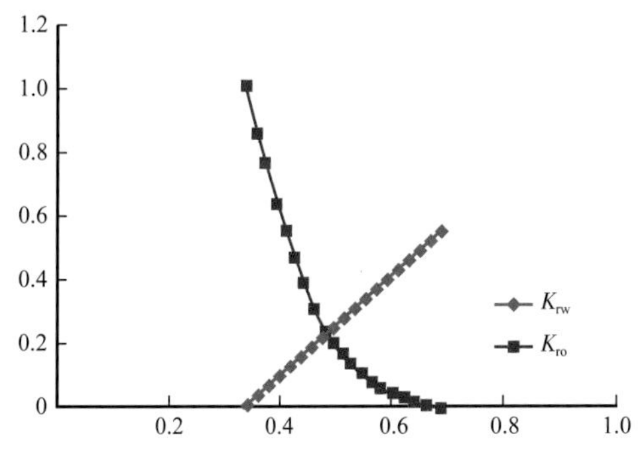

图 9-55　T87043 井组油水相渗曲线

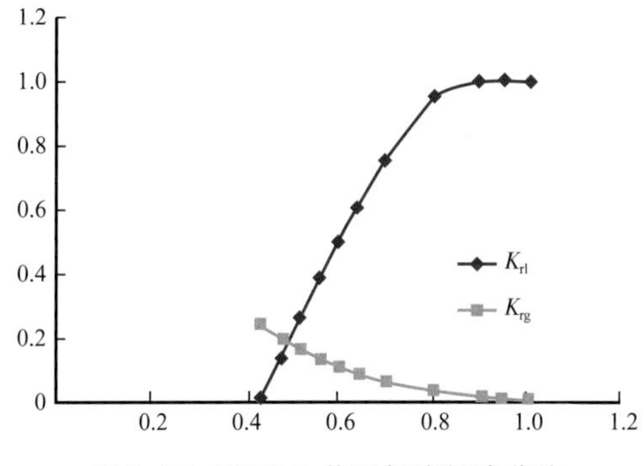

图 9-56　T87043 井组气液相渗曲线

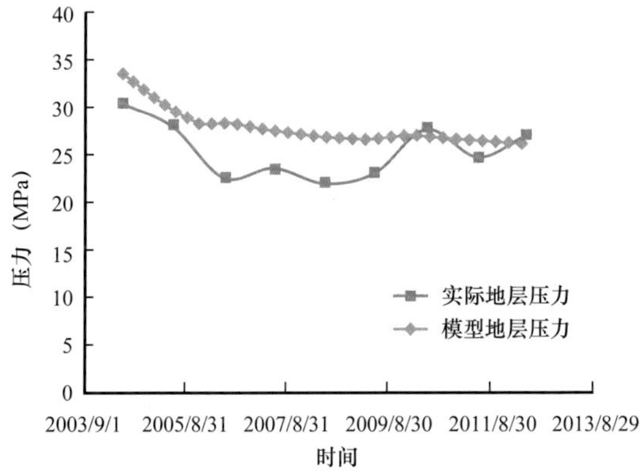

图 9-57　T87043 井组压力拟合

（2）历史拟合。

① 储量拟合。

由于缺乏 T87043 井组的地质储量数据，储量拟合以储量丰度拟合为准。南部乌 2 段加密区储量丰度为 $344 \times 10^4 t/km^2$，模型计算储量丰度为 $337.6 \times 10^4 t/km^2$，误差为 3.1%。

② 总体指标拟合。

压力拟合中期差别较大，前期和后期较好，整体误差较小；气油比能反映整个开发阶段的生产气油比的变化规律；含水率与采出程度拟合关系较好，前期由于注水井转抽等因素造成的含水上升，拟合精度差，中后期拟合程度高（图 9-57 至图 9-59）。

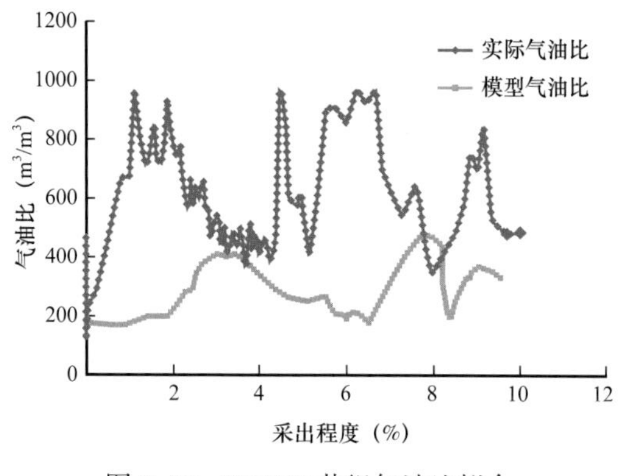

图 9-58　T87043 井组气油比拟合

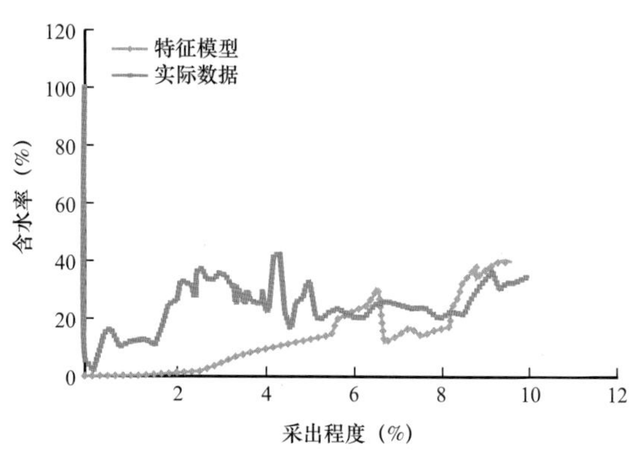

图 9-59　T87043 井组采出程度与含水率关系历史拟合

4）T85396 井组特征模型的建立

（1）地质模型。

井组面积为 0.15km²，地层厚度为 50m，顶面深度为 2823m，纵向上分成两个模拟层，平面网格大小 10m × 10m，网格方向为东西向，裂缝走向与网格方向一致，利用等效导流能力模拟人工裂缝，裂缝的导流能力为 60000mD · mm，采用三维三相非线性数值模拟器，非线性参数 a 和 b 的值分别为 1 和 16.6，等效拟启动压力梯度为 0.06MPa/m。

该区域采用的油水相渗曲线束缚水饱和度为 0.338，残余油饱和度为 0.311，气液相渗曲线的临界液相饱和度为 0.42，临界含气饱和度为 0.07（图 9-60、图 9-61）。

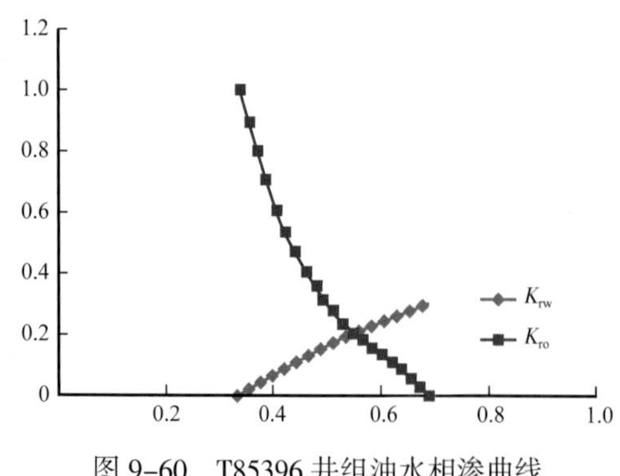

图 9-60　T85396 井组油水相渗曲线

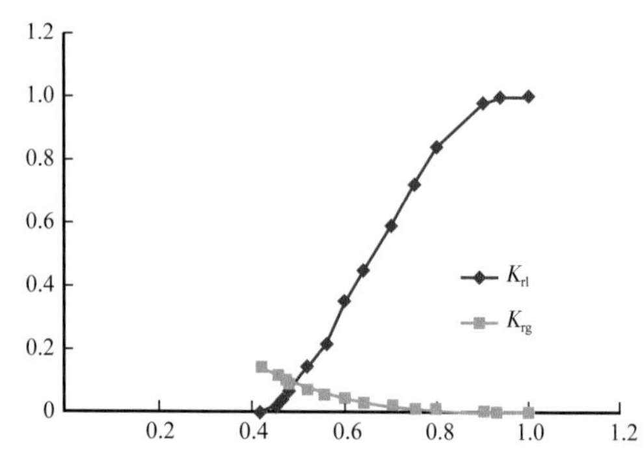

图 9-61　T85396 井组气液相渗曲线

（2）历史拟合。

① 储量拟合。

由于缺乏 T85396 井组的地质储量数据，储量拟合以储量丰度为准。北部乌 4 段加密区储量为 1159 × 10⁴t，含油面积 3.17km²，储量丰度为 365 × 10⁴t/km²，模型计算储量丰度为 364 × 10⁴t/km²，误差为 0.27%。

② 总体指标拟合。

压力整体拟合程度较好，能反映地层压力的变化趋势；气油比可以体现出压力低于饱和压力时脱气开发的特点；含水率与采出程度关系拟合较好，可以很好地体现出整个开发过程中含水率的变化特点（图 9–62 至图 9–64）。

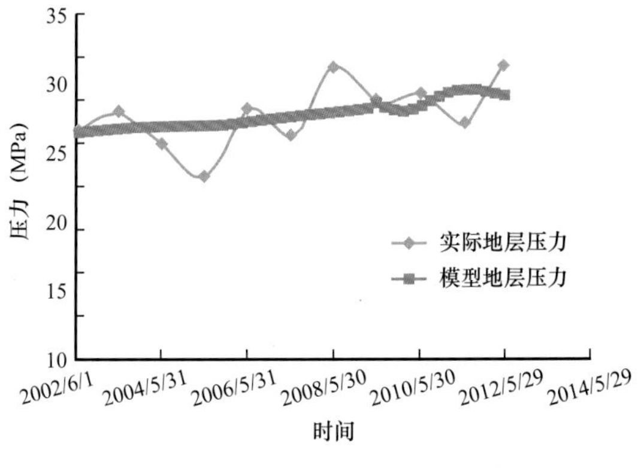

图 9–62　T85396 井组压力拟合

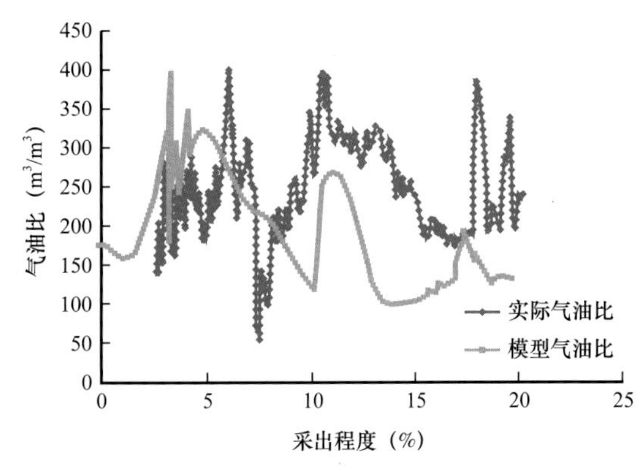

图 9–63　T85396 井组气油比拟合

4. 注采参数优化研究

鉴于动态分析方法确定合理注采参数的不足，在这里利用数值模拟手段重点研究加密区四次加密阶段合理的注采比和转注时机。这些指标的预测首先要确定模型油井合理的工作制度，主要包括油井液量、压力保持水平等指标，主要以统计的合理产液量、合理压力系数作为限定的基础，优选合理的注采比及转注时机。

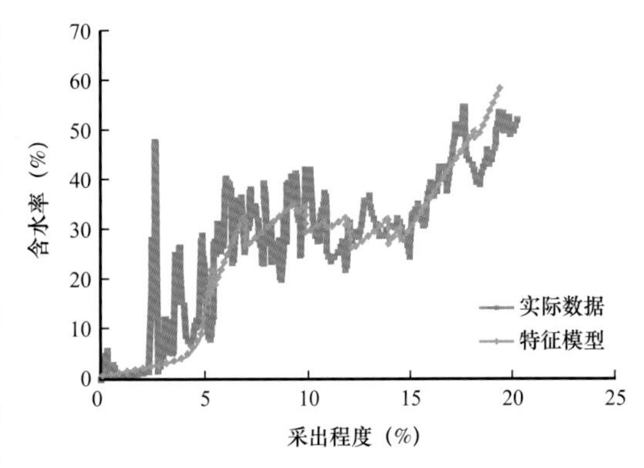

图 9–64　T85396 井组采出程度与含水率关系拟合

结合上述统计分析数据，根据注采完善区单井的产液量，确定各个区块的合理产液量（表 9–8）。

表 9–8　不同加密区合理产液量

加密区	油井压力系数	水井压力系数	油井液量（t/d）	
			三次加密井	四次加密井
上盘乌 4+5 加密区	0.8	1.3	6	8
北部乌 4 段加密区	0.8	1.25	7	9
南部乌 2 段加密区	0.8	1.3	8	
小井距试验区	0.8	1.3	9	

1）注采比优化

根据各加密区合理的产液量，按照产量劈分原则，给定单井的日产液量，给定不同的注采比，模拟计算 20 年的累计产油量、含水率、压力和采出程度等指标。

上盘加密区注采比越大，采出程度越大，含水率越低，但是相应的地层压力也越大，当注采比超过 1.15 时，地层压力迅速上升，易超过地层破裂压力，因此优选注采比为 1.15（表 9-9、图 9-65、图 9-66）。

表 9-9　上盘不同注采比采出程度与含水对比

注采比	1.1	1.15	1.2	1.25
采出程度（%）	16.4	16.6	16.9	17.1
含水率（%）	96.3	95.0	94.2	91.7

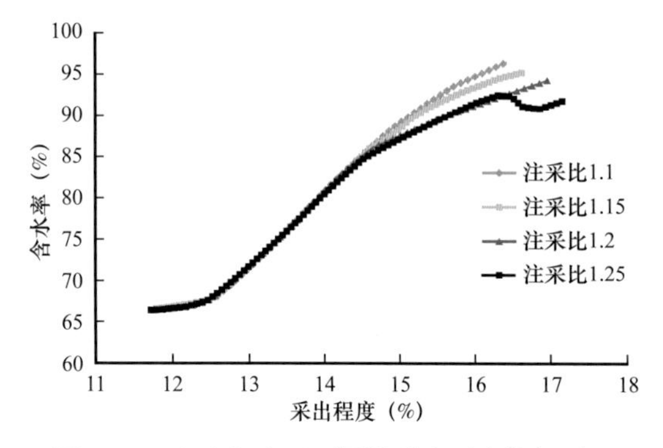

图 9-65　上盘加密区不同注采比开发指标对比

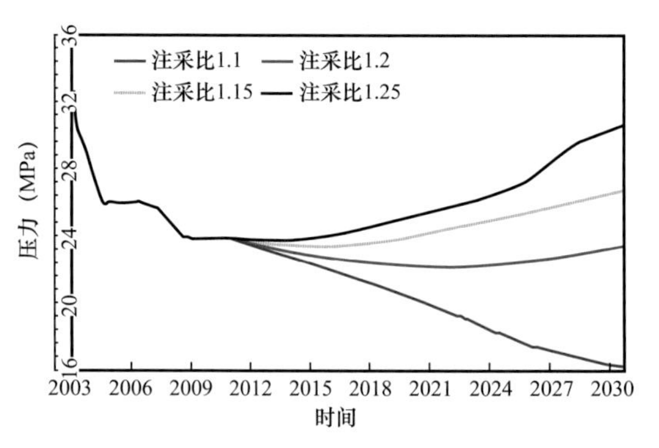

图 9-66　北部乌 4 段加密区不同注采比压力变化

小井距试验区分别设定 1.0、1.12、1.15、1.2 四个不同的注采比，注采比越大，采出程度越大，含水率越低，当注采比超过 1.12 时，地层压力迅速上升，超过地层破裂压力，因此优选注采比为 1.12（表 9-10、图 9-67、图 9-68）。

表 9-10　小井距试验区不同注采比采出程度与含水对比

注采比	1.0	1.12	1.15	1.2
采出程度（%）	29.89	30.32	31.01	31.40
含水率（%）	96.46	96.23	96.27	96.14

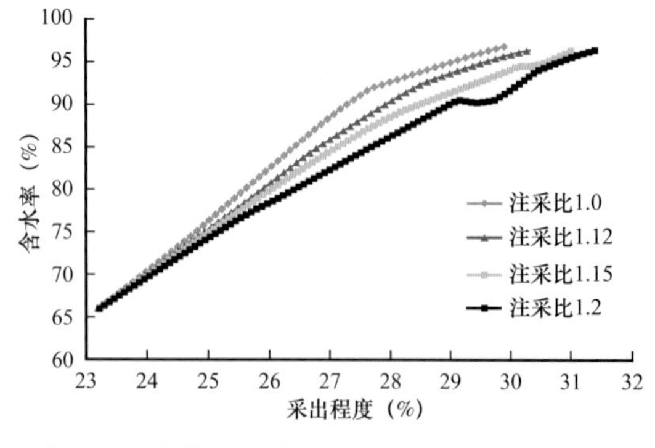

图 9-67　小井距试验区不同注采比开发指标对比

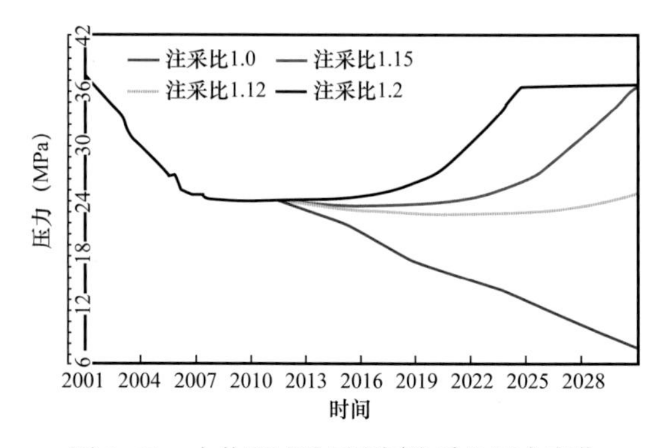

图 9-68　小井距试验区不同注采比压力变化

南部乌 2 段加密区分别设定 1.2、1.22、1.25、1.3 四个不同的注采比，注采比越大，采出程度越大，含水率越低，当注采比超过 1.22 时，地层压力迅速上升，超过地层破裂压力，因此优选注采比为 1.22（表 9–11、图 9–69、图 9–70）。

表 9–11　南部乌 2 段加密区不同注采比采出程度与含水对比

注采比	1.2	1.22	1.25	1.3
采出程度（%）	16.5	17.8	19.4	20.3
含水率（%）	96.9	90.8	87.6	86.3

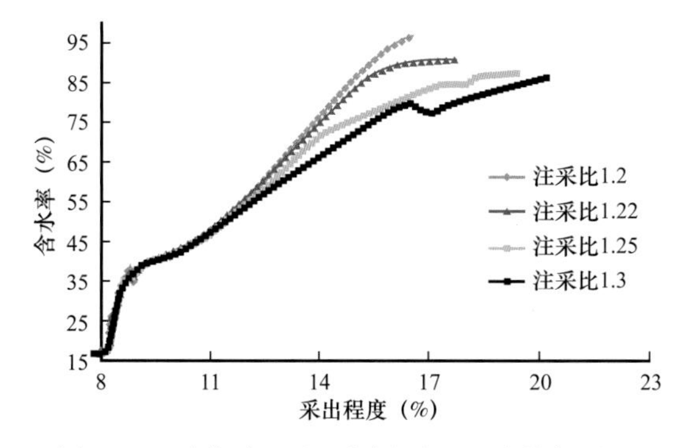

图 9–69　南部乌 2 段不同注采比开发指标对比

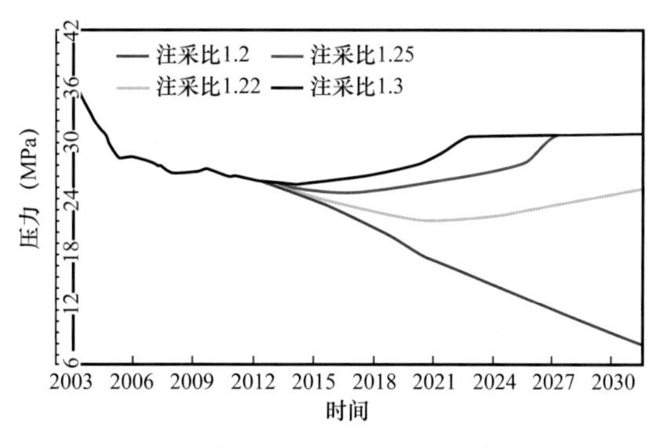

图 9–70　南部乌 2 段加密区不同注采比压力变化

北部乌 4 段加密区分别设定 1.1、1.11、1.12、1.15 四个不同的注采比，注采比越大，采出程度越大，含水率越低，当注采比超过 1.15 时，地层压力迅速上升，超过地层破裂压力，因此优选注采比为 1.15（表 9–12、图 9–71、图 9–72）。

表 9–12　北部乌 4 段加密区不同注采比采出程度与含水对比

注采比	1.1	1.11	1.12	1.15
采出程度（%）	85.4	84.2	84.0	85.5
含水率（%）	30.3	30.4	30.6	30.9

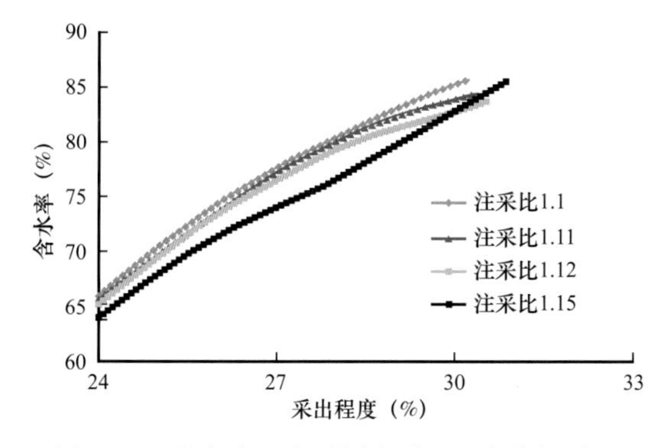

图 9–71　北部乌 4 段不同注采比开发指标对比

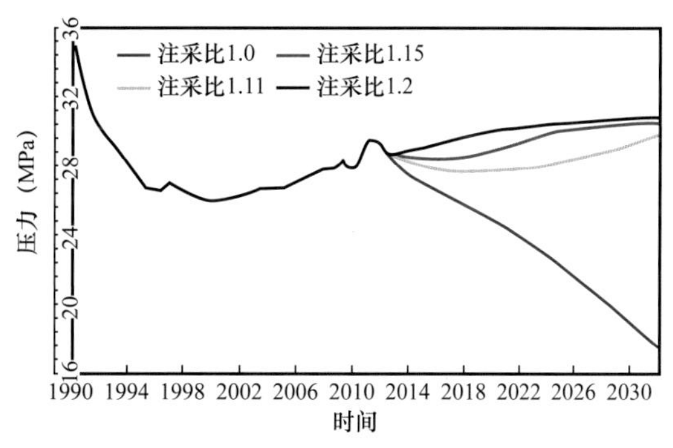

图 9–72　北部乌 4 段不同注采比压力变化

2）转注时机优化

根据四次加密实施方案，小井距试验区在 2006 年已经形成了完善的 135m 五点井网，上盘加密区四次加密方案为直接加密成 135m 的五点井网；南部乌 2 段加密区和北部乌 4 段加密实施方案为先加密成 135m × 195m 反九点井网，在合理的转注时机，边井转注，形成 135m 的五点井网。在目前的含水率下，设定不同的转注时机，模拟生产 20 年，统计不同转注时机下含水率和采出程度，确定北部乌 4 段加密区和南部乌 2 段加密区的合理转注时机。

北部乌 4 段加密区目前含水 50%，分别选择含水 50%、55%、60%、65%、70%、75%、80%、85% 和 90% 等 9 种不同的转注时机，模拟发现含水 50% 时转注，采出程度最高，含水率最低，开发效果最好，这是由于较早转注，可以缩小井距，在相同的启动压力梯度下，小井距有利于克服启动压力梯度，建立有效驱替压力（图 9-73）。

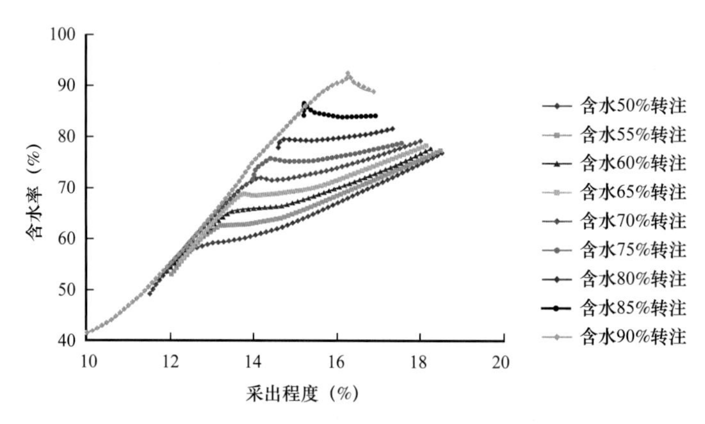

图 9-73 北部乌 4 段不同转注时机开发指标

南部乌 2 段加密区目前含水 55%，分别选择含水 55%、60%、65%、70%、75%、和 80% 等 6 种不同的转注时机，模拟发现含水 55% 时转注，采出程度最高，含水率最低，原因同样是小井距有利于建立有效驱替压力，产能提高（图 9-74）。

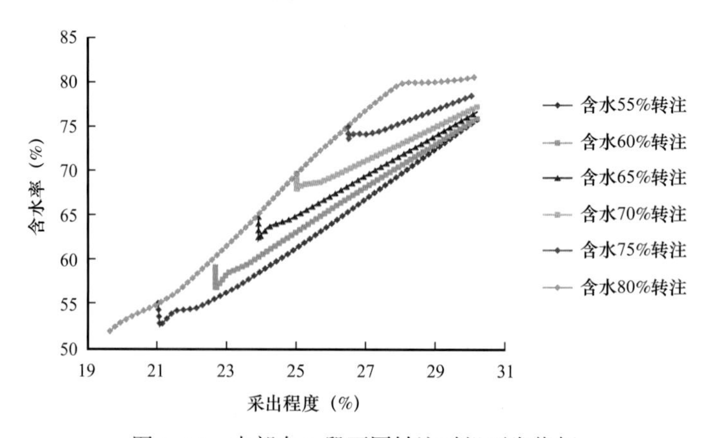

图 9-74 南部乌 2 段不同转注时机开发指标

3）合理注水量确定

小井距试验区合理日产液量为 9t，优化注采比为 1.12，采用五点法井网注采井数比为

1∶1，因此合理日注水量为 11m^3。上盘加密区也采用五点井网，合理日产液量为 10t，优化注采比为 1.15，由此确定合理注水量为 12m^3/d。南部乌 2 段加密区采用反九点井网，注采井数比为 1∶3，合理注采比为 1.22，由此确定合理注水量为 30m^3/d，以此类推，北部乌 4 段加密区的合理注水量也是 30m^3/d，与动态统计分析基本一致。

综上研究，各个加密区块的合理指标见表 9-13。

表 9-13　不同加密区合理注采参数表

加密区	合理产液量（m^3）	合理注水量（m^3）	合理注采比	合理转注时机
小井距试验区	9	11	1.12	
上盘 4+5 加密区	10	12	1.15	
南部乌 2 段加密区	8	30	1.22	含水 50%
北部乌 4 段加密区	9	30	1.15	含水 55%

第三节　五次加密井网优化研究

一、试验区概况

2011 年 10 月编制了《克拉玛依油田八区下乌尔禾组油藏第五次加密首批试验井部署意见》，优选油层条件好、水淹相对较弱、老井射孔对应的南部 P_2w_2 作为五次加密试验区（与小井距试验区平面位置重合），并在试验区中心采用 95m 直线正对的排状注水井网，部署首批试验井 12 口，其中 6 口油井，6 口注水井（图 9-75），其中方框为试验核心区。本次研究以五次加密试验区为研究对象，在前期研究认识基础上，采用数值模拟等方法论证了五次加密的合理井网方式、注水参数。

1. 地质特征

1）沉积特征

八区下乌尔禾组角度不整合超覆沉积在佳木河组（P_1j）之上，顶部与三叠系的下克拉玛依组角度不整合接触。五次加密试验区下乌尔禾组沉积厚度为 560～590m，含油层系为 P_2w_2、P_2w_3、P_2w_4，试验目的层 P_2w_2 为扇三角洲水下分流河道沉积，储层岩性为细砾岩夹不等粒砾岩，可细分为 3 个小层（$P_2w_2^1$、$P_2w_2^2$、$P_2w_2^3$）。

2）构造特征

八区下乌尔禾组构造上为一个东南倾的单斜，油藏主体开发部位埋深为 2300～3300m，油藏北部的白碱滩南断裂较复杂，为众多次级和分支断裂构成的断裂带。油藏中部发育南南北向的 256 井断裂，该断裂为右行的走滑断层，断距 650m，该断层具封闭性，断层左右盘形成各自独立的油水界面。第五次加密试验区位于 256 井井断裂下盘，油藏顶部海拔 -2200～-2320m。目的层 P_2w_2 中部深度 2620～2660m。

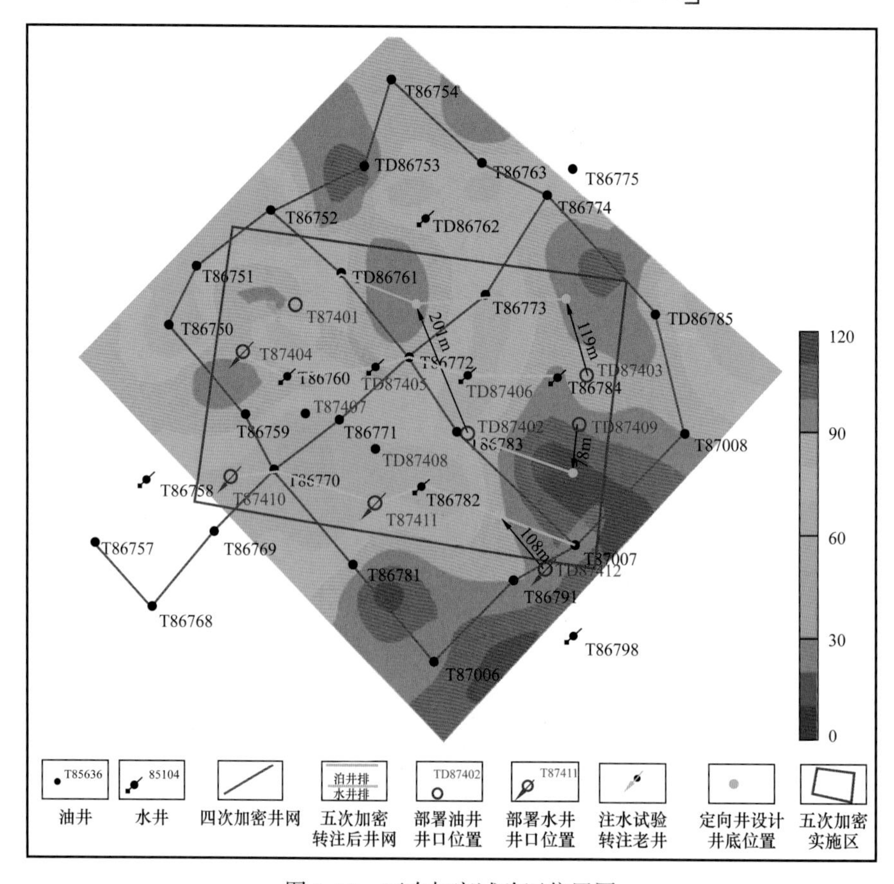

图 9-75　五次加密试验区位置图

3）储层非均质特征

五次加密试验区 P_2w_2 油层厚度分布在 60～120m，局部可达 100m 以上，平均油层厚度为 78.2m，剖面上 P_2w_2 油层连续。

五次加密试验区储层孔隙度在 11%～16% 之间，平均孔隙度为 12.7%。渗透率大部分集中在 1.14～1.66mD 范围之内，平均为 1.2mD。含油饱和度大部分集中在 42%～70% 之内，平均为 55.5%，储层物性及含油性较好。

八区下乌尔禾组天然裂缝的主体走向为近东西向，同时，存在两组共轭剪切裂缝，以北西—南东向为主，北东—南西向次之。纵向上 P_2w_2 裂缝发育程度相对较低。

根据五次加密试验井的裂缝监测资料和井温测试资料，试验井压裂缝半长为 40～50m，裂缝高度介于 60～70m 之间，裂缝方向为近东西向（表 9-14）。

表 9-14　五次加密试验井裂缝监测统计

施工井号	裂缝高度（m）	裂缝长度（m）	
		东	西
TD87406	70	40	50
TD87408	60	50	50

4）储量计算

此次八区下乌尔禾组油藏五次加密试验区石油地质储量采用容积法计算，对五次加密试验区及其中心部署核心区分别进行了储量计算，其公式为

$$N=\frac{100Ah\phi S_{oi}\rho_{oi}}{B_{oi}}$$

式中 N——石油地质储量，10^4t；

A——含油面积；km^2；

h——有效厚度，m；

ϕ——有效孔隙度；

S_{oi}——含油饱和度；

ρ_o——地面原油密度，g/cm^3；

B_{oi}——地层原油体积系数。

经计算，五次加密试验区的石油地质储量为 179.77×10^4t；含油面积为 $0.55km^2$，储量参数及计算结果见表 9–15。计算核心区的石油地质储量为 77.63×10^4t；含油面积为 $0.26km^2$，储量参数及计算结果见表 9–16。

表 9–15 八区下乌尔禾组油藏第五次加密试验区储量参数表

层段	含油面积（km^2）	有效厚度（m）	孔隙度（%）	含油饱和度（%）	原油密度（g/m^3）	体积系数	地质储量（10^4t）
$P_2w_2^1$	0.55	27.8	13.5	56.7	0.848	1.43	69.40
$P_2w_2^2$	0.55	31.7	12.5	55.2	0.848	1.43	71.34
$P_2w_2^3$	0.55	18.8	12.1	54.6	0.848	1.43	40.51
合计	0.55	78.2	12.7	55.5	0.848	1.43	179.77

表 9–16 八区下乌尔禾组油藏第五次加密试验区核心区储量参数表

层段	含油面积（km^2）	有效厚度（m）	孔隙度（%）	含油饱和度（%）	原油密度（g/m^3）	体积系数	地质储量（10^4t）
$P_2w_2^1$	0.259	25.6	13.3	56.4	0.848	1.43	29.49
$P_2w_2^2$	0.259	29.3	12.4	55.1	0.848	1.43	30.75
$P_2w_2^3$	0.259	17.6	12.1	54.5	0.848	1.43	17.83
合计	0.259	72.5	12.6	55.3	0.848	1.43	77.63

2. 开发现状

截至 2012 年 5 月，五次加密试验区共有油水井 30 口（不包含五次加密试验井），其中

采油井25口，注水井5口。平均单井日产油4.2t，含水30.6%，采油速度3.1%，累计产油14.8×10^4t，其中三次加密井3口，累计产油3.36×10^4t；2010年10月陆续投注，累计注水$3.9\times10^4m^3$，采出程度为8.2%，累积注采比为0.23。其开发曲线如图9-76所示，五次加密核心区共有油水井11口（不含五次加密井），其中采油井8口，注水井3口，平均单井日产油4.5t，含水28.0%，累计产油4.56×10^4t，累计注水$2.21\times10^4m^3$，采出程度为5.87%，累积注采比为0.46（图9-76）。

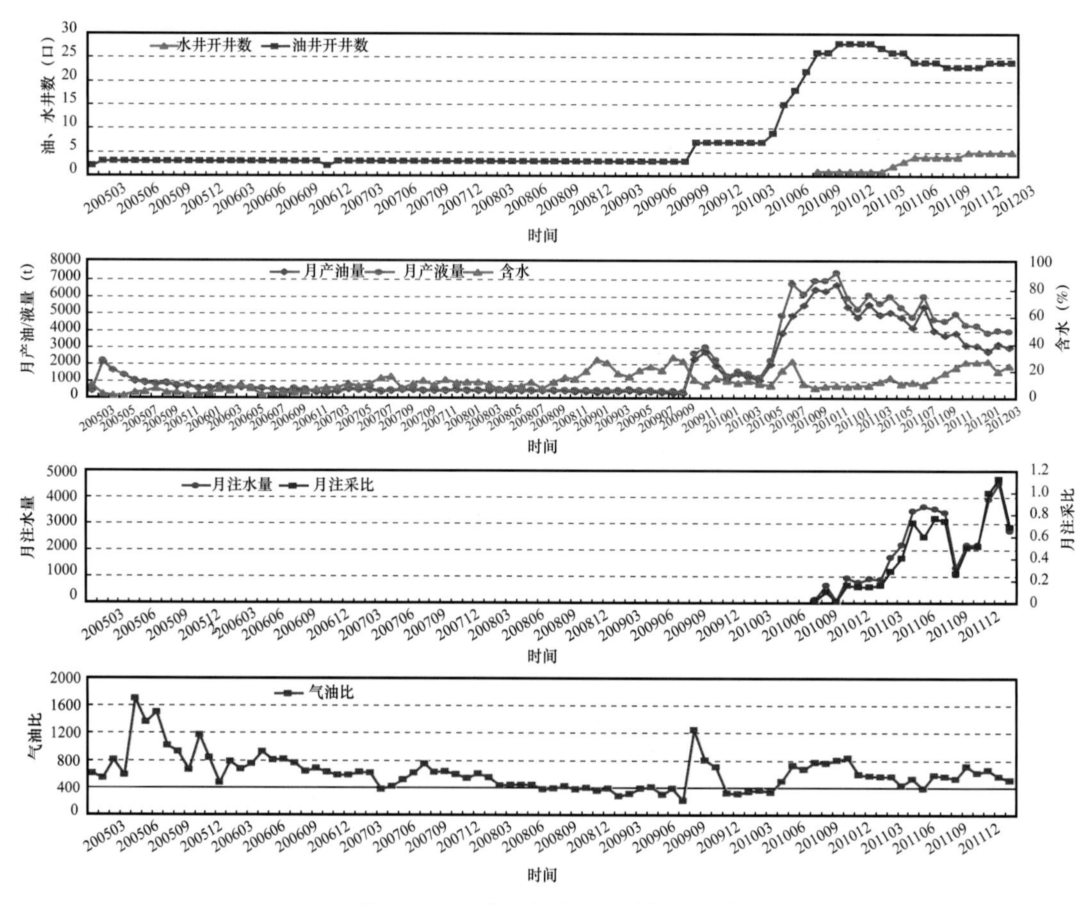

图9-76　五次加密试验区开发历程图

二、加密可行性研究

1. 经济极限井网密度研究

根据目标区基本经济参数，按照70美元/bbl油价评价，该区经济极限单井控制可采储量为6658t，计算经济极限井网密度为123口/km^2，技术采收率为36.4%（图9-77）。目前四次加密井网密度为54口/km^2，经济上还可进一步加密。五次加密试验核心区井网密度（108口/km^2）略低于经济极限井网密度，计算剩余可采储量50.43×10^4t，表明五次加密具有一定经济、物质基础。

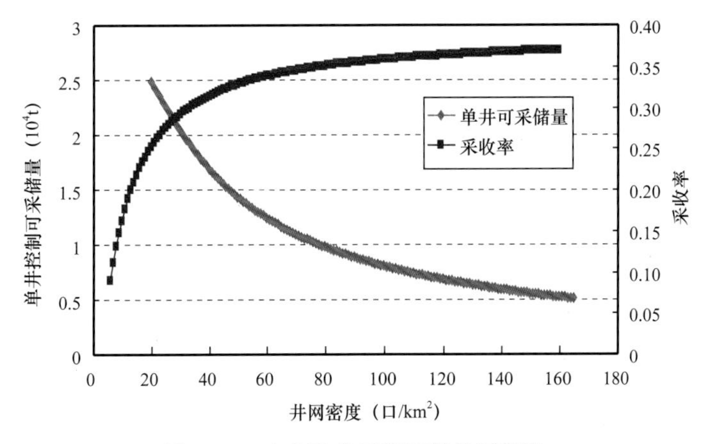

图 9-77　交会法求经济极限井网密度

2. 技术极限井距研究

根据前面所述，低渗透油藏技术极限井距的计算公式为

$$r^{极限}=3.226\left(p_{\mathrm{e}}-p_{\mathrm{w}}\right)\left(\frac{K}{\rho}\right)^{0.5992} \tag{9-1}$$

式中　p_e-p_w——生产压差，MPa，生产压差取值 20；

K——渗透率，mD，取 1.2。

根据极限技术井距，绘制了不同渗透率和不同黏度下的极限控制半径的图版（图 9-78）。

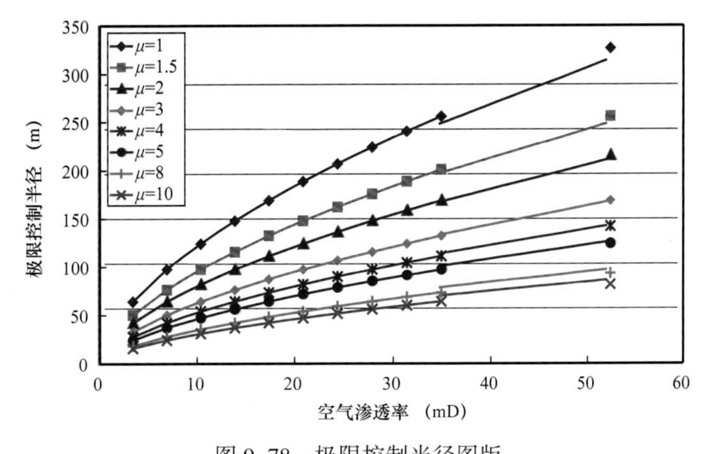

图 9-78　极限控制半径图版

八区储层的平均渗透率为 1.2mD，根据高压物性资料，地下原油的黏度为 2.8mPa·s，生产压差取 20MPa，计算的技术极限采油半径为 39m，理论极限井距为 78m，四次加密后井距为 135m，说明储层仍有加密的潜力。

另外，从试井解释分析，油层有效厚度按照压裂缝高值 30～60m 计算，供液半径

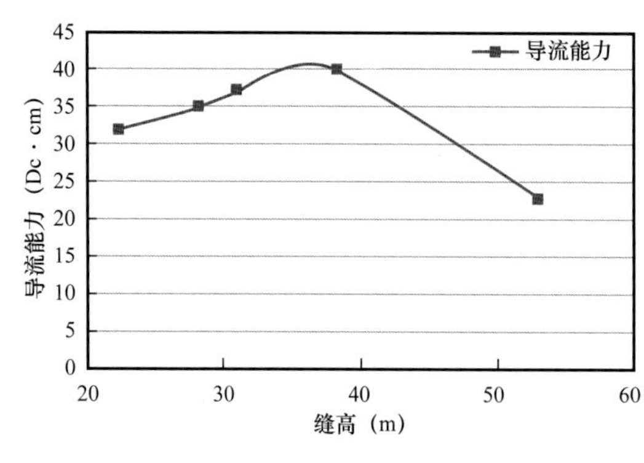

图 9-79　压裂裂缝缝高与导流能力关系

72～102m，该区压裂半缝长 36.2～62.8m，未压裂条件下极限泄油半径 36～39m。

理论极限控制半径为 36～39m，理论极限井距为 72～78m，考虑四次加密井网实际情况，五次加密后形成 95m、135m 两种井距，大于理论极限井距，需要压裂改造，合适的造缝长度为 17～63m，同时，缝高与导流能力非正相关（图 9-79），为达到有效缝长而又不至于层间压窜，应分层精确压裂，控制压裂缝高度。

三、五次加密试验区模型建立

1. 模型概况

1）静态地质模型

建立静态地质模型，具体包括顶部深度、砂层厚度、有效厚度、孔隙度、渗透率、原始压力、原始含油饱和度等。本次地质模型是在现场提供的地质参数的基础上，利用数模一体化系统软件处理所得。

2）网格系统划分

根据油藏精细模拟的要求，五次加密实验区 P_2w_2 可划分为三个小层，同时考虑到井位对平面网格大小的基本要求以及网格规模对计算周期的影响。P_2w_2 发育东西向高角度裂缝，在网格划分时不需要调整网格方向。其中 X 方向网格数为 59，Y 方向网格数为 56，纵向上 3 个模拟层，网格步长为 20m，深度采用变深度。模型的总节点为 59×56×3=9912。

3）实验参数的选取

油藏基本参数见表 9-17，高压物性曲线、相对渗透率曲线等主要参数值取自该地区地层流体分析实验（表 9-17）及岩心驱油实验数据（表 9-18）。

表 9-17　油气 PVT 数据表

泡点压力（MPa）	溶解气油比（m^3/m^3）	原油黏度（mPa·s）	原油体积系数（m^3/m^3）	泡点压力（MPa）	气体体积系数（m^3/m^3）	气体黏度（mPa·s）
2.00	30.34	11.4962	1.098	2.4516	0.04726	0.01252
8.00	121.36	9.0638	1.193	4.9032	0.02269	0.01308
16.00	242.72	5.8206	1.284	14.7000	0.0068	0.01734
20.00	303.40	4.1990	1.323	17.1630	0.00581	0.01884
24.00	364.08	2.5774	1.360	22.0640	0.00462	0.02203
28.00	424.76	0.6926	1.407	26.9670	0.00397	0.02519

续表

泡点压力（MPa）	溶解气油比（m^3/m^3）	原油黏度（mPa·s）	原油体积系数（m^3/m^3）	泡点压力（MPa）	气体体积系数（m^3/m^3）	气体黏度（mPa·s）
30.35	455.00	0.6100	1.430	29.4190	0.00374	0.02671
—	—	—	—	34.3220	0.00342	0.02958
—	—	—	—	39.2250	0.00319	0.03224
—	—	—	—	46.5808	0.00295	0.03589
—	—	—	—	49.0324	0.00289	0.03702

表 9–18 相对渗透率数据表

油水相渗			油气相渗		
S_w	K_{rw}	K_{ro}	S_g	K_{rg}	K_{rog}
0.47000	0	1	0	0	1
0.51326	0.087	0.70442	0.032	0.047	0.718
0.54211	0.103	0.53289	0.056	0.090	0.543
0.57095	0.124	0.38442	0.087	0.158	0.359
0.59979	0.152	0.26040	0.118	0.232	0.208
0.62863	0.189	0.16140	0.153	0.342	0.111
0.65747	0.226	0.08725	0.189	0.464	0.044
0.68632	0.279	0.03694	0.217	0.550	0
0.70074	0.301	0.02021	0.530	1.000	0
0.72958	0.360	0.00211	—	—	—
0.744000	0.410	0	—	—	—

4）生产动态模型

在历史拟合时，要输入各生产井的产量和注水井的注水量。由于选择试验区建模，其动态数据的处理如下：

（1）对研究区多层段合采的情形，利用 *Kh* 值劈分注采量，它决定了每口井各层在不同时期注采量的比例；

（2）根据每口井开关井、补孔封堵数据修正动态数据，准确给定各油水井的动态属性。

模型所需的全区及单井生产动态数据按月整理建模，采用定液量和定注水量建模，拟合起止日期 2005 年 3 月至 2012 年 2 月。

5）裂缝处理

根据五次加密实验井裂缝检测统计，实验区内井的压裂裂缝走向为东西向，裂缝长度为100m。人工压裂裂缝利用等效导流能力的方法将井点及附近渗透率进行处理，同时，为准确反映裂缝的开发动态及延伸方向，井点附近网格适当进行加密（图9-80）。

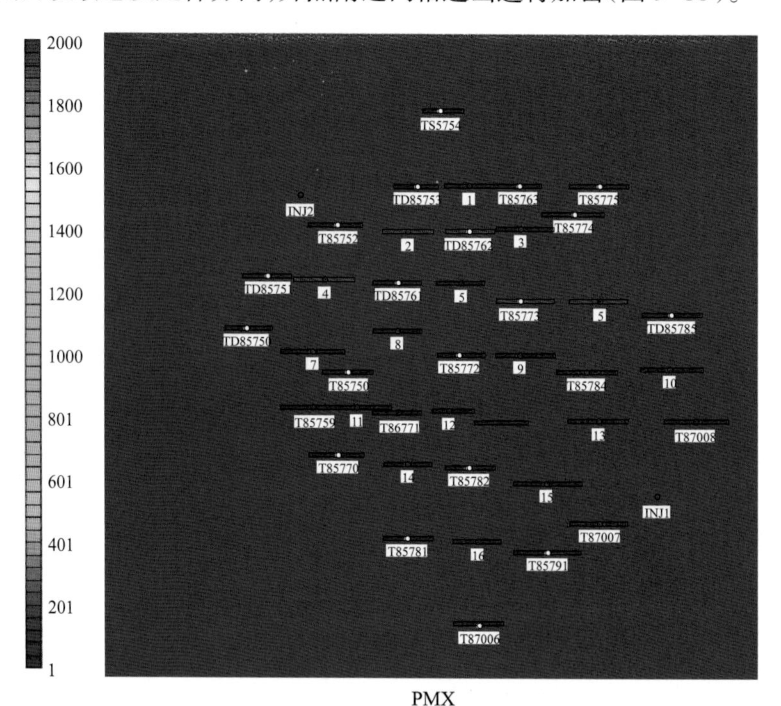

图9-80　模拟区裂缝等效示意图

2. 动态历史拟合

历史拟合的总体思想是先进行整个时间阶段的大趋势拟合，在掌握可调参数灵敏度的基础上，分阶段进行综合含水与累计产油、产液、产水量的拟合。

历史拟合过程中，需对地层压力、综合含水率、累计产油、累计产液、累计产水量、单井含水率、产油量等开发指标进行拟合，要修正的油层主要参数包括渗透率、孔隙度、油层厚度、相对渗透率曲线等。

储量拟合：影响数模模型储量的因素有孔隙体积、油层厚度、油水界面等。在储量拟合的过程中，由于模型参数数量多，可调自由度大，为避免对参数的不合理修改，必须认识到油层厚度是经过多次的划分和认定，一般情况下油层厚度误差不大，可以视为确定参数，但由于软件插值带来的一些误差，也允许做一些调整；孔隙度是根据油藏的单井孔隙度统计结果，变化范围较大，在拟合过程中可做局部调整。

压力拟合：虽然连续压力测试数据较少以及区块压力数据统计匮乏，但压力的整体和井点的规律性认识必须要把握到位，模拟过程中可以修正压缩系数、方向性渗透率、井指数等。

含水率拟合：一般在压力拟合满足一定要求的基础上，对全区和单井含水率进行历史拟合。含水率拟合的方法有：调整相对渗透率曲线，在局部地区含水拟合相差较大，调整渗透率或传导率；若含水主要来自边水或者底水，必须加入水体或者虚拟井，并调整边部或垂向渗透率。

1）储量拟合

地质储量拟合结果见表 9-19，从地质储量拟合表可以看出，全区储量拟合结果较好，拟合误差为 1.75%。

表 9-19 地质储量拟合表

层位	计算储量（10^4t）	模拟储量（10^4t）	误差（%）
P_2w_2	179.7	176.55	1.75

2）总体指标拟合

定液生产，对模拟区累计产油、含水指标进行了较好的历史拟合（图 9-81、图 9-82）。

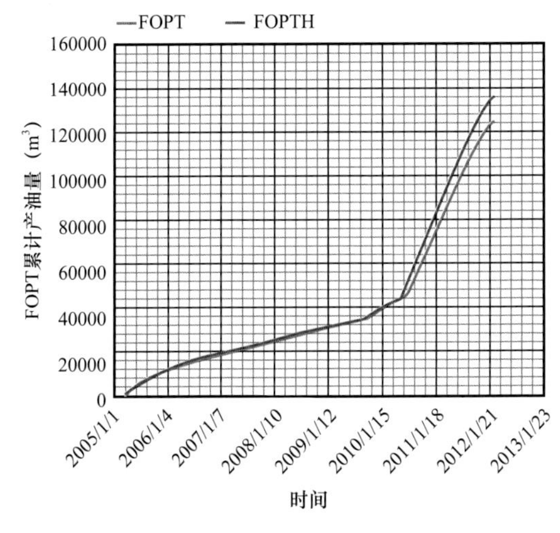

图 9-81 模拟区累计产油量拟合曲线

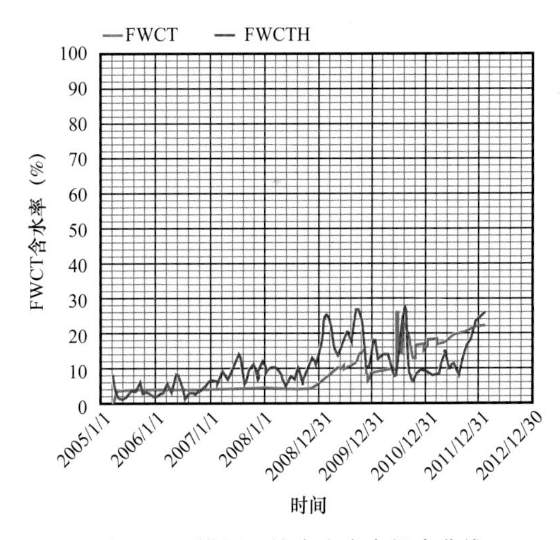

图 9-82 模拟区综合含水率拟合曲线

3）单井指标拟合

单井生产动态拟合重点是针对单采目的层、核心区域、生产动态时间长的生产井（图 9-83、图 9-84）。

四、五次加密井网设计与优化

1. 加密井网形式设计

在目前井网方式下，对五次加密试验设计了四种加密井网方式，分别是 95m × 135m 反九点井网、95m 交错五点井网、95m × 135m 反九点抽稀注水井网与 95m 直线正对行列井网。

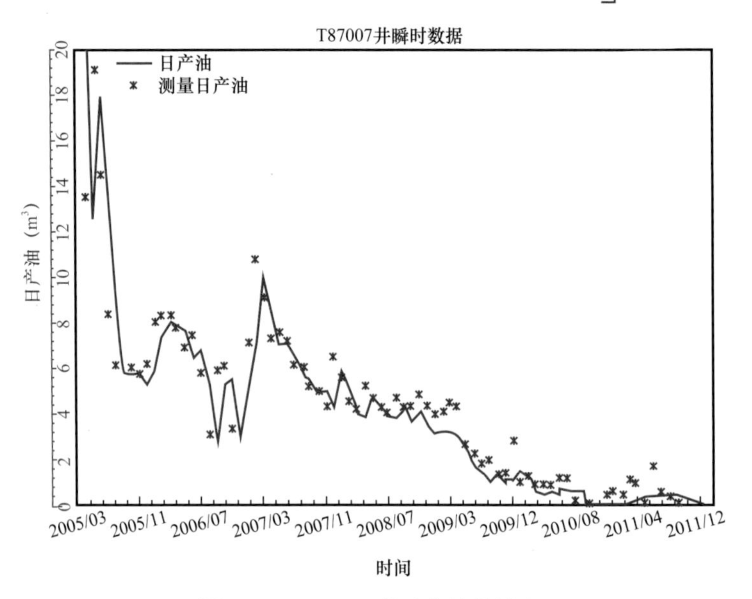

图 9-83　T87007 井日产油量拟合

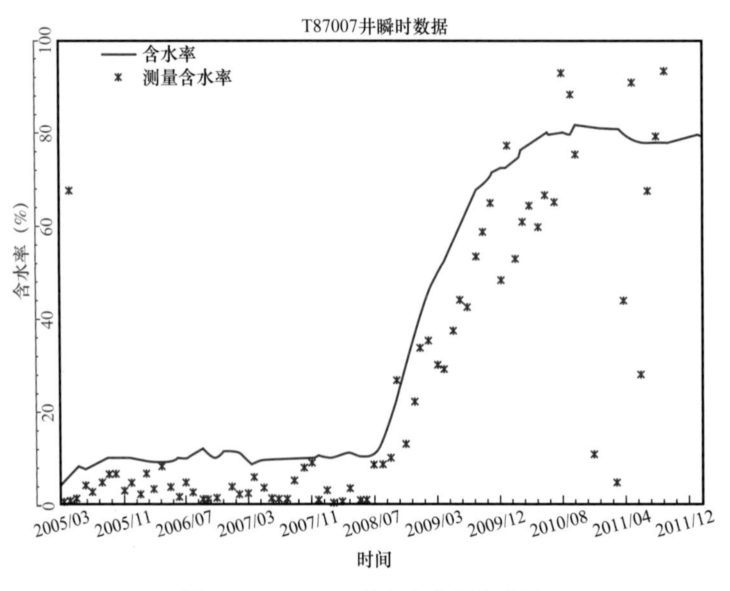

图 9-84　T87007 井含水率拟合曲线

加密方式一——95m × 135m 反九点井网是在原四次加密井网基础上，两口油井（水井）之间部署一口加密油井，形成新的 95m × 135m 反九点井网（图 9-85）。

加密方式二——95m 交错五点井网是在按照加密方式一的加密基础上，四次加密井网的老井全部转注，形成五点法面积注水井网，这两种井网方式都在原来注水井水线上部署加密井（图 9-85）。

加密方式三——95m × 135m 反九点抽稀注水井网是在原 135m 五点井网基础上，沿着东西方向，油井井排两口油井间加密一口油井，水井井排不变，最终油水井数比为 1∶2，存在 95m 与 135m 两种注采井距，该井网形式注采不均匀，注采关系难以控制（图 9-86）。

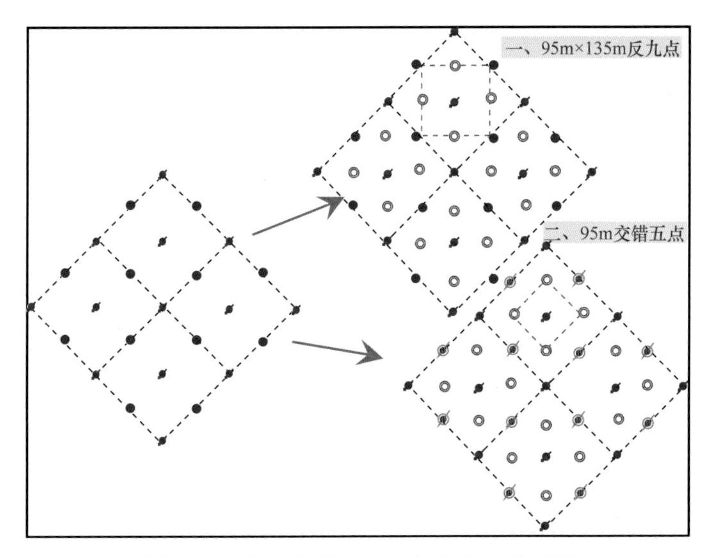

图 9-85 加密方式一和加密方式二示意图

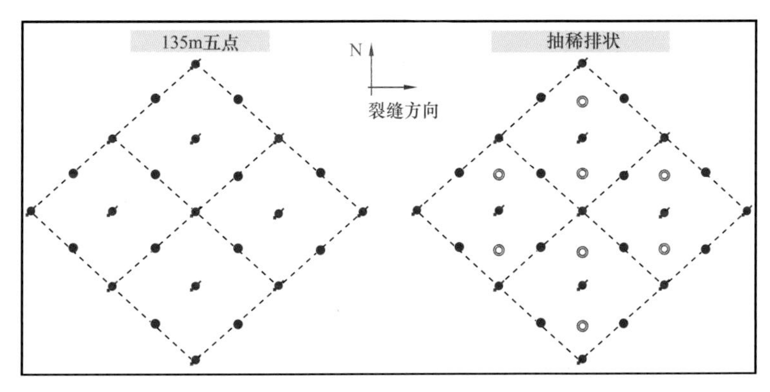

图 9-86 加密方式三井网示意图

加密方式四——95m 直线正对行列井网是在原 135m 五点井网基础上，沿着东西方向，油井井排两口油井间加密一口油井，水井井排两口水井间加密一口水井，排距不变，注采井距由 135m 加密成 95m（图 9-87）。

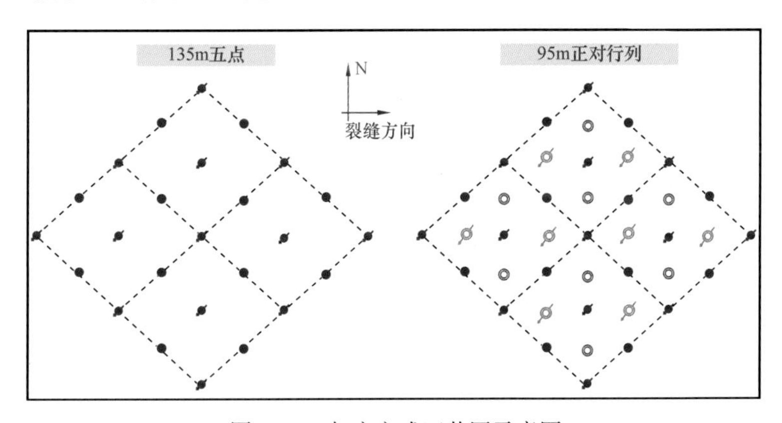

图 9-87 加密方式四井网示意图

鉴于东西走向裂缝发育，加密方式一、加密方式二两种井网方式都将导致注采井连线为东西走向，易导致油井快速水淹；加密方式三、加密方式四两种井网避免了这种情况，可形成类似 P_2w_4 小井距试验的排状注采井网。加密方式一、加密方式三的注采井数比较低（1∶3，1∶2），加密方式二、加密方式四的注采井数比较高（1∶1）。

2. 加密井网优化

针对 4 种井网加密方式，对应设计了 4 套模拟方案（表 9-20）。

表 9-20 不同井网方案设计表

加密阶段	不同井网方式	总井数（口）	新钻井数（口）	新钻油井（口）	新钻水井（口）	转注井数（口）	油井数（口）	水井数（口）
四次加密	转五点（2018 年）	24	—	—	—	9	11	13
五次加密	95m×135m 反九点	40	16	16	0	6	30	10
	95m 交错五点	40	16	16	0	16	20	20
	95m×135m 反九点抽稀排状	33	9	9	0	9	20	13
	直线正对排状	40	16	8	8	8	20	20

对上述 4 种五次加密及四次加密的井网方式进行比较，模拟 10 年计算结果见表 9-21 及图 9-88、图 9-89。可以得出：方案四的采出程度最高，方案三次之，且这两种方案预测 10 年后含水率相对较低；方案一由于单井注水量大，水线上油井水淹严重，含水上升较快，预测 10 年后含水已 96.09%；方案二由于所有油井均在注水线上，且井距较小，裂缝导致了水窜，采出程度低，含水高于直线正对排状井网。

表 9-21 不同井网方案设计指标对比表

开发指标	原方案	95m×135m 反九点	95m 交错五点	95m×135m 反九点抽稀排状	95m 直线正对排状
储量（10^4t）	176.55	176.55	176.55	176.55	176.55
累计产油量（10^4t）	40.44	43.47	31.54	45.26	46.06
累计产水量（10^4t）	45.91	106.79	73.34	57.22	56.28
含水率（%）	79.64	96.09	84.65	80.92	81.63
采出程度（%）	22.93	24.65	17.88	25.66	26.12

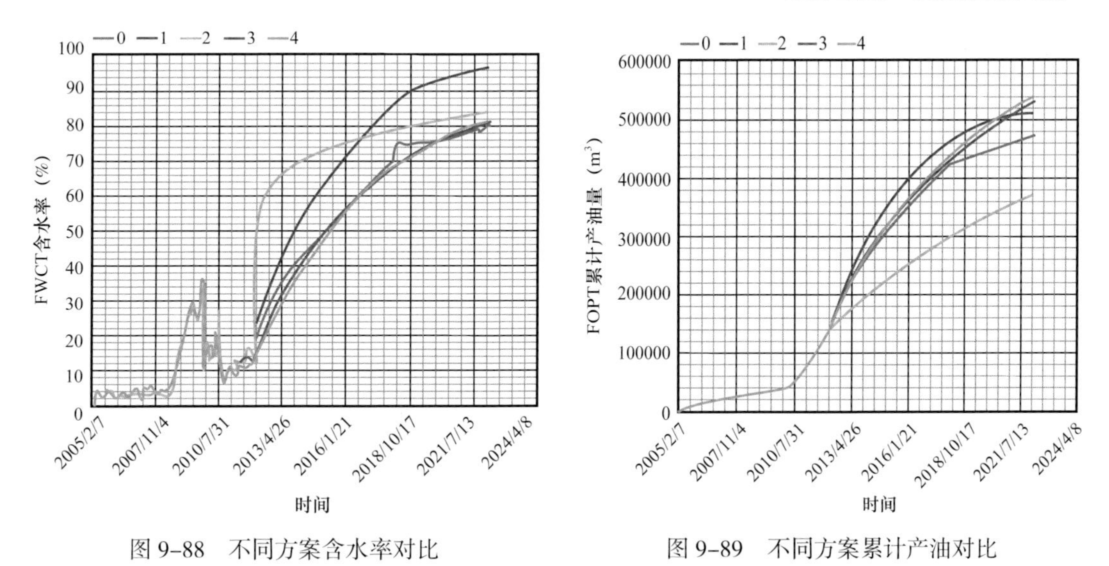

图 9-88　不同方案含水率对比　　　　图 9-89　不同方案累计产油对比

结合10年后的剩余油分布图（图9-90至图9-93），加密成交错五点井网驱替效果较差，存在较多的剩余油；反九点井网与反九点抽稀水线油井井网对比，驱油效果差异不明显；直线正对排状井网具有较好的水驱效果，采出程度最高，驱替也最为均匀。

从含水率与采出程度的关系曲线（图9-94）可以看出，在同一含水率水平下，直线正对排状井网采出程度最高，反九点抽稀水井线次之，95m×135m反九点井网最低。因此，直线正对井网效果最佳。

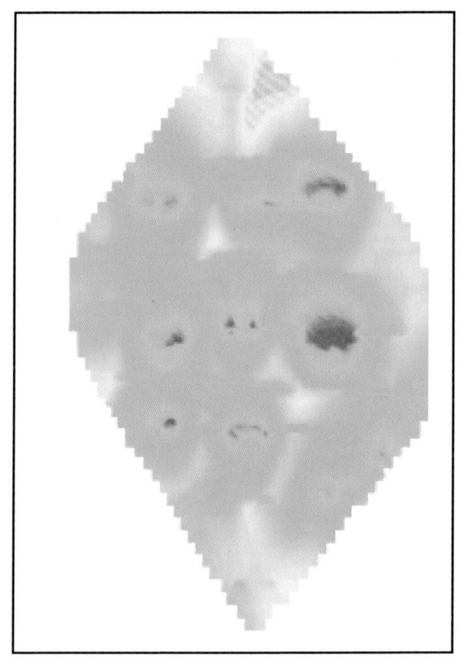

图 9-90　95m×135m反九点井网剩余油分布

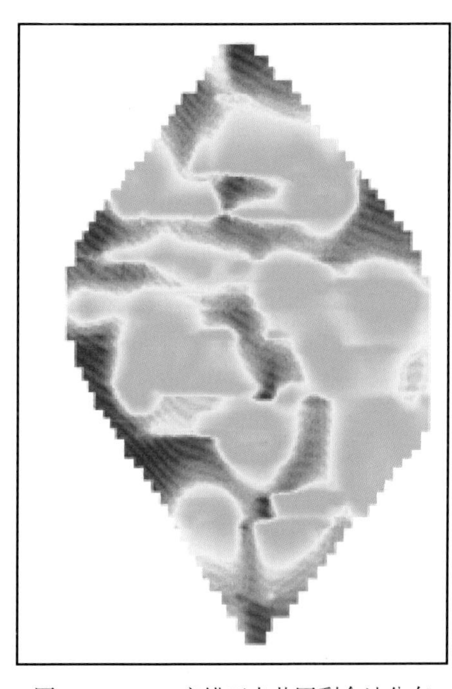

图 9-91　95m交错五点井网剩余油分布

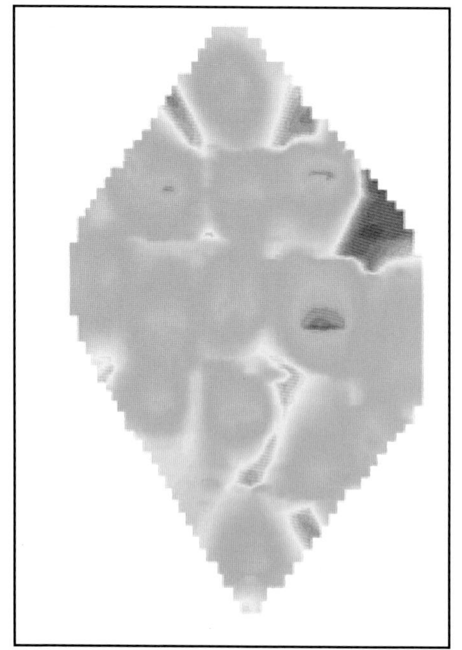

图 9–92　反九点抽稀水井线油井井网剩余油分布

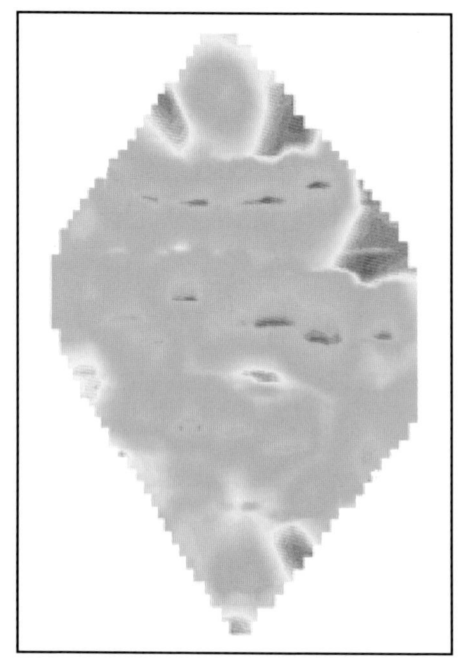

图 9–93　直线正对排状井网剩余油分布

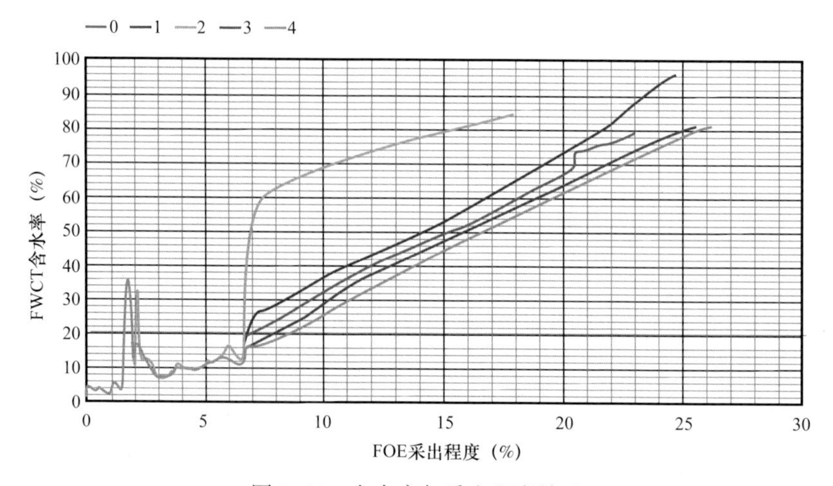

图 9–94　含水率与采出程度关系

从钻井数及经济因素考虑，方案四比方案三产量优势并不明显，而方案三新钻井数较少，可能存在经济上的优势，需要进一步在现场试验中比较这两种井网方式的开发及经济效果。

3. 注采参数确定

1）转注时机

对比小井距试验区与五次加密试验区的初期产能以及生产气油比，五次加密试验区新井投产低能井多，递减大，需要及时补充能量。同时，五次加密试验区生产气油比较高，压力下降过快导致脱气严重、递减大(图 9–95、图 9–96);另一方面是为尽快见到试验效果,注水井应尽早投注。

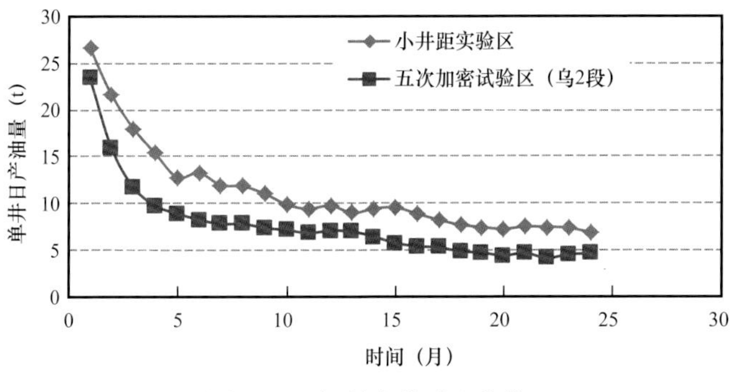

图 9–95 初始产能对比曲线

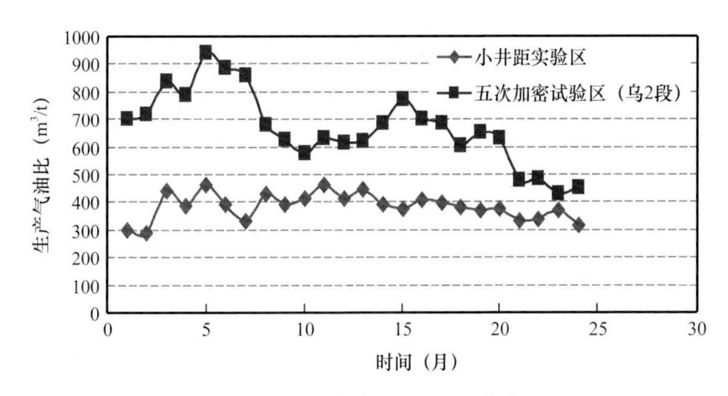

图 9–96 生产气油比对比曲线

2)注水量

根据前期的研究(图 9–97、图 9–98、表 9–22),小井距试验区稳定注水 $30m^3/d$ 和 $40m^3/d$ 的油井生产效果对比表明,前者效果较好,主要表现在前者采油井生产更为稳定,采油指数高。结合井网形式数模研究的成果,确定五次加密试验单井注水量为 $30m^3/d$。

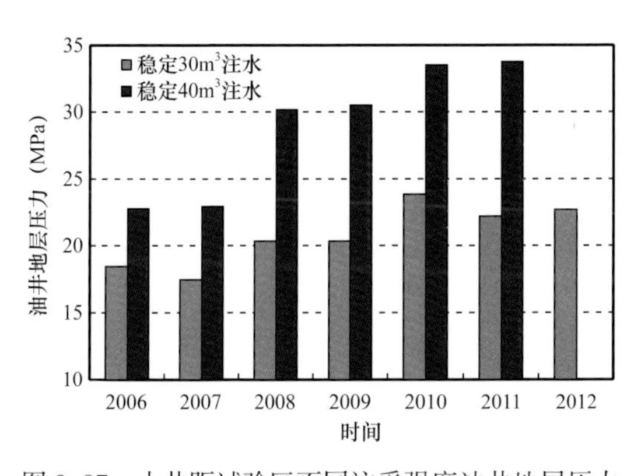

图 9–97 小井距试验区不同注采强度油井地层压力

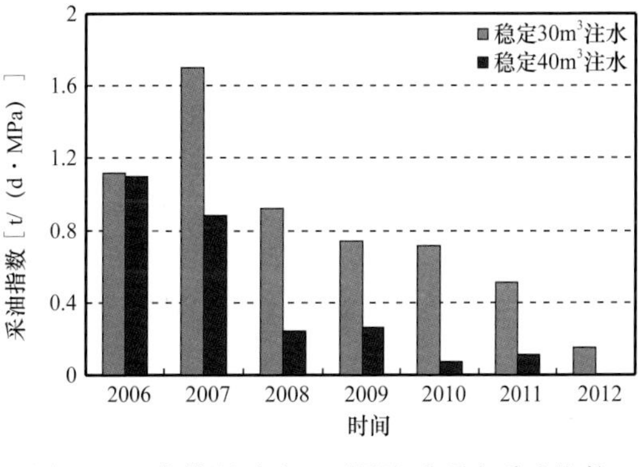

图 9–98 小井距试验区不同注采强度采油指数

表 9-22 小井距试验区不同注水强度油井地层压力及采油指数情况

日期	稳定 $30m^3/d$				稳定 $40m^3/d$			
	测压井数（口）	油井地层压力（MPa）	采液指数[t/(d·MPa)]	采油指数[t/(d·MPa)]	测压井数（口）	油井地层压力（MPa）	采液指数[t/(d·MPa)]	采油指数[t/(d·MPa)]
2006	10	18.48	1.23	1.12	3	22.78	1.2	1.1
2007	7	17.47	1.83	1.7	2	22.98	1.98	0.88
2008	9	20.34	1.12	0.92	2	30.14	1.2	0.24
2009	8	20.29	1	0.74	2	30.47	0.73	0.26
2010	6	23.88	0.96	0.71	1	33.51	0.44	0.07
2011	7	22.2	0.69	0.51	1	33.75	0.12	0.11
2012	3	22.73	0.39	0.15				

第四节 五次加密试验井组开发

一、试验井组部署

根据《克拉玛依油田八区下乌尔禾组油藏第五次加密首批试验井部署意见》，优选油层条件好、水淹相对较弱、老井射孔对应的南部 P_2w_2 作为五次加密试验区（与小井距试验区平面位置重合），并在试验区中心采用 95m 直线正对的排状注水井网，沿东西方向井间加密，油井间加密油井、油水井间加密注水井，部署首批试验井 12 口，其中 6 口油井，6 口注水井，老井转注 3 口（图 9-99）。其中方框为试验核心区。

二、试验井组实施情况

截至 2013 年 3 月，设计 12 口新井全部完钻投产投注，新井射孔层位均在目的层乌 2 段，剩余 3 口老井转注工作未实施，基本形成平行裂缝方向正对排状井网（图 9-100）。

三、试验井组开发现状

截至 2013 年 3 月，五次加密试验区核心区共有油水井 24 口，其中采油井 15 口，注水井 9 口。油井开井 13 口，平均单井日产油 4.3t，含水 37.0%，累计产油 7.99×10^4t，采出程度 9.9%。其中三、四次加密井开井 8 口，单井日油 3.6t，含水 42.0%，五次加密井开井 5 口，单井日产油 5.5t，含水 29.5%。水井开井 9 口，其中三、四次加密井 3 口，五次加密井 6 口，平均单井日注 $30m^3$，累计注水 $8.55 \times 10^4 m^3/d$，月注采比 2.9，累积注采比 0.5（表 9-23）。四、五次加密油水井生产指标相近，表现为产量低、含水低、注水平稳；试验区总体为注水开发初期阶段，含水低、采出程度低、累积注采比低。

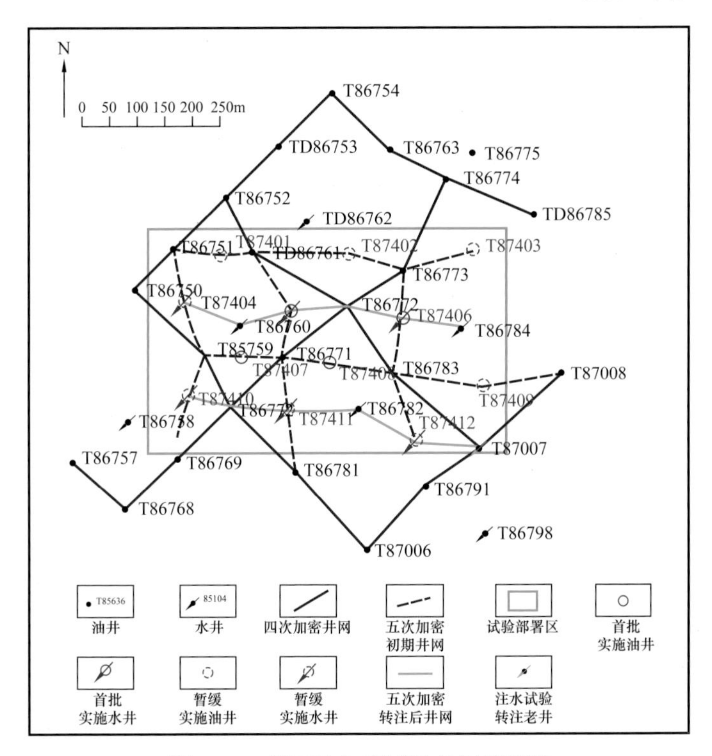

图 9-99 第五次加密试验井网部署图

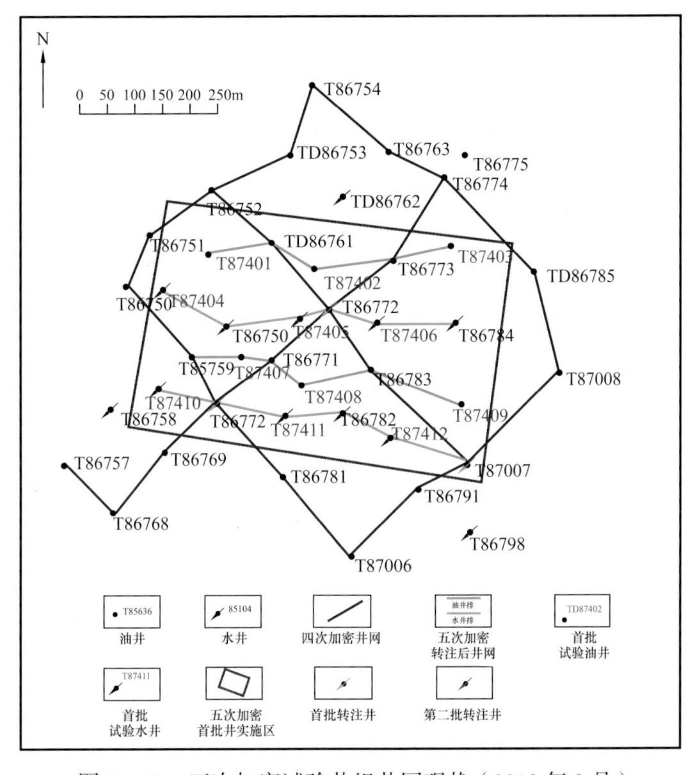

图 9-100 五次加密试验井组井网现状（2013 年 3 月）

表 9-23　五次加密试验井组开发现状表（2013.3）

开发指标	开油井/总油井（口）	单井日产油（t）	含水（%）	动液面（m）	开水井/总水井（口）	单井日注（m^3）	累计产油（t）	累计产水（m^3）	累计注水（m^3）	月注采比	累积注采比	采出程度（%）
五次加密井	5/6	5.5	29.5	1226	6/6	30	1.21	0.67	3.29	—	—	—
三、四次加密井	8/9	3.6	42.0	1417	3/3	30	6.78	2.75	5.26	—	—	—
试验区合计	13/15	4.3	37.0	1676	9/9	30	7.99	3.42	8.55	2.91	0.51	9.9

四、主要开采特征

1. 油井初期产能

五次加密油井初产明显低于四次加密井，12 口新井（包括水井排液）日产油 3～24.8t，平均 11.7t，邻近四次加密井初产 24.9t/d，不到四次加密井的一半。其中初产小于 3t/d 的井 4 口，主要因为低能或高含水；3～10t/d 油井 2 口，大于 10t/d 的 6 口（表 9-24）。

表 9-24　五次加密油井初产情况统计表

井号	井别	投产时间	初产液（t/d）	初产油（t/d）	含水（%）	备注
TD87405	注水井	2012/2	17.3	1.4	91.9	高含水
TD87406	注水井	2012/2	21.8	16.3	24.9	
T87407	油井	2012/2	4.1	3.0	26.8	低能
TD87408	油井	2012/2	26.4	13.7	47.9	
T87401	油井	2012/6	9.7	6.1	37.3	
TD87412	油井	2012/6	34.0	22.4	34.3	
TD87403	油井	2012/6	28.3	18.8	33.4	
T87404	注水井	2012/6	4.2	3.0	28.6	低能
TD87409	油井	2012/6	30.8	24.8	19.4	
T87410	注水井	2012/6	5.4	5.1	6.1	
T87411	注水井	2012/6	压裂不出			低能
TD87402	注水井	2012/7	16.1	11.1	31.0	

结合油井平面位置看，油井产能平面差异大，西部初产低、东部高（图 9-101）。

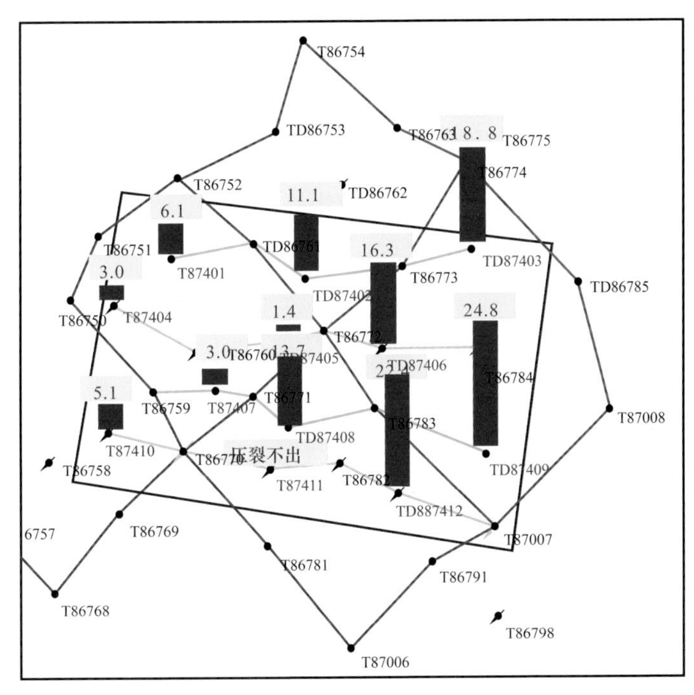

图 9-101 五次加密试验井初期产能柱状图

2. 油井产量递减特征

五次加密油井初期递减大，根据 8 口初产较高的五次加密井统计，前 6 个月产量递减 73.9%，略高于四次加密井前 6 个月 68.4% 的递减（图 9-102）。

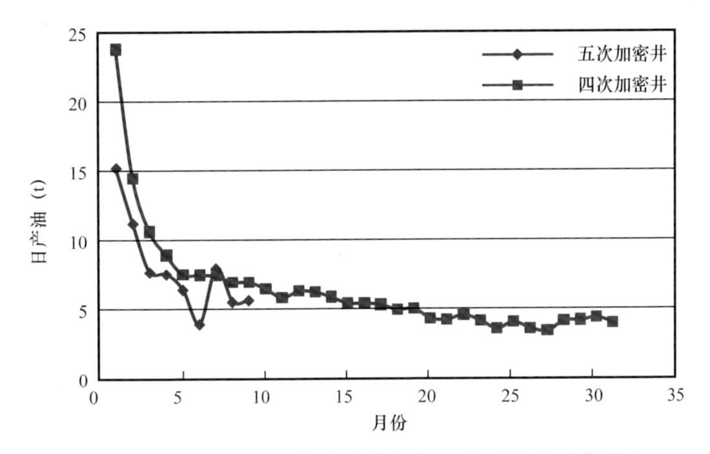

图 9-102 四次和五次加密油井初期日产油量递减曲线比

3. 油井液量状况

五次加密井液量较低，方案部署的 6 口油井中，除 T87407 井低能关井外（重新压裂后仍低能不出）；开井 5 口，平均单井外日产液 6.9t（表 9-25），与南部乌 2 段四次加密井目前液量 7.0t 相当，相比四次加密井平均投产 2 年相比，反映油井液量较低。

表 9-25　五次加密油井生产现状表

井号	井别	日产液（t）	日产油（t）	含水（%）	动液面（m）	备注
T87401	油井	4.8	3.7	22.8	自喷	
TD87402	油井	6.3	6.1	4.2	1860	
TD87403	油井	5.5	4.0	26.8	580	
T87407	油井					重压低能
TD87408	油井	12.5	7.8	38.2	自喷	
TD87409	油井	5.4	4.1	23.4	214	

4. 注水状况

从五次加密试验井组新、老注水井的注水曲线(图 9-103、图 9-104)、平面单井注水状况(图 9-105)看,新、老注水井吸水好,注水压力、注水稳定;单井配注 $30m^3$,日注 $27\sim40m^3$,平均 $30m^3$;注水压力低,为 10～12MPa。

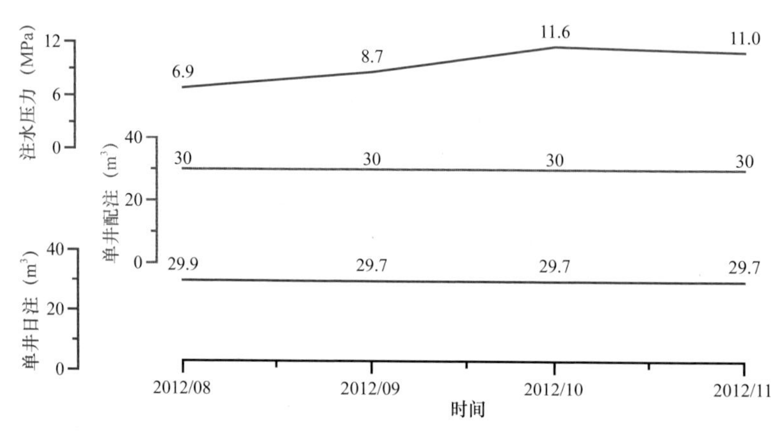

图 9-103　试验区五次加密井注水状况

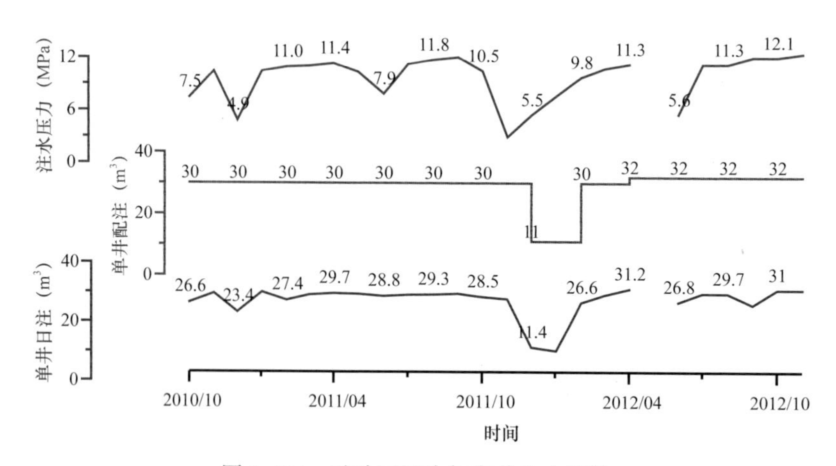

图 9-104　试验区四次加密井注水状况

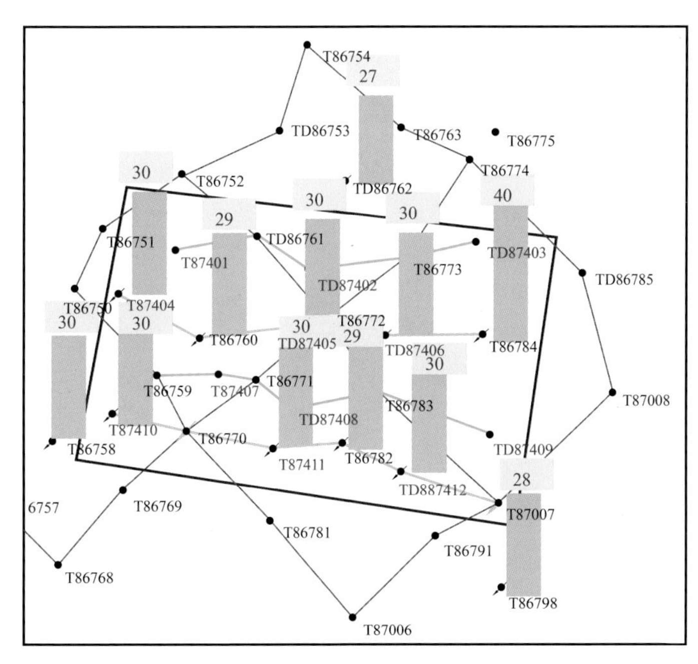

图 9-105　五次加密试验区注水井注水现状

本 章 小 结

本章利用油层精细划分结果,综合分析前面几次加密效果,研究了第四次加密有效性和合理性,并研究进一步加密的可行性,合理井网方式、注水参数等。

针对四次加密区注采参数不合理,导致平面、纵向动用不均问题,从油藏动态分析、数值模拟研究两个方面优化合理注采参数,制定了四次加密区现阶段开发技术政策界限。

各加密区四次井网完善区油井见效比例高,开发效果好,因此以各加密区的井网完善、见效区生产参数为主要参考依据,并结合小井距试验区成功经验,制定各加密区合理的油水井压力保持水平、注采比、合理油井液量及水井配注等注采参数。

利用双重介质非达西渗流模型,建立各加密区特征井组模型,结合油藏开发动态分析,开展了基于数值模拟的注采参数优化。

以五次加密试验区为研究对象,在前期研究认识基础上,采用数值模拟等方法论证了五次加密的合理井网方式、注水参数。

(1)动静态结合、多种方法综合应用、多方面互相验证综合评价了 3 个四次加密区、五次加密试验井组目前井网条件下有效水驱体系建立情况:北部乌 4 段四次加密区、五次加密试验井组总体建立有效水驱体系;南部乌 2 段局部、上盘加密区零散井组建立有效水驱体系;随着注水工作量实施,南部乌 2 段逐步实现总体建立有效水驱体系。

(2)五次加密试验井组井网完善、注水量控制合理,地层压力平稳恢复,新、老油井液量稳定或恢复明显,含水有效控制,总体开发。

(3)五次加密经济、技术政策及油藏筛选条件研究表明,随着油藏含水上升、采出程度提高，进一步加密油井水淹风险、井间干扰问题严重，影响加密效果，全区总体五次加密风险大，但局部有利区域五次加密提高采收率较大。

（4）系统分析认为下盘井网叠合区综合利用老水井，分层注水实现点弱面强、提高波及的具有一定可行性，并建立了井组特征模型，优化了分层注水技术政策。

（5）建议上盘加密区加强油水井补孔 / 改层优化，提高注采对应率，加快方案油水井工作量实施，优化注采建立有效水驱体系。

（6）北部乌 4 段油水井纵向生产层位多，层系建干扰问题较突出，建议理清开发层系、完善井网基础上，控制注采比，进一步提高开发效果。

（7）优选试验井组，开展水井综合利用分层注水改善开发效果。

参考文献

[1]任明达,唐兆钧.克拉玛依油田五区上乌尔禾组上乌三段岩相研究[J].新疆石油地质,1980,1(1):22-32.

[2]吴虻.八区下乌尔禾组储集层孔隙结构特征[J].新疆石油地质,1981,1(1):68-87.

[3]邓志学.八区乌尔禾组压力恢复曲线整理方法[J].新疆石油地质,1982,2(5):70-78.

[4]林隆栋.断裂掩覆油藏的发现与克拉玛依油田勘探前景[J].石油与天然气地质,1984,5(1):1-10.

[5]刘敬奎.准噶尔盆地西北缘石炭—二叠系双重介质油藏储集层渗流特征探讨[J].新疆石油地质,1985,20(3):20-30.

[6]罗平,邓恂康,罗蛰潭.克拉玛依油田八区下乌尔禾组油藏的孔隙结构与动态特征[J].石油与天然气地质,1985,6(3):260-270.

[7]刘敬奎.克拉玛依油田砾岩储集层的研究[J].石油学报,1986,(1):1-3.

[8]罗平,邓恂康,罗蛰潭.克拉玛依油田八区下乌尔禾组砾岩的成岩变化及对储层的影响[J].石油与天然气地质,1986,7(1):42-46.

[9]罗平,邓恂康,罗蛰潭.克拉玛依油田八区下乌尔禾组储层评价[J].石油与天然气地质,1987,(1):59-68.

[10]李庆昌,薛连达,裘亦楠.裂缝性低渗透率储层的开发地质研究问题:以克拉玛依油田八区乌尔禾组油层为例[J].石油勘探与开发,1988,(5):50-56,64.

[11]罗明高.用 $X_2(n)$ 分布研究毛管压力曲线及对八区乌尔禾巨厚砾岩油藏的研究[J].石油勘探与开发,1989,16(1):73-82.

[12]雷红光.含束缚水岩心和干岩心电阻率的测定[J].测井技术,1990,14(6):429-431.

[13]罗明高.碎屑岩储层结构模态的定量模型[J].石油学报,1991,12(4):31-42,149.

[14]王屿涛.准噶尔盆地西北缘五—八区油气分布规律及成因[J].石油学报,1994,15(4):40-48.

[15]向瑜章.几种大型抽油机在克拉玛依油田乌尔禾系油藏上的现场试验[J].石油矿场机械,1995,24(4):25-27.

[16]陆海泉,张洪生,汪世国.克拉玛依油田八区调整井钻井配套技术[J].西部探矿工程,1995,7(4):10-15.

[17]张学军,王正才.八区 P_2^1 低渗油藏的油层改造技术[J].新疆石油科技,1997,7(1):28-40.

[18]谢建利.延迟破胶压裂液的研究与应用[J].新疆石油科技,1997,7(2):63-70.

[19]彭建成,聂振荣,朱水桥.克拉玛依油田530井区下乌尔禾组地应力研究[J].新疆石油地质,1995,20(4):340-342.

[20]张明武,向枢杲.低渗漏油井的热化清防漏管柱技术[J].石油钻采工艺,2000,22(1):77-78.

[21]许永年,向瑜章,王忠武.油管锚定及补偿工艺在深抽井中的应用[J].新疆石油科技,2001,11(1):13-16.

[22]况军,刘得光,李世宏.准噶尔盆地天然气藏地质特征及分布规律[J].新疆石油地质,2001,22(5):390-392.

[23]丁明华,蒋鹰.八区 P_2w_1 油藏抽油井清防蜡工艺探讨[J].新疆石油科技,2002,12(3):30-35

[24]向冬梅,张文波.新疆油田水平井开发应用现状及前景展望[J].西部探矿工程,2003,(2):60-65.

[25]余光明.有机复合交联堵剂的研制及应用[D].西南石油学院,2003.

[26]王健,徐国勇,韩世寰,等.两次成胶的聚合物凝胶堵剂的研制及应用[J].油田化学,2003,20(4):310-312.

[27]张爱卿.砾岩油藏的开发地质研究:以克拉玛依油田下乌尔禾组砾岩油藏为例[D].北京:中国石油勘探开发研究院,2004.

[28]李民河,廖健德,赵增义,等.微地震波裂缝监测技术在油田裂缝研究中的应用:以克拉玛依八区下乌尔禾组油藏为例[J].油气地质与采收率,2004,11(3):16-19.

[29]朱水桥.克拉玛依油田八区下乌尔禾组河控型扇三角洲沉积[G].第三届全国沉积学大会论文摘要汇编,2004.

[30]池建萍,郑强,祁军,等.复杂裂缝性油藏历史拟合中的特殊做法[J].新疆石油地质,2004,25(5):58-60.

[31]雷从众,张兵,彭建成,等.克拉玛依油田八区下乌尔禾组层序地层学特征[J].石油天然气学报,2005,27(2):142-146.

[32]申本科.陆相砂砾岩油藏精细描述[D].北京:中国地质大学,2005.

[33]申本科,胡永乐,田昌炳,等.陆相砂砾岩油藏裂缝发育特征分析:以克拉玛依油田八区乌尔禾组油藏为例[J].石油勘探与开发,2005,32(3):41-44.

[34]张洪生,宋振清,石晓兵.准噶尔盆地八区调整井高效安全钻井技术[J].天然气工业,2005,25(7):56-58.

[35]贾进斗.准噶尔盆地天然气藏地质特征及分布规律[J].天然气地球科学,2005,16(4):449-455.

[36]蔚远江,胡素云,雷振宇,等.准噶尔西北缘前陆冲断带三叠纪—侏罗纪逆冲断裂活动的沉积响应[J].地学前缘,2005,12(4):423-437.

[37]朱水桥,肖春林,饶政,等.新疆克拉玛依油田八区上二叠统下乌尔禾组河控型扇三角洲沉积[J].古地理学报,2005,7(4):471-482.

[38]刘颖彪,张文波.克拉玛依油田八区调整井钻井技术难点及解决对策[J].新疆石油科技,2006,16(1):1-3.

[39]黄高传,袁峰,张瑞瑞,等.八区下乌尔禾组油藏加密扩边井压裂工艺技术研究[J].新疆石油科技,2006,16(4):10-12.

[40]常毓文,袁士义,于立君,等.克拉玛依油田厚层块状特低渗透油藏的开发调整方案[J].石油学报,2006,27(4):67-70.

[41]邢凤存,朱水桥,旷红伟,等.EMI成像测井在沉积相研究中的应用[J].新疆石油地质,2006,27(5):607-610.

[42]吕锡敏,谭开俊,姚清洲,等.准噶尔盆地西北缘中拐—五八区二叠系天然气地质特征[J].天然气地球科学,2006,17(5):708-711.

[43]郑强,池建萍,孔武斌,等.油藏数值模拟技术在克拉玛依油田八区下乌尔禾组加密调整中的应用[J].新疆石油天然气,2006,2(4):43-46.

[44]安志渊,邢凤存,李群星,等.成像测井在沉积相研究中的应用:以克拉玛依油田八区下乌尔禾组为例

[J]. 石油地质与工程,2007,27(1):21-24.

[45] 吕文新,金萍,林军,等. 特低渗透裂缝砾岩油藏水淹层识别综合技术研究:以克拉玛依油田二叠系八区下乌尔禾组油藏为例[J]. 新疆石油天然气,2007,3(4):35-39.

[46] 蔚远江,李德生,胡素云,等. 准噶尔盆地西北缘扇体形成演化与扇体油气藏勘探[J]. 地球学报,2007,28(1):62-71.

[47] 陈磊,杨海波,钱永新,等. 准噶尔盆地西北缘中拐—五八区二叠系天然气有利成藏条件及主控因素分析[J]. 中国石油勘探,2007. 12(5):22-25.

[48] 李秀鹏,查明. 准噶尔盆地乌—夏地区油气藏类型及油气分布特征[J]. 石油天然气学报,2007,29(3):14,214-217.

[49] 杨怀宇,陈世悦,杨俊生,等. 准噶尔盆地乌夏地区侏罗系层序与地层发育特征[J]. 新疆石油地质,2007,28(4):437-441.

[50] 孟祥燕. 八区下乌尔禾组裂缝性砾岩油藏压裂工艺研究[D]. 北京:中国石油大学,2007.

[51] 李文峰,肖春林,林军,等. 低渗厚层砾岩油藏试井解释模型及合理关井时间研究:以八区下乌尔禾组油藏试井解释为例[J]. 新疆石油天然气,2007,3(4):31-34.

[52] 徐朝晖,徐怀民,林军,等. 常规测井资料识别砂砾岩储集层裂缝技术[J]. 科技导报,2008,26(7):34-37.

[53] 吕文新,金萍,张建英. 自然伽马及能谱测井在特低渗巨厚砾岩油藏地层划分与对比中的应用:以二叠系八区下乌尔禾组油藏为例[J]. 石油天然气学报,2008,30(2):471-473.

[54] 付美龙,罗跃,何建华,等. 聚丙烯酰胺凝胶在裂缝孔隙双重介质中的封堵性能[J]. 油气地质与采收率,2008,15(3):74-76,119-120.

[55] 雷从众,林军,彭建成,等. 克拉玛依油田八区下乌尔禾组油藏裂缝识别方法[J]. 新疆石油地质,2008,29(3):354-357.

[56] 徐朝晖,徐怀民,林军,等. 准噶尔盆地西北缘256走滑断裂带特征及地质意义[J]. 新疆石油地质,2008,29(3):310-316.

[57] 刘翠敏,向宝力,孟皓锦,等. 准噶尔盆地中拐凸起侏罗系油藏油气成因分析[J]. 天然气勘探与开发,2008,31(2):26-32.

[58] 侯向阳,唐伏平,胡新平,等. 准噶尔盆地西北缘五八区二叠系气层识别与精细解释[J]. 新疆石油天然气,2008(4):13-22.

[59] 王军,戴俊生,冯建伟,等. 准噶尔盆地乌夏断裂带构造分区及油气藏特征[J]. 新疆地质,2008,26(3):59-62.

[60] 丁明华. 克拉玛依油田八区下乌尔禾组油藏提高抽油系统效率研究[D]. 西安:西安石油大学,2008.

[61] 叶春艳,严密林,李平全. 克拉玛依油田套管损坏规律及防护措施研究[J]. 石油工程建设,2008,34(5):11-13.

[62] 张文成,吴旭光,彭君,等. 克拉玛依油田八区下乌尔禾组沉积相特征及演化规律[J]. 内蒙古石油化工,2008(12):139-143.

[63] 胡志明,郭和坤,熊伟,等. 核磁共振技术采油机理[J]. 辽宁工程技术大学学报(自然科学版),2009,(S1):38-40.

[64] 丁振华 . 高分辨率层序地层学在八区下乌尔禾组油藏研究中的应用[D]. 西南石油学院,2009.

[65] 姚振华,覃建华,李世宏,等 . 克拉玛依油田八区下乌尔禾组油藏水淹层识别[J]. 新疆石油地质,2009,(3):88-91.

[66] 覃建华,丁艺,阳旭,等 . 克拉玛依油田八区下乌尔禾组油藏小井距开发试验[J]. 新疆石油地质,2009,30(6):73-79.

[67] 汤永梅,颜泽江,侯向阳,等 . 准噶尔盆地五八区复杂岩性与油气层识别[J]. 石油天然气学报,2010,32(1):15,275-278.

[68] 王卓超,叶加仁 . 准噶尔盆地西北缘车拐地区侏罗系成藏动力学模拟[J]. 地质科技情报,2010,29(2):63-67.

[69] 于霞,邓琴,吴新平,等 . 克拉玛依油田八区下乌尔禾组油藏小井距试验开发效果技术研究[J]. 新疆石油天然气,2010,6(2):8,82-88.

[70] 胡蓉蓉,喻高明,杨铁梅 . 克拉玛依油田八区裂缝性特低渗透油藏合理井网及转注时机研究[J]. 石油地质与工程,2010,24(5):62-65.

[71] 于霞,覃建华,吴让彬,等 . 克拉玛依油田八区下乌尔禾组油藏行列注水试验区开发试验效果[J]. 新疆石油天然气,2010,6(3):6,58-62.

[72] 张兵,顾远喜,宋廷春,等 . Petrel 软件在八区下乌尔禾组 256 井断裂上盘精细地质与开发特征研究中的应用[J]. 新疆石油天然气,2010,6(4):52-54,62.

[73] 董文波,吴雨韩,吴采西,等 . 应用地震解释技术识别湖底扇:以克拉玛依油田为例[J]. 新疆石油地质,2011,32(2):183-184.

[74] 许广平 . 八区乌尔禾抽油井防偏磨技术的应用[J]. 中国化工贸易,2015,(10):13-16.

[75] 林盛斓,王向公,覃建华,等 . 克拉玛依油田八区下乌尔禾组水淹层解释模型建立及应用[J]. 山东理工大学学报(自然科学版),2011,25(13):67-69.

[76] 阴国锋,徐怀民,陶武龙,等 . 基于有效储层识别的砾岩储层综合评价:以八区下乌尔禾组油藏为例[J]. 特种油气藏,2011,18(3):31-34,140.

[77] 李兵,党玉芳,贾春明,等 . 准噶尔盆地西北缘中拐—五八区二叠系碎屑岩沉积相特征[J]. 天然气地球科学,2011,22(3):432-437.

[78] 阴国锋,徐怀民,张广群,等 . 砾岩油藏裂缝特征及其对开发效果的影响:以克拉玛依油田八区下乌尔禾组油藏为例[J]. 科技导报,2011,29(15):46-51.

[79] 李建勇,蒋爱军,张浩,等 . 八区下乌尔禾组合理泵效探讨[J]. 中国石油和化工标准与质量,2011,31(11):177-178.

[80] 胡景鲁 . 克拉玛依油田乌尔禾系地层注水开发问题探讨[J]. 中国化工贸易,2014,(34):25-27.

[81] 韩学富,方相阳,谷艳玲,等 . 准噶尔盆地红车断裂带 S1 井油气成因及成藏分析[J]. 科技资讯,2012(2):104.

[82] 田英,谷艳玲,宋新萍,等 . 准噶尔盆地中拐地区侏罗系油气成因及成藏分析[J]. 科技资讯,2012,(2):104.

[83] 李民河,吕道平,寇根,等 . 低渗透裂缝性油藏注水突进特征分析:以八区下乌尔禾组油藏为例[J]. 江汉石油职工大学学报,2012,25(2):5-7,11.

[84] 徐怀民,阴国锋．特低渗裂缝性砾岩油藏储层特征及其对开发效果控制作用研究:以克拉玛依油田八区下乌尔禾油藏为例[J]．地学前缘,2012,19(2):125-129.

[85] 丁峰,易晓忠．新型节箍式井温仪在压裂井温测试中的应用[J]．新疆石油科技,2012,22(3):29-34.

[86] 毛丹凤．储层地震预测技术及其应用[D]．长江大学硕士论文,2012.

[87] 王宇飞．克百地区二叠系油气分布规律及油气成藏规律[D]．湖北:长江大学,2012.

[88] 王佳音,郝建华,王庆文,等．克拉玛依油田砂砾岩储层裂缝识别与评价[J]．中国石油和化工标准与质量,2012,(6):183-185.

[89] 高岗,王绪龙,柳广弟,等．准噶尔盆地西北缘克百地区天然气成因与潜力分析[J]．高校地质学报,2012,18(2):307-317.

[90] 鲁新川,史基安,葛冰,等．准噶尔盆地西北缘中拐—五八区二叠系上乌尔禾组砂砾岩储层特征[J]．岩性油气藏,2012,24(6):54-59.

[91] 吴涛,赵长永,吴采西,等．准噶尔盆地湖底扇沉积特征及地球物理响应:以克拉玛依油田五八区二叠系下乌尔禾组为例．石油与天然气地质[J],2013,34(1):85-94.

[92] 传平．八区下乌尔禾组油藏老井重复压裂技术研究[J]．中国石油和化工标准与质量,2013,(6):209.

[93] 王睿恒．八区下乌尔禾组油藏泡沫驱数值模拟研究[D]．山东:中国石油大学,2013.

[94] 张兵．八区南部下乌尔组储层预测及有利目标区优选研究[D]．成都:西南石油大学 ,2013.

[95] 徐恒．克拉玛依油田八区 530 井区砾岩油藏特征及调整对策研究[D]．成都:西南石油大学,2013.

[96] 袁述武,邱争科,张有印,等．克拉玛依油田八区下乌尔禾组油藏北部控藏因素探讨[J]．新疆石油天然气,2014,10(1):4,16-18,27.

[97] 王辉,梅华平,杨丽,等．准噶尔盆地西北缘五—八区二叠系上乌尔禾组储层成岩作用和成岩相研究[J]．石油天然气学报,2014,36(5):37-43.

[98] 梅华平,陈玉良,龚福华,等．准噶尔盆地西北缘二叠系下乌尔禾组储层控制因素分析[J]．西安科技大学学报,2014,34(4):420-424.

[99] 何长坡,邱争科,罗官幸,等．准噶尔盆地西北缘五八区乌尔禾组沉积相分析[J]．新疆石油天然气,2014,34(4):420-425.

[100] 孙永东,郑红．八区下乌尔禾组合理泵效探讨[J]．新疆石油科技,2015,11(1):45-54.

[101] ,李秀生,常毓文,等．低渗透油藏小井距开发试验研究[J]．石油勘探与开发,2005,32(1):111-114.

[102] 吴涛,吴采西,戚艳平,等．准噶尔盆地地层剥蚀厚度定量恢复方法研究与应用:以克拉玛依油田八区二叠系下乌尔禾组为例[J]．古地理学报,2015,17(1):81-90.

[103] 李想,肖春林,袁述武,等．特低渗透砾岩油藏渗流机理研究:以八区下乌尔禾组油藏为例[J]．新疆石油天然气,2015,11(1):5-6,46-50.

[104] 秦都．准噶尔盆地腹部侏罗系隐蔽油气藏成藏机理与分布规律研究[D]．杭州:浙江大学, 2015.

[105] 王辉,冯宁,吉旭慧,等．克拉玛依油田五八区二叠系储层控制因素及分类评价[J]．新疆石油天然气,2015,11(2):4,10-15.

[106] 吴康军,刘洛夫,肖飞,等．准噶尔盆地车排子周缘油气输导体系特征及输导模式[J]．中国矿业大学学报,2015,44(1):86-96.

[107] 孔明炜. 储层改造助力二厂八区水平井再获高产[J]. 新疆石油科技,2016,(2):1-4.

[108] 唐士林. 准噶尔盆地八区乌尔禾油藏复杂防制技术[J]. 中国石油石化,2016,11(S1):110-111.

[109] 郭宇,张天宇,刘哲,等. 低渗高含水砂砾岩油藏产能影响因素研究[J]. 石油化工应用,2016,35(7):50-53.

[110] 刘兴国,董海海,张娟. 厚层块状特低渗砾岩油藏水平井压裂参数优化[J]. 当代化工研究,2016,(7):104-105.

[111] 覃建华,屈怀林,赵逸清,等. 克拉玛依油田八区下乌尔禾组油藏水淹体四维描述[J]. 科学技术与工程,2016,16(26):182-188.

[112] 陈华. 准噶尔盆地玛西地区三叠系百口泉组岩性油气藏研究[D]. 成都:西南石油大学,2016.

[113] 朱哲. 准噶尔盆地西北缘构造解释与圈闭综合评价[D]. 成都:西南石油大学,2016.

[114] 史乐,袁述武,陈静,等. 油田配产影响因素及方法研究:以克拉玛依油田八区下乌尔禾组油藏为例[J]. 中国石油和化工标准与质量,2017,(9):96-97.

图版 I　岩石薄片

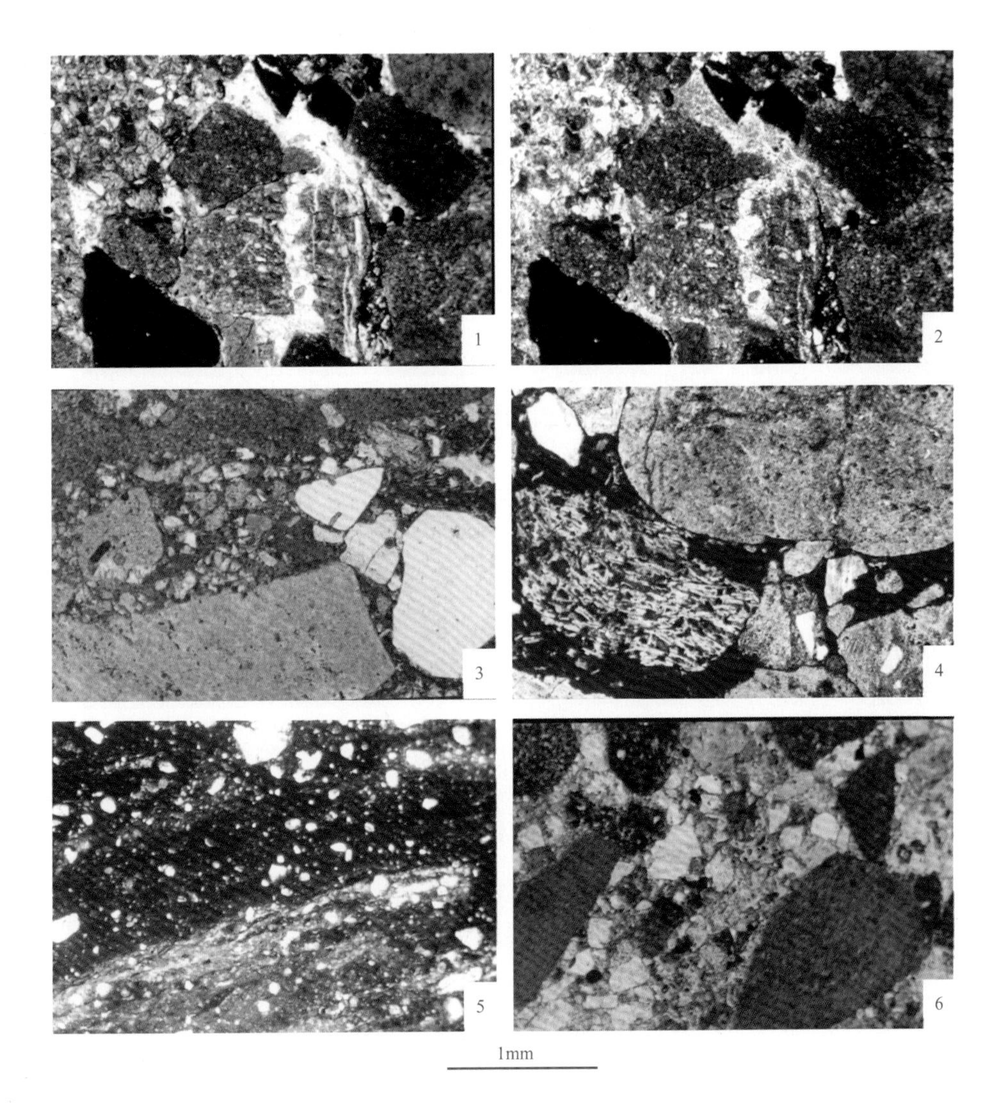

注：1—细粒小砾岩，砾石大部分为酸性熔岩岩屑，少量为铁质岩岩屑，次棱—次圆状，粒间孔隙发育，硅质胶结为主。单偏光，×40, 检乌3井，2588.96m

2—同1，正交偏光，×40

3—砂质砾岩，砾石之间为砂级、粉砂级及泥级碎屑所充填。单偏光，×40，T85722井，2645.43m

4—不等粒小砾岩，大的砾石为流纹岩岩屑、安山岩岩屑，砾石之间为铁质和火山灰等物质所充填。单偏光，×40，T85722井，2628.1m

5—含砾含铁泥质粉砂岩，褐黄色铁泥质覆盖下可见大量粉砂，含少量细砾及粗砂级岩屑。单偏光，×40,T85722井，2627.76m

6—含砾中砂岩。单偏光，×40, T85722井，2619.74m

图版 II　岩石薄片

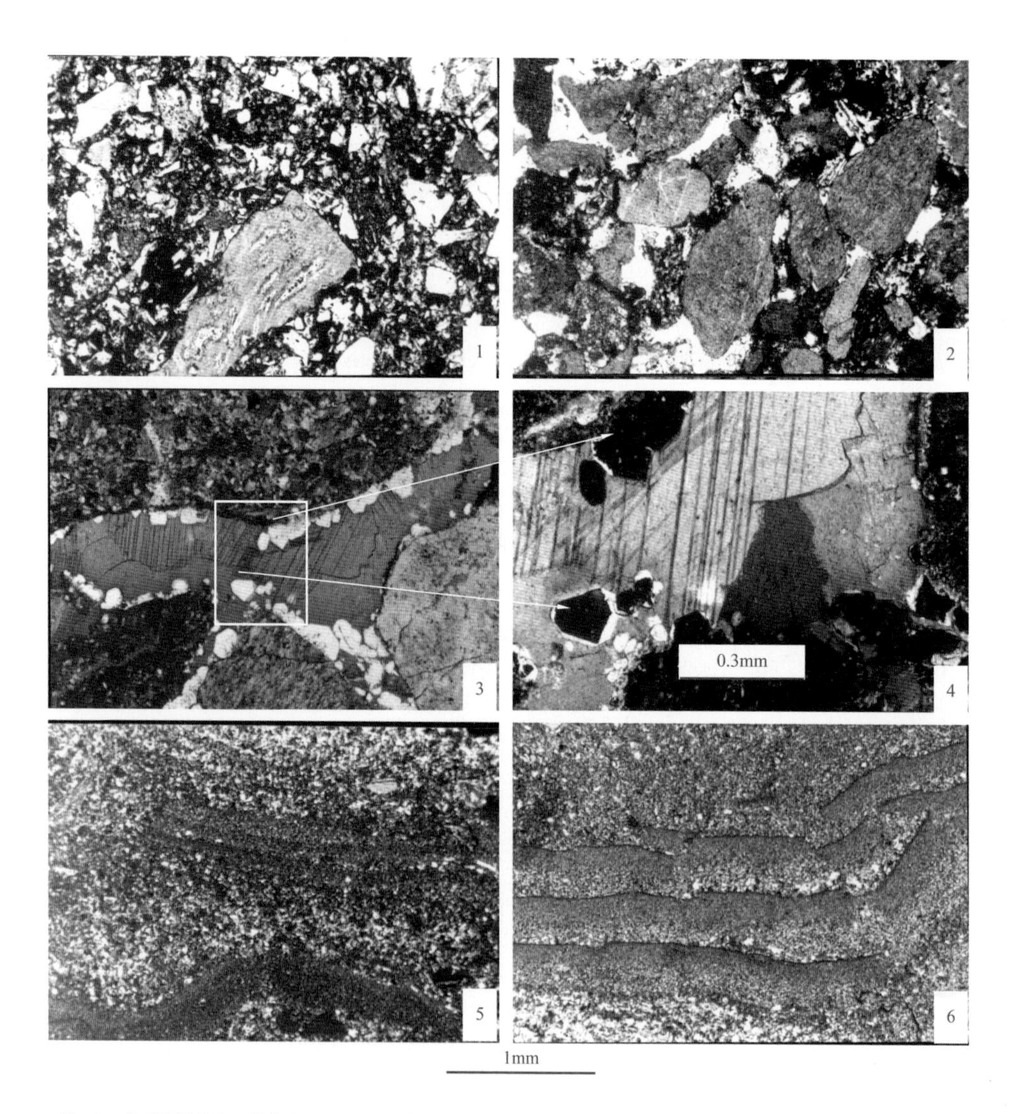

注：1—含砾岩屑砂岩。单偏光，×40，8650井，3032.32m

2—细砾小砾岩，粒间孔隙发育，方沸石、方解石胶结。单偏光，×40，85490井，2851.3m

3—粗粒小砾岩，粒间孔隙发育，粒间两期胶结物，第一期为粒状方沸石，第二期为粗大晶粒方解石胶结。单偏光，×40，8650井，3037.15m

4—为3的局部放大。正交偏光，×100

5—泥质粉砂岩，发育变形层理。单偏光，×40，8650井，3156.74m

6—泥质粉砂岩，微细的递变层平行分布，显示出清晰的纹层。单偏光，×40，8650井，3156.74m

图版Ⅲ　辫状河道

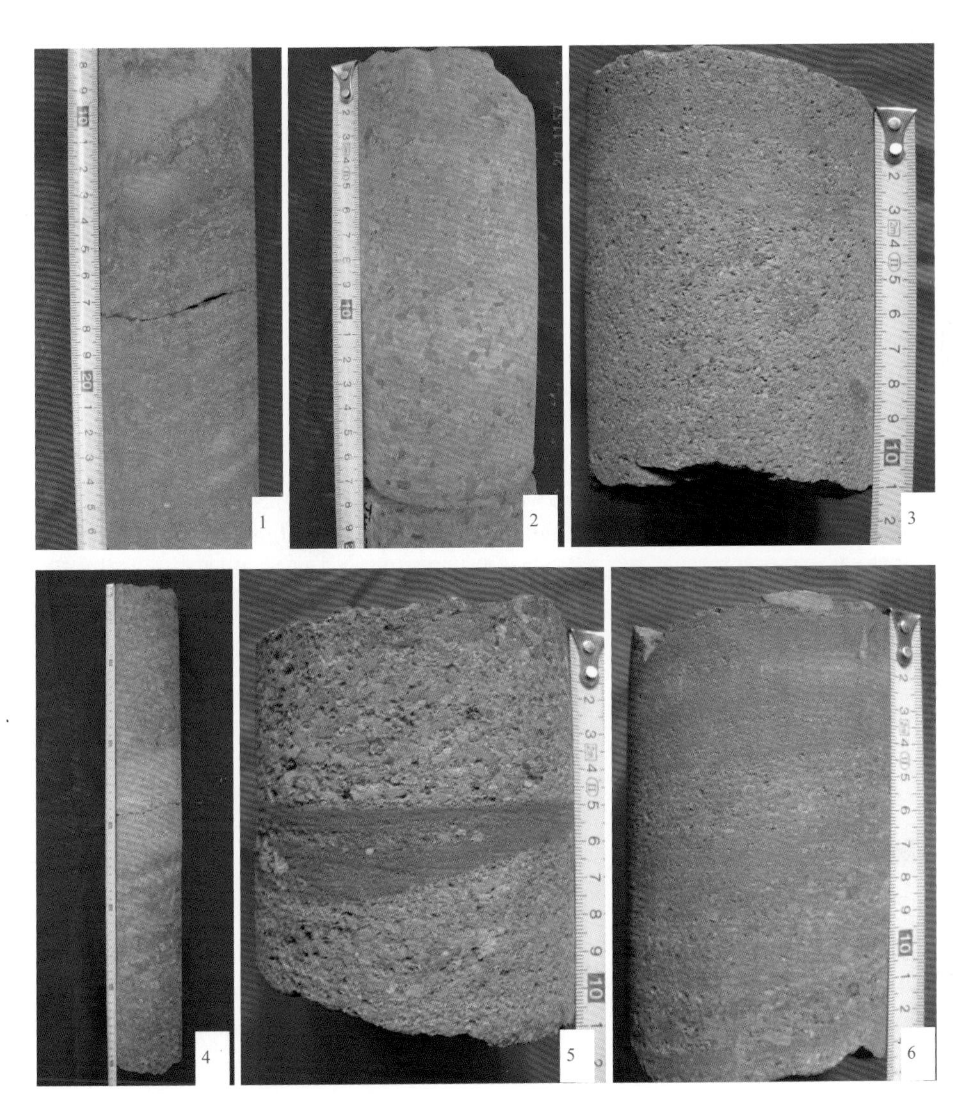

注：1—冲刷面，弥散的平行层理，辫状河道沉积，805井，10（1/7），2670.2m
2—细粒小砾岩，平行层理，辫状河道沉积，检乌5井，20（7），2732.55m
3—细粒小砾岩，辫状河道沉积，8645井，5（14/18），2544m
4—中部为小砾岩，其余为细砾岩，辫状河道沉积，检乌5井，1-1和1-2段（第一筒一和二块），2549.2~2549.4m
5—棕红色的砂质小砾岩夹棕红色的泥质条带，为扇三角洲平原辫状河道沉积，8645井，1（3/11），2517.1m
6—弥散的平行层理，8645井

图版Ⅳ 漫流沉积

注：1，2—紫红色泥岩、泥质砂岩夹灰绿色粉砂岩条带构成的漫流沉积，底部为辫状河道沉积，由乌褐色细粒小砾岩构成，T85722井，9（27/32），256井，4.67m

3—灰紫色泥质细砂岩，漫流沉积，JW-3井，2817.40m

4—由紫灰色泥质砂岩构成的漫流沉积，中部泥岩薄层显示干裂构造，检乌3井，2828.79m

5—灰紫色泥质粉砂岩，水平层理，上部具截切面，8523井，4（9），3021.43m

6—灰紫色泥质粉砂岩夹砂质条带，水平层理，805井，11（2/9），2702.86m

图版Ⅴ　泥石流沉积和筛滤沉积

注：1—检乌3井，11–9，2629.87m，中砾岩，泥石流沉积
　　2—检乌5井，3–11，2653.0m，灰紫色砂泥质不等粒砾岩，泥石流沉积
　　3—检乌3井，6–12，2606.196m，泥石流沉积
　　4—检乌3井，28–12，2717m，砂质细粒小砾岩，底部砾石达10cm以上，筛滤沉积
　　5—检乌3井，28–12，2718.1m，筛滤沉积
　　6—检乌3井，28–12，2718.1m，筛滤沉积

图版Ⅵ　水下分流河道沉积

注：1，2—粗粒小砾岩与细粒小砾岩形成韵律层理，水下分流河道沉积，T85722井，2641.47m
3，4—交错层理，水下分流河道沉积，检乌3井，2978.00m
5—细粒小砾岩，上部为碎屑流沉积、水下分流河道沉积，检乌3井，39（12），2780.07m
6—平行层理及交错层理，水下分流河道沉积，检乌3井，40（13），2788.55m

图版Ⅶ 水下天然堤沉积

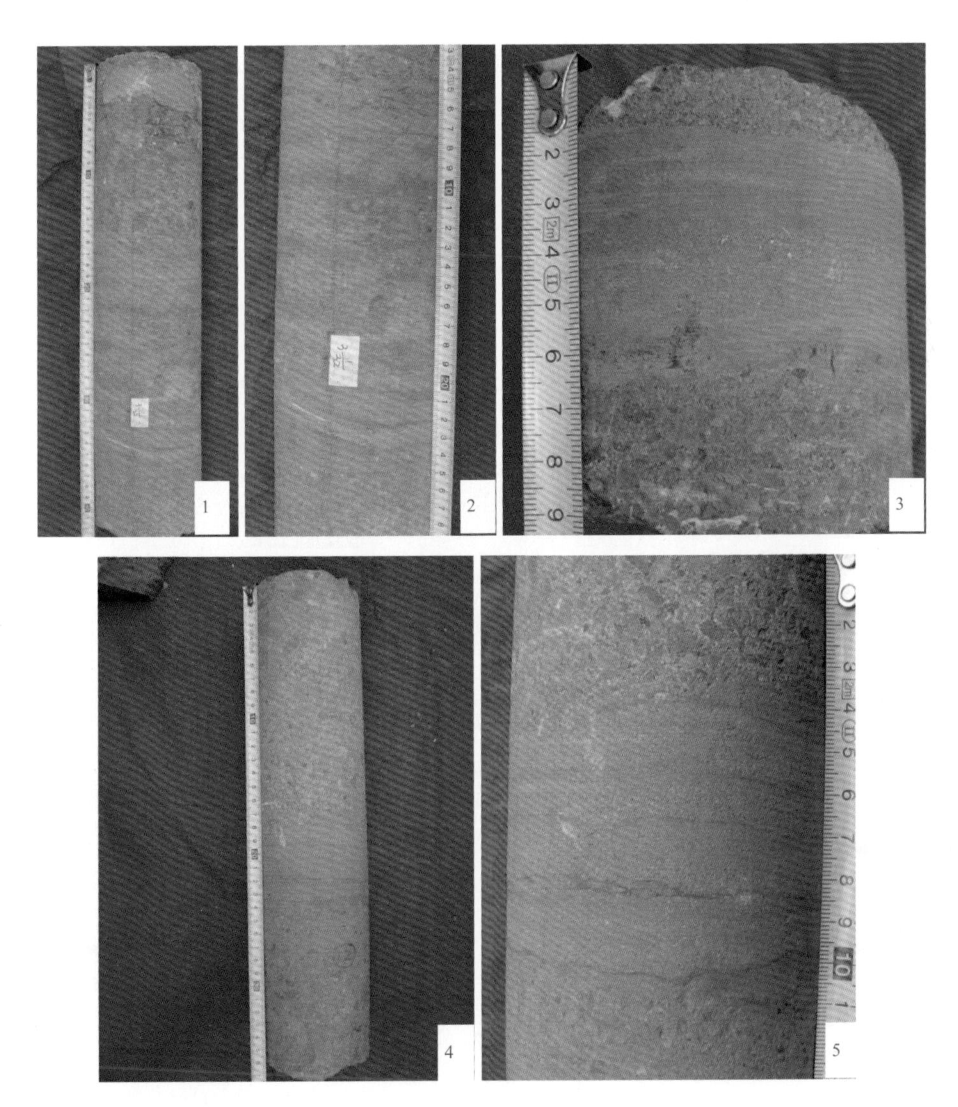

注：1，2—细砂岩和粉砂质泥岩组成薄互层，水下天然堤沉积，T85722井，3（1/32），2537.7m
3—水下分流河道，细粒小砾岩中夹的粉砂质泥岩为水下天然堤沉积，检乌3井，2799.23m
4，5—细砂岩和粉砂质泥岩薄互层，水下天然堤沉积，检乌3井，2881.64m

图版Ⅷ　碎屑流沉积

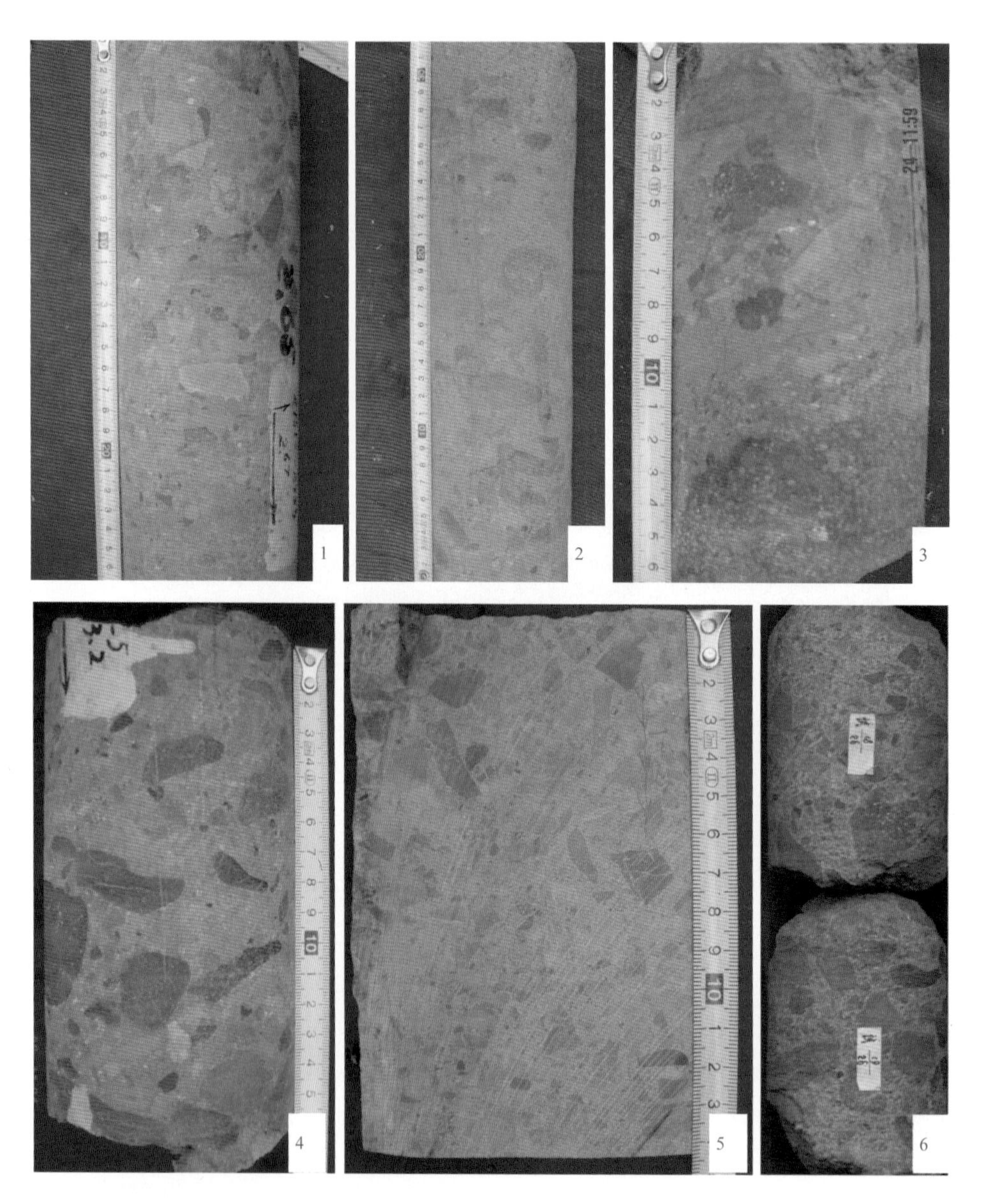

注：1—碎屑流沉积，检乌3井，35-13，2753.67m
2—灰绿色不等粒砾岩，砾石漂浮在细粒基质中，8523井，7（9），3177.95m
3—细砾岩，碎屑流沉积，检乌5井，10-12，2903m
4—碎屑流沉积，砾石漂浮状，检乌3井，58（5），2946.35m
5—灰绿色砂质粗粒小砾岩，碎屑流沉积，85095井，8（8/30），3048.97m
6—碎屑流沉积，85095井，3023.2～3023.50m

图版IX　成像测井

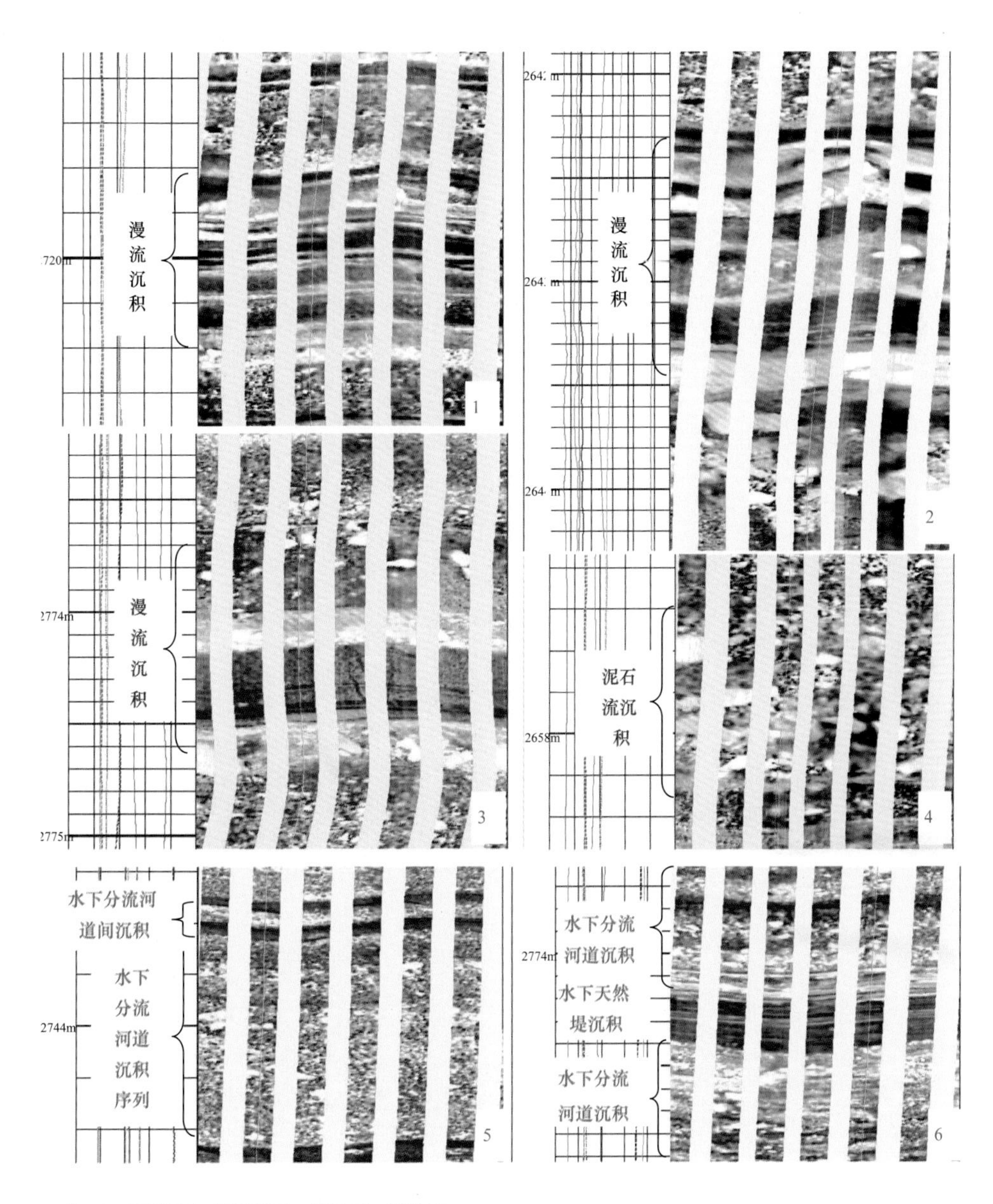

注：1—漫流沉积，T85689井，2619.55～2620.38m
2—漫流沉积，T86277井，2641.89～2644.30m
3—漫流沉积，T85245井，2774.20～2775.06m
4—泥石流沉积，T85689井，2657.02～2658.60m
5—水下分流河道沉积，显示向上变细特征，T85006井，2743.22～2744.75m
6—水下天然堤沉积，T86120井，2773.51～2774.94m